Thinking About Mathematics

The Philosophy of Mathematics

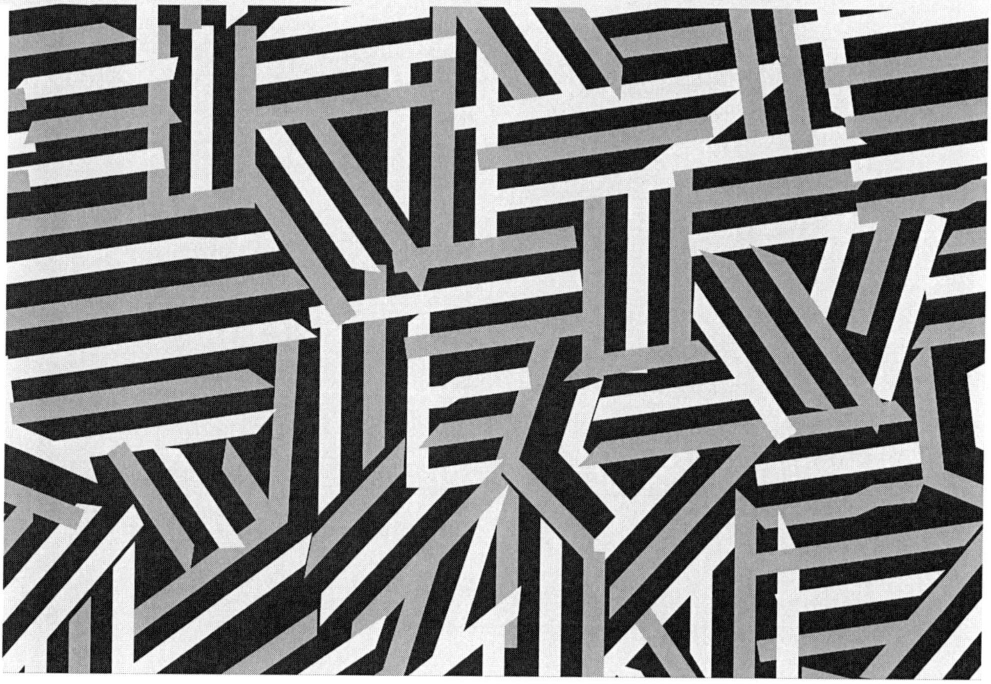

수학 철학

수학에 관해 생각하기

STEWART SHAPIRO 지음
이기돈 옮김

KYOWOO

P·R·E·F·A·C·E 저자 서문

수학 철학

이 책은 수학에 관한 철학책이다. 우선, 여기에는 형이상학의 문제들이 있다.: 수학이란 무엇에 관한 것인가? 그것은 주제-대상(subject-matter)을 가지는가? 이 주제-대상은 무엇인가? 수, 집합, 점, 선, 함수 등등은 무엇인가? 그다음 여기에는 의미론적 문제들이 있다.: 수학적 진술은 무엇을 의미하는가? 수학적 진리(mathematical truth)의 본성은 무엇인가? 그리고 인식론: 수학은 어떻게 알려지는가? 그것의 방법론은 무엇인가? 관찰이 포함 되는가 아니면 순수하게 정신적인 활동인가? 수학자들 사이의 분쟁들은 어떻게 판정 내려지는가? 증명이란 무엇인가? 증명은 이성적인 의심으로부터 완전무결한, 절대적으로 확실한 것인가? 수학의 논리는 무엇인가? 알 수 없는 수학적 진리가 존재하는가?

수학은 무미건조한 학문이라는 평판을 가지고 있는데, (이러한 점에서) 철학으로부터 상상할 수 있는 한 멀리 떨어져 있다. 여기에서 사물들은 틀에 박힌 방식으로, 최종적으로 확정되는 듯 보인다. 그런가? 수학에서 어떤 변혁이, 오래 지속된 믿음이 포기된다던가 하는 변혁이 있어왔는가? 자연과학 및 사회과학에서 사용되는 – 그리고 요구되는 – 수학의 깊이를 생각해 보자. 주로 정신적인 행위로 보이는 수학이 과학의 이름으로 연구되는 물리적, 인간적, 사회적 세계에 빛을 비추는 것은 어떠한가? 우리가 상당한 정도의 수학을 이해하지 못한다면 세계를 (과학의 용어로) 이해할 때 매우 멀리까지 이를 수 없는 것은 왜인가? 이것은 수학에 관해 무엇을 말하는가? 이것은 물리적, 인간적, 사회적 세계에 관해 무엇을 말하는가?

수학 철학은 물리학에 대한 철학, 생물학에 대한 철학, 심리학에 대한 철학, 언어학에 대한 철학, 논리학에 대한 철학, 그리고 심지어 철학에 대한 철학을 포함하는 장르에 속한다. 그 주제는 학문적인 분야에 관계된 철학적 질문들, 즉 그 분야의 형이상학, 인식론, 의미론, 논리학, 방법론 등에 대한 쟁점들을 다루는 것이다. 전형적으로, X의 철학은 X에 관심을 갖고 그것이 전체적인 지적 기획에서 차지하는 위치를 밝히기를 원하는 사람들에 의해 탐구된다. 이상적으로는, X를 행하는 누군가가 X에 대한 철학을 채택하여 무엇인가를 얻어야 한다.: 자기 분야에 대한 평가, 그것에 대한 방향, 세계의 이해에서의 그것의 역할에 대한 비전 등. 수학에 대하여 철학하는 사람은 수학 자체에 대한 무엇, 수학자 인간에 대한 무엇, 수학이 적용되는 세계에 대한 무엇 등을 말할 필요가 있다. 아주 힘든 일{이지만}.

이 책은 네 개의 부(parts)로 이루어졌다. I 부 '조망(Perspective)'은 수학 철학에 대해 개관한다. 1장은 수학이 철학사에서 차지해 온 지위와 수학과 수학 철학의 관계를 다룬다. 2장은 수학 철학의 문제들과 그 쟁점들에 대한 주요 입장들, 즉 범주화된 입장들을 개괄적으로 조망한다.

II 부 '역사(History)'는 수학에 대한 몇몇 역사적인 철학자들의 견해의 윤곽을 그리고, 수학이 그들의 일반 철학의 전개에서 차지하는 중요성을 살펴본다. 3장은 고대 Plato과 Aristotle를 다루고, 4장은 소위 '근대'까지 이동하여 주로 Immanuel Kant와 John Stuart Mill을 숙고한다. 이 부의 배경이 되는 아이디어는 수그러들지 않는 합리주의자 (Plato) – 독립된 인간의 정신이 세계에 대한 크고 튼튼한 지식을 얻을 수 있다고 믿는 철학자 – 와 수그러들지 않는 경험주의자 (Mill) – 모든 또는 거의 모든 지식의 기초를 관찰에 두려는 철학자 – 를 보여주는 것이다. Kant는 합리주의와 경험주의 사이의 영웅적인 종합을, 각각의 힘을 채택하고 약점을 회피하면서, 시도하였다. 이 철학자들은 수학에 대한 현대의 사고 중 많은 부분에 있어 선구자이다.

그 다음 부 '세 가지 주요 견해(The Big Three)'는 이 세기{20세기} 초반의 논쟁을 지배했고, 여전히 현대의 문헌들에서 많은 전선을 제공하는, 주요 철학적 입장들을 다룬다. 5장은 논리주의, 즉 수학은 논리이거나 논리로 환원될 수 있다는 견해를 다룬다. 6장은 형식주의, 즉 수학의 많은 부분은 언어적 기호들을 규칙에 따라 조작하는 것으로 이루어져 있다는 사실에 집중하는 견해를 다룬다. 7장은 직관주의, 즉 수학은 정신적 구성으로 이루어져 있다는 견해를 다룬다. 이 '세 가지 주요 견해' 각각은 오늘날 지지자들을 갖고 있는데, 그들 중 일부는 이 부에 등장한다.

Ⅳ부는 '현대의 장면(The Contemporary Scene)'이라고 이름 붙여졌다. 8장은 수학적 언어를 문자 그대로, 액면 그대로 취하고, 수학자들의 대부분의 주장을 참이라고 생각하는 견해들에 관한 것이다. 이 철학자들은 수, 함수, 점 등등이 수학자와 독립적으로 존재한다고 생각한다. 그들은 그래서 우리가 어떻게 그러한 것들에 대한 지식을 얻을 수 있는지, 그리고 수학이 어떻게, 그렇게 해석되었을 때, 물리적 세계와 관련되는지를 보이고자 노력한다. 9장은 특히 수학적 대상(mathematical objects)의 존재를 부정하는 철학자들을 다룬다. 여기에서 다루어지는 저자들은 수학적 대상의 존재를 가정하지 않아도 수학적 주장들이 참이 될 수 있도록 그것들을 재해석하거나, 그렇지 않으면 수학의 진중한 역할을 참을 주장하거나 거짓을 부정하는 것 이외의 것으로 제한한다. 10장은 구조주의, 즉 수학은 개별 대상(individual objects)보다는 패턴(patterns)에 관한 것이라는 견해에 대한 것이다. 이것은 내 자신의 입장(Shapiro 1997)이고, 그래서 가장 좋아 보이는 마지막 부분에 서술했다고 누군가는 말할 것이다. 이 일시적인 대담함을 제외하고는, 나는 이 책 전체를 통해 편파적이지 않으려고 노력했다.

전체적인 계획은 철학에 관심이 있지만 수학에 대한 배경 지식이 거의 없는 사람들뿐 아니라, 수학에 관심이 있지만 철학에 대한 배경 지식이 거의 없는 사람들에게 무엇인가를 제공할 수 있는 책을 쓰려고 노력하는 것이었다. 대부분에서, 고등학교 또는 대학 초기 수준의 수학에 대한 일정 정도의 친근함과, 그리고 아마도 철학 개론이면 충분할 것이다. 나는 과도한 기호화를 피했고, 내가 사용하고 있는 기호들을 설명하려고 노력했다. 어떤 부분에서 나는, 대학 수준의 수학에 대한 특별한 지식이 없는 사람들에게는 너무 과한 것을, 또 다른 어떤 부분에서는 철학적 용어에 친숙하지 않은 사람들에게는 너무 과한 것을 가정했을 것이다. 그러나 나는 그러한 부분들이 드물기를, 그리고 이 책의 흐름을 방해하지 않기를 바란다. 옥스퍼드 철학 사전(*The Oxford Dictionary of Philosophy*) (Blackburn 1994)이 학문적인 철학에 생경한 사람들에게 간편한 참고자료가 될 수 있을 것이다.

이 프로젝트와 관련해 내가 빚진 사람이 많다. 우선 이 책{의 집필}을 내게 제안해 준 John Skorupski에게 감사한다. 그리고 옥스퍼드 대학 출판사의 Peter Momtchiloff, George Miller, Lesley Wilson, Tim Barton에게 출판 과정 동안 나를 격려하고 책{의 출판}을 이끌어준 것에 대해 감사한다. 이 책에 대한 아이디어를 처음 꺼냈을 때, 동료들과 친구들로부터 내가 받은 가장 흔한 도움말은 이 같은 책이 존재하면 아주 멋질 것이라는 것, 그리고 내가 그런 것을 쓰기에 적임자일 것이라는 것이었다. 나는 칭찬에 우쭐하기도 했고 착수하려는 일에 기가 죽기도 했다. 실망을 최소한으로 드렸기를 바란다. 대부분의 장(chapters)의 초고를 읽고 구체적으로 충고해 주었던 Penelope Maddy에게 특별한 감사를 표한다. 매우 많은 수의 동료들과 친구들이 초고 단계의 이 책의 부분들을 읽고 풍부한 도움을 주었다. 나는 이전의 자료들로부터 내가 받았던 도움에 대해 특별히 감사한다. 도움을 받았던 사람들의 목록은 다음과 같다.: Jody Azzouni, Mark Balaguer, Lee Brown, John Burgess, Jacob Busch, Charles Chihara, Julian Cole, Michael Detlefsen, Jill Eieterle, Jon Divers, Bob Hale, Peter King, Fraser MacBride, George Pappas, Charles Parsons, Michael Resnik, Lisa Shabel, Allan Silverman, John Skorupski, Mark Steiner, Leslie Stevenson, Neil Tennant, Alan Weir, and Crispin Wright. 이 목록에서 빠진 사람들이 있다면 의도치 않은 것으로서, 그들에게 사과하고 싶다. 또한 1996년 가을 학기에 St Andrews 대학의 논리 및 형이상학과 (Department of Logic and Metaphysics)에서 이 책의 내용들을 강의하게 해 준 것에 대해 감사한다. 나는 Leeds 대학에서 적은 규모의 교수들과 학생들에게 Kant에 대한 장의 절반 정도를 발표하고, 뒤이은 토의에서 상당한 도움을 받았다. 최종적인 편집을 도와 준 Benjamin Beebe에게 감사한다.

나는 내 아내, Beverly Roseman-Shapiro와 아이들에게 다른 종류의 빚을 졌다. 그들은 이 프로젝트를 위해 내가 따로 보냈던 시간들에 대해 이유 있는 불만을 표할 수 있을 것이다. 이 책을 사랑스러운 내 아이들, Rachel, Yonah, Aviva에게 바친다. 그들이 없다면 철학적으로 풍요로운 삶조차도 텅 비어 있을 것이다.

P·R·E·F·A·C·E 역자 서문

저자의 말처럼 이 책은 수학에 관한 철학책입니다.

학창 시절부터 수학교육을 전공하고 연구소에서 근무하는 지금까지 수학은 저를 깊이 사로잡았습니다. 학교에서 수학을 가르치면서는 학생들에게 수학의 매력을 전하기 위해 노력했습니다. 그동안 많은 분들이 노력해 왔지만 수학은 아직도 사람들에게 상급학교 진학에 요긴한 과목쯤으로 여겨지는 것 같습니다.

이 책은 어떤 점에서 수학이 흥미로운지, 그 흥미로움은 어디에서 오는지, 그것들이 진짜인지, 그래서 수학은 어떤 학과인지, 특히 그러한 점들을 어떻게 바라보아야 할지 꼼꼼히 따져 보는 철학책입니다. 하지만, 수학 철학을 전문적으로 공부할 사람들보다는 "철학에 관심이 있지만 수학에 대한 배경 지식이 거의 없는 사람들뿐 아니라, 수학에 관심이 있지만 철학에 대한 배경 지식이 거의 없는 사람들에게 무엇인가를 제공"하는 책입니다. 수학을 공부하거나 전공하려는 분들, 또 수학을 가르치고 있거나 특히 가르치려는 분들이 한 번쯤 읽어보면 좋겠다는 생각이 들었습니다. 물론 수학에 관심이 있는 일반인이나 철학도에게도 도움이 될 것입니다. 원문의 뜻을 틀리지 않게 옮기면서도 잘 읽히는 번역을 통해 보다 많은 분들이 원서의 의도를 경험했으면 하는 마음으로 번역을 하게 되었습니다. 이 책의 후반부는 조금 어려울 수 있겠지만 전반부 정도는 그런 대로 재미있게 읽을 수 있을 거라고 생각합니다. 되도록 그랬으면 좋겠습니다.

소괄호 안에 원문을 적어 넣은 부분이 적지 않습니다. 우선 저자가 이탤릭체로 강조한 문구를 우리말로 굵게 표시하면서 소괄호 안에 원문을 이탤릭체로 함께 표기하였습니다. 그 외에 한글 표기만으로는 그 뜻이 온전히 전달

되지 않는 문구, 오해의 소지가 있는 문구, 번역이 조심스러웠던 문구 등의 경우에도 소괄호 안에 원문을 함께 표기하였습니다. 그런 소괄호 안의 원문은 필요한 경우에만 참고하면서 읽어 가면 좋겠습니다. 아울러 대괄호([ ])는 원문에서 저자가 서술을 보충하기 위해 사용한 것이고 중괄호({ })는 번역문을 보다 쉽게 읽을 수 있도록 역자가 추가한 것임을 밝혀 놓습니다.

교정을 보면서 얼굴이 화끈거릴 만큼 잘못 번역된 부분을 여러 번 발견하고는 했습니다. 나름대로 열심히 노력했지만 아직도 부족한 점이 많으리라고 생각됩니다. 역자로서 부끄럽고 죄송스러운 마음으로 독자들께 넓은 양해를 구하며 개선할 수 있는 기회가 있기를 희망해 봅니다.

처음 하는 번역 일이 쉽지 않았지만 번역을 한 후에도 출판사를 찾는 데 애를 많이 먹었습니다. 여러 어려움 속에서도 출판을 결정해 주시고 정성껏 다듬어 주신 교우사의 관계자분들께 깊이 감사드립니다. 또 이와 같이 흔하지 않은 비교적 쉬운 수학 철학책의 집필을 통해 많은 가르침을 주신 원저자 Shapiro 교수님과 이 책을 소개해 준 홍갑주 교수에게도 감사의 말씀을 드립니다.

끝으로 수학의 특별함이 많은 사람들에게 전해지고 우리의 수학교육 환경이 성숙해 가는 데 이 책이 조금이라도 도움이 됐으면 하는 바람입니다.

C·O·N·T·E·N·T·S **목 차**

제 I 부 조망

제 1 장

수학에 관한 무엇이 그토록 (철학자에게) 흥미로운가?

1. 끌림-반대편에 있는 것들의?

역사 전체에 걸쳐, 철학자들은 수학에 특별한 끌림을 느껴왔다. Plato의 아카데미(Plato's Academy)의 입구에는 '기하학을 모르는 사람은 여기에 들어올 수 없습니다'라는 문구가 적혀있었다고 한다. 플라톤 학파의 철학에 따르면, 수학은 있는 그대로의 우주를 이해하는 데 적합한 훈련이다. 우주가 어떻게 보이는가와는 대조적으로 말이다. Plato은 수학의 지위에 대해 이성적인 지식-획득하기의 측면에서 숙고해 봄으로써 그러한 견해에 도달하였다(3장, §§2-3 참고). 학술 단체를 외연적으로 구분하기에 앞서, 많은 수학자들은 또한 철학자였다. René Descartes, Gottfried Wilhelm Leibniz, Blaise Pascal 등의 이름이 쉽게 머리에 떠오르고, 현재에 더 가깝게는 Bernard Bolzano, Bertrand Russell, Alfred North Whitehead, David Hilbert, Gottlob Frege, Alonzo Church, Kurt Gödel, Alfred Tarski 등도 있다. 최근까지, 정말이지 거의 모든 철학자들은 수학적 현상을 의식하고 그것에 전문적인 관심을 가졌다.

합리주의는 오래 지속된 철학 학파로서, 지각된 수학의 방법론을 모든 지식으로 확장하려는 시도라고 특징지을 수 있다. 합리주의자들은 수학이 누리는 흔들 수 없을 것 같아 보이는 기초와 순수 합리성 안의 그 근거에 감명받았다. 그들은 모든 지식을 같은 기반에 세우려고 노력하였다. 과학, 윤리학 등도 그 명제들에 대해 이성에만 입각한 엄밀한 증명을 제공함으로써 나아가야 한다. 합리주의는 Plato까지 거슬러 올라가는데, 17세기와 18세기 초반에는 Descartes, Baruch Spinoza, Leibniz 등의 저술들에서 번창했다. 합리주의에 대한 주요 반대 진영은 경험주의, 즉 순수 이성이 아니라, 감각 경험이 지식의 원천이라는 견해이다. 이 견해는 Aristotle까지 거슬러 올라가는데, John Locke, George Berkeley, David Hume, John Stuart Mill 등의 영국 저술가들을 통해 발전되었다(4장, §1 참고). 경험주의자의 전통은 논리 실증주의자들과 Moritz Schlick, Rudolf Carnap, A. J. Ayer 등을 포함하는 Vienna Circle로 전해졌다. 그리고 오늘날에 Bas van Fraassen과 W. V. O. Quine의 작업 안에 남아있다. 수학적 지식은 관찰이 아니라, **증명**(*proof*)에 기반하는 것으로 보이기 때문에, 수학은 경험주의자의 주된 주장에 대한 명백한 반례이다. 정말로, 수학은 때로 **선험적**(*a priori*) 지식 – 경험 이전의, 그리고 경험과 독립적인 지식 – 의 전형으로 신봉된다. 사실상 모든 경험주의자는 수학의 도전을 매우 심각하게 받아들였고, 그들 중 일부는 수학을 수용하기 위해 매우 멀리까지 가서 때로는 그것을 인지를 넘어서는 것으로 일그러뜨렸다(Parsons 1983: Essay 1 참고).

오늘날 우리는 모든 분야의 학계에서 광범위한 전문화를 발견한다. 개별 수학자들과 철학자들은 종종 그들 자신의 분야의 동료들의 연구를 이해하는데 어려움을 겪는다. 대수학자는 해석학의 발달을 따라갈 수 없다.; 물리 철학의 작업은 대부분의 윤리학자들에게 이해될 수 없다. 따라서, 주류 수학과 주류 철학 사이의 직접적이고 의식적인 연결은 많지 않다. 그럼에도 불구하고, 수학은 인식론, 형이상학, 논리학, 인지 과학, 언어 철학, 자연과학 및 사회과학에 대한 철학 등의 철학적 분야의 관심사로부터 멀리 떨어져 있지 않다. 그리고 철학은 논리학, 집합론, 범주론, 계산가능성, 그리고 심지어 해석학과 기하학 같은 수학 분야의 주요 관심사로부터 멀리 떨어져 있지 않다. 세계적으로 논리학은 수학과와 철학과 모두에서 가르쳐진다.

좋든 싫든 간에, 우리 시대 철학에 사용되는 많은 기법과 도구가 정신 내의 수학 – 오직 수학만 – 을 가지고 개발되고 연마되었다. 논리학은 George

Boole, Ernst Schröder, Bolzano, Frege, Hilbert와 같은 대수적 마인드의 수학자들을 통해 번창하는 분야로 성장했다. 그들의 명시적인 초점은 수학(*mathematics*)의 논리와 토대였다. 논리학으로부터 우리는 모델-이론적인 의미론을 얻고, 그것으로부터 양상적(modal) 논의와 인식적(epistemic) 논의에 대한 가능-세계 분석을 얻는다. 의미론과 형식 논리학의 연역 체계가 우리 시대 철학의 이슈(issues)와 관심사를 관통하는 **공통어**(*lingua franca*)가 되었다고 말하는 것이 그렇게 과장은 아니다.[1] 어떤 의미에서, 분석 철학의 많은 부분은 수학의 언어에서의 논리의 성공을 자연 언어와 일반 인식론까지 확장하려는 시도이다. 이것은 합리주의의 유산일 수 있을 것이다.

수학과 철학 사이의 연관에는 몇 가지 까닭이 있다. 둘 모두 우리 주변의 세계를 이해하고자 하는 첫 번째 지적인 시도들에 속하고, 둘 모두 (수학을 무엇이라고 생각하는지 그리고 철학을 무엇이라고 생각하는지에 따라) 고대 그리스에서 발생했거나 또는 거기에서 큰 변화를 겪었다. 둘째로, 그리고 더 중요한 것으로, 수학은 철학자를 위한 중요한 사례 연구가 된다. 우리 시대 철학의 의제(agenda)에 대한 많은 이슈들은 수학에 초점을 맞출 때 놀랄 만큼 분명하게 간명화 할 수 있다. 이것들은 인식론, 존재론, 의미론, 논리학 등의 문제들을 포함한다. 우리는 수학적 추론이 중심점이 될 때의 논리의 성공을 보아 왔다. 철학자들은 지시(reference)에 대한 질문에 흥미가 있다.: 어떤 어휘가 어떤 대상(object)을 상징한다는 것, 즉 나타낸다는 것은 무엇인가? 우리는 어떻게 이름과 그 대상을 연결하게 되는가? 수학의 언어는 이러한 질문들에 대한 중심점을 제공한다. 철학자들은 또한 규범성의 문제에 관심이 있다.: 사람 A가 행동 B를 의무적으로 해야 한다는 것은 무엇인가? 예를

1) 이른바 '수학 불안(math anxiety)'을 겪는 어떤 학생들은 인문학 – 과학과는 거리가 먼 – 에서의 지위 때문에 철학에 매력을 느낀다. 그들은 대부분의 대학들의 학부 전공에서 수학적 논리에 대한 강좌들이 필수 과목이라는 것을 알아차리고 당황한다. 그 요구 조건은, 우리 시대 철학적 문헌의 많은 부분에서 형식적 언어가 하는 역할을 고려해 볼 때, 쉽게 정당화된다. 다른 측면에서, 과학과 공학을 전공하는 학생들은, 아마도 '인문학 회피(humanities avoidance)'라고 불리는 것 때문에 고통을 겪을 텐데, 논리학에 대한 강좌들이 때로 인문학 필수학점으로 산입된다는 것을 알고 기뻐한다.

들어 자선 기부처럼 어떤 것을 해야만 한다고 말할 때, 우리가 의미하는 것은 무엇인가? 수학과 수학적 논리는 적어도 하나의 중요한, 그리고 아주 간단한, 사례를 제공한다. 만약 그런 것이 있다면, 논리는 규범적이다. 우리가 수학을 할 때 표준적인 옳은 추론을 따르게 되는 것은 어떤 의미에서인가? Plato은 자신의 학생들에게 상대적으로 간단하고 정직한 경우들로부터 시작하라고 충고했다.[2] 아마 수학적 논리의 규범성이 그러한 것이다.

수학과 철학 사이의 연관의 세 번째 까닭은 인식론 – 앎에 대한 학문 – 에 있다. 수학은 물질적 세계를 이해하려는 사실상 모든 과학적 노력에서 중심적인 역할을 하기 때문에 지극히 중요하다. 예를 들어, 수학이 사실상 어떤 자연과학 또는 사회과학이든지 간에 전제된다는 점을 생각해 보자. 어느 대학의 카탈로그를 언뜻 보더라도 과학과 공학 전체에 걸친 교육 프로그램이 Plato의 아카데미의 전례를 따라 실질적으로 수학을 기초 필수 과목으로 삼는 것이 보인다. 하지만, 이것의 근본적인 이유는 Plato의 아카데미의 그것과는 다르다. 합리주의의 쇠퇴와 함께, 수학은 경험 과학의 모델이나 사례 연구가 아니게 되었다. 그보다는, 과학은 수학을 **이용**(*use*)한다. 이 봉사의 역할 때문에, 수학과는 대부분의 대학에서 가장 큰 학과 중에 하나이다.[3] 수학이 그 자체로 지식-획득하기 활동인지의 여부에 대한 질문은 중요한 가치가 있는 철학적 이슈이다(8장과 9장 참고). 그럼에도 불구하고, 수학이 세계를 이해하려는 우리의 최선의 노력에서 주요한 **도구**(*tool*)인 것은 분명하다. 이것은 수학 철학이 인식론의 한 갈래이고, 수학이 일반 인식론과 형이상학의 중요한 사례라는 점을 시사한다. 물리적 그리고 사회적 우주에 대해 과학적으로 이해하는 데 수학이 필수적인 것은 수학의 어떤 측면 때문인가? 우주에 관한 – 또는 우리에 관한 – 무엇이 우주를 이해하는 데 있어 수학이 중심적인 역할을 하도록 하는가? Galileo는 자연이라는 책은 수학의 언어로

---

2) 1967–9년의 여름 동안, 나는 Ohio 주립대학에서 고등학생들을 위한 NSF 여름 수학 프로그램에 참여할 수 있는 특권을 얻었다. 관리자였던 Arnold Ross는 우리에게 간단한 것들에 대해 깊이 생각하라고 말했다. 수학자들과 철학자들에게 똑같이 좋은 충고{였다}.

3) 미국의 대학에서, 영문과만이 그만큼 클 것 같다.

쓰여 있다고 했다. 이 통찰력 있는, 수수께끼 같은 은유는 세계를 이해하려는 과학적/철학적 기획에서 수학의 지위를 눈에 띄게 한다. 그러나 그것은 그 문제의 해답에 대한 힌트조차 주지 못한다(2장, §3 참고).

2. 철학과 수학: 닭이 먼저인가 달걀이 먼저인가?

이 절에서는 수학과 수학 철학의 관계를 간략히 언급한다(더 풍부한 설명은 Shapiro 1994와 1997: 1장 참고). 우리는 철학이 수학의 타당한 실행을 결정 또는 심지어 제안하는 것을 어느 정도까지 기대할 수 있을까? 반대로, 우리는 자율적인 수학의 실행이 옳은 수학 철학을 결정하는 것을 어느 정도까지 기대할 수 있을까? 이것은 철학이 그것의 후예 – 다양한 학문 분야들 – 가운데에서 차지하는 지위에 대한 보다 일반적인 이슈의 한 사례이다. 비슷한 질문이, 예를 들어 물리학에 대한 철학과 심리학에 대한 철학에서도 발생한다. 이러한 질문들에 대한 답변들은 수학 철학의 주요 이슈와 문제들에 대한 동기와 배경을 제공한다. 그것들 중 일부는 다음 장(chapter)에서 범위가 정해진다.

오랫동안 철학자들과 일군의 수학자들은 형이상학과 존재론 같은 철학적 문제들이 수학의 타당한 실행을 결정한다고 믿었다. 예를 들어, Plato은 수학의 주제–대상(subject–matter)이 영원하고, 변하지 않고, 이상적인 영역이라고 생각했다. 수와 기하학적 대상 같은 수학적 대상들은 창조되거나 파괴되지 않고, 변화될 수 없다(2장, §2 참고). **국가론**(*Republic*) 7권에서, 그는 수학자들은 그들이 무엇에 대해 말하고 있는지 모르고, 그렇기 때문에 수학을 그릇되게 한다고 불평했다.:

> [기하학에 대한] 과학은 그 숙련자들에 의해 사용되는 언어와의 직접적인 모순 속에 있다 … 그들의 언어는 대단히 우스운데 … 마치 무엇인가를 하고 있는 것처럼, 그리고 그 단어들이 행위를 가리키는 것처럼 말하기 때문이다 … [그들은] 제곱하고, 적용하고, 더하고 등을 [말한다] … 반면 사실은 영원한

> 주제의 진짜 대상(real object)은 … 어떤 때는 이것 또는 저것이 되고, 그리고 존재하기를 멈추는 어떤 것이 아니라, 영원히 존재하는 것 … 에 관한 지식이다. (Plato, 1961, Plato 출판물의 표준적인 번호 매기기로 527a)

사실상 Euclid의 **원론**(*Elements*)을 포함하여 고대 기하학의 모든 원천은 구성적인, 동적인 언어를 광범위하게 사용한다.: 선은 그려지고, 도형은 이동되고, 함수는 적용된다. 이 점에서, 관례는 오늘날까지 많이 변하지 않았다. Plato의 철학이 옳다면, 동적인 언어는 이치에 맞지 않다. 영원하고 변하지 않는 대상들(objects)은 구성과 움직임에 종속되지 않는다. 우리는 언제나 존재했던 선이나 원을 그릴 수 없다. 우리는 영원하고, 변하지 않는 선분을 취하여 반으로 자른 다음 그것들 중에 하나를 또 다른 도형 위에 옮길 수 없다.

누군가는 이런 논쟁이 용어법의 문제에 지나지 않는다고 생각할지 모른다. Euclid는 어느 두 점에 대해서도 그 두 점을 잇는 직선을 **그릴 수 있다**(*one can draw*)고 썼다. 플라톤주의자들(Platonists)에 따르면, 우리는 그런 것을 할 수 없다. 그러나 아마도 그들은 이 원리를 재해석할 수 있다. Hilbert의 **기하학의 기초**(*Grundlagen der Geometrie*) (1899)는 어느 두 점이든지 간에 그것을 잇는 직선이 **있다**(*there is*)는 플라톤주의식의 수정된(Platonistically Correct) 공리를 포함한다. 그들의 언어가 적절히 이해된다면 아마도 Hilbert와 Euclid는 똑같은 것을 말했을 것이다. Plato 자신은 기하학자들을 덜 '우스운' 용어로 해석하는 데 어려움을 별로 겪지 않았다. 그의 불만은 기하학이 아니라, 언어에 관한 것이었다.

그러나, 상황은 수학적 또는 철학적 기반에서 그렇게 간단하지 않다. 일단 보기에는(Prima facie), 각의 3등분 작도하기, 원과 같은 넓이의 정사각형 작도하기, 어떤 정육면체의 부피가 2배가 되도록 새로운 정육면체 작도하기와 같은 오래 지속된 문제들은 **존재**(*existence*)에 대한 질문이 아니다. 고대와 근대의 기하학자들은 예를 들어, 20° 각이 **있는지**(*there is*)를 궁금해 한 것인가 아니면 그런 각이 **작도될 수 있는지**(*can be drawn*), 그리고 그렇다면 어떤 도구들로 구현될 수 있는지를 궁금해 한 것인가?

20세기에, 직관주의(intuitionism)를 둘러싼 논쟁은 실행되는 수학에 대한 또 다른 철학적 도전의 분명하고 직접적인 예를 제공한다(7장 참고). 전통적인 직관주의자들(intuitionists)은 정확히 Plato의 반대편이었다. 수학적 대상은 정신적인 **구성물**(*constructions*)이고, 수학적 진술은 어쨌든 정신적인 구성을 나타내야만 한다고 주장하면서. 예를 들어, L. E. J. Brouwer (1948)는 다음과 같이 썼다.: '정리들을 엄격하게 오로지 내관적인(introspective) 구성에 의해서만 연역하는 관점에서 다루어지는 수학이, 직관주의 수학(intuitionistic mathematics)이라고 불린다 … [그것]은 고전적인 수학에서 벗어난다 … 왜냐하면 고전적인 수학은 알려지지 않은 참들의 존재를 믿기 때문이다.' 그리고 Arend Heyting (1956){은 다음과 같이 썼다.}: 'Brouwer의 프로그램은 … 정신적인 수학적 구성 그 자체에 대한 조사에 있었다 … 정신적인 수학적 구성물들에 대한 연구에서, "존재한다는 것"은 "구성된다는 것"과 동의어이어야만 한다 … 사실, 수학은, 직관주의자적 관점에서, 인간 정신의 어떤 기능들에 대한 연구이다.' 직관주의자들은 철학이 수학의 타당한 실행에 대해 영향력을 갖는다고 말한다. 매우 주목할 만하게, 그들은 흔히 배중률(law of excluded middle)이라고 불리는 것, 즉 어떠한 명제 Φ에 대해서든지, Φ가 참이거나 아니면 그렇지 않다 – 기호로는 $\Phi \vee \neg\Phi$ – 는 논제의 타당성을 부정한다. 직관주의자들은 배중률과, 그에 기반한 관련된 원리들은 수학적 대상의 초월적 존재성 그리고/또는 수학적 진술의 초월적 진리성에 대한 믿음의 징후라고 주장한다. 논쟁은 수학 전체를 통해 확장된다. 직관주의자에게, 모든 자연수가 어떤 성질 P를 가지는 것은 아니다 – $\neg\forall xPx$로 기호화됨 – 라는 명제의 내용은, P가 모든 수에서 성립함을 보이는 구성을 발견할 수 있다는 것을 논박할 수 있다는 것이다. P가 성립하지 않는 수가 존재한다 – $\exists x\neg Px$ – 는 명제의 내용은, 어떤 수 x를 구성하고 P가 x에서 성립하지 않는다는 것을 보일 수 있다는 것이다. 직관주의자들은 뒤의 명제, 즉 $\exists x\neg Px$가 앞의 명제 $\neg\forall xPx$을 함의한다는 것에 동의한다. 그러나 그 반대에 대해서는 난처한 기색을 보인다. 어떤 성질이 일반적으로 성립할 수 없다는 것을 그것이 성립하지 않는 수를 구성하지 않은 채 증명하는 것은 불가능하기 때문이다. Heyting은 실재론자(realist)는, 즉 수가 수학자와 독립적으로 존재한다고 굳게 믿는 사람은, 배중률과 관련된 추론들을 받아들일 것이라고 하였다. 실재론자의 관점에서, $\neg\forall xPx$의 내용은 단순히, P가 일반적으로 성립한다는 것이 거짓이라는 것이고, $\exists x\neg Px$은 P가 성립하지 않는 수가 존재한다는 것을 의미한다. 두 가지 표현 모두 수 그 자신들을 참조한다.; 두 가지 모두 수학자들의 지식-획득하기 능력과 관련된 어떤 것도 포함하지 않는다. 그러므로, 두 가지 표현은 동등하다. 한쪽은 다른 한쪽으로부터 표준적인 논리 체계를 통해 유도될 수 있고, 이른 바 **고전 논리**(*classical logic*)를 이룬다. 그래서 고전 논리의 타당성은 많든 적든 전통적인 철학적 숙고에 달려 있는 것으로 보인다. 수가 정신-독립적이라면 고전 논리는 적합해 보인다. 전술한 직관주자들은 수가 정신적인 것이기 때문에 고전 논리는 **직관주의의**(*intuitionistic*), 또는 때로 **구성적인**(*constructive*) 논리라고 불리는 것에 양보해야 한다고 주장한다.

이제 철학적 숙고를 하게 한다고 생각되는 다른 하나의 방법론적 싸움을 생각해 보자. 그것은 이 책에서 우리를 몇 번 사로잡을 것이다.[4] 수학적 개체의 정의는, 정의되는 개체를 포함하는 무리(collection)를 참조한다면, **비서술적**(*impredicative*)이다. 예를 들어, '최소 상계(least upper bound)'의 보통의 정의는 상계들의 집합들을 참조하고 이 집합의 한 원소의 특성을 기술하기 때문에 비서술적이다. Henri Poincaré는 비서술적인 정의의 정당성에 대해 수학적 대상은 수학자와 독립적으로 존재하지 않는다는 아이디어에 근거하여 체계적으로 공격하였다 (예를 들어, Poincaré 1906; Goldfarb 1988과 Chihara 1973 참고). 전통적인 철학적 용어에서, Poincaré는 실무한을 거부했다. 그리고 오직 감지할 수 있는 대안은 잠재적 무한이라고 주장하였다.

---

4) 다른 예로는 선택 공리(the axiom of choice)와 보편적 외연성(general extensionality)이 있다. Shapiro 1997: 1장 참고.

말하자면, 수학적 행위에 앞서 결정된, 모든 실수들의 정적인(static) 집합은 없다. 이런 관점에서, 비서술적인 정의는 악의적으로 순환적이다. 우리는 대상(object)을, 그것을 **이미**(*already*) 포함하는 무리를 사용하여 구성할 수 없다.

반대편으로 가 보자. Gödel (1944)은 수학적 대상의 존재에 대한 자신의 철학적 견해에 기반하여 비서술적인 정의를 명시적으로 방어하였다.

> 악순환(vicious circle)은 … 대상들이 우리 자신들에 의해 구성되는 경우에 한해 적용된다. 이 경우, 정의되는 대상이 속하는 전체를 지시하지 않는 … 정의가 분명히 존재해야만 한다. 왜냐하면 확실히 어떤 것의 구성은 구성될 그것이 속하는 전체적인 것들에 기반하지 않을 수 있기 때문이다. 그러나, 만약 그것이 우리의 구성과 독립적으로 존재하는 대상들에 대한 질문이라면, 구성원을 포함하는 전체의 존재가 이상할 것이 전혀 없다. 그것들은 오직 이 전체를 지시함으로써 묘사될(즉, 유일하게 특징지어질) 수 있다 … 부류(classes)와 개념(concepts)은 … 우리와 우리의 정의 및 구성과 독립적으로 존재하는 … 실재 대상(real objects)으로 생각될 수 있을 것이다 … 내게는 그러한 대상들을 가정하는 것이 물리적 물체들을 가정하는 것만큼이나 합당해 보인다. 그리고 그들의 존재를 믿을 만한 꽤 많은 이유가 있다.

이 실재론(realism)에 따르면, 정의는 대상을 구성하는 또는 다르게 말하면 만들어 내는 비법을 제시하지 않는다. 그보다는, 그것은 이미 존재하는 것을 특징짓거나 가리키는 방법이다. 그래서 비서술적인 정의는 악의적으로 순환적이지 않다. '최소 상계'는 더 이상 문제가 되지 않는다. 다른 '비서술적인' 정의들, 예를 들어 '동네 바보'가 동네에서 가장 멍청한 사람을 가리키거나, 또는 '마을 주정꾼'이 마을에서 가장 질 나쁜 알코올 중독자를 가리킬 때 사용되는 것만큼이나 {그렇다}.

이러한 예들에 의해 제안된 방향 설정은 철학이 어떤 깊은 형이상학적 의미에서 실행에 **앞선다**(*precedes*)는 것이다. 근본적인 수준에서, 철학은 실행을 **결정한다**(*determines*). 이 상황은 수학이 모두 무엇에 관한 것인지를 – 예를 들어, 수학적 대상들이 외적인 것이지 아니면 정신에 의존하는 것인지를 – 먼저 묘사하거나 발견하는 것이다. 이것은 수학이 되어져야 하는 방향을 정한다. 수학적 대상의 독립적인 존재를 믿는 사람은 배중률과 비서술적인 정의를 받아들일 것이다. 이 관점을 여기에서 **철학-우선 원리**(*philosophy-first principle*)라고 부르기로 하자. 그 아이디어는 우리가 무엇에 관해 말하는지를 먼저 이해하고, 오직 그런 후에 수학 자체에서 그것에 관해 무엇을 말할지를 이해한다는 것이다. 그래서 철학은 수학을 결정하는 고상한 임무를 맡는다. 전통적인 용어로, 그 견해는 철학이 수학과 같은 특별한 과학들을 위한 제일원리(first principles)를 제공한다는 것이다.

앞의 예들에도 불구하고, 철학-우선 원리는 수학의 역사에서 사실이 아니다. 직관주의적인 그리고 서술적인 수학이 여기저기에서 여전히 실행되어짐에도, 대부분에서는 고전 논리와 비서술적인 정의가 현대의 수학에서 철저하게 확립된다. 철학자들 사이의 계속되는 논쟁에도 불구하고, 수학에서 싸움은 실질적으로 끝났다. 위 시나리오에 따르면, 압도적으로 대다수의 수학자들이 Gödel의 것과 같은 실재론에 정착했다고 생각할 수 있을 것이다. 그러나, 어느 때에도 수학 커뮤니티는 철학의 모자를 쓰고 수학적 대상들이, 예를 들어 수가, 수학자들의 정신과 독립하여 실제로 존재한다고 판정하지 않았다. 그리고 **그 이유 때문에**(*for that reason*) 이전에 문젯거리였던 방법론에 종사하는 것이 확실히 괜찮다고 판정하지 않았다.

무엇인가 있다면, 그것은 주변의 다른 방향이다. 이 세기{20세기}의 전반부에는 해석학, 대수학, 위상수학 등 수학의 핵심 분야에서 (논쟁거리가 되는 다른 원리는 물론) 고전 논리와 비서술적인 정의의 역할에 대한 집중적인 연구가 있었다. 배중률과 비서술적인 정의는 이런 분야들의 실행에, 그것들이 동시에 발전해 왔기 때문에, 필수적이라는 것을 알게 되었다. 요컨대, 문제시되는 원리들은 실재론이 그것들을 찬성하기 때문에 받아들여지지는 않았다. 그게 아니라 그것들이 수학의 원활한 실행을 위해 필요했기 때문이다.

어떤 점에서, 수학자들은 그 원리들을 사용하지 않을 수 없었다. 그리고 가늠자를 통해 우리는 그것들이 없다면 수학이 얼마나 곤궁해지는지를 관찰한다. 많은 미묘한 구분이 이루어져야만 할 것이고, 정의들이 계속해서 구성적 또는 서술적 계통인지 확인되어야만 할 것이고, 수학자들은 언어에 면밀한 관심을 기울일 필요가 있을 것이다. 이러한 성가심은 부자연스럽고 비생산적이라는 것을 알았다. 결정적으로, 많은 중요한 결과들이 포기되어야 할 것이다. 수학자들은 귀결되는 그 체계에서 매력을 찾지 못한다.[5)]

Richard Dedekind의 자연수에 대한 논문 (1888)을 시작하는 그래프는 구성주의자(constructivist)의 관점을 분명히 거부한다. 거기에 각주가 있다.: '나는 이것을 명백히 언급한다. Kronecker가 얼마 전에 … 수학 … 에 대해 어떤 제한들을 가하려고 노력해 왔는데 나는 그것이 정당화될 수 있다고 믿지 않기 때문이다.; 그러나 탁월한 수학자가 이러한 제한들의 필요성이나 단순 편의성에 대한 자신의 이유를 발표하게 될 때까지 이 문제를 더 자세히 다루게 될 기회가 없을 것 같다.' 탁월한 수학자 Leopold Kronecker는 그 이유를 말한 바 있다. 그러나 그것은 철학적이었다. Dedekind는 왜 그 수학자가, 그처럼, 자신의 방법을 제지하려고 하는지 명백히 알고 싶어했다. 그는 명백히 철학이, 그 자체로, 이러한 이유를 제공하지 않는다고 생각했다. 그래서, Dedekind는 철학-우선 원리를 거부했다.

철학-우선 원리는 출판된 Gödel의 철학적 논문에서 주된 주제가 아니다. Gödel (1944)의 목적은 철학에 기반하여 이루어지는 수학적 원리에 대한 공격에 **응답하는**(*respond*) 것이다. 그의 논점은 그 방법론적인 비판이 채택할 필요가 없는 철학에 기반한다는 것이다. 다른 철학들은 다른 원리를 지지한다. Gödel은 실행에 앞선 제일원리를 근거로 하여 실재론을 찬성하는 주장을 펴지 않았다. 그의 철학적 논문들 (1944와 1964)은 실재론에 대한 명료한 표현들을 포함한다. 그리고 실재론은 수학의 실행에 잘 부합한다는 논점,

5) 정의가능성(definablity)에 대한 비슷한 고찰에 대해서는 Maddy 1993을 참고할 수 있다.

그리고 아마도, 실재론은 이 실행에 좋은 길잡이를 제공한다는 논점도 포함한다. Gödel은 수학적 대상의 존재 사례가 물리적 대상의 존재 사례와 정확히 평행하다는 견해로 소문나 있다 (8장, §1 참고). 그의 요점은, 나도 받아들이는데, 우리는 명확히 표현되고 성공적인 (수학적 그리고 물리적) 이론을 기초로 하여 양쪽의 결론을 이끌어 낸다는 것이다. 이것은 철학-우선이 아니거나 또는 반드시 철학-우선인 것은 아니다.

어떤 철학자들은 철학-우선이 수학사와 맞지 않는다는 사실을 (만약 그것이 사실이라면) 무시하려는 경향이 있다. 그들은 실제의 '데이터'와 역사를 인정한다. 그리고, 수학은 철학에 의해 특색 지워져야만 한다는 규범적인 주장을 옹호한다. 그리고 Plato, Brouwer, Poincaré, Kronecker 등과 함께, 정당한 철학적 제일-원리를 무시하거나 어기는 수학자들에 대해 비판적이다. 이 철학자들 중 일부는 현대 수학의 부분들이 앞뒤가 맞지 않는다고 주장한다. 흠 있는 실제와 함께 기꺼이 나아가는 실행자들은 눈치 채지 못했지만 {말이다}. 규범적인 주장을 추구하기 위해, 철학자는 수학의 목적인(telos)을 공식화할(formulate) 수 있을 것이다. 그리고 나서 {그들은} 수학자들이 이 목적인을 받아들이지 않지만 그래야 한다거나 또는 그렇지 않으면 수학자들이 암묵적으로는 그 목적인을 받아들이지만 그것을 쫓는 방식으로 행동하지 않는다고 주장할 수 있을 것이다. 우리는 {이} 역행을 멈추어도 좋다. 그렇지 않으면 무엇이 '수학'으로 불려야 하는지에 대한 말다툼에까지 이를지 모른다.

아마도 대다수일, 다른 철학자들은 단지 철학-우선이 실제와 맞지 않기 때문에 거부한다. 그들은 수학 철학의 목표는 수학(*mathematics*)에 대해 정합적인 설명을 하는 것이고, 좋든지 싫든지 간에, 수학은 수학자들이 하는 것이라고 주장한다.

이 전체적이고, 메타-철학적인 문제에 대한 어떤 이의 방향 설정이 – 단지 수학에만 한정된 이슈가 아닌 – 일군의 현대 철학 문헌에 대한 그의 반응을 결정한다. 하나의 중심 아이템은, 무모순인(consistent) 것 또는 정합적인(coherent) 것이 무엇인지에 대해 철학자가 숙고해 얻은 설명에 따를 때, 현대 수학이 (또는 다른 어떠한 것이든지 간에 그것이) 내적으로 무모순이거나 또는 다르게 말하면 정합적인 정도가 얼마 만큼인가 하는 점이다. 누구의 기준이 중요한가? Lewis Carroll의 Humpty Dumpty가 이렇게 말할 지도 모르지만, 누가 지휘하는가?

하나의 예를 들면, Michael Dummett (예를 들어 1973)는 언어의 학습 가능성(learnability)과 의사소통 수단으로서의 언어의 사용에 대해 숙고하게 하였다. 한 가지 결론은 배중률은 일반적으로 타당하지 않고 고전 논리는 직관주의 논리로 대체되어야 한다는 것이다 (7장, §3 참고). 물론 Dummett는, 만약 언어에 관해 자신이 옳다면 현대 수학의 실행은 흠을 – 심지어 비정합성을 – 갖게 된다는 것을 알고 있었다. 철학-우선 경향의 사람들은 언어에 대한 Dummett의 논점을 심각하게 받아들일 것이다. Demmett가 옳고 거의 모든 수학자들이 비정합적이거나 적어도 일상적이고 체계적인 토대 하에 나쁜 실수를 하고 있다는 것이 실제로 가능하다. 다른 한편, 철학-우선에서 먼 경향의 반-수정주의(anti-revisionist) 철학자들은 대개는 언어에 관한 Dummett의 고찰을, 아마도 손 쓸 수 없는 것으로, 거부할 것이다. 그들은 언어에 관한 Dummett의 논점이, 수학의 수정을 요구한다면, 잘못된 것임에 **틀림없다**(*must*)고 주장한다. 수사적으로 질문하면 다음과 같다.: 무엇이 더 안전하고 그리고 더 옳을 수 있을 것인가, 실행되는 수학인가 아니면 언어에 대한 Dummett의 철학인가? 문제를 보다 중립적으로 말하자면, Dummett는 현대 수학이 특정 종류의 정당화를 받아들이지 않는다고 주장한다. 반-수정주의자는 이에 동의할 수 있겠지만, 그러나 곧 수학은 그 정당화가 필요 없다고 덧붙일 것이다.

간략하게 철학-우선의 정 반대를, 즉 철학이 수학과 무관하다는 논제를 생각해 보자. 이 관점에서, 수학은 어느 철학적 숙고와도 매우 독립적인 자신만의 생명을 갖는다. 철학적 견해는 수학에 기여하는 바가 전혀 없고, 최악의 경우에는 의미 없는 궤변, 즉 바깥사람들의 종잡을 수 없는 (미수에 그친) 쓸데없는 참견이다. 기껏해야, 수학 철학은 수학의 부끄러운 하녀이다. 그것의 구실이 있다면, 그때까지 실행된 것으로서의 수학에 정합적인 설명을 주는 것이다. 철학자는, 수학의 발전이 자신의 작업과 충돌을 일으키게 되면, 그것을 손 쓸 수 없는 것으로 폐기할 준비가 되어 있어야 한다. 이것을 **어쨌든-철학-후순**(*philosophy-last-if-at-all*)이라고 부르자.

철학-후순(philosophy-last)을 변호할 때, (유감스러운) 사실은, 많은 수학자들이, 아마도 대부분이, 철학에 거의 관심이 없다는 것이다. 그리고 그들의 분야를 실행하고 더 정연하게 하는 것은, 결국 그 수학자들이다. 좋든 싫든 간에, 그 학문 분야는 철학자들의 숙고와는 전혀 관계없이 계속된다.

철학자들에게 철학-후순에 대한 정감이 있다는 것은 어쩌면 아이러니하다. Vienna Circle 멤버들의 저술들은 전통적인 철학적 질문들, 특히 형이상학에서의 것들에 대항하는 견해들을 포함한다. 예를 들어, Rudolf Carnap은 수학적 대상들의 실재 존재(real existence)에 대한 철학적 질문들은 수학의 언어 '외부의' 것이고, 이런 이유에서 단지 '가짜-질문들'이라고 주장했다 (5장, §3 참고).

나는 반-수정주의자가 수학이나 수학자들을 찬미하려는 뜻을 품고 있지 않을 것이라고 생각(또는 적어도 희망)한다. 어떤 실행도 신성불가침하지 않다. 틀리기 쉬운 인간 존재로서, 수학자들은 이따금씩 실수를, 심지어 체계적인 실수를 한다.; 그리고 어떤 실수들은 철학으로 인지할 수 있는 것을 통해서 밝혀진다. 그래서 아마 합리적인 반-수정주의자의 입장은 수학에서 사용되는 어떤 주어진 원리들도 초기적으로(by default) 옳다고 간주되지만 교정 불가능하지는 않게 그렇다는 것이다. **대부분**(*bulk*)의 수학의 정확성은 잘-확립된, 높은-수준의 이론적 원리이다. 수학의 엄청난 성공이 – 고전 논리, 비서술적인 정의 등을 포함하여 – 있었기 때문에, 그것을 몰아내는 것은 행운(*lot*)을 거두어들이는 일일 것이다. 철학자 자신의 직관적인 믿음에 대한 어느 정도의 성찰, 또는 보통의 언어에 대한 관찰의 일반화는 확립된 수학을 전복시키지 못할 것이다. 그 기저에 있는 아이디어는 과학자들과 수학자들이 보통은 자신들이 무엇을 하는지 안다는 것, 그리고 그들이 하는 것은 흥미롭고 그럴 만한 가치가 있다는 것이다.

아마도 철학-우선과 어쨌든-철학-후순은 지나치게 첨예한 차이를 조장한다. 앞에서 보았듯이, 어떤 수학자들은 철학에 관심이 있었고, 그것을 적어도 자신들의 연구의 안내자로서 사용했다. 철학적 제일원리가 없다고 하더라도, 철학은 수학적 연구의 방향을 정할 수 있다. 예를 들어, Paul Bernays (1935)는 철학-후순을 거부한 것으로 보일 수 있다. 그가 '플라톤주의적으로 영감 받은 수학적 개념화의 가치는 단순함과 논리적 강점에서 눈에 띄는 모델을 제공한다는 점이다.'라고 썼을 때 {그렇다}. 어떤 이들은 수학이 고도로 전문화되고 방향 잃은 일련의 분야들이 되어 왔다고 주장한다. 심지어 관련된 분야의 전문가들도 서로의 연구를 이해할 수 없다. 철학이, 비록 제일원리를 주는 것은 아니더라도, 방침과 방향을 정하는 것을 도울 수 있을지 모른다.

두드러진 예로, Gödel은 1차(first-order) 논리의 완전성과 산술(arithmetic)의 불완전성 양자의 발견에서 자신의 실재론이 중요한 요소였다고 주장했다. 그 완전성 정리는 Thoralf Skolem의 결과들 중 일부로부터 쉽게 따라오는 것이다. 그러나 Skolem은 그 결론을 이끌어 내지 않았다. 그 이유는 Skolem과 Gödel이 수학에 대해 갖고 있던 서로 다른 방향 설정에서, 즉 느슨하게는 철학적이라고 평할 수 있을지 모르는 방향 설정에서 그 흔적을 발견할 수 있다.[6)]

---

6) Wang 1974에 게재된 Gödel이 Hao Wang에게 보내는 편지와, 완전성 결과들에 대해 Burton Dreben과 Jean van Heijenoort가 쓴 Gödel 1986의 서문을 참고할 수 있다. 또 Gödel 1951도 참고할 수 있다.

우리는 철학-우선, 철학-후순, 또는 그-사이의-철학에 대한 이슈를 여기에서 해결하지 않을 것이다. 십중팔구, 철학-후순의 극단적인 버전(version)에 경도되어 있는 사람들은 이 책의 주제에서 재미있는 것을 발견하지 못한다. 아마도 나머지 우리들은 철학자들이, 다른 분야의 동료들의 흥미를 넘어서는, 그들 자신만의 흥미를 가지고 있다는 것에 동의할 수 있다. 그리고 그러한 흥미의 추구는 재미있고 그럴 만한 가치가 있다. 수학에 대한 철학자들의 연구는 수학자들의 그것과 합쳐져야 한다. 그러나 적어도 그 일부는 다른 연구이다. 철학과 수학은, 어느 하나가 다른 것의 우위에 있지 않은 채로, 친밀하게 서로 연관되어 있다. 이 견해에서, 수학을 하는 바른 방법이 진실된 철학의 직접적인 귀결(consequence)이 아니고, 수학에 대한 바른 철학이 실행된 것으로서의 수학의 직접적인 귀결이 아니다.

철학자들의 일은 우리의 지적 삶에서 수학과 그 지위에 대해 해명하는 것이다. 수학의 주제-대상은 무엇인가 (존재론)? 수학의 주제-대상과 과학의 주제-대상 사이의, 저토록 광범위한 적용과 서로를 풍성하게 하는, 관계는 무엇인가? 우리는 어떻게 수학을 해 내고 알아 낼 수 있는가 (인식론)? 수학은 어떻게 가르쳐지는가? 수학적 언어는 어떻게 이해되어야 하는가 (의미론)? 요컨대, 철학자들은 수학에 관한 무엇인가를, 수학의 응용에 관한 무엇인가를, 수학적 언어에 관한 무엇인가를, 그리고 우리들 자신에 관한 무엇인가를 말해야 한다. 제일원리를 세우는 것이 아니더라도, 어려운 일이다.

내가 보기에, 수학 철학의 주요 목적은 수학을 **해석하는**(*interpret*) 것이다. 그리고 그것에 의해서 전체적인 지적 기획에서의 수학의 지위를 밝히는 것이다. 반-수정주의에 따르면, 우리가 해석하는 것은, 사전의(prior) 철학적 이론이 수학이란 이래야 한다고 말하는 내용이 아니라, 바로 **수학**(*mathematics*)이다. 일반적으로, 해석은 비판을 포함할 수 있고 그래야 한다. 그러나 반-수정주의에 따르면, 비판은 밖으로부터 – 인지된 제일원리로부터 – 오지 않는다. 수정주의자는, 아마 철학-우선에 속박되어 있을 그는, 실행된 것으로서의 수학은 정합적인 해석을 가지고 있지 않다고 주장할 수 있을 것이다. 그는 수학을, 그 고유의 기능은 유지하면서, 보다 좋은 토대에 세우기 위해 수정 또는 교체를 제안한다. 여기에서 우리는 이 점에 대해 중립을 유지할 것이다. 다양한 주요한 입장들을 다루며 살펴보기 위해서 {말이다}.

아마도 모든 분파들은 수학 철학이 수학에 관심을 갖고 지적 기획에서 그 역할을 이해하기를 원하는 사람들에 의해 이루어져야 한다는 것에 동의할 수 있을 것이다. 수학 철학을 채택하는 수학자는 그것에 의해 무엇인가를, 연구를 위한 방향 설정을, 그 전망과 역할에 대한 어떤 통찰을, 적어도 그 방향에 대한 잠정적인 안내를 얻어야 한다. – 어떤 종류의 질문이 중요한가, 어떤 질문이 제기되어야 하는가, 어떤 방법론이 합리적인가, 무엇이 성공할 것 같은가 등등을.

3. 자연주의와 수학

Quine (1982: 72)은 **자연주의**(*naturalism*)를 '철학 우선이라는 목적의 포기', 그리고 '과학 자체 안에서 … 실재(reality)가 확인되고 묘사되어야 한다는 인식'으로 특징짓는다 (Quine 1969도 참고). 이 관점에서, 주요한 인식론적 문제는 어떻게 물리적 세계 안의 자연적 유기체인 인간이 우리를 둘러싼 세계에 관해 무엇인가를 알 수 있게 되는지를 판정하는 것이다. Quine류의 자연주의자(naturalist)는 과학이 이것에 대해 가장 그럴 듯한 윤곽을 갖고 있고, 그래서 인식론은 과학, 궁극적으로 물리학과 연속적이어야만 한다고 말한다. 하나의 슬로건(slogan)은 인식론은 인지 심리학의 한 갈래라는 것이다. 우리 인간이 주장하는 어떤 지식도 인식자로서의 우리 자신에 대한 최선의 심리학적인 설명과 일관되어야만 한다. 똑같은 것이 존재론과 다른 어떤 정당한 철학적 탐구에도 적용된다.: '자연주의적인 철학자는 물려받은 진전 중인 세계 이론 안에서 자신의 추론을 시작한다 … [그] 물려받은 세계 이론은 주로 과학적인 것, 과학적 기획의 현재 생산물이다.' (Quine 1981: 72).

어떠한 형태로든, 자연주의는 철학자들 사이에서 인기가 있어왔다. 특히 북아메리카에서 Quine의 영향력은 매우 대단하다. 나는 이 장(chapter)을 그 수학 철학의 파급 효과들에 대한 몇 가지 언급으로 마친다. 이 주제는 이 책 전체를 통해 다시 나타난다.

명백한 것을 다시 언급하면, Quine의 자연주의는 내가 철학-우선이라고 부른 것에 대한 거부를 수반한다. 자연주의자는 물상 과학(physical science, 物象科學)을 '틀리기 쉽고 바로잡을 수 있는, 그러나 어떤 초-과학적 심판에 대해서도 대답할 책임이 없고, 관찰과 가설-연역적 방법 이상의 어떤 정당화의 필요도 없는, 실재(reality)에 대한 탐구로' 본다. 누군가는 핵심 메시지를 어쨌든-철학-후순의 승인으로 해석할 수 있을 것이다. 그러나 Quine은 그렇게 멀리 가지 않는다. 그는 과학과 적어도 철학의 부분들을 이음매 없는 '신념의 망(web of belief)'으로 간주한다. 실행된 것으로서의 과학에서 **완전히**(*totally*) 벗어난 철학적 견해는 거부되어야 – 장애물은 없애 버려야 – 한다. 그러나 흐릿한 경계를 따라가거나 건너는 교섭은 격려되어야 한다. 그의 영향력 있는 책 **단어와 대상**(*Word and Object*) (1960)의 제사(epigraph, 題詞)가 Otto Neurath (1932)에서의 다음 인용이다. '우리는, 건선거(dry dock, 乾船渠)에서 선박을 분해하여 가장 좋은 부품들로 그것을 다시 건조할 수 없는, 열린 바다에서 선박을 재건해야 하는 뱃사람과 같다.' Quine은 Neurath의 글의 다음과 같은 그 다음 문장을 포함시키지 않았다.: '형이상학만이 흔적 없이 사라질 수 있다.' 적어도 형이상학의 부분은 과학이라는 '선박'의 중요한 부분이고 그것으로부터 쫓아낼 수 없다.

만약 Neurath의 선박이라는 Quine의 은유가 심각하게 받아들여진다면, 철학-우선과 철학-후순에 대한 질문은, 그것의 의미는 아니더라도, 그 영향력의 대부분을 잃는다. 철학의 남아있는/합당한 부분이 (수학 또는 다른 어떠한 것이든 그것과 비교하여) 우선인지, 후순인지, 또는 사이인지를 결정할 수 있기에 앞서, 우리는 철학을 신념의 망으로부터 분리해 내야 한다.

잘 알려진 것처럼 Quine은 우리는 그런 것을 할 수 없다고 주장한다 (Resnik 1997: 6-7장도 참고). 즉, 철학의 큰 부분들은 본질적으로 과학적 기획의 부분(*part*)이라는 것이다. 이것이 자연화된 철학이다.

그 수학 철학과 관련하여, 과학에 대한 Quine의 초점에는 중요한 아이러니가 있다. 현대 경험주의자인 Quine에게, 과학/철학 기획을 추진시키는 목적은 감각 경험을 설명하고 예견하는 것이다 (Quine의 경험주의에 대한 더 많은 설명은 8장, §2 참고). 그는 과학은 이것에 대한 그럴 듯한 윤곽만 갖는다고 말한다. 그리고 수학(*mathematics*)을 과학/철학 기획을 위해 필요한 정도까지만 받아드린다 (아마도 '사태를 마무르기(rounding things out)' 위해, 삽입되는 약간 정도 더 많은 수학과 함께). 그는 경험 과학을 지원하는 이러한 역할을 넘어서는, 고급 집합론과 같은 수학의 분야들을 (사실로) 받아들이지 않는다. 즉, Quine은 만약 수학의 부분이 감각 지각(sensory perception)과 관계된 과학적 망의 부분들에서 추론적 역할 (그러나 간접적인)을 하지 않는다면, 그 부분은, Occam의 면도날을 통해, 버려져야 한다고 주장한다. 그래서 Quine은, 수학과 과학에 대한 이 종합적인 철학에 기반하여, 수학자들에게 제의한다. 예를 들어, 그는 집합론이 'V=L'이라고 불리는 어떤 원리를 채택할 것을 제의한다. 얻게 되는 이론이 깨끗하고 그래서 아마도 적용하기에 더 쉽기 때문이다. 우리는 대부분의 집합론 학자들 (set theorists)이 이 원리에 회의적이라는 사실을 모른 체 할 것이다. 여기에서 Quine의 논점은 과학/철학-우선이기는 하지만, 수학에 대한 철학-우선의 정신 안에 있다.

자연주의에 대한 Penelope Maddy의 (1997) 버전은, Quine이 과학자에게 하는 것과 비슷하게, 수학자를 공경하는 태도를 권한다. 논점은, 부분적으로, – 실행된 것으로서의 – 과학적 신념의 망은 Quine이 말하는 것처럼 이음매 없지 않다는 것이다. 자연과학이나 수학의 모든 분야들을 아우르는 지배적인 하나의 이론은 없다. 수학은 여러 세기 동안 성공적이라는 것을 증명해 온 자기만의 방법론을 가진다. 수학의 성공은, 과학적인 말들이 아니라,

수학적인 말들로 평가된다.

Quine에 대항하여, 수학자들이 자연과학에 응용되는 것으로 알려진 그런 분야들만 진지하게 연구한다면, 우리가 오늘날 알고 있는 수학의 많은 것을 가지고 있지 못할 것이고, 또 우리가 오늘날 가지고 있는 과학(*science*)의 전부를 가지고 있지 못할 것이라고 주장할 수 있을 것이다. 과학사는 '순수' 수학의 분야들이 결국에는 과학에서 응용을 발견한 사례들로 가득하다. 다른 말로 하면, 과학적 기획의 전체적인 목표는, 자신들의 방법론으로 자신들의 분야를 추구해온 수학자들의 공헌으로 잘 달성되어 왔다.

이 논점은 Quine의 종합적인(overall) 전일적 경험주의(holistic empiricism)의 틀 내부에 영향력을 갖는다. 그는 수학은 오직 과학을 돕는 한에서만 중요하거나 정당하다고 주장한다. 우리가 '도움'을 큰 범위에서 본다면, 수학자들이, 필요하다면 과학을 무시하면서, 그들 자신의 기준에 의해 나아가게 함으로써 과학이 훌륭히 도움을 받아 왔음을 안다. 그래서 우리는, 수학을 그 망의 합당한 부분으로 받아들일 수 있기 전에, 수학의 일부와 감각 경험 사이의 직접적인 추론적 연관을 필요로 하지 않는다. 어느 경우이든, Maddy는 Quine의 모든 것에 우선하는 전일주의(holism)를 찬성하지 않는다. 그녀는 신념의 망에서 그 이음매들을 문제 삼아, 우리가 수학을 정당화하기 위해, 국지적으로든 또는 전체적으로든, 과학과의 궁극적인 연결이 존재한다는 것을 보여야만 하는 것은 아니라고 주장한다. 수학은 과학 또는 철학에 비판이나 정당화를 기대하지 않는다.

그래서 Maddy는 Quine의 경험주의에 이의를 제기한다. 신념의 망 – Neurath의 선박 – 안에 있는 이음매는 감각 경험의 예견과 통제를 넘어서 존재하는 합당한 목적이 있다는 것을 암시한다.

점성술의 옹호자는 점성술이 그것 자체의 말들로 (그런 말들이 무엇이든지 간에) 성공을 보여 왔다고 비슷한 주장을 할 수 있을 것이다.[7] 그것이 수학과 똑같은 자율권과 지지를 받는가? Quine과 Maddy의 자연주의는, 한편으로 점성술의 부류들에 대해 취하는 그리고 다른 한편으로 수학과 과학에 대해 취하는 차등적인 태도에 대한 과학 범위-밖의 그리고 수학 범위-밖의 **정당화**(*justification*)를 할 필요가 없다고 조언한다. 합당한 과학 범위-밖의 (또는 수학 범위-밖의) 법정이 없다는 것을 기억하라. 보통의 과학적 판단 기준이면 점성술을 거부하기에 충분하다. 아마 차등적인 태도를 **설명할**(*explain*) 필요도 없다. 그러나, 우리는 전체적인 신념의 망에서 수학의 역할에 호소할 수는 있다. Maddy를 따라 수학의 자율권과 조화한다는 것이 수학과 과학의 깊은 관련성을 무시하는 것은 아니다(2장, §3 참고).

요컨대, Quine에게처럼 Maddy에게도, 철학-우선에 대한 거부는 확고하다. 철학은 수학을 비판하지 않는다. 철학은 또한 수학을 정당화지 않는다. 오직 수학이 그것을 한다. 앞에서와 같이, 어쨌든-철학-후순이 따라 나오지도 않는다. Maddy (1997: 3장)는 '수학과 연속적인' 전통적인 철학의 그러한 부분들과, 수학의 바깥에 있지만 '과학과 연속적인' 부분들, 그리고 과학과 수학 전체의 바깥에 있는 부분들을 구분한다. 이 부분들 사이의 경계가 분명하지는 않더라도, 오직 첫 번째 그룹의 아이템들만이 수학의 방법론을 묘사하는 (또는 비판하는 또는 향상시키는) 가장 중요한 작업에 영향을 미친다. 마지막 그룹의 아이템들은 – 수학과 과학 바깥의 것들은 – 철학-우선으로서, 거부되는 전통적인 철학의 측면들이다. {그것들은} 흔적 없이 사라진다. 중간 그룹은 – 수학의 바깥에 있으면서 과학과 연속적인 부분들은 – Quine의 '자연화된 철학'을 포함한다.

이 이슈는, 내가 보기에, 철학의 일부가 수학 또는 과학을 정당화하거나 기초지울 것으로 기대되는 정도와 관계되고, 철학이 과학적이거나 과학과

---

7) 표면상으로, 과학과 점성술은 같은 목적을 갖는다. 즉 예견. 그래서 그것들은, 적어도 원칙적으로는, 공통 기준에 의해 비교될 수 있다. 중립적인 관찰자는 그 예견들을 정밀하게 만들고, 그런 다음 그 성적을 비교할 수 있을 것이다. 물론, 점성술사들은 그들의 '분야'를 표준적인 과학적 테스트에 맡기지 않는다.

'연속적인' 정도와 그렇게 많이 관련되지는 않는다. 아마도 이것은 용어상의 선호와 거의 비슷한 것이다. 왜냐하면 Maddy와 Quine의 포화의 대부분은 철학-우선을, 즉 철학이 수학을 위한 궁극적인 정당화를 제공한다는 아이디어를 목표물로 했기 때문이다.

제 2 장

갖가지 질문들과 시도되었던 답변들

이 장(chapter)의 목적은 수학 철학을 설명하는 이 기획에서 그 주요 문제들과 그 주요 입장들 중 일부의 윤곽을 그려보는 것이다. 전체적인 지적 기획에서 – Neurath의 선박에서 – 수학의 지위를 밝히기 위해 수학 철학은 어떤 질문에 답해야만 하는가? 어떤 종류의 답변들이 제안되어 왔는가?

1. 필연성과 선험적 지식

과학에 대한 일상적인 조사는 수학이 지식을 얻으려는 우리의 최선의 노력들 중 많은 것들과 관련됨을 보여준다. 그래서, 수학 철학은, 많은 부분에 있어, 인식론(epistemology) – 인지(cognition)와 지식(knowledge)을 다루는 철학의 분야 – 의 갈래이다. 그러나, 수학은 적어도 다른 인식적 노력들과 달라 보인다. 특히, 과학 추구의 다른 측면들과 달라 보인다. 기초 수학 명제들은 과학적 명제들이 지닌 우연성을 갖지 않는 듯 보인다. 직관적으로, 태양에 딸린 행성이 아홉 개이어야만 하는 것은 아니다. 일곱 개였을 수도 있고, 또는 전혀 없었을 수도 있다. 중력은 제곱-역수 법칙을, 근사적일지라도, 따라야만 하는 것은 아니다. 대조적으로, 7 + 5 = 12와 같은 수학 명제들은 때로 **필연적 참**(*necessary truths*)의 전형(paradigms)이라고 말해진다. 그것들은 분명히 다른 것이 될 수 없다.

과학자는 자신의 더 근본적인 논제들이 거짓일 수 있음을 기꺼이 인정한다. 이 겸손함은 오래 지속된 깊은 믿음이 버려지게 되었던 과학 혁명의 역사에 의해 지지된다. 수학에 대해서도 똑같은 겸손함을 진지하게 주장할 수 있는가? 수학적 귀납법이 자연수에 적용된다는 것을 의심할 수 있는가? 7 + 5 = 12임을 의심할 수 있는가? 핵심적인 오래 지속된 수학적 믿음을 버려야 했던 **수학적**(*mathematical*) 혁명이 있었는가? 도리어, 수학의 방법론은 과학의 방식과 같이 개연적인 것으로 보이지 않는다. 수학적 진술의 개연성에 대한 정합적인 개념이나 존재하는가? 적어도 언뜻 보기에는, 귀납법의 원리, '7 + 5 = 12', 소수(prime numbers)의 무한성 등은 중력의 원리보다 더 견고하고, 그것과는 다른 종류의 것이다. 과학과 달리, 수학은 **증명**(*proof*)을 통해 나아간다. 성공적인 정확한 증명은 모든 합리적인 의심을, 모든 분별 있는 의심까지는 아니지만, 제거한다. 수학적 증명은 그 가정이 논리적으로 그 결론을 함의함을 보여야 한다. 가정이 참이면서 결론이 거짓인 것은 가능하지 않다.

어느 경우이든, 대부분의 사상가들은 기초 수학 명제들이 높은 수준의 확실성을 갖는다는 것에 동의한다. 어떻게 그것들이 거짓일 수 있는가? 어떻게 그것들이 어떤 이성적 존재 – 모든 것이 의심되어져야 한다고 주장하는 전반적 회의론자를 제외하고 – 에 의해 의심될 수 있는가? 수학은 하여간 모든 종류의 추리에 필수적인 것으로 보인다. 철학적 사고 실험의 일부로서, 기초 수학에 대해 의심해 본다면, 도대체 생각을 해 나갈 수 있기나 한가?

'선험적(a priori)'이라는 어구는 '경험 이전의' 또는 '경험과 독립적인'과 같은 것을 의미한다. 이것은 인식적 개념이다. 어떤 명제에 대해 그 지식이, 어떠한 경험이든지 '실제 세계(the actual world)의 사건들이 거치는 특정한 경로에 대한 경험'에 근거하지 않으면, 그 명제를 **선험적으로 알려진**(*known a priori*) 것이라고 정의한다 (Blackburn 1994: 21). 그 명제에 수반 된 개념을 파악하기 위해 경험이 필요할 수 있지만, 세계에 대한 다른 특정한 경험을 필요로 하지는 않는다. 명제는 만약 그것이 선험적으로 알려지지 않으면 **후험적**(*a posteriori*) 또는 **경험적**(*empirically*)으로 알려진다. 즉, 명제는 그 지식이 세계가 어떻게 전개되는 지에 대한 경험에 기반하면 후험적으로 알려진다.

참인 명제 자체는, 그것이 선험적으로 알려질 수 있으면, 선험적이다. 그리고 그럴 수 없다면 후험적이다. – 만약 세계에서의 경험이 (그 개념들을 파악하기 위해 필요한 것을 넘어서서) 그 명제를 알게 되기 위해 필연적이라면 {말이다}.

후험적 명제의 대표적인 예가 '그 고양이가 그 매트 위에 있다'와 '중력은 근사적으로 제곱-역수 법칙을 따른다'이다. 우리가 살펴보게 되듯이 (4장, §3; 8장, §2), 어떤 철학자들은 선험적 지식이 존재하지 않는다고 주장한다. 그러나 나머지 {철학자들}에게는, '모든 붉은 물체는 색이 있다'와 '어떤 것도 전체적으로 완전히 붉으면서 동시에 전체적으로 완전히 녹색이지 않다'가 전형적인 선험적 명제들에 포함된다. 아마도 가장 많이 언급되는 예들은 지금 우리의 초점인, 논리와 수학의 명제들이다. 수학은 과학의 방식인 관찰에 근거하지 않는 것으로 보인다.

그래서 완전한 수학 철학이라면 그런대로 명백한 수학의 필연성과 선험성을 의무적으로 해명해야 한다. 아마도, 정직한 방법은 필연성과 선험성의 개념을 분명히 하고, 그런 다음 그것들이 어떻게 수학에 적용되는지를 보이는 것일 것이다. 이것을 '전통적인 방법'이라고 부르기로 하자. 이것은 사물들은 보이는 대로와 같다는 격언을 따른다. 전통적인 방법의 부담은 어떤 것이 필연적이고 {그것을} 선험적으로 알 수 있다는 것이 정확히 무엇인지를 밝히는 것이다. 현재의 풍토에서, 이러한 개념들이 충분히 분명하고 뚜렷하다고 어느 누구도 정당하게 주장할 수 없다. 철학자가 필연성과 선험성이라는 쌍둥이 개념을 불러낼 것이라면 불러내어지고 있는 것이 무엇인지 말해야만 한다.

중요한 긴장이 전통적인 상황 안에 있다. 그 견해에서, 수학은 필연적이고 선험적으로 알려질 수 있다. 그러나 수학은 물리적 세계와 관계가 있는 무엇인가(*something*)를 갖는다. 언급했듯이, 수학은 세계에 대한 과학적 접근에 필수적이다. 그리고 과학은 어느 것이고 경험적이다. – 합리주의에도 불구하고. 그러면 어떻게 보통의, 경험적 지식-획득하기에서 필연적 참에 대한 선험적 지식이 등장하는가? 산술과 기하학이 '선험적으로 종합적(synthetic a priori)'이라는 Immanuel Kant의 논제가 이러한 수학의 특징을 조화시키려는 영웅적인 시도였다 (4장, §2 참고). Kant에 따르면, 수학은 지각의 형식(forms of perception)과 관계가 있다. 그것은 우리가 물질적 세계를 지각하는(perceive) 방법에 관계한다. 유클리드 기하학은 공간적 직관의 형식에 관계하고, 산술은 공간적 그리고 시간적 직관의 형식에 관계한다. 그런 까닭에 우리가 세계를 다른 어떤 방식으로 조직할 수 없기 때문에 수학은 필연적이다. 우리는 세계를 이러한 직관의 형식으로 지각**해야만 한다**(*must*). 다른 형식들은 우리가 이용할 수 없다. 수학적 지식은 지각적 직관(perceptual intuition)의 형식을 파악하기 위해 세계에서의 어떤 특수한 경험을 필요로 하지 않기 때문에 선험적이다.

거칠게 줄잡아 말하면 Kant의 견해는 영향력이 있었고 아직도 영향력이 있다. 그러나 수학에 대한 그의 견해는 거의 시작부터 문제가 있어 보였다. Kant 학파는 어떤 어려운 문제들과 선험성이나 필연성과 같은 모호한 개념들을 훨씬 더 어려운 직관에 관한 문제들과 맞바꾼 책임이 있을지 모른다. Alberto Coffa (1991)는 19세기 동안의 서양 철학의 의제에서 주요 아이템은 수학의 (그런대로) 명백한 필연성과 선험적 본질을, 그리고 수학의 실용성을, Kant 학파의 직관을 빌리지 않고 설명하는 것이었다라고 지적했다. 이 의제 아이템은 오늘날에도 살아 있다.

다른 선택은 철학자가 수학적 원리들이 필연적이거나 선험적으로 알려질 수 있는 것이 아니라고 주장하는 것이다. 아마도 어떤 명제도 이러한 영예를 누릴 수 없기 때문이라고 하면서 {말이다}. 어떤 경험주의자들은 이 비-전통적인 선택이, 선험성을 거부하거나 엄격하게 제한한다는 점에서, 매력적이라고 느낀다. 오늘날 이 견해는 주로 W. V. O. Quine의 자연주의/경험주의의 영향력 아래에 있는 북아메리카에서 그 어느 때보다 평판이 좋다 (1장,

§3 그리고 8장, §3 참고). 이 비-전통적인 선택을 추구하는 철학자의 부담 중 하나는 왜 수학이 필연적이고 선험적인 것으로 보이는가(*appears*)를 밝히는 것이다. 우리는 수학의 특별한 지위에 대한 오래 지속된 믿음을 단순히 무시할 수는 없다. 즉, 전통적인 믿음이 실수이더라도, 그렇게 많은 사람들로 하여금 수학이 필연적이고 선험적으로 알려질 수 있다고 믿도록 했던 수학에 관한 무엇인가가 존재해야만 한다.

2. 전반적 문제들: 대상 그리고 객관성

이전 장(chapter)에서 언급했듯이, 수학 철학자는 즉각적으로 휘몰아치는 이슈들을 만난다. 수학이, 무엇인가 있다면, 무엇에 관한 것인가? 수학이 어떻게 수행되는가? 우리가 어떻게 수학을 알 수 있는가? 수학의 방법론은 무엇인가? 그리고 이 방법론이 어느 정도까지 믿을 만한가? 수학적 주장이 무엇을 의미하는가? 우리가 기초 수학적 개념과 관념을 확고하고 모호하지 않게 개념화하는가? 잘 구성된 그리고 모호하지 않은 모든 문장이 참으로 결정되거나 아니면 거짓으로 결정된다는 의미에서, 수학적 진리(mathematical truth)는 이가적(bivalent)인가? 수학의 올바른 논리는 무엇인가? 수학의 원리가 어느 정도까지 객관적이고 수학자들의 정신, 언어, 사회적 구조와 독립적인가? 모든 수학적 진리가 알려질 수 있는가? 응용을 가능하게 하는 수학과 과학 사이의 관계는 무엇인가?

이러한 질문들 중 어떤 것들은, 물론, 수학에만 한정되는 것이 아니다. 거의 역사가 기록되기 시작한 때부터, 기초적인 형이상학적 문제는 일상 언어 또는 과학적인 언어가 (무엇인가 있다면) 무엇에 관한 것인지를 결정하는 것이었다. 그리고 철학자들은 일상적 진리가 인간의 정신과 독립적인지를 항상 궁금해 해 왔다. 최근에는, 철학자들이 과감히 언어학으로 나아가면서, 일상 토론에 알맞은 의미론과 논리가 철학에서 중요한 화제가 되어왔다. 1장에서 보았듯이, 수학에 대한 결론을 언어의 나머지 부분들과 지적 기획의 나머지 부분들로 확장할 때, 합리주의의 교훈을 기억하고 주의해야만 한다. 그리고 거꾸로도 마찬가지이다.: 일상 언어와 과학에 관한 결론을 수학으로 확장할 때도 주의해야만 한다.

2.1. 대상

전반적인 이슈 중 하나는 수학의 주제-대상에 관계된다. 수학적 담화에는 수, 점, 함수, 집합과 같은 특별한 종류의 대상들(objects)을 지시하는 기호들이 있다. 모든 자연수 n에 대해 $m > n$인 소수(prime number) m이 존재한다는 오래된 정리를 생각해 보자. 그로부터 가장 큰 소수는 없고, 그래서 무한히 많은 소수가 존재한다는 것이 따라 나온다. 적어도 표면적으로는, 이 정리는 수(*numbers*)에 관계하는 것으로 보인다. 이러한 것들이 무엇인가? 우리는 수학의 언어를 문자 그대로 간주하여, 수, 점, 함수, 집합이 존재한다고 결론 내려야 하는가? 그것들이 정말 존재한다면 수학자, 그녀의 정신, 언어 등과 독립적인가? **존재론에서의 실재론**(*realism in ontology*)을, 적어도 어떤 수학적 대상들은 수학자의 정신과 독립하여 객관적으로 존재한다는 견해로 정의하자.

존재론에서의 실재론은 관념론(idealism)이나 유명론(nominalism)과 같은 견해들에 반대되는 입장이다. **관념론자**(*idealist*)는 수학적 대상들이 존재한다는 것에 동의한다. 그러나 그것들이 (인간) 정신에 의존한다고 주장한다. 그는 수학적 대상들이 개별 수학자들의 정신적 활동에서 생기는 구성물이라고 제안할 수 있을 것이다. 이것은 보통의 물리적 대상들에 관한 비슷한 견해와 유사한, 주관적 관념론일 것이다. 엄격히 말하면, 이 관점에서 모든 수학자는 그 또는 그녀 자신의 자연수, 유클리드 평면 등을 갖는다. 다른 관념론자들은 수학적 대상들을 모든 인간이 공유하는 정신적 건조물(fabric)의 일부로 간주한다. 아마 수학은 언젠가-존재했던 구성의 **가능성**(*possibility*)에 관계된다.

이것이 일종의 간-주관적(inter-subjective) 관념론이다. 모든 관념론자들은 정신이 존재하지 않는다면 수학적 대상이 존재하지 않는다는 반사실적 조건문(counterfactual)에 동의한다. 존재론적 실재론자들은 그 반사실적 조건문을 부정하고, 수학적 대상은 정신과 독립적이라고 주장한다.

유명론(*nominalism*)은 수학적 대상의 객관적 존재성에 대한 보다 철저한 부정이다. 하나의 버전은 수학적 대상은 단지 언어적 구조물이라고 주장한다. 일상 대화에서 우리는, 이 책의 저자와 같은, 지정된 아이템을 그 아이템의 이름과 구별한다. Stewart Shapiro는 'Stewart Shapiro'와 똑같지 않다. 하나는 사람이고 다른 하나는 한 쌍의 단어들이다. 어떤 유명론자들(nominalists)은 수학적 대상에 대해서 이 구분을 부정한다. 예를 들어, 수 아홉은 단지 상응하는 숫자 '9' (또는 'nine', 'IX' 등등)이다.[1] 이것은 색이나 모양과 같은 이른 바 '보편적인 것(universals)'에 관한 보다 전통적인 유명론의 한 변형이다. 그 견해는, 중세 시기 동안 인기가 있었는데, 단지 이름들만이 보편적이라고 주장한다. 물체가 붉다는 것은 단어 '붉은'을 그 대상(의 이름)에 정확히 적용하는 것 이상이 아니다.

오늘날은 회의론자가 수학적 대상들을 언어로부터 구성하는 것보다 그것들의 존재를 부정하는 것이 더 일반적이다. 이 수학적 허무주의도 또한 '유명론'으로 불린다 (9장 참고).

어떤 철학자들은 수, 점, 함수, 집합이 **속성**(*properties*) 또는 **개념**(*concepts*)이라고 주장하고, 형이상학적인 또는 의미론적인 이유에서 그것들을 대상들과 구별한다. 나는 이 철학자들을 그들이 속성 또는 개념에 대해 말하는 것에

1) 숫자들과 같은 언어적 아이템에 대한 존재론적 이슈가 존재한다. 어떤 철학자들은 존재론적 실재론자가 수에 관해서 말하는 것과 매우 가깝게, 그것들이 추상적이고, 영원하고, 비인과적인 대상들이라고 주장한다. 이런 의미에서의 숫자들은 **유형**(*types*)이라고 불린다. 대조적으로, 숫자 **토큰**(*tokens*)은 유형을 예증하는 물리적 대상들 – 약간의 잉크, 탄 토너 등 – 이다. 유형과는 달리, 토큰은 뜻대로 만들어지고 파괴된다. 우리 유명론자가 수학에 관한 존재론에서 반-실재론자(anti-realist)가 되면, 그녀는 유형의 객관적인 존재를 부정해야만 한다. 이 문제는 이하에서 여러 번 되풀이된다.

따라 분류할 것이다. 예를 들어, 만약 그런 철학자가 속성들은 언어나 정신과 독립적으로 존재한다고 주장 – 속성에 대한 실재론 – 하면, 나는 그녀를 수학에 관한 존재론에서의 실재론자로 분류할 것이다. 그녀가 수학이 독특한 주제-대상을 갖고 이 주제-대상이 언어나 수학자의 정신과 독립적이라고 주장하기 때문이다. 비슷하게, 만약 철학자가 예를 들어, 수가 개념이고 개념들은 정신적인 것이라고 주장한다면, 그는 수학에 관한 관념론자이다. 그리고 만약 그가 속성이나 개념에 관한 전통적인 유명론자라면, 그는 수학에 관해서 유명론자이다.

존재론에서의 실재론은, 그 자체로는, 가정된 수학적 대상 (또는 속성이나 개념)의 본질에 대해, 그것들이 객관적으로 존재한다는 적나라한 논제를 넘어서는, 어떠한 파급 효과도 미치지 않는다. 수는 어떤 것인가? 그것은 돌이나 사람과 같은 보다 세상적인 대상들과 어떤 관련이 있는가? 존재론적 실재론자들에게 가장 흔한 견해는 수학적 대상들은 비인과적이고, 영원하며, 불멸하고, 시공간의 일부가 아니라는 것이다. 일단 수학적 대상들의 존재가 용인되고 나면, 그럭저럭, 수학적 그리고 과학적 실제가 이것을 지지한다. 과학적 문헌들은, 수들이 있는 곳, 또는 자연 현상에서의 그것들의 인과적 효력, 또는 어떻게 수를 만들어 내거나 제거할 수 있는지에 대한 언급을 포함하지 않는다. 수의 존재를 탐지하거나 그 수학적 속성들을 결정하기 위한 시도에 대한 언급도 없다. 그러한 이야기는 명백히 우스꽝스럽다. 존재론에서의 실재론은 때로 '플라토니즘(Platonism)'으로 불린다. 왜냐하면 Plato의 형상(Forms)도 비시간적이고, 영원하며, 불멸하고, 시공간의 일부가 아니기 때문이다 (3장, §1 참고).

존재론에서의 실재론의 일반적인 버전은 수학적 **필연성**(*necessity*)을 잘 설명한다.: 만약 수학의 주제-대상이 이러한 실재론자들이 말하는 것과 같다면, 수학의 진리는 물리적 우주에 관한 우연적인 어떤 것과도, 그리고 인간 정신, 수학자들의 사회 등등에 관한 우연적인 어떤 것과도 독립적이다.

여기까지는, 좋다.

선험적 지식에 대해서는 어떠한가? Plato과의 연결은 추상적이고 분리된 수학적 영역과 인간 사이에 유사-신비적인 교섭이 존재한다는 것을 시사할 수 있을 것이다. 이 능력은, 때로는 '수학적 직관'으로 불리고, 추측하건대, 다양한 이론의 공리와 같은, 기초적인 수학 명제들에 대한 지식에 이른다. 유사한 것이 감각 지각에도 있다. 그것은 외부 세계의 지식으로 이어진다. Kurt Gödel (1964)은, 집합론의 어떤 원리들은 '그것들 자체를 우리에게 참인 것으로 강제한다'고 제안할 때, 마음속에 이와 같은 어떤 것을 가지고 있었던 것 같다 (8장, §1 참고). 아마도, 정신과 수학적 영역 사이의 관계는 어떤 감각 경험과도 독립적이기 때문에, 유사-신비적 책략은 **특히 뛰어나게** (*par excellence*) 수학적 지식을 선험적인 것으로 만들 수 있을 것이다. 그러나, Gödel의 권위에도 불구하고, 대부분의 현대 철학자들은 이 다소간의 직접적인 수학적 직관을 거부한다. 이 능력은 인간 인식자를 자연 세계 안의 물리적 유기체로서 보는 자연주의자의 논제에서는 거의 제외된다 (1장, §3 참고). 자연주의자에 따르면, 철학자에 의해 주장되는 어떠한 인식적 능력도 일상적인, 과학의 감독을 받아야 한다. 즉, 철학자/과학자는 정신과 수학적 우주 사이의 직접적인 관계를, 그것에 관한 자연적, 과학적 기초를 발견하기까지, 호소할 수 없다. 그런 기초는 거의 있음직하지 않다. 수, 점 등등이 전형적인 실재론자가 그렇다고 하는 것과 같은 {정도로} 영원하고 비인과적이라면 {말이다}. 어떻게 그러한 대상들에 대한 연결을 확립하려고 착수할 수 있겠는가? 그래서 아마도 플라톤주의자는 수학적 직관을 통한 이 정신-수학적 연결로 인해 너무 멀리 가 버렸다. 때로, 존재론에서의 실재론자의 '플라토니즘(platonism)'은, Plato과의 연결을 경감시키기 위해서, 머리글자를 소문자 'p'를 사용하여 적는다. 존재론에서의 전형적인 실재론자는 수학에 대한 플라톤 학파의(Platonic) 존재론과 비슷한 것을 플라톤 학파의 인식론 없이 방어한다.

그러나, 유사-신비적 연결의 거부로 인해, 존재론적 실재론자는 깊은 인식론적 미스터리에 남겨진다. 수학적 대상들이 분리되고, 영원하며, 비인과적인 수학적 영역의 일부라면, 인간이 그것들에 대한 지식을 얻는 것이 어떻게 가능한가? 그 지식이 무엇이든지 간에, 우리가 그런대로 어떤 수학적 지식을 가지고 있는 것은 수정 불가능한 데이터 조각에 가깝다. 만약 존재론에서의 실재론이 옳다면, 수학적 지식은 추상적이고, 비인과적인 수학적 영역의 지식이다. 어떻게 이 지식이 가능한가? 우리는 아마도 분리되어 있을 수학적 세계에 관한 어떤 것을 어떻게 알 수 있는가? 우리 실재론자가 또한 자연주의자라면, 그의 도전은 물리적 우주 안의 물리적 존재가 수, 점, 집합과 같은 추상적 대상들에 대한 어떤 것을 어떻게 알 수 있게 되는지를 밝히는 것이다.

반-실재론 (anti-realisms)으로 관심을 돌려 보자. 예를 들어 수가, 관념론자들이 말하듯이, 인간 마음의 창작품 또는 인간 사고에 본래부터 있는 것이라면, 수학적 지식은, 어떤 의미에서, 우리 자신의 정신에 대한 지식이다. 수학은 이 자기-지식이 감각 경험과 독립적인 한 선험적일 것이다. 비슷하게, 수학적 진리는 인간 사고의 구조가 필연적인 한 필연적일 것이다. 이와 같은 견해에서, 더 심각한 문제는 수학적 대상과 수학적 지식에 대해 기본 원리로 가정한 모습(postulated picture)을 실행된 것으로서의 수학의 전체 영역과 일치시키는 것이다. 무한히 많은 자연수가 있고, 심지어 자연수보다 더 많은 실수가 있다. 관념론자들은 자연수와 실수에 대한 우리의 지식을 명백한 정신의 유한성과 일치시켜야만 한다.

수학적 대상이 언어적 아이템들로부터 구성된다면, 수학적 지식은 언어에 관한 지식이다. 수학적 진리가 필연적이고 선험적으로 알려질 수 있다는 논제가 어떻게 되는지는 분명하지 않다. 그것은 언어에 대한 유명론자들의 견해에 달려있을 것이다. 수학적 지식은 언어에 대한 우리의 지식이 선험적인 한 선험적으로 알려질 수 있을 것이다. 여기에서 다시, 주된 문제는 그 견해를 수학의 전체 범위와 일치시키는 문제일 것이다. 마지막으로, 어떤 유명론자들이 말하듯이, 수학적 대상이 없다면, 철학자는 수학 명제를 수학적 대상에 대한 지시를 포함하지 않도록 해석할 수 있어야만 한다. 그렇지 않으면 유명론자들은 수학 명제는 체계적으로 거짓이거나 (그래서 필연적이지 않거나) 또는 공허한 것이라고 주장해야 한다. 비슷하게, 우리 유명론자들은 수학적 지식을 수학적 대상에 대한 지식이 아닌 측면에서 해석해야 할 것이다. 또는 그렇지 않으면 수학적 지식은 전혀 존재하지 않는다고 (그래서 선험적인 수학적 지식이 존재하지 않는다고) 주장해야 할 것이다.

2.2. 진리성

수학 철학의 해석적 본질과, 그리고 널리 퍼진 분석 철학의 경향에 비추어 볼 때, 우리의 관심을 수학의 **언어**(*language*)로 돌리는 것이 자연스럽다. 수학적 주장이 무엇을 의미하는가? 그 논리적 형식은 무엇인가? 수학적 언어를 위한 최선의 의미론은 무엇인가? Georg Kreisel은 종종, 초점을 수학적 대상의 존재성으로부터 수학적 담화의 **객관성**(*objectivity*)으로 옮긴 공로가 있는 것으로 인정된다. **진리-값에서의 실재론**(*realism in truth-value*)을, 수학적 진술이 수학자들의 정신, 언어, 관례 등과 독립적인 객관적인 진리-값(truth-values)을 갖는다는 견해로 정의하자.

반대 입장은 **진리-값에서의 반-실재론**(*anti-realism in truth-value*)이다. {이것은} 만약 수학적 진술이 진리-값이라는 것을 갖는다면, 이 진리-값이 수학자에 의존한다는 논제이다. 진리-값 반-실재론의 한 버전은 모호하지 않은 수학적 진술은 인간 정신 덕택에 즉, 인간의 실제적인 또는 가능한 정신적 활동 덕택에 진리-값을 갖는다는 것이다. 이 견해에서, 인간 정신의 구조가 어쨌든 수학적 진리의 구성 성분이라는 의미에서, 우리가 어떤 명제들을 참 또는 거짓으로 **만든다**(*make*). 여기에서 이 견해는 일종의 진리-값에서의 관념론이다. {이것으로부터} 우리가 주어진 명제가 참인지 또는 거짓인지를 **결정**

한다(*decide*)는 것이 따라 나오지는 않는다. 물리적 대상에 대한 관념론자가 어떤 지각(perceptions)을 갖게 되는지를 우리가 결정하지는 않는다고 주장하는 것과 마찬가지로 {말이다}.

수학적 진술이 객관적이라는 것은 부분적으로 어떤 문장의 진위는 그 진위를 알 수 있는 인간의 능력을 넘어서 있을 수 있는 가능성을 의미한다. 즉, 진리-값에서의 실재론자는 알 수 없는 수학적 진리가 존재할지 모른다는 가능성에 호의적이다. 그 견해에 따르면, 진리와 알 수 있음은 별개의 것이다. 진리-값 반-실재론자는 모든 수학적 진리는 알려질 수 있다고 주장하면서 그 반대 입장을 취할 것이다. 만약, 어떤 의미에서, 수학적 진술이 정신 덕택에 진리-값을 갖는다면, 알 수 있는 인간의 능력 너머에 있는 어떤 수학적 진리도 없다고 말하는 것이 합리적일 것이다.: 왜냐하면 어떤 수학 명제 Φ에 대해서도, Φ가 참이라면 적어도 원칙적으로는 Φ는 알게 되어 질 수 있기 때문이다.

의미론적인 표면을 따라 비슷한 전선이 존재한다. 진리-값에서의 실재론자는 아마 각각의 모호하지 않은 문장은 결정적으로 참 또는 결정적으로 거짓이라는 의미에서 수학적 언어가 **이가적**(*bivalent*)이라고 주장할 것이다. 이가성(bivalence)은 (막연함이나 모호함이 그 상황의 부분이 아닌 한) 객관성의 일부이자 꾸러미인 것으로 보인다. 많은 반-실재론자들은 이가성에 대해 반대한다. {그들은} 정신 그리고/또는 세계가 모든 모호하지 않은 수학적 문장에 대해 그것이 참인지 또는 거짓인지를 결정하지 않을지도 모른다고 주장한다. 만약, 앞에서 시사한 것처럼, 반-실재론자가 모든 참들이 알려질 수 있다고 주장한다면, 조심스럽게 이가성에 반대할 것이다. 인간 정신이 모든 모호하지 않은 수학적 문장에 대해 그것이 참인지 또는 거짓인지 결정할 수 있다고 생각하는 것은 오만한 일이다. 어떤 반-실재론자들은 자신들의 견해가, 고전 논리가 직관주의의 논리로 대체되어야만 한다는 것을 수반하는 것으로 받아들인다. 그것은 철학에 기반한 수학 수정에 대한 요구에 이른다

(1장, §2와 7장 참고).

진리-값에서의 반-실재론의 두 번째이자 더 급진적인 버전은 수학적 주장들은 (자명하지 않고, 비어 있지 않은) 진리-값이 전체적으로 결여되어 있다는 주장이다. 엄격히 말해서, 'Φ가 알려진다'가 'Φ가 참이다'를 수반한다는 것에 동의하는 한, 수학적 지식이 존재하지 않는다는 것이 또한 따라 나올 것이다. 만약 이 반-실재론자가 전체 수학 커뮤니티와 과학 커뮤니티에 대량의 오류와 혼란을 주기를 원하지 않는다면, 수학적 지식을 통해 무엇이 교환되는지에 대한 설명이 필요하다. 만약 수학이 지식-획득하기 활동이 아니라면 무엇인가? 아마도, 이 급진적인 진리-값에서의 반-실재론자는 수학이 지적 기획에서 중대하고 지극히 중요한 부분이라는 것에 동의할 것이다. 그래서 그녀는 이 중대성을 설명할 필요가 있다. 좋은 수학이 (그 문장들이 자명하지 않고, 비어 있지 않은 진리-값을 갖기 때문에) 참인 수학이 아니라면, 좋은 수학이란 무엇인가?

진리-값에서의 실재론과 존재론에서의 실재론 사이에는 언뜻 보아서도 협력 관계가 있다. 진리-값에서의 실재론은 수학이 세계의 객관적인 특징을 다룬다는 견해를 발전시키려는 시도이다. 수학의 언어를 해석하는 간단한 방법은 그것을 액면 그대로 받아들이는 것이다. 그리고 논의의 전체적인 재해석을 택하지 않는 것이다. 일단 보기에는, 숫자들은 단칭어(singular terms)이고, 고유명사이다. 단칭어의 언어적 기능은 대상을 나타내는 것이다. 그래서, 만약 언어가 글자 그대로 받아들여진다면, 그 단칭어는 무엇인가를 나타낸다. 숫자들은 수를 나타낸다. 만약 숫자들을 포함하는 자명하지 않은 문장이 참이라면, 수들은 존재한다. 진리-값 실재론자는 더 나아가 문장들 중 어떤 것은 객관적으로 참이라고 – 수학자와 독립적이라고 – 주장한다. 수가 객관적으로 존재한다는 **존재론적**(*ontological*) 논제는 진리-값 실재론의 의미론적 논제로부터 직접적으로 따라 나오지 않을지 모른다. 정신-종속적인 개체들에 대한 객관적인 진리가 있을 수 있다. 그러나, 수학적 대상의 객관적 존재성은 적어도 수학적 주장의 객관적 진리성에 의해 시사된다.

이 관점은 Paul Benacerraf의 '수학적 진리(Mathematical Truth)' (1973)에 의해 제기된 딜레마의 한쪽 부분을 요약한다. {그 논문은} 현대의 수학 철학의 논의에 계속해서 군림하고 있다. 절실한 요구(desideratum) 중 하나는 수학적 진술이 일상적 진술과 똑같은 방식으로 또는 적어도 꽤 괜찮은 과학적 진술과 똑같은 방식으로 이해되어야 한다는 점이다. 즉, 우리는 수학적 언어뿐 아니라 일상적인/과학적인 언어를 망라할 수 있는 단일한 의미론을 얻기 위해 노력해야 한다. 만약 우리가 진리-값에서의 어떤 종류의 실재론이 과학에 대해 성립한다고 가정하면, 수학을 위한 진리-값에서의 실재론에, 그리고 수학적 주장을 액면 그대로 이해하려는 시도에 – 일상적 과학적 주장이 이해되는 것과 똑같은 방식에 – 이르게 된다. 그 절실한 요구에 대한 또 다른 동기는 과학적 언어가 철저하게 수학적 언어와 뒤얽혀 있다는 사실로부터 나온다. 수학적 그리고 과학적 언어에 대해 분리된 의미론적 설명을 하고, 다시 그 담화들이 어떻게 상호작용하는지에 대한 또 다른 설명을 하는 것은 어색하고 반-직관적(counter-intuitive)인 것일 것이다.

이것은 우리의 두 실재론으로 이어진다. 즉, 존재론에서의 실재론과 진리-값에서의 실재론으로. 이 두 견해에 따르면, 수학자들은 그들이 말하는 것을 의미할 작정으로 말하고 그들이 말하는 것의 대부분은 참이다. 수학 철학에 대한 최근의 문헌에서, Gödel (1944, 1964), Penelope Maddy (1990), Michael Resnik (1997), 그리고 나 자신 (Shapiro 1997)은, 존재론에서의 실재론과 진리-값에서의 실재론 양자 모두를 주장하는, 전면적인 실재론자들이다 (8장과 10장 참고).

우리는 이제 Benacerraf의 딜레마의 다른 한쪽에 다가간다. 우리의 실재론들에는 보기에 아주 다루기 힘든 인식론적 문제들이 딸려 있다. 존재론에서의 실재론으로부터, 우리는 수학적 대상의 객관적 존재성을 얻는다. 수학적 대상들이 추상적이고 인과적 연쇄의 바깥쪽에 있는 것으로 보이는 이상,

어떻게 그것들에 대해 무엇인가를 알 수 있는가? 어떻게 우리가 수학자들이 수학적 대상들에 대해 말하는 것에 어떤 자신감을 가질 수 있는가? 이것이 그 실재론들 중 어느 하나에 대한 대안을 찾게 되는 주요 동기이다. Benacerraf는 반-실재론자의 수학 철학들은 인식론에 대한 다루기 쉬운 계보를 갖지만, 그러면 의미론적으로 절실한 요구는 위험에 직면한다고 주장한다. 그렇다면, 딜레마는 이것이다.: 수학적 언어와 일상적인 그리고 과학적인 언어 사이에 바랐던 연속성은 두 실재론을 제의한다. 그러나 이것은 보기에 아주 다루기 힘든 인식론적 문제를 우리에게 남긴다. 우리는 수학적 담화와 일상적 담화 사이의 연속성을 포기하거나, 그렇지 않으면 일상적이고 과학적인 언어에 대해 널리 행해지는 의미론적 설명을 포기하거나 하여, 실재론의 문제를 해결해야만 한다.

내가 존재론에서의 관념론이라고 부르는 것과 진리-값에서의 관념론이라고 부르는 것 사이에도 또 하나의 가까운 협력 관계가 있다. 전자는 예를 들어, 수가 인간 정신에 의존한다고 주장한다. 이것은 적어도 수학적 진리도 정신에 의존한다는 것을 시사한다. 마찬가지의 것이 나머지 종류의 반-실재론에 적용된다. 누군가 수에 관해 말하는 것은 그것이 무엇이든지 수학적 진리쯤과 비슷한 무엇인가를 적어도 제의한다. 현대의 장면에서 Hartry Field (1980), Michael Dummett (1973, 1977), 그리고 전통적인 직관주의자인 L. E. Brouwer와 Arend Heyting이 존재론과 진리-값 양자에 관한 전면적인 반-실재론자들이다. Field는 수학적 대상들이 존재하지 않고 수학 명제들은 비어 있는 진리-값들을 가질 뿐이라고 주장한다 (9장, §1 참고). 전통적인 직관주의자들은 수학적 관념주의자이다 (7장, §2 참고).

자연스러운 협력 관계에도 불구하고, 문헌들을 조사해 보면, 두 실재론자의 논지들 사이에 또는 그들의 정반대들 사이에 있는 어떠한 논리적 연결성에 대해서도 합의된 바가 드러나지 않는다. 아마도 Benacerraf의 딜레마는 몇몇 사람들을 다른 접근으로 이끈다. 가능한 네 가지 입장 각각이 저명하고 영향력 있는 수학 철학자들에 의해 명료히 표현되고 방어된다.

오늘날 비교적 흔한 프로그램은, Charles Chihara (1990)와 Geoffrey Hellman (1989)에 의해 추구되었는데, 존재론에서의 철저한 (유명론의) 반-실재론과 연합한 진리-값에서의 실재론이다 (9장, §2, 10장, §3 참고). 목표는 수학적 담화의 객관성을 수학적 존재론을 특별히 가정하지 않고 설명하는 것이다. 수는 존재하지 않는다. (또는 존재하지 않을지 모른다.) 그러나 산술의 명제들 중 어떤 것들은 객관적으로 참이다. 물론, 이러한 견해들은 일상적인 수학적 진술이 문자 그대로, 액면 그대로 이해되어서는 안 된다고 요구한다. 이 관점의 옹호자들은 수학적 담화의 대안적인 해석을 제의한다. 그리고, 그렇게 해석되면, 수학적 진술이 객관적으로 참이거나 객관적으로 거짓이라고 주장한다. 나는 진리-값에서의 반-실재론자인 존재론에서의 실재론자에 대해 오직 한 사람의 저명한 사례, Neil Tennant (1987, 1997, 1997a)를 알고 있다. 그는, Frege를 따라, 어떤 수학적 대상들은 (필연성 문제에서) 객관적으로 존재한다고 주장한다. 그러나 그는 단지 모든 수학적 진리뿐 아니라, 모든 진리는 알려질 수 있다고 주장하면서 전반적인 (*global*) 진리-값 반-실재론자로서의 Dummett와 함께 한다.

이 '혼합된' 견해들의 옹호자들은 Benacerraf의 딜레마의 첫 번째 뿔을 잡는다. 왜냐하면 그 견해들은 수학적 담화가 일상적인 그리고 과학적인 담화와 똑같은 의미론을 가지지 않는다는 것을 (다른 쪽 뿔을 위한 어떤 종류의 실재론을 가정하면서) 수반하기 때문이다. 물론, 이것은 그 담화들 사이에 광범위한 상호 관계를 부정하는 것은 아니다. 예를 들어, Hellman은 어떻게 수학적 담화가, 합당하게 재해석되면, 과학적 담화와 부드럽게 어울리는지를 보인다. 반면에 Tennant (1997)는 그 담화들이 중요한 방식으로 상호 보완적이라고 주장한다.

3. 수학적인 것과 물리적인 것

수학과 과학 사이의 상호 작용은 광범위하다. {그것은} 때로 '응용 수학'이라고 불리는 소수의 분야들을 상당히 넘어선다. 수학과 과학을 연결하는 풍요롭고 다양한 길들은 양 방향으로 달린다. Nicolas Goodman (1979: 550)이 말하듯이: '대부분의 수학 분야들은 자연의 어떤 부분들에 꽤 직접적인 빛을 비춘다. 기하학은 공간에 관계한다. 확률 이론은 우리에게 무작위 과정들에 대해 알려준다. 군 이론은 대칭을 분명히 보여준다. 논리는 이성적인 추론을 묘사한다. 해석학의 많은 부분들은 세밀한 과정들을 연구하기 위해 마련되었고 여전히 그러한 과정들에 대한 연구에 필수적이다 … 우리의 최고의 정리들이 구체적인 세계에 대한 정보를 준다는 것은 실제적인 현실이다.' 많은 예들은 Polya (1954, 1977)를 참고할 수 있다.

수학 철학의 중심적인 관심사 중 하나는 수학과 나머지 과학 및 일반 담론 사이의 관계를 이해하는 것이라는 점이 거의 따라 나온다. 광범위한 상호 작용을 고려해 볼 때, 철학자는 적어도 수학의 주제-대상 (그것이 무엇이든)과 과학의 주제-대상 (역시 그것이 무엇이든) 사이에 관계가 존재한다는 가정으로 시작해야만 한다. 그리고 수학이 물질적 실재(material reality)에 적용되는 것이 우연은 아니라는 가정으로 시작해야만 한다. 이 관계에 대한 설명을 제공하지 않는 어떠한 수학 철학이나 과학 철학도 기껏해야 불완전하다. 수학의 적용과 관련된 문제들은 최근 수십 년 동안 더 큰 긴박성을 띠게 되었다.

내가 전에 이야기했던 일화 (Shapiro 1983a, 1997: 8장)는 이 이슈들의 일부를 실증한다. 그 이야기는 한 사람 이상의 신뢰할 수 없는 기억에 의지하지만 그 상황은 전형적이다. 한 번은 한 친구가 내게 말했다. 물리 실험실에서 실험을 하는 동안 자기를 혼란스럽게 하는 현상에 주목하게 됐다는 것이다. 수업에서는 오실로스코프를 보고 있었고 화면의 끝에 웃긴 모양이 계속해서 만들어지고 있었다. 그것은 그날의 수업과 전혀 관계가 없었음에도,

내 친구는 설명을 해 달라고 부탁했다. 실험실 교사가 칠판에 무언가를 (아마도 미분방정식을) 쓰고 그 웃긴 모양은 그 방정식을 만족시키는 함수가 특정 값에서 영(zero)을 갖기 때문에 발생한다고 말했다고 한다. 내 친구는 함수에서의 영의 발생이 물리적 사건의 설명으로 간주된다는 것에 더 혼란스러워졌다고 내게 말했다. 그러나 그는 그때 그 이슈를 더 뒤쫓고 싶은 마음이 일지 않았다.

이 예는 과학에서 이론적이고 실제적인 작업의 많은 부분은 물리적 현상에 대한 수학적 모델을 구성하거나 발견하는 것으로 이루어져 있다는 것을 보여준다. 많은 과학적 그리고 공학적 문제들은 미분방정식, 식, 또는 어떤 부류의 현상들과 관련된 함수를 발견하는 일들이다. 물리적 사건에 대한 과학적 '설명'은 종종 그것에 대한 수학적 묘사 이상이 아니다. 그러나 도대체 그것이 무엇을 의미하는가? 물리적 사건에 대한 수학적 묘사는 무엇인가?

Crowell과 Fox(1963)는 매듭 이론의, {즉} 비틀린 끈 조각들에 대한 수학의, 도화선이다. 처음에 그 저자들은 이러한 물리적 대상들을 연구하는 데 수학을 사용하는 문제에 대해, 또는, 더 알맞게는, 이러한 물리적 대상들을 가능한 한 솜씨 있게 다루는 것에 대해 논의한다.

> 매듭의 정의: 거의 모든 사람들이 가장 단순한 흔한 매듭들에 친숙하다. 예를 들어, 외벌 매듭(overhand knot) … 그리고 팔자모양 매듭(figure-eight knot) … 끈 조각을 가지고 간단한 실험을 해 보면 누구나 이 두 매듭들이 다르다는 것을 확신할 것이다.: 하나는 … '매기' 또는 '풀기' 없이 다른 하나로 변형될 수 없다. 그럼에도 불구하고, 몇 시간 인내심 있게 비틀어 보았지만 팔자모양 매듭을 외벌 매듭으로 바꾸는 데 실패했다는 것이 그렇게 될 수 없다는 것에 대한 증명은 아니다. 우리가 숙고하려는 문제는 이 두 매듭이 … 서로 뚜렷이 다르다는 것을 수학적으로 보이는 문제이다.
>
> 수학은 수학을 제외한 어떤 것에 대해서 아무것도 증명하지 않는다. 그리고 끈 조각은 물리적 대상이고 수학적 대상이 아니다. 그래서 증명에 관해

> 걱정하기 전에, 우리는 매듭이 무엇인지에 대한 수학적 정의를 가지고 있어야만 한다 … 이 문제는 … 누군가 수학을 물리적 상황에 적용하려고 할 때는 언제든지 발생한다. 그 정의들은 가능한 한 면밀한 숙고를 통해 물리적 대상들에 가까운 수학적 대상들을 정의해야 한다. (3쪽)

여기에서의 주장은 매듭지어질 수 있는 끈 조각들의 가능한 관계들과 상호 연결들이 위상 공간의 관계들로 묘사되거나 모델링 될 수 있다는 것 같다. 이 주장은 우리의 문제들을 두드러지게 한다.

과학적 설명에 대한 철학적 문헌들은 오래되고, 깊이가 있으며, 힘이 든다. 그러나 여기에서 우리는 조금 더 기본적인 수준에 머무를 수 있다. 궁금하고 혼란스러운 상황은 설명에 대한 요구를 촉발한다. Webster의 **새 20세기 대사전**(*New Twentieth Century Unabridged Dictionary*)에 따르면, 설명은 모호함으로부터 무엇인가를 쫓아내고 그것을 이해할 수 있게 해야 한다. 분명히, 수학적 구조, 묘사, 모델, 또는 이론은 수학 그 자체와 과학적 실제의 관계에 대한 **어떤**(*some*) 설명 없이는 비수학적 사건에 대한 설명으로 적합할 수 없다. 그런 설명이 부족하다면, 어떻게 수학적/과학적 설명이 어떤 모호함을 제거하는 데 성공할 수 있겠는가? – 특히 새롭고, 더 골칫거리가 되는 모호함들을 접하게 된다면[2]. 더 일반적인 수준에서, 과학이 현실에 대한 지식을 말한다고 할 때의 그 현실을 처리하기 위해 수학이 가지고 있는 것을 일정 부분 파악하지 않고서는, 과학이 어떻게 지식에 기여하는지에 대한 이해를 시작할 수 없다.

우리는 적어도 두 가지 질문을 갖게 된다.: 어떻게 수학이 과학적 설명과 묘사에 사용되는가? 무엇이 수학의 과학에의 적용 가능성에 대한 (철학적) 설명인가? 우리는 수학의 **개념들**(*concepts*) – 수, 함수, 적분, Hilbert 공간 – 을 비-수학적 현상을 묘사하는 데 사용한다. 우리는 또한 수학의 **정리들**(*theorems*)을 세계에 관한 사실과 그것이 어떻게 작동하는지를 알아내는 데

---

2) Steiner (1978)는 수학의 사용을 매개로 하는 물리 현상의 설명과 특별히 수학적인 설명을 구별한다.

사용한다.

Mark Steiner (1995)는 '응용 수학'의 항목에 해당하는 몇몇 철학적 문제들을 분류하였다. 이것들 중 어떤 것들은 우리가 이전 절들에서 만났던 이슈들의 전문화된 버전이다. 첫째로, **의미론적**(*semantic*) 문제가 존재한다.: 전형적인 과학적 묘사와 설명은 수학적 용어들과 물리적인 용어들을 들먹인다. 이것은 '목성은 네 개의 위성을 갖는다'와 같은 간단한 진술들과 현대 과학의 더 특이하고 이해하기 어려운 상황들에 적용된다. 문제는 수학 내적인 증명이 직접적으로 과학적 문맥에 사용될 수 있도록 '순수'와 '혼합' 문맥을 망라하는 언어 해석을 발견하는 것이다.

문제들의 두 번째 그룹은 **형이상학적**(*metaphysical*)이다. 어떻게 수학적 대상이 (만약 그런 것이 있다면) 물리적 세계와 관계를 맺어 적용이 가능하게 되는가? 예를 들어, 전형적인 존재론적 실재론에서 수학은 추상적 대상들의 인과적으로 비활성화된 영역에 관한 것이다. 전형적인 관념론에서, 수학은 정신적 활동에 관한 것이다. 어떤 경우이든, 어떻게 그런 것들이 물리적 세계가 어떻게 작동하는지에 관해 우리에게 무엇인가를 말해 줄 수 있는가?

이슈들의 세 번째 그룹은 왜 수학의 특정한 개념들과 형식주의가 경험적 실제를 묘사하는 데 그렇게 자주 유용한가와 관계된다. 물리적 세계에 관한 어떤 것이 산술을 그렇게 적용 가능하게 만드는가? 물리적 세계에 관한 어떤 것이 그것을 묘사하는 데 있어 군 이론과 Hilbert 공간을 그렇게 중심적인 것으로 만드는가? Steiner는 여기에 적용되는 각 개념들에 따라 정말로 서로 다른 문제가 야기되는 것이라고 제의한다. 그래서 단일한 해답을 기대하지 않아야 한다.

문제들은 몇 가지 수준에서 발생한다. 첫 번째로, 누군가는 **특정한**(*particular*) 수학적 사실이 특정한 비-수학적 사건에 대한 설명으로 사용되는 것이 어떻게 가능한지 궁금할 수 있을 것이다. 내 친구의 혼란스러움은 이 수준의 것이었다. 어떻게 함수의 영(zero)이 오실로스코프의 패턴을 설명하는가? 어떻게 수학적 사실이 물리적 사건을 이해할 수 있게 하는가? 이 경우, 적합한 대답은 어떤 특정 부류의 함수들을 어떤 부류의 물리적 현상들과 결부시키는 관련 과학 이론(*theory*)을 자세히 묘사하는 것으로 이루어져 있을지 모른다. 내 친구가 완전한 설명을 원한다면 약간의 강의들을 들어야 한다고 실험실 교사가 제안하는 것이 적당했을 것이다.

Ludwig Wittgenstein은 모든 설명은 어떤 지점에서 '바닥나는(give out)' 것임에 틀림없고, 이때 우리의 호기심이 만족되거나 그렇지 않으면 묻기를 멈추어야 한다는 것을 깨닫지만, 아마 우리는 아직 그 지점에 이르지 못했다고 썼다. 우리가 물리학 강의를 더 듣든지 그렇지 않든지 간에, 실수값 함수(real-valued function)와 같은 어떤 부류의 수학적 대상들이 어떻게 물리적 현상들과 관계가 있을 수 있는지를 놀랍게 여길 수 있다. 이것은 그 의문을 다른 수준으로 데리고 간다. 이제 우리는 주어진 전체로서의 수학적/과학적 이론(*theory*)의 직접적인 관련성을 숙고한다. 왜 그것이 작동하는가? 확실히, 이것은 설명을 위해 내놓은, 또 다른 탐구 문제이다. 이 두 번째 물음에 대한 가능한 대답은 수학의 비슷한 사용들이 과학적 방법론에서 중요한 역할을 한다는 점을 지적하는 것일 것이다. 그 질문들이 계속된다면, 우리 대담자는 세계를 예측하고 통제하는 데 있어서 이 방법론의 엄청난 성공을 주목할 수 있다.

이 마지막 대답은 왜 우리가 수학적/과학적 연구에 종사해도 좋은지를 설명한다. 그리고 그것은 그 방법론이 계속해서 예측하고 통제할 것이라는 확신을 준다. 우리가 귀납법이 가지고 있는 일반적인 문제점들을 해결하거나 무시한다고 (그리고 우리가 순환 추론을 허용한다고) 가정하면 {말이다}. 그러나, 우리가 Wittgenstein류의 바닥나는 지점에 아직 부딪치지 않았다면, 우리 이슈에 세 번째 수준이 존재한다. 전체적인 수학적/과학적 기획, 또는 적어도 그것의 '수학적' 부분들은 어찌 되는가? 왜 수학이 과학에 필수적인가?

그것의 역할은 무엇인가? 나는 David Hume의 정신 아래 전체적인 수학적/과학적 기획에 대해 의심하기(*question*)를 원하지 않는다. 더구나 그것에 대해 의문을 제기하려는 것은 아니다. Quine과 그 밖의 자연주의자들이 계속해서 요청하고 있듯이, 무엇이 과학보다 더 안전할 수 있겠는가? 그러나, 전체 기획이 어떻게 작동하는지를 그 자체의 용어 안에서 이해하는 문제는 합당한 철학적 기획이다. 그리고 이 문제는 그 기획의 성공에 관한 마지막 대답에 의해 답변되지 않는다.

수학에 대한 진리-값에서의 실재론을 지지하는 널리 알려진 논증은 수학과 과학 사이의 관련성에 초점을 맞춘다 (8장, §2 참고). 하나의 전제는 수학이 과학에 필수불가결하다는 것이고, 또 하나는 과학의 기초 원리가 (거의) 참이라는 것이다. Quine류의 전일주의로부터 (또는 앞의 Benacerraf 1973의 절실한 요구로부터) 그 논증은 수학이 또한 객관적으로 참이라고 결론 내린다. – 진리-값에서의 실재론. 그러나, 그 전제들이 참이라고 하더라도, 그리고 그 필수불가결 주장이 설득력이 있다고 하더라도, 사태를 이러한 단계에 놓아두는 것은 너무 지나치게 안이한 일이다. 주장을 떠받치기 위해서 실재론자는 수학이 과학에 정확히 어떻게(*how*) 적용되는지에 대한 설명을 마련해야만 한다. 이 절의 핵심은 그 주장의 첫 번째 전제 – 과학에서의 수학의 필수불가결성 – 이 그 자체로 설명을 필요로 한다는 것이다. 수와 집합에 관한 진술이 과학에서 연구되는 물리적 세계와 어떤 관계가 있는가? 어떻게 그러한 진술들이 전자(electrons), 다리(bridge) 안정성, 시장 안정성 등을 밝히는가? 우리가 이것을 이해하고 있지 않는 한 필수불가결성 주장의 결론은 지속될 수 없다. 확실히, 철학자는 명백한 필수불가결성을 단순히 알아차린 다음, 결론들이 대답하는 것만큼의 개수의 질문들을 낳는 그러한 결론을 내리는 것에 만족해서는 안 된다.

Gödel은 수학과 물리적 실재(physical reality) 사이의 관련성에 대한 중요성을 인지했다. 앞에서 보았듯이, 진리-값에서의 실재론자에게 모호하지 않은

수학적 진술은 객관적인 진리-값을 갖는다. 표준적인 수학적 증명이 진리-값을 판정하지 못할 때 어떻게 그 진리-값을 판정하는가? Gödel (1964)은 개연론에 근거한 수학적 명제의 '참의 기준'을 '수학에서 결실이 많은 정도 그리고 … **가능하다면 물리적 현상에서도**(*possibly also in physics*) 결실이 많은 정도'로 할 것을 제안하였다 (강조는 나의 것임). 분명히, 수학의 영역이 어떻게든 인식론적으로 드러나는 방식으로 물리적 영역과 관련되어 있지 않은 이상, 물리적 현상에서 결실이 많은 정도가 **수학적**(*mathematical*) 진리에 대한 기준이 될 수는 없다.

적용 가능성 이슈는 또한 잠재적으로 다양한 반-실재론자들에게 골칫거리이다. 예를 들어, 존재론적 관념론자는 수학적 대상이 정신-의존적이라고 주장한다. 그렇다면 어떻게 수학의 정신적인 구성이 (아마도 객관적인) 비-수학적인, 물리적 우주에 빛을 비추는가? 외부에 있는 우주에 관한 무엇이 우리로 하여금 정신적인 수학적 영역을 통해 그것을 이해하게 하는가? 그 철학자가 또한 물리적 세계에 관한 관념론자라면, 자신의 문제는 관념적인 수학의 세계가 어떻게 관념적인 물리의 세계와 관련되는지를 보이는 것이다. 어떻게 수학의 구성이 외부의 물리적 세계에 대한 구성과 관계가 있는가?

수학 명제가 (비어 있지 않은) 진리-값을 어쨌든 갖는다는 것을 부정하는 철학자들은, 또는 대부분의 수학 명제들이 체계적으로 거짓이라는 것은 심지어 더 처리하기 어려운 문제를 얻는 것 같다. 어떻게 그와 같은 명제들이 비-수학적인 어떤 것에 빛을 비출 수 있겠는가?

나는 그 문제의 이러한 버전들 중 어느 것이 가장 덜 만만찮은 지에 대한 결정을 독자들에게 맡긴다. 우리는 이 책 전체를 통해, 다양한 철학들을 더 자세하게 전개하면서 이 이슈로 돌아올 것이다.

Steiner (1995, 1997)는 주목하지 않을 수 없는 관련 문제 그룹의 범위를 정한다. 우리는 그것을 자주 재확인하지는 않을 것이다. 주된 이유는 내가 할 말이 없기 때문이다. 그리고 (내가 아는 한) 그 문제는 전체 수학 철학들 중 어느 것에 대해서도 직접적인 해답을 가지고 있지 않기 때문이다. 이따금, 추상대수학(abstract algebra)이나 해석학(analysis)과 같은 순수 수학 분야들은 그것들이 수학적으로 성숙한 지 오랜 시간이 지난 후에 기대하지 않았던 응용들을 발견한다. 수학자들은 과학에서 기대하지 않았던 응용을 발견하게 되는 구조, 개념, 분야 등을 찾아내는 묘한 능력이 있다. 역사를 통해, 다음과 같은 장면들이 되풀이되어 일어났다. 수학자들은 특정한 구조를 어떤 이유에서든 연구한다. 그들은 그것을 그들 자신의 내적인 목적을 위해 또 다른 구조로 확장한다. (예를 들어, 무한히 많은 차원들을 고려함으로써); 그리고 나서 새롭게 발견된 구조는 후에 과학의 어느 곳인가에서 실용적임을 발견한다. S. Weinberg (1986: 725)가 다음과 같이 말하듯이: '수학자들이 자기 이전에 거기에 있었다는 것을 물리학자가 깨닫게 되는 것은 확실히 으스스한 일이다.' 그리고 Richard Feynman (1967: 171)은 {이렇게 말했다.}: '나는 원래의 것과 정말로 관계없는 규칙들을 단순히 따르는 수학을 통해 무엇이 일어날지에 대한 예측이 가능하다는 것이 정말 놀라운 일임을 안다.' 수학 캠프로부터는, 같은 정서가 Bourbaki 학파 (1950: 231)에 의해서 되풀이되었다.: '수학은 … 추상적 형식들 – 수학적 구조들 – 의 보고(storehouse)로서 등장한다.; 그리고 또한 – 왜인지 알지 못해도 – 경험적 실재(empirical reality)의 어떤 측면들이 이러한 형식들에 꼭 들어맞는 사태가 발생한다. 마치 일종의 전적응(preadaption)을 통해서…'

4. 지엽적 문제들: 정리들, 이론들, 개념들

이전 절들에서 광범위하게 영향을 미치는 이슈들과 질문들은 수학 전체 그리고 심지어 과학 전체에 관계된다. 이 절에서는 수학 철학자를 위한 조금 더-좁은 이슈들의 윤곽을 그려본다. 일반적으로는, 철학자는 이러한 지엽적 문제들 속으로 그렇게 멀리 가지 않아서 전반적 이슈들에 직면하게 된다.

이슈들 중 한 그룹은 특정한 수학적 또는 과학적 결과를 해석하려는 시도에 관계된다. 어느 정도까지, 수학의 적용에 관계된 질문들은 이 그룹에 속한다. 수학의 정리가 과학에 의해 연구되는 자연 세계에 대해 우리에게 무엇을 말해 줄 수 있는가? 우리는 어느 정도까지 매듭, 다리의 안정성, 체스 종반전, 그리고 경제의 경향에 대한 것들을 **증명할**(*prove*) 수 있는가? 어떤 철학자들은 수학을 단지 기호들을 가지고 노는 의미 없는 게임에 지나지 않는 것으로 취급한다 (6장 참고). 그러나 다른 모든 사람들은 수학이 어떤 종류의 의미를 갖는다고 주장한다. 이 의미는 무엇이고, 그것은 일반적인 비-수학적 담화의 의미와 어떻게 관련되는가? 정리는 물리적 세계에 관해, 인간의 인식 가능성에 관해, 프로그램 된 컴퓨터의 이론상의-능력(abilities-in-principle) 등에 관해 우리에게 무엇을 말해 줄 수 있는가?

잠재적으로, 수학적 논리의 어떤 결과들은 철학적 문제들을 파생시킨다. T를 형식적인 수학적 이론이라고 하고 M을 자연수나 실수와 같은 수학적 구조라고 하자. 이론 T가 모델 M에 대해 참이라면, 우리는 M이 T의 **모델**(*model*)이라고 말한다. 콤팩트 정리(compactness theorem)와 Löwenheim-Skolem 정리는 '1차(first-order)'라고 불리는, 이론의 어떤 유형(type)과 관계된다. 그 결과들은 만약 그러한 이론이 무한 모델을 갖는다면, 어떠한 무한 기수(infinite cardinality) κ에 대해서든지 간에, 정확히 크기가 κ인 모델을 갖는다는 것을 함의한다. {이로부터} 자연수와 같은 크기를 갖는 1차 실해석학과 1차 집합론의 모델들이 존재한다는 것이 따라 나온다. 이것은 집합이 자연수보다 더 많고, 실수도 자연수보다 더 많다는 것이 Georg Cantor의 집합론의 정리라는 사실에도 불구하고 그렇다. 더욱이, 자연수의 1차 이론은, 때로 '1차 산술(first-order arithmetic)'이라고 불리는데, 자연수의 집합보다 더 큰 모델들을 갖는다. 거기에는 실수의 크기를 갖는 1차 산술의 모델이 존재한다. 이 혼란스러운 상황은 논리학자 Thoralf Skolem의 이름을 따서 'Skolem 역설'이라고 불린다. 이것은 그럴 듯한 전제들로부터 유도되는 진짜 모순이라는 의미에서의 역설은 아니다. 기술적으로(technically), 역설의 느낌은 "자연수의 크기와 같음"과 같은 개념들이 다른 구조들에 있는 다른 것들에 해당한다는 것을 알아차리면 해결된다. 주어진 구조는 어떤 집합이 자연수보다 크다는 것을 보여주는 식(formula)을 만족할 수 있다. 심지어 (다른 구조에서 고려된) 그 집합이 겨우 자연수 집합만큼의 원소를 갖는다고 하더라도 {말이다}.

여전히, Skolem 역설은 호기심을 자극하고, 어떤 철학자들과 논리학자들은 그것이 자연수, 실수, 집합, 그리고 심지어 기수와 같은 여러 가지 개념들을 특징짓고 의사소통하는 인간 능력에 대한 철학적 문제들을 파생시킨다고 주장한다. 우리는 이러한 개념들에 대해 명확하고 모호하지 않은 개념화를 이룰 수 있는가? 만약 그렇다면, 우리는 어떻게 그 개념들을 파악하였고, 어떻게 그것들에 대해 다른 사람들과 의사소통하는가? Löwenheim-Skolem 정리는, 우리가 이러한 개념과 대상에 대해 **진술하는**(*say*) 어떠한 것들도, 의도하지 않은 해석을 갖는 이론으로 만들어질 수 있다는 것을 보여준다. 그렇다면 다른 사람들이 우리가 의도한 대로 이해한다는 것을 어떻게 확신할 수 있는가? 나는 나 자신이 이러한 아이템들에 대해 모호하지 않은 개념들을 가지고 있다는 것을 어떻게 아는가? 확실히, 이해하기와 의사소통에 대한 일반적인 철학적 문제들이 존재한다. 그러나 Skolem 역설은 수학에 적용될 때 그 문제들에 특별한 중심점을 제공한다. Skolem (예를 들어 1922, 1941) 자신은 그 결과들이 사실상의 모든 수학적 개념들이 철저히 '상대적인(relative)' 것임을 보여준다고 생각했다. 그가 의미한 것이 무엇이었는지에 대한 불확실함이 있지만, 그 아이디어는 예를 들어 자연수와 기수에 대한 절대적이고, 독립적인 (또는 객관적인) 개념은 없다는 것 같다. 다른 말로 하면, Skolem은 어떤 집합도 **절대적으로**(*simpliciter*), 유한하거나 자연수와 같은 크기를 갖지 않는다. 다만 어떤 영역(domain) 또는 모델에 비해서만 유한하거나 자연수와 같은 크기를 갖는다. 더 최근에는, Hilary Putnam (1980)이 수학적 논리에서의 이러 저러한 결과들에 기반하여 비슷한 상대성을 주장한다. Skolem-Putnam 상대성은 광범위한 존재론적 반-실재론이다. 왜냐하면 그 견해는 산술이나 실해석학과 같은 특정한 수학적 이론이

고정된 주제-대상을 갖지 않다는 것을 함의하기 때문이다. 따라서, 수학적 용어들은 고정된 조회처(reference)를 갖지 않는다.

대부분의 철학자들은 Skolem을 지지하는 사람들의 상대성에 저항한다. 그러나 그것은 이해될 수 있는 것이다. Löwenheim-Skolem 정리들을 주의 깊게 검토하면 자연수, 유한성 등등에 대한 절대적, 객관적 개념들이 불가능한 것은 아니라는 점이 드러난다. 그러나, 그 정리들은 그러한 절대적 개념들이 존재한다면 1차 형식의 이론에 포착될 수 없다는 것을 보여준다. 이 개념들에 대한 어떠한 1차 이론도, 그것이 어쨌든 무한 모델을 갖는다면, 그 개념들을 오해하게 하는 의도하지 않은 모델을 갖는다. 어떤 철학자들은 **평상적인**(*informal*) 수학이 1차 모델 이론보다 의미를 더 풍부하게 나타내고, 더 명확하다는 반응을 보인다. 이 움직임은 자연수, 유한성 등등의 평상적인 개념들이 어떻게 이해되고 의사소통 되는가라는 질문을 남긴다. 그렇다면, 평상적인 수학적 담화, 즉 유한성, 자연수 등등의 절대적 개념들을 정말로 모호하지 않게 지시하는 언어에 대한 의미론은 무엇인가? 이 지시함(reference)이 어떻게 이루어지는가? Löwenheim-Skolem 정리들은 이른바 '2차(second-order)' 형식의 언어와 의미론에 대해 적용되지 않는다. 그래서 아마 그것들은 이해하기와 의사소통에 대한 바른 그림을 제공한다. 그러나, 논쟁은 2차 언어가 이해되고 의사소통 될 수 있는지 또는 어떻게 그렇게 될 수 있는지에 대해 맹렬히 계속된다 (Shapiro 1991: 3-5장 참고). 질문하게 되는 것을 피하기 어렵다.

철학적으로 풍요로운 수학적 결과의 다른 예로 집합론에서의 독립성 결과들의 풍요로움이 있다. ZFC라고 불리는, 선택 {공리}를 동반한 Zermelo-Fraenkel 집합론은 가장 강력한 수학 이론들 중 하나이다. 이에 대해서는 어느 정도의 동의가 있다. 사실상 모든 현존하는 고전 해석학, 실해석학, 복소해석학, 함수해석학 등은 집합론의 언어로 제시될 수 있다. 그리고 그러한 분야들의 알려진 모든 정리들은 ZFC 내에서 증명될 수 있다. 그러나,

논리학자들은 재미있고 중요한 많은 수학적 질문들은 ZFC의 공리계에 의해서 결정될 수 없다는 것을 확고히 했다. 이것들 중 가장 악명 높은 것은 Cantor의 **연속체 가설**(*continuum hypothesis*)이다. 앞에서 언급했듯이, 자연수보다 더 많은 실수가 존재한다는 것이 (ZFC 내의) 정리이다. 연속체 가설은 그 두 가지 크기 사이에 있는 무한 기수는 없다는 주장이다. 다른 말로 하면, 연속체 가설은 자연수 집합보다 더 크고 실수 집합보다 더 작은 집합은 없다는 것이다. 연속체 가설은 집합론의 표준적인 공리화 내에서 증명될 수 없고, 그 부정도 마찬가지다.

이 독립성은 수학적 개념에 대해 무엇을 말하는가? 또 다른 종류의 상대성을 갖게 되는 것인가? 우리는 집합론의 해석이나 외연(extension)에 비해서만 집합의 크기를 특정할 수 있는가? 어떤 철학자들은 이러한 결과들이 연속체 가설, 또는 실수 집합의 상대적인 '크기'에 대한 문제에는 사실이 없다는 것을 나타낸다고 주장한다. 똑같은 것이 독립적인 다른 명제들에도 해당된다. 이러한 철학자들은 수학적 **진리**(*truth*)에 대한 불확정성이 존재한다고 주장하고, 그래서 그들은 진리-값에서의 반-실재론자들이다.

그 이슈는 수학의 실제에 대한 문제들을 파생시킨다. 어떤 수학자가 진리-값에서의 실재론자들의 편에 서 있고 연속체 가설이 명확한 진리-값을 갖는다고 주장한다면, 그는 이 진리-값을 판정하려는 노력을 기울일 수 있을 것이다. 이 경우, 한 가지 철학적 수수께끼는 그 수학자가 사용할 수도 있을 방법론을 결정하는 것이다. ZFC의 표현 능력(the expressive power)을 가정한다면, 어느 쪽이든 확신을 주는 증명이 있을 것 같지 않다. 왜냐하면 그러한 증명은 ZFC에 의해 포착되지 않는 개념이나 원리를 들먹여야 할 것이기 때문이다. 다른 한편, 어떤 수학자가 연속체 가설이 명확한 진리-값을 갖지 않는다고 주장한다면, 그녀는 가장 간편한 집합론을 만드는 데 도움이 되는가라는 근거 하에 자유롭게 그것을 택하거나 그렇지 않거나 한다. 실재론자가 연속체 가설을 결정하는 데 채택할지 모르는 기준이, 반-실재론자가 무엇이 가장 간편한 이론을 만드는 데 도움이 되는지를 결정하기 위해 사용하게 될 기준과 다른지는 확실하지 않다. 여기에서 Maddy (1988)와 같은 자연주의자는 독립성 결과들에 대한 집합론 학자들의 실행을 검토해 봄으로써 철학적 과제를 시작한다.

세 번째 예는 Gödel의 유명한 **불완전성 정리**(*incompleteness theorem*)이다. T를 산술의 한 공리화라고 하자. T의 언어 내의 일련의 문장들이 T 내의 올바른 파생어인지를 결정하는 기계적인 절차가 있다는 의미에서, T가 유효하다고 가정하자. 거칠게 말해서, 불완전성 정리는 T가 충분히 풍부하다면 T에서 Φ가 파생되지 않고 그 부정도 파생되지 않는 그러한 문장 Φ가 T의 언어 내에 존재한다는 것을 함의한다. 다른 말로 하면, T가 Φ를 판결하지 못한다.

진리-값 반-실재론자는 불완전성 결과가 적어도 어떤 산술 명제들은 명확한 진리-값을 갖지 못한다는 점을 확실히 한다고 주장한다. 그러나 그 주장은 참에 이르는 유일한 길은 정착되어 온, 유효한 연역 체계의 증명을 통한다는 점을 전제할 것이다. 산술에 관한 진리-값에서의 실재론자는 불완전성 정리를, 효율적인 공리화의 정리들이 산술에서의 유일한 진리들일 뿐인, 그러한 효율적인 공리화가 존재하지 않는다는 것을 보여주는 것으로 해석한다. 그 결과는 어느 주어진 연역 체계 안의 진리에는 증명가능성(provability)보다 더 많은 것이 있다는 것을 나타낸다. 물론, 그 실재론자가 단지 그것을 **진술하는**(*say*) 것만으로는 충분하지 않다. 그의 부담은 산술의 참이 무엇으로 구성되는지, 그리고 산술의 참이 어떻게 형식적 유도 가능성(derivability)의 범위를 넘어서는지를 보이는 것이다.

덧붙여 말하면, 불완전성 정리의 증명을 검토해 보면 {그것은} 결정 불가능한 문장 Φ가 자연수에 관해서 참임을 보여준다. 언뜻 보기에, 우리는 형식적으로 결정 불가능한 문장의 진리성에 대한 비형식적 증명을 갖는다. 그래서 우리 실재론자는 산술의 **증명가능성**(*provability*)에는 어떤 정착되어 온 형식적 공리화에서 유도될 수 있는 것보다 더 많은 것이 있다고 주장할 것이다.

어떤 철학자들은 불완전성 정리를 기계론(mechanism)을, 즉 인간 정신이 기계처럼 작동한다는 논제를, 논박하는 것으로 받아들인다. 주어진 기계가 만들어 내는 결과를 유효한 연역 시스템의 정리와 그럴듯하게 동일시하면, 그리고 충분히 이상화하면, 불완전성 정리는 산술의 참과 비형식적 산술의 증명가능성 모두 기계에 의해 생산될 수 있는 것을 넘어선다는 것을 보여 준다 (Lucas 1961과 더 최근으로는 Penrose 1994 참고). Gödel 자신은 정신이 기계가 아니거나 그게 아니면 '절대적으로 결정 불가능한' 산술 질문들, 즉 원칙적으로도 우리 인간들에 의해 대답될 수 없는 질문들이 있다는 조심스러운 결론을 내렸다. 그러나, 이러한 사상가들의 주장들이 일반적으로 받아들여지지는 않는다. Judson Webb (1980)은 불완전성 결과들을 기계론을 지지하는 것으로 받아들인다.

이슈들의 또 다른 그룹은 특정한 수학 **이론들**(*theories*)과 **개념들**(*concepts*)을 분명히 말하고 해석하려는 시도들로 이루어져 있다. 한 예로 기하학, 산술, 해석학 등의 토대 작업을 들 수 있다. 때로, 이런 종류의 활동은 수학 자체에 문제들을 파생시키고, 그래서 수학과 그것의 철학 사이의 경계에 도전하고 그것을 흐리게 한다. 흥미롭고 강력한 연구 기법들이 수학적 분야들 사이의 연결을 만들어 내는 토대 작업에 의해 종종 제안된다. 예를 들어, 해석기하학에서 드러나는 공간의 점들과 실수들 사이의 연결성을 생각해 보자. 이것은 점이 무엇인지 또는 수가 무엇인지에 관해 무엇인가를 말하는가? 또한 해석적 수론(analytic number theory)에 의한, 평면에 복소수 끼워 넣기와 복소평면에 자연수 끼워 넣기가 있다. 이런 종류의 토대 활동이, 근본적인 존재론적 질문들에 빛을 비추는 것에 더하여, 수학의 전체 분야들을 낳았다.

때로는 수학 내부의 발전이 어떤 개념이 무엇인지에 관한 불명확함에 이른다. 유명한 것으로, 해석학의 토대에 이르렀던 연구는 바로 함수가 무엇인지에 대한 불명확함으로 이어졌다. 결국, (식 또는 규칙과 아주 다른) 임의의 대응이라는 함수의 현대적 개념을 낳았다. 수학의 올바른 방법론과 논리가 위태로워졌다. 또 하나의 예로, Lakatos (1976)의 역사 재현은 일련의 '증명과 반박'이 어떻게 다면체가 무엇인지에 관한 흥미롭고 중요한 질문들을 남겼는지 보여 준다. 그 질문들은 적어도 부분적으로는, 다양한 수학적 대상과 개념의 본질에 관한, 존재론적인 것이다.

이 그룹의 이슈들은 수학 철학의 **해석적**(*interpretive*) 본질에 밑줄을 친다. 당면한 과제는 주어진 수학적 개념이 무엇**인지**(*is*), 그리고 일련의 수학적 담화가 무엇을 **진술하는지**(*say*) 알아내는 것이다. 예를 들어, Lakatos의 연구는 사고 실험으로 이루어진 '증명'으로 시작한다. 그 사고 실험에서는, 주어진 다면체의 한 면을 제거하고, 나머지를 평평한 면에 펼치고, 그런 다음 – 그 과정에서 특정 계산 값을 유지하면서 – 선을 그리고, 자르고, 여러 가지 부분들을 제거한다. 그 전개는 확신을 주고 증명의 맛이 있다. 그러나 그 눈에 띄는 동적인 담화들이 어떻게 이해되어져야 하는지는 전혀 분명하지 않다. 그 언어는 현대 논리 논문들의 틀에 쉽게 맞지 않는다. 그 담화의 논리적 형식은 무엇이고 그것의 논리는 무엇인가? 그것의 존재론은 무엇인가? 그 뒤에 이어지는 많은 수학적/철학적 작업이 바로 이러한 질문들을 중점적으로 다룬다.

주류에 더 가까이 다가가려면, 미적분학과 실해석학의 기본 언어를 생각해 보자. 피상적인 어법은 'dx'라는 표현이, 대명사나 고유명사와 같이, 한 대상을 표시하는 단칭어라고 제안할 것이다. 그러나 'dx'가 아무것도 나타내지 않는다는 것을 아는 데에는 상당한 수학적 진전이 필요했다. 그것은 단독으로 의미를 가지지 않는다. 그러나, 'dy/dx'라는 표현은 단칭어이고 바야흐로 무엇인가를 – 몫이 아닌 함수를 – 나타낸다. 해석학의 역사가, 이 같은 표현이 무엇을 의미하는지를 보이는 것조차도 얼마나 길고 구불구불한 일이었는지를 보여준다.

물론, 수학은 대체로 이 철학적인 해석적 작업 없이 꽤 잘 해 나간다.

그리고 때로는 해석적 작업은 시기상조의 느낌이 있고 기껏해야 기분전환꺼리일 뿐이다. 해석학에 대한 George Berkeley의 유명하고 논리적으로 예리한 비판은 수학자들 사이에서 대부분 무시되었다. – Wittgenstein이 말할지도 모르는 것처럼 그들이 '어떻게 계속해야 하는지'를 알았던 동안은 {말이다}. 현재의 맥락에서 질문은, 수학자가 자신의 담화를 충분히 설명하는 의미론을 갖게 되기까지 수학을 멈추어야만 하는가라는 것이다. 확실히 그렇지 않다. 그러나, 때때로 수학 내부의 긴장은 해석적인 철학적/의미론적 기획으로 이어진다. 때로 수학자는 어떻게 '전처럼 계속해야 하는지'를 확신하지 못하고, 그 개념들이 무엇인지조차 확신하지 못한다. 더욱이, 우리는 해석 프로젝트가 정확하고 완전한지, 그리고 다른 문제들이 저 앞에 도사리고 있지는 않은지 절대 확신하지 못한다.

제 Ⅱ 부 역사

제 3 장

PLATO의 합리주의, 그리고 ARISTOTLE

맨 처음부터 시작하자. 시작하기에 아주 좋은 곳.
(사운드 오브 뮤직(*The Sound of Music*))

우리가 역사의 윤곽을 고대 Greece에서 시작하여 그리는 것은 자연스럽다. 왜냐하면 수학과 철학 양자가, 오늘날 우리가 알듯이, 그곳에서 발생했다는 것이 널리 동의되기 때문이다. 명백히, Greece 이전의 수학은 주로, 종교 또는 땅을 분할하는 것과 같은 실제적인 문제들과 관련된, 계산 기법과 명수법(numeration) 체계로 이루어져 있었다. 좋든 싫든 간에, Greece의 수학자들은 정확성과 엄격한 증명에 초점을 두는 것을 시작했다.

한 번은 Apollo의 사제가, 어떤 제단의 모양을 유지하면서 크기를 두 배로 만들 수 있다면 전염병이 종식될 것이라고 말했다는 전설이 있다. 만약 염려되었던 시민들이 그 제단의 각 변들을 3분의 1만큼씩 길게 만들어 보았다면, 그 결과는 원래 크기의 약 2.37배의 것이 되었을 것이다. 사람들은 신이 이 추가적인 37%에 기뻐할 거라고 생각할 것이다. 그러나 전설에 의하면 그들이 제단의 각 변을 두 배로 만들어 그 크기를 **8배로**(*eightfold*) 키운 후에도 전염병은 계속되었다고 한다. 시민들이 원래의 변들을 26%씩 증가시킨다면, 제단은 원래 부피의 약 2.0004배가 될 것이다. 틀림없이, 그것은 신을 기쁘게 할 것이었다. 두 배의 크기와 2.0004배의 크기의 차이는 경험적인 방식으로는, 적어도 인간에 의해서는 알아차리기 어렵다. 그러나, Greece 수학자들은 그 과제를 제단을 **정확히**(*exactly*) 두 배로 만드는 일로 받아들였다. 그들은 근사적인 것에는, 그것이 얼마나 가까울 수 있는지와 관계없이, 관심이 없었다. 재난을 피하려는 이 '실제적인' 이슈는 추측되기로 정육면체를 두 배로 만드는 기하학적 문제로 이어졌다.: 주어진 선분에 대해, 오직 컴퍼스와 눈금 없는 자를 사용해서, 새 선분을 한 변으로 하는 정육면체{의 부피}가 원래 주어진 선분에 의한 정육면체의 {부피의} 정확히 두 배가 되는 그러한 새 선분을 작도하는 문제. 수학자들은 그것이 정확하기를 원했고 그렇다는 것이 증명되기를 원했다. 비슷한 두 가지 문제로, 각을 삼등분하기와 주어진 원과 같은 넓이를 갖는 정사각형의 한 변의 길이를 작도하기가 있다. 차이를 임의의 정도만큼 작게 할 수 있는 근사가 쓸모 있었지만, 중요하지 않았다. 이러한 문제들은 수 세기 동안 수학자들을 사로잡았다. 결국 2,000년 이상의 시간이 흐른 후에 그 해결책이 존재하지 않는다는 – 그 과제들은 실현할 수 없다는 – 결론을 얻었다.

Thomas Kuhn의 영향력 있는 **과학 혁명의 구조**(*Structure of Scientific Revolutions*) (1970)는 과거의 과학적 업적을 이해하기 어렵게 만드는 혁명과 '패러다임 이동(paradigm shifts)'에 대해 이야기 한다. Kuhn에 따르면, 이전의 업적을 이해하기 위해 우리는 현재의 과학을 잊고 전복되어진 세계관 속에 자신을 빠져들게 해야 한다. 사이사이에 오는 혁명들은 그 시대의 개념들과 도구들을 영원히 바꾸어 버려서, 과거 업적을 우리의 것과 '통약불가능하게(incommensurable)' 만든다. 수학은 어떠한가? Kuhn의 철학과 과학의 역사가 수학에 적용된다면, 혁명과 패러다임의 변화는 훨씬 더 미묘하다. 현대의 수학자는 Euclid의 **원론**(*elements*)을 읽고 감탄하기 위해서 (만약 그런 것이 있다면) 개념적으로 도구를 개편하는 일을 많이 할 필요가 없다. 현대의 논리적 기법이 그 추론에서 약간의 틈들을 들추어냈지만, Euclid의 관심사는 우리의 것과 같아 보이고, 그의 증명과 작도도 그렇다. 논리적 틈에도 불구하고, **원론**(*elements*)은 수학적 엄밀함의 모델이다. **원론**(*elements*)이 Plato의 생애 동안 잘 진척되었던 연구 프로그램의 정점이라는 것이 널리 믿어진다.

고대 Greece는 또한 서양의, 비종교적인 철학의 탄생지였다. 우리는 (Socrates 이전의 철학자들뿐 아니라) Socrates, Plato, Aristotle가, 이 책에서 다루어지는 이슈들 중 어떤 것들을 포함해서, 오늘날의 철학자들에게 문제가 되는 많은 이슈들과 씨름했던 것을 안다. Plato은 때로 **합리주의**(*rationalism*) 또는 '플라토니즘(Platonism)' (또는 'platonism', 만약 그 선생(master)과 약간의 거리를 원한다면)으로 불리는 철학에서 긴 전통의 맨 처음에 서 있다. 다음 절은 Plato의 일반적인 철학, 즉 형상(Forms) 이론에 대한 간략한 설명이다. 그 후에 수학 – 특히 산술과 기하학 – 에 관한 Plato의 견해가 논의된다. 그에 이어지는 절에서는 방향을 바꾸어, Plato의 철학적 전개에 미친 수학의 영향을 다룬다. 이 장(chapter)의 마지막 절은 Plato의 제자이자 주요 반대자인, Aristotle에 관해 다룬다. 그것은 이 책에서 후에 경험주의를 다룰 때 연결되는 내용으로서 도움이 된다.

1. 존재의 세계

Plato은 우리가 품을 수 있는 관념과 우리를 둘러싼 물리적 세계의 차이에 의해 동기를 부여 받았다. 예를 들어, 우리가 정의(justice)에 대해 어지간하게 깨끗한 그림을 가지고 있다고 할지라도, 보고 듣는 모든 것은 완벽한 정의에 미치지 못한다. 우리는 아름다움에 대한 일견을 갖고 있지만 어떤 것도 완전하게 아름답지 않다. 어떤 것도 완전하게 경건하지 않고, 고결하지 않고 등등. 물질적 세계의 모든 것은 흠을 가진다. 물론, Socrates식의 질문하기가 정의, 아름다움 등에 대한 우리의 개념 이해가 그것들이 이따금 그렇게 보이는 것만큼 깨끗하지 않다는 것을 확실히 드러낸다. 그러나 이것은 물리적 영역의 결점에 관한 현재의 관찰을 줄이지 않는다. 우리는 완벽한 관념들에 대한 **어떤**(*some*) 이해를 가지고 있다. 그리고 아직 그것들을 발견한 적이 없다. 왜 그런가?

Plato의 대답은 아름다움(Beauty), 정의(Justice), 경건(Piety)과 같은 완벽한 아이템을 포함하는 형상들(Forms)의 영역이 있다는 것이다. 그는 때로 '아름다움 자체', '정의 자체', '경건 자체'에 대해 말한다. 그림과 같은 물리적 대상은 그것이 아름다움 자체를 '닮았고', 그것에 '참여하고', 또는 그 '일부분을 가지고 있는' 만큼 아름답다. 한 개인은 그녀가 정의 자체를 닮은 만큼 정의롭다. Plato은 물리적 영역을 '생성(Becoming)'의 세계라고 부른다. 왜냐하면 물리적 대상은 변화와 타락의 지배를 받기 때문이다. 그것들은 더 좋아지기도 하고 더 안 좋아 지기도 한다. 아름다운 것이 추해질 수도 있다. 고결한 것이 타락할 수도 있다. 대조적으로, 형상은 영원하고 불변한다. 아름다움 자체는 있었고, 있으며, 항상 똑같을 것이다.; 개별적인 것들은 그것들이 이 비시간적이고, 불변하는 기준에 따르는 만큼 아름답다. 그렇다면, 분명히 Plato은 아름다움이 보는 사람의 눈 안에 있다는 슬로건에 동의하지 않을 것이다. 똑같은 것이 정의와 다른 형상들에 적용된다. 그것들에 관해 주관적인, 또는 관례적인, 또는 문화-상대적인 것이 존재하지 않는다.

요컨대, 이것이 Plato의 형상의 존재론이다. 그의 인식론은 어떠한가? 우리는 어떻게 이러한 형상들에 대해 아는가, 또는 그 형상들을 감지하는가? 우리는 물리적 세계를 – 생성의 세계를 – 감각을 통해서 이해한다. 그는 이것을 '보이는 것(sights)과 들리는 것(sounds)'의 영역이라고 부른다. 대조적으로, 우리는 형상을 오직 정신적 숙고를 통해서 파악한다. 우리는 아름다운 것들과 그냥 사람들을 보고 듣는다. 그러나 우리는 아름다움과 정의로 가는 길에 대해서는 **생각**(*think*)해야 한다. **국가론**(*Republic*) 6권의 다음 구절은 전형적이다.:

> 내가 이전에 도입했고 또 다른 기회에 종종 소개했던 다음 두 가지 사이의 구별을 여러분에게 상기시키고자 한다. 좋은 것 또는 아름다운 것 또는 그것이 무엇이든지 간에 우리가 그렇게 부르는 것들의 다수성과, 다른 한편으로, 좋음 자체 또는 아름다움 자체 등등 사이의 구별. 이러한 많은 것들의 집합들 각각에 대응하는 것으로서, 우리는 단일한 형상 또는 우리가 말하는 진짜 본질을 가정한다 … 더 나아가서, 우리가 말하는 많은 것들은 보일 수 있지만, 이성적인 사고의 대상이 아니다.; 반면 형상은 사고의 대상이지만, 눈에 보이지 않는다.

메논(*Meno*)에서는 또 다른 인식론을 제의한다. 거기에서 Plato은, Socrates가 한 노예를 이끌어 주어진 정사각형의 대각선의 제곱이 원래 정사각형 넓이의 두 배와 같다는 정리에 이르도록 하는 장면을 서술한다. Socrates는 자신이나 다른 누구도 노예에게 그 정리를 가르치지 않았음을 강조한다. 주의 깊게 선택된 질문들을 물어 봄으로써, 그리고 그려진 도형의 모습을 가리킴으로써, Socrates는 노예가 스스로 그 정리를 발견하도록 한다. Plato은 다음과 같은 학설을 뒷받침하기 위해 그 실험을 사용한다. 기하학에 관해서라면 – 또는 일반적으로 존재의 세계에 관해서라면 – '학습하기'라고 불리는 것은 실제로는 과거의 삶으로부터의, 즉 상정컨대 영혼이 존재의 세계에 직접적으로 접속했던 때로부터의, 회상하기(*remembering*)라는 학설.

학자들은 Plato의 인식론에서 이 '회상(recollection)'의 본성과 역할에 동의하지 않는다. 그리고 대부분의 뒤이은 플라톤주의자들(Platonists)은 그것에 반대한다. 어쨌든 Plato은, 영혼이, 존재의 세계와 생성의 세계 양자를 이해할 수 있는 능력을 가진, 세 번째 존재론적 범주에 속하는 것이라고 주장했다.

그 인식론의 '신비주의적인' 요소를 사용하든 그렇지 않든, 물리적 세계가, 우리가 감각을 넘어 존재의 세계를 살필 수 있게 되어 질 수 있도록, 바로 그렇게 구성되어 있다는 인상을 대화편(the dialogues)으로부터 받는다. Plato에게, 수학은 이 과정에서 핵심 단계이다. 그것은 영혼을 상승시켜, 물질적 세계를 넘어 영원한 존재의 세계에 이르도록 한다.

2. 수학에 대한 Plato의 영향

수학은, 또는 적어도 기하학은, 우리를 둘러 싼 흠이 있는 물질적 세계와 고요하고, 이상적인, 완벽한 사고의 세계 사이의 차이에 대한 간단한 사례를 제공한다. Plato 시절 이전부터 오늘날까지 우리는 직선, 원 등에 대한 완전하게 엄격한 정의를 갖고 있다. 그러나 물리적 세계는 넓이가 없는 완벽하게 곧은 선, 그리고 완벽한 원, 또는 적어도 우리가 상상할 수 있는 그런 것들을 전혀 포함하고 있지 않다. 아마도 폭이 없는 직선과 완벽한 원 등은 우리 모두가 점유하고 있는 물리적 공간의 (또는 시공간의) 일부일 것이다. 그러나 비록 그렇다고 하더라도, 우리는 엄밀한 의미의 그러한 그것들을, 어떤 물리적 방법으로도 만나지 못한다. 그렇다면 우리는 기하학에서 무엇을 연구하는가? 그리고 어떻게 연구하는가?

명백한 것을 다시 말하자면, Plato은 기하학의 명제들이, 수학자들의 정신, 언어 등과 독립하여, 객관적으로 참 또는 거짓이라고 믿었다. 2장의 용어로는, 그는 진리-값에서의 실재론자였다. 이 실재론은 대화편 전체를 통해 거의 가정된다. 그리고 옹호되지 않는다. 아마도 진지한 대안이 없었을 것이다. 그러나 기하학은 무엇에 관한 것인가? 그 존재론은 무엇인가? 기하학을 어떻게 알 수 있는가? Plato은 기하학의 주제-대상은 인간의 정신, 언어 등과 독립적으로 존재하는 대상들의 영역이라고 주장했다. 그는 진리-값에서의 실재론으로부터 존재론에서의 실재론까지, 뒤이은 역사 전체를 통해 울려 퍼졌던 논지를 주장했다. Plato의 논쟁적인 주요 주장들은 기하학적 대상의 **본성**(*nature*) 그리고 기하학적 지식의 **원천**(*source*)에 관계된다. 그는 기하학적 대상들이 물리적이지 않다고 믿었다. 그리고 영원하고, 변하지 않는다고 믿었다. 적어도 이런 의미에서, 기하학적 대상들은 형상과 같은 것이고, 존재의 세계에 속하는 것이다. 그래서 그는 기하학적 대상들이 물리적 공간에 존재한다는 앞에서 언급된 제안을 거부할 것이다.

국가론(*Republic*) 6권의 끝에서 Plato은 나누어진 선분의 은유를 제시한다(그림 3.1 참고). 생성의 세계는 아래쪽에 있고 존재의 세계는 위쪽에 있다(선의 형상(the Form of Good)이 모든 것의 위쪽에 있으면서). 선분의 각 부분은 다시 나누어진다. 생성의 세계는 위쪽의 물리적 대상들의 영역과 아래쪽의 (예를 들어 물에 비친) 그것들의 그림자들(reflections)로 나누어진다. 존재의 세계는 위쪽의 형상들과 아래쪽의 수학의 대상들로 나누어진다.[1] 이것은 물리적 대상들이 수학적 대상들의 '그림자들'이라는 것을, 결국 형상들의 '그림자들'이라는 것을 시사한다.

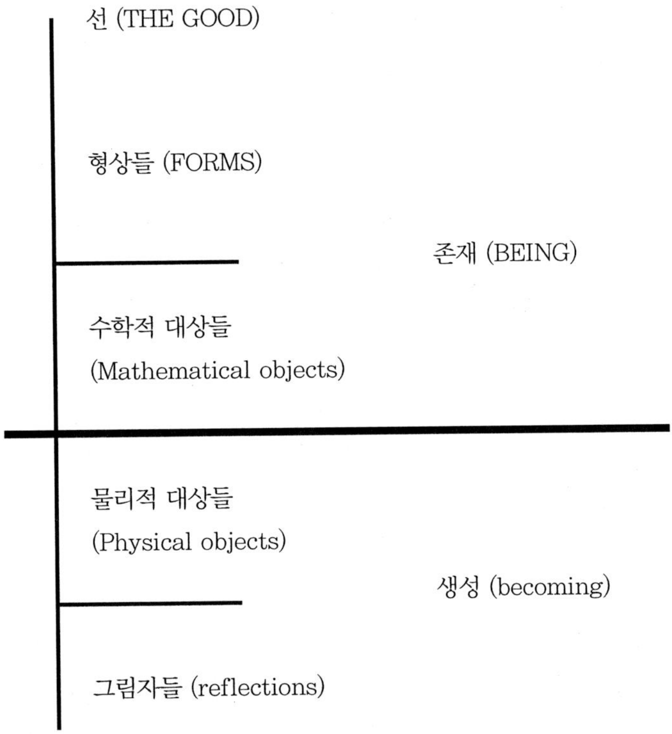

그림 3.1. 나누어진 선분

그러나, Aristotle에게 귀속되는 몇몇 {증거들}을 포함하여 Plato이 적어도 어떤 수학적 대상들을 형상들로 간주했다는 증거들이 있다. 그의 후기 신

---

1) 이 분할들{의 길이}는 같지 않다. 형상들이 가장 긴 부분을 차지한다. 다음과 같은 이중 비례가 성립한다.: 형상들과 수학적 대상들의 비율, 물리적 대상들과 그림자들의 비율, 존재 (즉, 형상들 더하기 수학적 대상들)와 생성 (즉, 물리적 대상들과 그림자들)의 비율이 모두 같다. Plato이 언급하지는 않았지만, '수학적 대상들'의 선분은 정확히 '물리적 대상들'의 선분과 같은 길이를 갖는다는 것이 따라 나온다.

-피타고라스학파 기간 동안 Plato이 모든 형상들을 수학적인 것으로 간주했다는 징후들이 있다. 선(the Good)에 대한 대중 강연에서 청중의 일부가 실망스러워 할 때 Plato은 거의 예외 없이 수학적 문젯거리들에 대해 말했다는 이야기가 있다.

우리가 이러한 것들의 해석상의 세부사항들을 해결할 필요는 없다. 모든 기간 그리고 모든 해석들의 공통된 줄거리는 기하학에 대한 Plato의 세계가 물리적 세계로부터 분리되어 있고, 더 중요하게는, 기하학적 지식이 감각 관찰로부터 분리되어 있다는 것이다. 기하학의 지식은 위와 같이 순수한 사고에 의해, 또는 기하학의 영역과 친숙한 우리의 과거를 회상함으로써 얻어진다.

존재론에 관해서, 그리고 적어도 인식론의 부정적인 측면에 관해서, Plato의 주장은 믿을 수 없을 정도로 간단하다. 기하학의 명제들은 차원을 가지고 있지 않은 점들, 넓이를 가지고 있지 않은 완벽하게 곧은 선들, 그리고 완벽한 원들에 관한 것이다. 물리적 세계는 그러한 아이템들을 포함하지 않는다. 그리고 우리는 Euclid의 점, 선, 원을 보지 못한다. 그래서, 기하학은 물리적 세계, 즉 생성의 세계 내의 어떤 것에 관한 것이 아니다. 우리는 기하학적 대상들을 감각을 통해 이해하지 않는다. 물론, 어떤 물리적 대상들은 Euclid의 도형들을 **근사한다**(*approximate*). 오렌지의 원주와 종이에 주의 깊게 그려진 원은 대략 Euclid의 원을 닮는다. 오렌지는 더 적게, 그려진 원은 더 많이. 그러나 기하학적 정리는 이러한 비슷하게 생긴 것에 적용되지 않는다. 예를 들어, 원의 접선이 원과 하나의 점에서만 만난다는 정리를 생각해 보자. 누군가 고급의, 값비싼 도구들 또는 매우 뾰족한 연필 (또는 높은-해상도의 프린터)을 사용하여 주의 깊게 원과 접선을 그린다고 하여도, 여전히 선이 원의 경계와 한 점이 아니라 작은 부분에서 겹쳐짐을 발견할 것이다 (그림 3.2 참고). 그가 칠판 또는 모래와 막대기를 사용하여 그렸다면, 겹치는 부분은 상당히 더 커질 것이다. 물론, 이 어떤 것도 원과 접선의 교점이 한 점이라는 표준적인 정리의 부당성을 증명하지 않는다. Plato의 설명은 간단하다. 그려진 원들과 선들은, 오직 정신 (또는 회상하기)으로만 파악할 수 있는 진짜 원(the real Circle)과 진짜 선(the real Line)의 충분하지 못한 근사일 뿐이다. 그려진 도형에서 겹치는 경계 부분은 점의 충분하지 못한 근사이다.

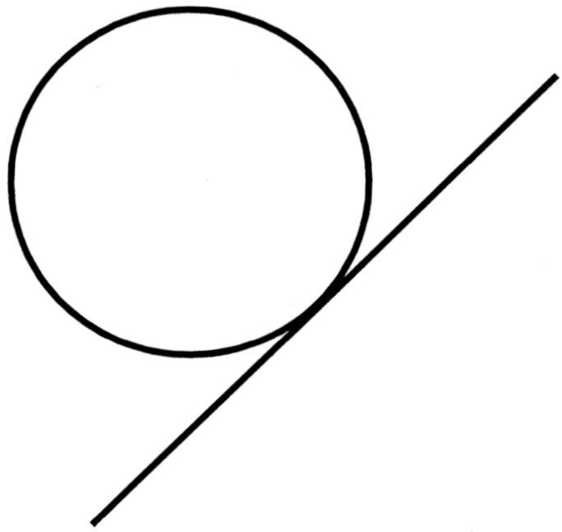

그림 3.2. 원에 접하는 접선

우리는 1장에서 인용했던, **국가론**(*Republic*) 7권의 구절에 나타난 Plato의 언급을 더 잘 이해할 수 있는 상황에 있다.:

> [기하학에 대한] 과학은 그 숙련자들에 의해 사용되는 언어와의 직접적인 모순 속에 있다 … 그들의 언어는 대단히 우스운데 … 마치 무엇인가를 하고 있는 것처럼, 그리고 그 단어들이 행위를 가리키는 것처럼 말하기 때문이다 … [그들은] 제곱하고, 적용하고, 더하고 등을 [말한다] … 반면 사실은 영원한 주제의 진짜 대상은 … 어떤 때는 이것 또는 저것이 되고, 그리고 존재하기를 멈추는 어떤 것이 아니라, 영원히 존재하는 것에 관한 … 지식이다. (Plato, 1961, Plato 출판물의 표준적인 번호 매기기로 527a)

기하학이 존재의 세계의 영원하고 변하지 않는 아이템에 관계한다는 점에서 Plato이 옳다면, 기하학에는 동적인 언어가 없어야 한다. 예를 들어, 플라톤주의자가 Euclid의 **원론**(*elements*)의 작도를 이해하는 것은 어렵다. 5세기 신플라톤주의자 Proclus (1970)에 따르면, '어떻게 움직이지 않는 기하학적 대상들에 동작을 도입할 수 있는가'하는 문제는 이후 여러 세대 동안 Plato의 아카데미에서 수많은 최고의 정신들을 사로잡았다.

보통 기하학적 증명에 동반되는 그림에 관해서도 비슷한 이슈가 있다. 플라톤주의자는 확실히, 이것들이 독자로 하여금 그 정리를 물리적으로 그려진 그림에 관한 것으로 생각하도록 혼란을 야기할지 모른다고 염려할 것이다. 어쨌든, 그 그림의 목적은 무엇인가? Plato의 설명은, 그림은 어떻게든 정신이 영원한, 변하지 않는 기하학적 영역을 파악하는 것을 돕는 것, 또는 우리로 하여금 존재의 세계를 회상하도록 돕는 것이라고 할 수 있을 것이다. 그러나, 누군가 이것이 어떻게 가능한지 이상하게 여길지 모른다. 왜냐하면 존재의 세계는 감각을 통해서 접근 가능하지 않기 때문이다. **국가론**(*Republic*) (510d)에서, Plato은 다음과 같이 쓴다.:

> 여러분은 … 어떻게 [기하학자들이] 보이는 도형을 사용하고 그것들에 대해 말하는지 알고 있다. 그들이 정말로 마음에 가지고 있는 것은 이러한 도형들이 {본래의 것의} 이미지가 되는 그 본래의 것이지만. 예를 들어, 그들은 자신들이 그린 이 특정한 정사각형과 대각선에 대해 추론하지 않고, 본래의 사각형(the Square)과 본래의 대각선(the Diagonal)에 관해 추론하고 있다.; 그리고 그래서 모든 경우에 대하여 {추론하고 있다}. 그들이 그리는 그림들과 그들이 만드는 모델들은, 그림자 또는 물에 비치는 상(image, 像)을 갖는 실제의 것들(actual things)이다. 그러나 학생이 사고로만 이해할 수 있는 그러한 실재들(realities)을 보려고 노력하고 있는 동안, 이제 이번에는 그것들{그림들과 모델들}이 이미지로서 사용된다.

여기에서 우리는 나누어진 선분과 똑같은 은유를 얻는다.: 그림자들과 이미지들. 나는 고등한 수학자들은 그림이 필요하지 않을 것이라고 생각한다. 기하학적 우주에 보다 직접적으로 접촉함으로써 {말이다}. Plato은 기하학의 증명에서 그림의 역할을 의아해 한 마지막 철학자가 아니었다.

언급했듯이, 뒤이은 플라톤주의자들이 Plato의 인식론의 보다 신비적인 측면을 채택하지 않았을지라도, 그들의 대부분은 기하학적 지식이 선험적이고, 감각 경험과 독립적이라는 주장을 옹호했다. 그려진 그림이 정신에 시각적 도움을 주기 위해 필요할 수 있는 것처럼, 어떤 감각 경험은 관련된 개념을 파악하기 위해 필요할 수 있을 것이다. 또는 아마도 영원하고 변하지 않는 Euclid 공간이라는 기하학의 영역으로 우리의 마음을 깨우기 위해 어떤 감각 경험이 필요할 수 있을 것이다. 그러나, 수학적 지식이 원칙적으로 감각 경험과 독립적이라는 것은 중대하다. 그 주요 이유는 플라톤주의자의 존재론으로부터 나온다. 기하학은 물리적 공간의 물리적 대상들에 관한 것이 아니다.

이 견해는 왜 기하학이, 근사적일지라도, 물리적 세계에 적용되는지를 설명해야하는 문젯거리를 남긴다. **티마이오스**(*Timaeus*)에서 Plato은 어떻게 물리적 세계가 기하학적으로 구성되었는지에 대한 세부화 된, 그러나 모험적인 이야기를 내 놓는다. 이른바 다섯 가지 Plato의 입체를 활용하여: 4면체 (각뿔), 8면체, 6면체 (큐브), 20면체, 12면체.

산술과 대수학에 대한 Plato의 세부적인 견해는 기하학에 대한 설명만큼 간단하지는 않다. 그러나 전체적인 그림은 똑같다. 그는 진리-값과 존재론 양자에서의 솔직한 실재론자였다. 산술과 대수학의 명제들이 수학자, 물리적 세계, 그리고 정신과도 독립적으로 참 또는 거짓이라고 주장하였다. 그리고 산술의 명제들은 '수'라고 불리는 추상적 대상들의 영역에 관한 것이라고 주장하였다. **소피스트**(*Sophist*) (238a)에서, 낯선 사람(Stranger)이 '존재하는 것들에 우리는 보통 수를 포함시킨다'라고 말하고, Theaetetus는 '그렇다, 어떤 것이 존재한다면 수는 존재해야만 한다'고 대답한다.

대화편은 플라톤 학파의(Platonic) 구별을 수에 적용하는 몇몇 구절들을 포함한다. 물론, 물질적 대상들의 수가 있다. 그것을 우리는 '물리적 수'라고 부를 수 있다. 이것이 생성의 세계에서의 수이다. 이것은 감각이 아니라 순수한 사고만을 통하여 파악되는 '수 자체'와 구별된다.

예를 들어, **필레보스**(*Philebus*) (56)에서, Plato은 수와 관련해서 Socrates가 '평범한 사람'과 '철학자'를 구별한다고 한다. 어떤 의미에서, 두 개의 서로 다른 산술이 있다. 대담자인 Protarchus는 '이 구별은 … 어떤 원칙에 … 근거를 두고 있습니까?'라고 묻는다. Socrates가 대답한다: '평범한 산술가는, 확실히, 같지 않는 단위들을 가지고 조작한다네.; 그의 "둘"은 두 군대, 또는 두 마리의 암소, 또는 세계에서 가장 작은 것에서부터 가장 큰 것까지의 어떤 것이든 두 개가 될 수 있을 것이네. 반면 철학자는 그와 전혀 관련이 없을 것이네. 그가, 그 단위들 각각의 모든 사례를 무한히 많은 다른 모든 사례들과 정확히 같도록 만들 수 있다는 것에 동의하지 않는 한 말일세.' **티마이오스**(*Timaeus*), 196과 **국가론**(*Republic*), 525도 참고할 수 있다. 그래서 우리는 산술이 기하학처럼 물리적 세계에 단지 근사적으로 적용된다는 것을, 또는 대상들이 서로서로 구별될 수 있는 정도로만 적용된다는 것을 안다. 철학자의 산술은 정확하고 엄격하게 오직 존재의 세계에 적용된다.

수의 본성에 관한 Plato의 견해{가 무엇인지}에 대한 합의는 없다. Plato이 수를 기하학적 양들의 비로 간주했다는 것이 한 가지 해석이다.[2] 예를 들어, 수 4는 정사각형의 둘레의 길이와 한 변의 길이의 비일 것이다. 그리고 또한 정사각형의 넓이와, 그 정사각형의 변의 절반을 한 변으로 하는 정사각형의 넓이의 비일 것이다. 이 접근은 자연수뿐 아니라 (양의) 유리수와 무리수까지 망라할 수 있는 이점이 있다 (**티마이오스**(*Timaeus*)와 같은 대화편에서 논의되듯이). 이 해석의 불리한 점은 기하학이 아닌 맥락에서 수의 사용을 설명하지 못한다는 점이다. 우리가 존재의 세계로 관심을 제한한다고 하더라도, 우리는 기하학적 양 이외의 것들을 센다. 예를 들어, 우리는 주어진 방정식은 두 개의 근을 갖는다고, 다섯 개의 Plato의 다면체가 있다고, 10보다

---

2) 이것은, 사실상, Euclid가 **원론**(*Elements*), 10권에서 진행한 방법이다. Euclid의 산술은 기하학의 한 분야이다.

작은 4개의 소수(prime number)가 있다고 말한다.

필레보스(*Philebus*)에서의 위 구절은 Plato의 산술에 대한 또 다른 설명을 제의한다. 평범한 산술가가 한 켤레의 신발을 셀 때, 신발 각각이 단위가 된다. 그러나 그 두 짝의 신발들은 똑같은 모양 또는 정확히 똑같은 크기조차 아니다. 대조적으로, 철학자가 '둘'을 셀 때, 그녀는 모든 방면에서 똑같은 한 쌍의 단위들을 참조한다. 철학자에게, 자연수는 서로 구별할 수 없는 순수한 단위들의 무리(collections)이다 (국가론(*Republic*), 425; 소피스트(*Sophist*), 245).

말하자면, 평범한 사람과 철학자 모두에게 '수'는 항상 이런저런 것에 대한(*of*) 수라는 것을 주목할 수 있다. 보통의 사람에게 수는 군대들이나 암소들과 같은 무리들에 대한 수이다. 철학자에게 수는 순수한 단위들에 대한 수이다.

몇몇 고대의 자료들은 '산술(arithmetic)'이라고 불리는 수 이론을, '물류학(logistic)'이라 불리는 계산 이론과 구별한다. 대부분의 저자들은 후자를 측정과 사업 거래에 관한 실용적인 분야로 간주한다 (예를 들어, Proclus 1970: 20 참고). 누군가는 존재의 세계와 생성의 세계 사이의 뚜렷한 대조를 고려해 볼 때, 이 구별이 Plato과 잘 어울린다고 생각할 것이다. 산술은 존재에 관계될 것이고, 반면 물류학은 생성에 관계될 것이다. 그러나, Plato은 산술과 물류학 모두가 존재의 세계에 집중되도록 한다. 차이는 자연수 자체가 어떻게 연구되어야 하는가에 관계된다. 산술은 '짝수와 홀수를 각각이 얼마나 많이 존재하게 되는지를 참고하면서 다룬다' (고르기아스(*Gorgias*), 451). 만약 '누군가가 산술적인 기예에 완벽해진다'면, '그는 또한 모든 수들을 안다' (티마이오스(*Theaetetus*), 198). Plato의 물류학은 '짝수와 홀수를, 그것들이 그것들 자신을 사용하기도 할 뿐만 아니라 서로를 이용해서도 만드는 아주 많은 수에 관해서 연구하는 한에 있어서' 산술과 다르다 (고르기아스(*Gorgias*), 451). 그래서 산술은 자연수를 개별적으로 다루고 물류학은 수들 사이의 관계에 관계한다. 물류학과 관련하여, Plato은 자연수가 어떻게 다른 자연수로부터 (그노몬(gnomon)을 통해) '생성되는지'에 대한 원리를 제안했다. 이것은 존재론의 기원에 대한 공리적 처리와 비슷한 어떤 것이다.

Plato은 알기 위해서 산술과 물류학 양자를 추구해야 한다고 말했다. 영혼은, 수 자체와 수들 사이의 관계에 대한 연구를 통해서, 수의 **본성**(*nature*)을 그것 자체 안에 있는 그대로 파악할 수 있다. Jacob Klein (1968: 23)이 말하듯, 이론적인 물류학은 '수들 사이의 관계에 대한 지식이 … 모든 계산보다 앞서고, 정말 앞서야만 하기 때문에 명백한 과학으로 발전한다.' Plato의 물류학과 실제적인 계산의 관계는 그의 기하학과 종이 또는 모레에 그려진 도형의 관계와 같다.

누군가는 그저, Klein (1968: 20)과 함께, Plato의 산술에서 무엇이 연구되어져야 할까 하고 생각할지 모르겠다. 그의 물류학에 반대되는 것으로서 {말이다}. 추측하건대, 세기(counting)의 기술이 – 숫자들을 암송하기가 – **탁월한**(*par excellence*) 산술이다. 그러나 '덧셈과 또 뺄셈은 세기의 연장일 뿐이다.' 더욱이, '세기 자체는 수들뿐 아니라 번호가 매겨진 것들에 대한 끊임없는 관련짓기와 구별하기를 상정한다.' Klein (1968: 24)은 물류학이 순수한 단위들 사이의 비(*ratios*)에 관계되는 반면 산술은 세기, 덧셈, 뺄셈에 관계된다고 잠정적으로 결론 내린다. 후기 대화편에 따라, Plato의 물류학을 우리가 '산술'이라고 부르게 될 어떤 것으로, 즉 자연수에 대한 수학적 연구로 생각하는 것이 더 좋을지 모르겠다. Plato의 산술은 더 높은 철학의 일부이다. 거기에서 우리는 수 자체의 형이상학적 본성을 파악하게 된다.

3. Plato에 대한 수학의 영향

수학자들의 흥미진진한 성취에 대한 Plato의 감탄은 대화편을 가볍게 읽는 독자에게도 아주 분명하다. Gregory Vlastos (1991: 107)가 말했듯이,

Plato은 '아카데미에서 쉽게(on easy terms) 당대 최고의 수학자들과 그들의 일에 대한 열정을 공유하고 북돋우면서 어울릴 수 있었다.' 최근 어떤 학자들은 수학의 발전이 Plato의 철학에 미친 영향에 주의를 집중해 왔다. 극적인 방식으로, Plato과 그의 스승인 Socrates 사이의 어떤 선명한 대비에 빛이 비추어졌다.

내가 아는 한, Socrates의 주요 관심사는 수학과 과학이 아닌 윤리와 정치에 있었다. 그는 자신이 철학을 모든 사람에게 전파해야 하는 신성한 명령을 받았다고 생각했다. 듣고 말하고자 하는 누구와도 정의와 덕에 대해 토론하며 Athens의 거리를 돌아다니는 Socrates의 이미지를 우리 모두 좋아한다. 누구와도 {말이다}. 그는 철학적 성찰(reflection)이 살아가기의 본질(essence)이라는 슬로건대로 살았다. 우리는 생각하도록 태어났다. 자신의 재판에서, Socrates는 자신이 입을 닫고 자기 자신의 일을 꺼리는 것이 신에 대한 불복종일 것이라는 점을 분명히 했다 (**변론**(*Apology*), 38a).: '내가 이야기하는 것을 여러분이 들었던 선(goodness)과 그 밖의 모든 주제들에 대해 논의하면서 나 자신과 다른 사람들을 검토하지 않고서는 하루도 흘려보내지 않는 것이야말로 사람이 할 수 있는 최선의 것이라고, 그리고 이런 종류의 검토가 없는 삶은 살 만한 가치가 없다고, 나는 여러분에게 말합니다.'

Socrates는 전형적으로 대담자의 신념들을 끌어냄으로써 나아가기 시작하고, 그런 다음 주의 깊은 질문하기를 통해서 그러한 신념들의 바람직하지 못한 의외의 결과들을 끄집어내려는 시도를 한다. 대부분의 경우에 그 대화는 대담자의 원래 입장에 대한 **귀류법**(*reductio ad absurdum*)에서 끝나지 않는다. 대신, 대담자는 자신의 믿음을 재-검토할 것을, 그리고 새 것을 만들어냄으로써 알아갈 것을 제안 받는다. Socrates는 심지어 자기 자신의 재판에서 고소인들[3]에 맞서 이것을 해 나간다.

---

3) 고소인들 또는 배심원단이 자신들의 기저에 있는 가정이 불합리하다는 것을 깨달았다면, Socrates의 삶은 연장되었을 것이다. 그러나 너무 자주 그렇듯이, 재판은 맑은 이성에 기반하여 이기거나 지지 않는다.

그런데, Socrates식 방법은 틀린 믿음을 제거하는 기법이다. 그 방법이 진실을 낳는다면, 그것은 단지 소거 또는 아마도 시행착오의 과정에 의한 것이다. Socrates는 정의, 덕 등에 대한 적극적인 어떤 특별한 지식을 결코 주장하지 않았다. 그와는 정반대이다. 그는 자신의 지혜가, 자신이 모른다는 것을 안다는 사실에 있는 것으로 생각했다. 그는 아마도 자신을 검토해 봄으로써 이 소극적인 결론에 이르렀을 것이다.

더욱이, Socrates식 방법은 확실성으로 끝나지 않는다. 그것은 우리의 어떤 믿음은 거짓이거나 혼란스러운 것임을 우리에게 알려줄 수 있을지 모른다. 그러나 믿음들 중 **어떤 것**(*which*)이 거짓이거나 혼란스러운 것인지를 확실히 가리키지 않는다. 그 방법은 틀리기 쉽고 가설적이지만, 우리가 가진 최선이다.

성숙한 Plato의 방법론은 이러한 방식의 어느 점에서도 Socrates의 것을 닮지 않았다. Plato은 지나가는 말로 수학이 '모든 기술들에서 그리고 지식과 지적 조작의 모든 형식에서 보편적으로 유용하다 – 모든 사람이 배워야 하는 첫 번째 것이다' (**국가론**(*Republic*), 523)[4]라고 쓴다. Plato의 시대에는 수학을 숙달하기 위해 치열하고 장기적인 학습이 필요했다. 그것{수학}과의 가벼운 만남이 여러분을 매우 멀리까지 데려가지는 못할 것이다. 그래서, Plato은 어떠한 '형태의 지식과 지적 조작'이든지 간에 치열하고 장기적인 학습이 필요하다는 것을 깨달았다. 특히 철학{에 대해서는}.

Plato은, 자신의 스승과 달리, 철학은 모든 사람을 위한 것이 아니라고 주장했다. **국가론**(*Republic*)에서 구상한 공화국(Commonwealth)에서는 주의 깊게 선발된 몇몇 지도자들만이, 적어도 50살이 될 때까지 지속되는 훈련 기간이 지난 후에야, 철학적 성찰에 참여한다. 주민들 대다수는 이 지도자들로부터 충고를 받아 방침을 얻고 그들 자신의 일을 돌본다. 농부들은 농사짓는 것을

4) 1장에서 언급했듯이, 이것이 오늘날에도 성립한다고 말하는 것이 심한 과장은 아니다. 자연 및 사회 과학 전체에 걸쳐 넓은 범위에서 지정된 선행 필수 과목으로서의 수학을 생각해 보라.

고수하고, 요리사들은 요리하는 것을 고수한다. 모든 사람들은 자신들이 가장 잘 하는 것만 한다. 철학 역시 전문가들에게 – 수호자들(Guardians)에게 – 맡겨진다. Plato은 일반 대중이 철학에 종사하는 것은 **위험하다**(*dangerous*)고 생각하기까지 했다. 예비 수호자들이 알맞게 훈련되기 전에 철학에 종사하는 것조차도 위험하다. Plato은 국민들 대다수에게는 검토되지 않은 삶이 살아갈 가치가 충분히 있는 것이라고 역설했다. 만약 Plato이 자신의 뜻대로 했다면, 검토된 삶은 거의 모든 사람들에게 금지되었을 것이다. 이 점에서, Socrates와 그의 가장 유명한 제자 사이의 대비보다 더 선명한 대비를 상상하기는 어렵다.

Plato에게 있어, 수호자들의 훈련 중 꽉 찬 10년이 수학에 바쳐지는 것은 주목할 만하다. 그들은 20살에서 30살 사이에 다른 것을 거의 하지 않는다. 이것은 오늘날 예비 전문 수학자들에게 우리가 기대하는 것 이상이다. 이것에 대한 Plato의 이유는 분명하다. 잘 다스리기 위해, 수호자들은 중심점을 생성의 세계로부터 존재의 세계로 돌릴 필요가 있다. 그래서, 그들의 교육의 중대한 부분이 '영혼이 밤만큼 어두운 낮으로부터 진짜 낮의 방향으로 향하도록, 우리가 지혜의 참된 추구라고 부르게 될 진실의 세계로의 여행{을 하도록 하게}' (**국가론**(*Republic*), 521) 해야 한다. 수학은 '영혼을 변화의 세계로부터 실재(reality)로 이끈다.' 그것은 '자연스럽게 생각의 힘을 깨워 우리를 실재를 향해 이끈다.' – 적어도 그러한 상승을 할 수 있는 소수의 영혼들에게는.

Plato의 자기 스승과의 단절은, 감탄할 만하지는 않더라도, 이해할 수 있다. Socrates는 수학에 중요한 자리를 주지 않았다. 반면 Plato은 수학을 존재의 세계로 가는 출입구로 보았다. 출입구는 실재적인 무언가(anything real)를 이해하고자 하는 기대가 있으면 지나가야만 하는 것이다.[5] 수학은, 즉 철학적 연구의 선행 필수 과목은, 긴 기간의 치열한 학습을 요구한다.

5) 아카데미의 출입문에 {쓰여 있던} 표지판을 기억해 보자.: '기하학을 모르는 사람은 여기에 들어올 수 없습니다.'

우리들 대부분이 진짜 실재를 모른 채 삶을 살아야 하고, 잘 사는 방법에 대한 방침을 수호자들에게 의지해야만 하는 것은 놀랄 만한 일이 아니다.

수학에 대한 Plato의 매료됨은 또한 그가 가설적이고 틀리기 쉬운 Socrates식 방법론에 싫증나게 된 것에 대한 책임이 있을지 모른다. 수학은 단지 시행착오가 아니라 **증명**(*proof*)을 통해 나아간다. (또는 나아가야 한다.) Plato이 성숙해 감에 따라, Socrates식 방법은 점차적으로 밀쳐내졌다. **메논**(*Meno*)에서 Plato은, 도덕 지식과 형이상학을 포함하는 모든 지식에 대한 패러다임으로서, 기하학적 지식과 기하학적 증명을 사용한다. 그 대화편에서 Plato은 **윤리**(*ethics*)와 우리의 윤리 지식에 관한 주장을 밝히고자 한다. 그리고 명시적으로 기하학적 지식에 비유한다. 분명한 사례를 가지고 시작하여 비유의 방법에 의해 더-문젯거리인 경우들로 나아가는 것이 Socrates식과 Plato식의 표준적인 전략이다. Plato은 수학과 수학적 지식에 관한 한, 사태가 분명하고 간단하다는 것을 발견한다. 그리고 그 발견들을 모든 지식으로 확장하려고 노력한다. 그 대화편에서 수학과 윤리학 및 형이상학 사이의 유추에 대해 누구도 의문을 제기하지 않는다. 합리주의가 똑같은 유추에 근거한다 (4장, §1 참고).

10년의 수학적 연구 기간 동안 예비 수호자들은 공준들과 공리들로부터 '가설적으로' 나아간다. 그들은 그러한 '가설들'을 단순히 받아들여야만 하고, 그것들의 궁극적인 토대가 무엇인지 알지 못한다. 나누어진 선분의 은유에서 나타난 것처럼, 수학자들도 생성의 세계에 있는 그림과 다른 보조물들을 사용한다. 이 단계에서 미래의 수호자들은 생성의 세계로부터 존재의 세계로 나아간다. 이 단계는 필수적이다. 그러나 그것은 그들의 학업에 적당한 결론이 아니다. Plato은 철학을 위한 보다 확실하고 안전한 방법론을 암시했다. 30의 나이에 시작하여 – 즉, 수학{에 대해 연구하는} 10년이 지난 후에 – 예비 지도자들은 '변증법(dialectic)'에 몸담는 몇 년을 보낸다. 그때 조금이라도 오염된 물질적 세계의 사례들로부터 독립된, 형상들 그 자체(the

Forms themselves)를 만나고 파악한다. 그리고 가설적이지 않은 제일원리에, 즉 모든 지식과 깨달음을 위한 궁극적인 토대에 이른다. 그런 다음 그들 중 최고는 올라가 선(the Good)을 정관하게 될 것이다.

요컨대, 그래서 Plato에게, 서투르지만 흥미진진하고 평등주의자적인 Socrates의 방법은 우선 Greece의 수학적 논증의 정예화 된 엄격함에 양보된다. 그런 다음 이것은 더욱 더 정예화 된 '변증법적인' 형상들과의 만남으로 대체된다.

4. Aristotle, 훌륭한 상대

Aristotle가 수학에 대해 말한 것의 대부분은 Plato의 견해에 대한 논쟁이다. 그리고 그가 말한 소수의 적극적인 언급들에 대해 학자들 간에 합의된 바가 많지 않다. 그렇기는 하지만, 적어도 일부 현대 사상가들의 전조가 된 수학에 대한 설명 (또는 설명들)의 주요 방향은 존재한다. Aristotle의 철학은 경험주의의 씨앗을 포함한다.

앞에서 언급했듯이, Plato의 수학 철학은 형상들에 대한 설명, 즉 형상들이 분리된, 존재의 세계의 영원한, 변하지 않는 존재자들이라는 설명과 묶여 있다. 마찬가지로, Aristotle의 수학 철학은 분리된, 존재의 세계에 대한 거부(*rejection*)와 묶여 있다. Aristotle는 형상들(Forms), 또는 보편자들(universals)의 존재를 인정했다. 그러나 그것들이 개별 대상들, 즉 그것들이 그 개별 대상들의 형상이 되는, 그 개별 대상들과 분리되어 있지 않다고 주장했다. 예를 들어, 아름다움은 모든 아름다운 것들이 공통적으로 가지고 있는 것이지, 그러한 아름다운 것들을 넘어서 그 위에 있는 무엇이 아니다. 누군가 어떻게 해서 모든 아름다운 것들을 파괴한다면, 그녀는 아름다움 자체를 파괴하게 될 것이다. – 왜냐하면 아름다움이 그 안에 존재할 수 있는 어떤 것도 남아있지 않기 때문에. 똑같은 것이 정의(Justice), 덕(Virtue), 사람(Man), 그리고 다른 형상들(Forms)에 적용된다. 요컨대, Aristotle에게는 물리적 세계의 사물들이 형상들을 갖는다. 그러나 이 형상들이 거주할 수 있는 분리된 세계는 존재하지 않는다. 형상들은 개별 대상들 안에 존재한다.

Aristotle는 때로 중요한 질문은 단지 수학적 대상들의 존재성이나 비-존재성이 아니라, 수학적 대상들의 **본성**(*nature*)에 관계한다는 뜻을 비친다.: '수학적 대상들이 존재한다면, 어떤 이들이 말하듯이 감각으로 지각할 수 있는 대상들 안에 존재해야만 한다. 또는 (역시 어떤 이들이 말하듯이) 감각으로 지각할 수 있는 대상들로부터 분리되어 존재해야만 한다. 또는 둘 다 아니라면, 그것들은 전혀 존재하지 않거나 또는 어떤 다른 방식으로 존재한다. 그래서 우리의 토론은 그것들이 존재하는지의 여부가 아니라 존재하는 방식에 관한 것이 될 것이다.' (형이상학(*Metaphysics*), 권 M, 1076a; 이것을 포함해 이하에서 사용되는 번역은 Annas 1976). Aristotle의 한 가지 문제는, 만약 우리가 Plato의 형상을 거부한다면 수학적 대상들이 존재함을 믿는 이유가 무엇인가 하는 점이다. (만약 존재한다면) 그것들의 본성은 무엇인가, 그리고 더 중요하게는, 우리는 무엇을 위해 수학적 대상들을 필요로 하는가? 그것들은 무엇을 설명하는 데 도움이 되는가, 또는 무엇에 빛을 비추는가? 그가 스스로 다음과 같이 말하듯이:

> 사람은 수에 관한 이 질문에 눈길을 줄 수도 있을 것이다.: 우리는 그것들이 존재한다고 믿을 이유를 어디에서 발견하게 되는가? 형상들을 받아들이는 사람들에게 그것들{형상들}은 사물들에 대한 어떤 종류의 설명을 제공한다. 왜냐하면 각각의 수는 형상이고, 형상은 그런대로 다른 것들의 존재에 대한 설명이기 때문이다. (그들에게 이런 가정을 허용하기로 하자.) 그러나 형상들을 둘러싼 이 견해에 내재된 어려움들을 봄으로써 이런 종류의 견해를 수용하지 않는 사람들은, 그래서 이것이 수들이 존재한다는 것을 받아들일 이유가 되지 못하는 사람들은 어떠한가 … ? 왜 우리는 그가 이런 종류의 수가 존재한다고 말할 때 그를 신뢰해야 하는가? 그리고 그것은 다른 어떤 용도로 사용되는가? 그것을 믿는 사람은 그것이 어떤 것의 원인이라고 … 말하지 않는다.(형이상학(*Metaphysics*), 권 N, 1090a)

수학적 대상에 대한 Aristotle의 설명은 형상에 대한 그의 설명을 따른다. 먼저 인용된 구절에서와 같이, 그는 수학적 대상은 '감각으로 지각할 수 있는 대상들 안에 존재한다'고 주장한다. 그것들로부터 분리되어서가 아니라. 그러나, 이것이 정확히 무엇을 의미하는지에 대해 합의된 바는 많지 않다. 약간의 통찰을 수학의 방법론이 어떤 점에서 독특한지에 대한 자연학(*Physics*) 권 B의 논의로부터 얻는다.:

> 고려해 볼 다음 사항은 수학자가 자연학자와 어떻게 다른가 하는 점이다. 분명히 물리적 물체들은 면, 부피, 선, 점을 포함하고, 이것들은 수학의 주제-대상(subject matter)이다 … 이제 수학자는, 역시 이러한 것들을 (즉, 면, 부피, 길이, 점을) 다루지만, 그것들을 물리적 물체의 극한으로서(*qua*) 다루지 않는다.; 또 그 속성들이 그러한 물체들의 속성들을 나타낸다고 생각하지 않는다. 이것이 그가 그것들을 분리하는 이유이다. 왜냐하면 사고 속에서 그것들은 움직임으로부터 분리될 수 있기 때문에, 그리고 그것들이 분리되었을 때 아무 차이도 만들어 내지 않고 어떠한 틀린 결과도 내지 않기 때문에 … 기하학이 물리적 길이를 물리적이지 않은 것으로서 연구하는 반면, 광학은 수학적 길이를 수학적이지 않은 것으로서 연구한다. (193b-194a)

형이상학(*Metaphysics*) 권 M은 비슷한 느낌을 포함한다.:

> 감각으로 지각할 수 있는 크기에 관한, 그러나 감각으로 지각할 수 있는 것으로서가 아니라 어떤 종류의 존재로서의 크기에 관한 진술과 증명이 있을 수 있다 … 움직이는 사물들의 경우에, 움직이는 것으로서가 아니라 단지 물체로서, 그리고 다시 단지 평면으로서, 그리고 단지 길이로서, 나누어질 수 있는 것으로서, 그리고 위치는 있지만 나누어질 수 없는 것으로서, 그것들에 대한 지식의 진술들과 분야들이 있을 것이다 … 수학적 대상들이 말해지는 것과 같이 존재하고 {말해지는 것과 같이} 그러하다는 조건을 걸지 않고 말하는 것도 맞다 … 수학 분야의 지식들은 단지 그 대상들이 공교롭게 감각으로 지각할 수 있게 되는 것이기 때문에 감각으로 지각할 수 있는

> 대상들에 관한 것은 아닐 것이다, … 그러나 이것들을 넘어서 그 위에 분리되어 있는 다른 대상들에 관한 것도 아닐 것이다 … 그래서 대상들을 그것에 딸린 것들로부터 분리된 것으로 상정하고 그것들을 그렇게 연구한다면, 이것 때문에 잘못되게 말하는 것은 아닐 것이다. 땅에 발 하나를 그려놓고 그것이 {실제로} 발 하나의 길이가 아니어도 발 하나의 길이라고 말하는 것 만큼이나 말이다 … 사람은 사람으로서는 하나이며 나누어질 수 없고, 산술가는 그를 하나의 나누어질 수 없는 것으로 상정하고 나누어질 수 없는 것으로서의 사람에게 무엇이 딸리는지를 연구한다.; 한편 기하학자는 그를 사람으로서도 그리고 나누어질 수 없는 것으로서도 연구하지 않고, 입체로서 연구한다 … 그것이 기하학자들이 바르게 말하는 이유이다.: 그들은 존재하는 것들에 대해 말하고 그것들은 실제로 존재한다 … (1077b - 1078a)

잠시 동안 기하학에 집중해 보면, 여기에서의 아이디어는 물리적 대상들은 어떻게든 문자 그대로 수학에서 연구되는 면, 선, 점을 포함한다는 것 같다. 그러나, 기하학자는 이 면을, 예를 들어, 물리적 대상들의(*of*) 면으로 다루지 않는다. 사고 속에서 사람은 면, 선, 점을 그것들을 포함하는 물리적 대상들로부터 분리할 수 있다. 이것은 단지 우리가 면, 선, 평면에 집중하고 그것들이 물리적 대상들이라는 것을 무시할 수 있다는 것을 의미한다. 이 분리는 정신적인 것 또는 아마 논리적인 것이다. 그것은 우리가 물리적 대상들에 대해 어떻게 생각하는지에 관계된다. Aristotle에게, Plato의 실수는 기하학적 대상들이 그것들의 물리적 예시화로부터 형이상학적으로 분리되어 있다고 결론 내렸다는 점이다. 단지 수학자들이 주제-대상의 어떤 물리적 측면을 어떻게든 무시할 수 있다는 이유로 {말이다}.

여기에 Aristotle에 대한 몇 가지 해석이 있다. 하나는 수학적 대상들(*objects*)에 대한 이야기를 진지하게, 거의 문자 그대로 받아들이는 것이다. 따라서, Aristotle는 **추상**(*abstraction*)의 능력을 상정한다. 그것에 의하여, 대상들이 만들어지거나, 또는 그렇지 않아도 얻어지거나 파악된다. 물리적 대상들을 심사숙고함으로써 {말이다}. 우리는 그것들의 특징들 중 일부를 없애어 추상한다 (예를 들어, Mueller 1970과 Annas 1976의 서문(Introduction) 참고).

예를 들어, 우리가 황동 구에서 시작한다고 가정하자. 선택적으로 황동을 무시하고 그 대상의 모양에만 집중하면, 기하학자들의 구를 얻을 것이다. 얼음 정육면체의 면들 중 하나의 표면에 집중하면 평면의 일부를 얻고, 이 평면의 가장가리에 집중하면 선분을 얻는다. 그래서, 기하학적 대상들은 형상들(Forms)과 매우 비슷하다. 어떤 의미에서는, 기하학적 대상들은 물리적 대상들의 형상들(the forms)이다(*are*). 그러나, 물론, 그것들은 Aristotle적인 것이고 Plato적인 형상들은 아니다. 추상에 의해 얻어지는 수학적 대상들은 그것들이 추상되는 물리적 대상들에 앞서, 또는 독립하여 존재하지 않는다.

이 해석에서, 자연수는 물리적 대상들의 무리로부터 추상을 통하여 얻어진다. 말하자면, 우리는 다섯 마리 양들의 그룹에서 시작하여 선택적으로 양들 사이의 차이를, 그것들이 양이라는 사실조차도 무시한다. 우리는 그것들이 서로 다른 대상들이라는 사실에만 집중하고, 수 5(*number 5*)에 도달한다. 그것은 그 그룹의, 일종의, 형상이다. 그래서 수는, 그것이 대상들의 그룹의 수가 되는 그 그룹 안에, Aristotle의 형상으로서 존재한다.

이와 같은 독해에 의해 산술과 기하학이 문자 그대로 참이 된다는 점에 주목할 수 있다. 추상에 대한 받아들일 수 있는 설명을 보류하여도 {말이다}. 기하학은 기하학적 대상들에 관한 것이다. 그것들은 기하학 논문에서 그것들에 속하는 것으로 간주되는 속성들을 갖는다. 산술은 자연수에 관한 것이다.[6] 이것은 만족스러운 진리-값에서의 실재론이자 존재론에서의 실재론이다. {그리고} '기하학자들은 정확하게 말한다.: 그들은 존재하는 것들에 대해 말하고 그것들은 실제로 존재한다 … ' (형이상학(*Metaphysics*), M1078a)와

6) 이 설명의 한 가지 불행한 (저주스러운 것이 아니라면) 결과는 자연수가 그 크기의 물리적 대상들의 무리가 없는 한 존재하지 않는다는 점이다. 비슷하게, 주어진 다각형과 같은 기하학적 대상은, 그 모양을 갖는 물리적 대상이 있을 때에만 존재한다.

같은 구절과 일치한다.

어떤 해석자들은 Aristotle가 '과학'을 물체로부터의 추상의 정도에 따라 구별한다고 한다. 따라서, 물리학은 움직이는 물체에서 그 물체의 종류를 제거하고 추상되는, 움직이는 물체에 관계된다. 수학은 움직임을 제거하고 추상되는, (기하학적 또는 수치적) 양으로서의 물체에 관계된다. 형이상학은 다른 모든 것을 제거하고 추상되는, 그 자체로의 존재에 관한 것이다.

이런 종류의 추상은 철학사를 통해 노골적으로 비판받아 왔다. 약 2,000년의 건너뜀이 허용된다면, 추상에 대한 가장 예리한 공격 중 하나는 (일부 동시대인들에 대해 썼던) 논리학자 Gottlob Frege에 의해 이루어졌다. Frege (1971: 125)는 이른바 그 과정에 대해 논의한다. 그것에 의해 '세기 블록들(counting blocks)'의 그룹을 취하고 그것들 사이의 차이들을 제거하여 추상하고, 그래서 그 블록들이 Plato의 이상적인 단위들과 많이 같아 보이는, '동일한' 것이 되는 과정에 대해 {말이다}. 추정건대, Aristotle에 대한 현재의 독해에 의해서라면, 우리는 그것들의{그 블록들의} 수에 도달한다. Frege는 만약, 추상을 통해서, '그 세기 블록들이 같아지게 된다면, 이제 오직 하나의 세기 블록만 갖게 된다.; 세기는 "하나"를 넘어서서 진행되지 못할 것이다. 세어야 하는 사물들 사이를 구별할 수 없는 사람은 누구든지 그것들을 셀 수도 없다.'고 대응한다. 즉, 우리가 어떻게든 그 블록들 사이의 차이들을 제거하여 추상하게 된다면, 세기 위해 {구별하는 것이 필요하지만}, 그것들을 구별할 수 없다.:

> 추상이 모든 차이들을 제거한다면, 그것은 세기의 가능성을 없앨 것이다. 한편, '동일한'이라는 단어가 동일성을 표시하려는 것이 아니라면, 그러므로 똑같다는 대상들은 어떤 속성들에 대해서 다를 것이고 다른 속성들에 대해서는 일치할 것이다. 그러나 이것을 알기 위해, 먼저 그것들의 차이들을 제거하여 추상해야 할 필요는 없다 … 추상은 구별되지 않게 하는 것이자 보이지 않게 하는 것이다.; 그것은 통찰력 또는 명석함의 능력이 아니라,

반계몽주의의 하나이자 혼란이다.

Frege (1980a: 84-85)는 비슷한 주장을 더 풍자적으로 밝힌다.

> 주목하지 않기는 매우 강한 잿물(lye)이다.; {그래서} 너무 짙은 농도로 적용되어서는 안 된다. 모든 것이 용해되지 않도록 {말이다}. 그리고 비슷하게 너무 묽게 해서도 안 된다. 사물들에 충분한 변화를 가져오도록 {말이다}. 그래서 그것은 묽음의 적당한 정도를 알아야 하는 문제이다.; 이것은 해결하기 어렵고, 나는 하여튼 성공하지 못했다 … [추상]은 특별히 효과적이다. 우리가 한 속성에 덜 주목하면, 그것은 사라진다. 차례차례 특성들을 사라지게 함으로써, 점점 더 추상된 개념을 얻는다 … 우리 앞에 검은 고양이와 흰 고양이가 나란히 앉아 있다고 가정해 보자. 우리가 그것들의 색에 주목하기를 멈추면, 그것들은 색이 없는 것이 된다. 그러나 여전히 나란히 앉아 있다. 그것들의 자세에 주목하기를 멈추면, 그것들은 더 이상 (그것들이 다른 자세를 취한다고 가정하지 않으면) 앉아 있지 않을 것이다. 그러나 각 고양이는 여전히 자리를 차지하고 있다. 우리가 위치에 주목하기를 멈춘다.; 그것들은 공간을 점유하기를 멈춘다. 그러나 여전히 다른 것으로 남아 있다. 이런 방식으로, 아마도, 우리는 그것들 각각으로부터 고양이(Cat)라는 보편개념을 얻을 것이다. 이런 절차를 계속해서 적용함으로써, 우리는 각 대상으로부터 점점 더 핏기 없는 유령을 얻는다. 그래서 마침내 우리는 각각으로부터 내용이 완전히 제거된 어떤 것(*something*)을 얻는다.; 그러나 하나의 대상으로부터 얻어진 어떤 것(*something*)은 다른 하나로부터 얻어진 어떤 것(*something*)과는 다르다. - 어떻게 다른지 보는 것이 쉽진 않겠지만 {말이다}.

Frege 1884: §§13, 34도 참고할 수 있다. Berkeley의 말을 바꾸어 사용하면, 추상된 아이템들은 사라진 대상들의 유령인 것 같아 보인다.

수학에 대한 Aristotle의 언급들에 대한 두 번째 해석은 존재론적 추상에 이의를 제기하는 것이다. 그리고 그렇게 함으로써 존재론에서의 실재론을 거부한다. 우리는 어떤 과정을 통해서도 기하학의 또는 산술의 대상들

(*objects*)에 이르지 못한다. 엄격히 말해서, 그런 대상들은 없다. 편법은 진리-값에서의 실재론을 주장하고, 그렇게 함으로써 수학의 객관성을 옹호하는 것이다. Jonathon Lear (1982)는 Aristotle의 기하학자를 (어떤) 보통의 물리적 대상들의 특정한 측면들을 연구하는 사람으로 이해한다. 아마도 Frege에 의해 제안된 것들과 같은 노선을 따라. 다시 한 번, 황동으로 만들어진 구를 생각하자. 기하학자는 황동을 {제거하는 방식으로 그 구를} 추상시켜 기하학적인 구에 이르지 않는다. 그녀는 단순히 황동을 무시하고, 물리적 대상의 속성들을, 즉 그것이 구형이라는 것으로부터 나오는 속성들을 고려할 뿐이다. 그녀가 어떤 결론을 이끌어 내든지 간에 그것은 나무로 만든 구에서도 성립할 것이다.

앞의 구절에서 나타나듯이, 전형적으로 기하학자는 우리가 구에 부여하는 모든 속성들만을 가지고 있는 기하학적 대상이 존재한다고 가정한다. 이것은 특별한 기하학적 대상들을 상정하는 것으로서, Aristotle에 대한 이 {두 번째} 해석과 부딪힌다. 그러나, Aristotle는 기하학적 대상들을 상정하는 것이 해롭지 않다는 점에 주목한다. 왜냐하면 실제 물리적 구도 우리가 그 상정된 구에 부여하는 그러한 속성들을 모두 갖기 때문이다. 엄격히 그리고 문자 그대로, 기하학자는 물리적 대상들에 대해서만 말한다 ('물리적으로'는 아니더라도). 그러나, 기하학적 구가 분리되어 있다고 상상해도 해롭지 않다. 다른 말로, 기하학의 대상들은 유용한 허구들이다. 기하학자가 'A를 이등변삼각형이라고 하자'라고 말한다고 가정해 보자. 그러면 그는 A에 그것이 이등변삼각형이라는 것으로부터 나오는 속성들만을 부여한다. 수학자들은 때로 A가 '임의의' 이등변삼각형이라고 말한다. 그러나 그들이 의미하는 전부는 A가 그러한 어떤 삼각형이고 될 수 있다는 것이다. 대신, 이러한 설명과 비슷하게, A가 모든 이등변삼각형들에 공통적인 속성들을 모두 가지고 있는 특별한 대상이라고 말하는 것도 해롭지 않은 허구일 것이다.

산술에 대한 비슷한 설명이 주어진 무리 내의 대상을 '나눌 수 없는 것으로서' 또는 '하나의 단위로서' 다루는 것에서 나올 것이다. 예를 들어, 다섯 마리 양들(sheep)의 무리에서 우리는 각각의 양을 나눌 수 없는 것으로 간주한다. 물론, 정육점 주인이 알듯이, 각각의 양은 꽤나 나누어질 수 있고, 수학자들의 가정도 거짓이다. 그 아이디어는 수학자가 개별 양의 분해가능성으로부터 발생하는 그 무리의 속성들은 그것이 어떤 속성이든지 간에 무시한다는 것이다. 우리는 각각의 양이 나눌 수 없다고 상상하고, 그것을 그렇게 나눌 수 없는 것으로 다룬다.

Aristotle는 수가 항상 무엇인가에 대한(*of*) 수라는 점에서 Plato에 동의한다. 그러나 Aristotle에게 수는 보통의 대상들의 무리에 대한 수이다. Aristotle의 수는 Plato의 물리적 수이다. 기하학에서와 같이, 산술에 대한 발견술을 제공할 때, 수를 유용한 허구로서 도입하는 것이 해롭지 않다.

Aristotle의 수학 철학에 대한 양쪽의 해석에서, 물리적 세계에 대한 수학의 적용 가능성은 직접적이다. 수학자는 실제 물리적 대상들에 대한 실제 속성들을 연구한다. 수학적 영역과 물리적 영역 사이의 연결을 상정할 필요가 없다. 왜냐하면 우리가 두 개의 분리된 영역들을 다루지 않기 때문이다. 이것이 경험주의의 씨앗이다. 또는 적어도 그것의 어떤 형태들이다.

Plato과 달리, Aristotle에 대한 양쪽의 해석은 기하학에서 전형적으로 나타나는 동적인 언어를 이해한다. 기하학은 물리적 대상들 또는 물리적 대상들로부터의 직접적인 추상들을 다루기 때문에, '넓이를 구하고 적용하고 더하고 등등'을 말하는 것은 자연스럽다. 우리는 확실히 물리적 대상들에 대해 '넓이를 구하고 적용하고 더한다.' 그리고 이 말들은 거의 문자 그대로 기하학으로 넘어 간다. 어느 두 점에 대해서도 그 두 점을 잇는 직선을 그릴 수 있다(*one can draw*)는 Euclid의 원리를 생각해 보자. Plato에게, 이것은 선들(Lines)이 존재한다는 것에 관한 변장한 {형태의} 진술이다. Aristotle는 그 원리를 사람이 무엇을 할(*do*) 수 있는지를 나타내는 허용의 진술로서, 문자 그대로 다룰 수 있다.

실재하는 물리적 대상들과, 기하학적 대상들 또는 기하학적 속성들 사이의 **부조화**(*mismatch*)에 대한 잠재적인 문제가 있다. 물론, 이것은 플라토니즘의 동기가 된, 대상과 형상(Form) 사이의 부조화의 사례이다. 황동 구와 얼음 정육면체의 면을 생각해 보자. 그 구는 불완벽함을 포함하도록 되어있고, 그 정육면체의 표면은 확실히 완전하게 평평하지 않다. 원의 접선이 원과 하나의 점에서 만난다는 정리를 기억해 보자 (앞의 그림 3.2 참고). 이 정리는 실제 원들과 실제 직선들에 대해서는 거짓이다. 그렇다면 '수학적 대상들이 말해지는 것과 같이 존재하고 {말해지는 것과 같이} 그러하다'는 Aristotle의 주장과 '기하학자들은 정확하게 말한다'는 그{그의} 진술은 어떻게 이해해야 하는가?

추상주의자(abstractionist)의 해석에서, 우리는 결국 구, 평면, 선의 수학적 묘사를 **정확히**(*exactly*) 만족하는 대상들을 얻어 내기를 바란다. 이것을 이루기 위해서, 정육면체 표면의 혹과 같은 물리적 표본들의 어떤 불완벽함을 제거하여 추상하여야 한다. 즉, 우리는 황동을 제거하여 추상할 뿐 아니라, 완벽한 구에 도달하기 위해 그 불완벽함들을 제거하여 추상한다. 이 추가적인 추상이 허락된다면, 누군가는 Aristotle의 견해가 Plato의 견해와 어떻게 다른지에 대해 의아하게 여길 것이다. 어떤 의미에서 추상된 마지막 도형이 물리적 세계의 일부인가? 어떻게 완벽한 형상들(Forms)이 불완벽한 물리적 대상들 **안에**(*in*) 존재하는가? 뒷문을 통해 Plato의 존재의 세계에 다시 들어온 것처럼 보인다. 또는 적어도 존재의 세계와 관련된 주요 문제들을 만난다. 심사숙고한 책략이 앞에서 언급된 수학과 물리적 세계 사이의 친밀한 결합을 끊어낸다.

두 번째 (허구주의자(fictionalist)의) 해석에서, 기하학자는 물리적 대상들의 어떤 제한된 속성들의 집합에 따른 결과를 연구한다. 부조화의 문제를 해결하기 위해, Aristotle는 불완벽함이 없는 물리적 대상들이 있다고 주장할 수 있을 것이다. 다른 말로, 물리적으로 실재하는 완벽한 구, 완벽하게 평평한 표면을 갖는 정육면제, 그리고 완벽하게 곧은 변, 완벽한 삼각형 등이 있다. Aristotle는 천체는 (완벽한) 구이고 그것들의 궤도는 구 모양이라고 주장했다. 그러나, 하늘은 우리에게 풍부한 기하학을 위한 충분한 대상들을 주지 않는다. 그리고 이 제안은 여기 달 아래쪽 영역에서의 기하학의 응용을 설명하지 못한다. Aristotle가 완벽한 구, 선, 평면 등이 있는 것이 가능하다(*possible*)고 주장했다는 것으로 충분할지 모른다. – 수학자가 연구할 수 있는 사실상의 대상들이 전혀 (또는 거의) 없다고 하더라도. 많은 기하학적 증명은 작도를 통해 나아간다. 독자들은 어떤 직선 또는 원을 그릴 것을 요구받는다. 두 번째 해석에서, Aristotle는 이 작도가 가능하다는 것을 인정해야만 한다. – 오직 물리적 도구들만 사용하는 물리적 세계에서. 비슷하게, 산술에서 그 다음 수 원리(the successor principle)는 우리가 물리적 대상들의 어떠한 가능한 무리에 대해서도 하나 더 많은 대상을 갖는 무리가 있을 수 있다(*could be*)는 것을 주목할 때 확인된다. 이러한 양상(modality)으로의 이동은 플라토니즘의 인식적 문제들을 다시 가져올 수 있다. Aristotle는 기하학이, 그것의 대상이 수학 논문에서 묘사되는 완벽한 대상을 근사하는(*approximate*) 한에서, 물질적 세계에 적용된다는 점을 지적할 수 있을 것이다. 그러나 이 대응은 Plato에게도 유효하다.

우리는 기하학의 (그리고 산술의) 완벽한 대상을 물리적 공간의 부분으로서 생각할 수 있을 것이다. 그러나, 앞에서와 같이, 이것은 관찰된 대상들과의 결합을 끊어 내게 될 것이다. 이상적인 원과 선은 우리가 보는 대상들 '안에' 있지 않을 것이다.

언급한 바와 같이, Aristotle는 수학의 주제-대상과 물리적 세계 사이의 가까운 결합을 경험주의와 공유한다. 그러한 견해들은 물질적 우주와 그렇게 직접적인 관련이 없는 수학의 분야들에 대해서는 무너진다. Aristotle는 유리수들은 수가 아니지만, 비(ratios)로서의 자연수들과 연관된다고 주장한다. 아마 유리수에 대한 그리고 실수에 대한 해석학까지도 기하학에 대한

Aristotle의 이해로부터 나올 수 있을 것이다. Euclid를 따라서, 선분들의 비들에 대한 이론을 개발하거나 그렇지 않으면 선분들을 이용해서, 임의의 선분을 단위로 취함으로써 실수들을 되찾을 수 있다 (Aristotle가 산술의 단위에 대해 말하는 것의 선상에서). 그러나, 적어도 언뜻 보기에는, 이것이 거의 그러한 견해가 이를 수 있는 한계이다. 어떻게 Aristotle 학파 사람이 복소해석학, 또는 함수해석학, 또는 점집합 위상수학, 또는 공리적 집합론을 이해할 것인가? 물론, 이 빈틈에 대해 Aristotle를 흠잡는 것은 공평하지 않다. 그러나 현대의 Aristotle 학파 사람들이라면 누구든 이 문제를 직시해야 할 것이다.

5. 더 읽기

수학에 대한 Plato의 언급은 대화편 전체를 통해 흩어져 있다. 그러나 수학은 **국가론**(*Republic*)과 **테아이테토스**(*Theaetetus*)에서 특별한 관심의 대상이 된다. Aristotle의 수학 철학은 대부분 **형이상학**(*Metaphysics*) 권 M과 N에서, 특히 권 M의 3장에서 발견된다. Anna 1976은 읽기 쉬운 번역이고, Plato과 Aristotle의 수학 철학에 대한 명쾌한 설명을 포함하고 있다. 수학에 대한 Plato의 표준적인 자료는 Wedberg 1955; 또한 Vlastos 1991: 4장, Mueller 1992, 그리고 Turnbull 1998을 참고할 수 있다. 수학에 대한 Aristotle의 표준적인 자료는 Apostle 1952; 또한 Lear 1982와 Mueller 1970을 참고할 수 있다.

제 4 장

가까운 반대편에 있는 사람들: KANT와 MILL

1. 새로운 방향 설정

우리는 Immanuel Kant가 있었던 18세기의 이야기를 택한다. 물론, Aristotle 이후 고대와 중세를 통해서도 상당한 철학적 활동이 있었다. 그러나 수학에 직접적으로 초점이 맞추어진 활동은 많지 않았다.[1)]

17세기는 René Descartes, Isaac Newton, Gottfried Wilhelm Leibniz와 같은 사람들을 통해서 과학과 수학의 주요한 혁명들을 보았다. Kant는 새로운 과학의 발전을 철학적으로 가늠해 볼 수 있는 위치에 있었다. 신흥 물리학의 요구에 의해 새로운 수학 분야의 개발과 전통적인 분야에 대한 새로운 개념화가 일어났다. 주요 혁신은 기하학과 대수학 및 산술을 연결하는 해석학의 새로운 방법 (Pierre Fermat와 Descartes)과, 그리고 중력과 운동의 연구를 위한 미적분학의 개발 (Newton과 Leibniz)을 포함한다. 후자는 연속, 미분계수, 극한의 개념을 필요로 했다. 그 개념들 중 어느 것도 이전의 수학적 패러다임에 부드럽게 잘 들어맞지 않았다. (17세기 수학에 대한 명료한 논의와 그 철학에 대해서는 Mancosu 1996 참고)

그 당시 철학에는 두 가지 주요 학파가 있었다. 유럽 대륙의 Descartes,

---

1) 철학사에서 순서를 Aristotle부터 Bacon이나 Hobbes, 또는 Descartes까지도 포함하는 이른바 '근대 시기(modern period)'로 비약하는 것이 흔한지 않은 일은 아니다. 종종 수학사 과목에서도 비슷한 공백이, 즉 아마 가볍게 채워버리는 공백이 있다. 그것이 함축하는 잘못된 의미는 그 2천 년 동안 매우 적은 내용이 발생했다는 것이다. 이 책에서의 그러한 공백에 대해 변명하자면, {그것은} 나의 능력과 지면의 부족, 그리고 우리가 수학 철학의 현대 입장들에 대한 직접적인 선임자들을 탐구하고 있다는 사실 때문이다.

Baruch Spinoza, Leibniz와 같은 **합리주의자들**(*rationalists*)은 Plato의 자연스러운 후계자들이었다. 그들은 지식을 얻을 때, 감각 경험에 반대되는 것으로서, 이성의 역할을 강조하였다. 이 견해의 극단적 버전은 **모든**(*all*) 지식이, 이성에 기반한다고 또는 그래야 한다고 주장한다. 지식-획득하기에 대한 합리주의자의 모델은 수학 – 특히 수학적 증명 – 이다. 예를 들어, Spinoza의 **에티카**(*Ethics*)는 Euclid의 **원론**(*Elements*)과 동일한 형식을 가지고 있어서, '명제(propositions)'와 '입증(demonstrations)'을 포함한다. 많은 Descartes의 철학적 작업은 과학에 수학과 똑같은 정도의 확실성을 부여하려는 시도이다. 과학은 철학적 제일원리에 기초해야 한다. Descartes는 운동의 법칙들을 수학적 스타일로 유도하려는 시도를 하였다.

경험주의(*empiricism*)는, 즉 합리주의에 대한 주된 반대 입장은, 지식을 또는 지식이 기초하는 제재들(materials, 題材)의 기초를 다섯 가지 감각으로부터의 경험에 두려는 시도이다. 문제의 기간 동안, 주요 저자들로는 John Locke, George Berkeley, David Hume, Thomas Reid가 있었고, 이들 모두 영국 제도(British Isles)에 살았다. 경험주의자의 공통된 주제는 우리가 세계에 대해 아는 **어떠한 것**(*anything*)도 틀림없이 궁극적으로는 중립적이고 감정에 좌우되지 않는 관찰로부터 온다는 것이다. 우주로 연결되는 유일한 통로는 우리의 눈, 귀 등이다. 경험주의자들은 가끔 정신의 모습을 정보들이 감각을 통해 인쇄되는 백지 책으로 묘사한다. 우리는 들어오는 데이터를 면밀히 조사하여, 우리를 둘러 싼 이 세계를 이해하려고 노력하는 수동적인 관찰자이다.

이 기간 동안의 수학에 대한 실질적인, 상세한 철학적 설명은 없다. 물론, 합리주의자들은 수학에 감탄하였다. 그리고 Descartes와 Leibniz는 그들 자신이 주요 수학자였다. 경험주의자들은 수학의 중요성을 경시하려는 경향이 있었다. 아마 수학이 자신들의 지식-획득하기의 틀에 잘 맞지 않기 때문이다. Berkely는 무한소 미적분학의 소문난 궁핍함에 대해 지속적인 공격을 시작하였다 (Jesseph 1993 참고). 그러나, 수학이 과학에서 역할을 하고 있었기 때문에 경험주의자들은 그것에 대해 어떤 설명을 해야만 했다.

흩어져 있는 수학에 대한 철학적 견해들은 두 주요 학파들 사이의 의외의 일치를 보여 준다. 합리주의자들과 경험주의자들 모두 수학을 물리적 양들, 즉 연장된 대상들(extended objects)에 관한 것으로 간주했다. {우리는} 경험함으로써 대상들과 마주친다. 두 학파는 연장된 대상들의 관념(*ideas*)에 대한 정신의 접촉과 그 관념에 관한 추론하기의 지위에 대해서 {생각이 서로} 달랐다. 예를 들어, Descartes는 우리가 물리적 대상들의 기저를 이루는 '순수 연장(pure extension)'에 대해 명석하고(clear) 판명한(distinct) 지각을 갖는다고 주장했다. 그리고 순수 연장에 관해 직접적으로 추론할 수 있다고 주장했다. 이 견해는, 인간 지성이 – 수학적으로 – 추론하여 물리적 세계에 관한 실질적으로 선험적인 결론에 이를 수 있는 강력한 도구라는, 합리주의자들의 확신을 증언한다.

경험주의자들은 수학적 관념을, 아마도 Aristotle를 따라서, 경험으로부터 유도되는 것으로 간주했다. 예를 들어, 수 6에 대한 관념은 여섯 개의 대상들로 이루어진 그룹에 대한 경험으로부터 나온다. '삼각형'이라는 관념은 삼각형-모양의 대상들을 살펴보는 것으로부터 나온다. 경험주의자들에게, 지각되는 대상들의 기저를 이루는 실질적인 '순수 연장'은 없다. 오직 지각되는 대상들이 있다. 여러분이 보는 것이 여러분이 얻는 것이다.

이것들과 그 밖의 차이에도 불구하고, 전형적인 경험주의자는 다음과 같은 점에서는 전형적인 합리주의자의 생각에 동의한다. 즉, 일단 관련된 관념이 얻어지면, 그 수학적 지식의 수행은 더 이상의 어떠한 경험과도 독립적이다. 수학자는 다양한 수학적 관념들이 서로서로 어떻게 관련되는지를 심사숙고한다. 예를 들어, **인간 본성에 관한 논고**(*Treatise of Human Nature*)에서 Hume은 산술과 대수학의 참을 '관념들의 관계들'이라고 칭하고, 우리가 경험적으로 알게 되는 '사실 및 존재의 문제들'과 구별하였다. 기하학은 아마 경험의 일반화에 관계된, 경험 과학이다. 십 년 후, 널리 알려진 **인간의 이해력에 관한 탐구**(*An Enquiry Concerning Human Understanding*)에서 Hume은 산술, 대수학, 기하학은 똑같이 모두 (단지) 관념들 사이의 관계들이고, 그래서 경험적이지 않다고 주장하였다. 그 학파들 사이의 공통된 토대는, 적어도 어떤 의미에서, 수학적 진리는 선험적이라는 것, 즉 경험과 독립적이라는 것이다. 주된 논쟁은 관련된 관념들을 얻거나 파악하여 그것들을 연구하는 데 있어 감각 경험이 필요한 정도에 관한 것이다.

수학적 진리는 적어도 그것에 붙어 있는 어떤 필연성을 가지는 것으로 보인다. 어떻게 5 + 7이 12가 아닐 수 있겠는가? 어떻게 소인수분해 정리가 거짓일 수 있겠는가? 합리주의는, 대략적으로 Plato적인 노선을 따라, 이에 대한 부드러운 설명을 제공한다. 물리적 대상들의 기저를 이루는, 순수 연장과 같은, 정신적으로 파악된 수학적 관념들 안에 우연성은 없다. 물론, 우리가 수학적 관념들을 파악하거나 증명을 시도할 때 실수를 범할지 모른다. 그러나, 수학의 방법론이 바르게 수행되면 필연적 참만을 내어준다. 물론 이 관점은 경험주의자들에게는 소용없다. 그들은 겉보기에 필연적인 수학의 성질에 대한 그러한 간단한 설명을 가지고 있지 않다. 그들 중 일부는 기초 수학 명제는 정의상 참이라고 주장할 수 있을 것이다. 그 결론은 수학에 아무 실속을 남기지 않기 때문에 합리주의자는 {자신들의} 기대에 어긋나는 것임을 알게 될 것이다. Hume은 전형적인 수학적 정리들의 부정을 상상하거나 마음에 그릴 수 없다는 점에 주목한다. 그러나 이것은 수학의 필연성을 보장하기에는 약한 것 같다. 우리가 그것들을 다른 어떤 방식으로 생각하지 못하는 것이 단지 정신에 부수적으로 따르는 한계 때문인가?

과학에서 새로운 수학을 사용하는 것이 물리적 세계에 대한 수학의 적용 가능성 문제에 새로운 영향을 미쳤다. 여기에서는 경험주의자들이 더 나았다. 그 학파에 따르면, 수학적 관념들은 관찰되는 대상들의 속성들로부터 읽어내어 진다. 그리고 수학자들은 이 관념들 사이의 관계들을 연구한다. 즉,

경험주의자들은 수학자가 관찰되는 물리적 대상들 사이의 어떤 물리적 관계들을 간접적으로 연구한다고 주장한다. 이 설명은 합리주의자에게는 소용없다. 그녀의 문제는 본유적으로 파악된, 영원한 수학적 존재자들이 어떻게 우리가 주위 세계에서 지각하고 과학에서 연구하는 대상들과 관련되는지를 보이는 것이다. 그래서 우리 경험주의자는 Aristotle를 따른다. 관찰되는 물리적 대상들과 그 수학적 대응물들 사이의 **상응**(*match*)이라는 간단한 설명과 함께 {말이다}. 반면 우리 합리주의자는 Plato을 따른다. 감각의 대상들과, 완벽한 원과 삼각형 그리고 어쩌면 큰 수 같은, 그 수학적 대응물들 사이의 **상응하지 않음**(*mismatch*)이라는 간단한 설명과 함께 {말이다}.

2. Kant

합리주의와 경험주의의 충돌은, 각각의 가장 그럴 듯한 특징들을 잡아서 종합하려는 Kant의 시도에 기본적인 동기를 제공한다. 그 결과, 수학의 필연성과 수학적 사실의 선험적 본성을 설명하고 수용하는 한편, 경험 과학에서의 수학의 지위와 특히, 관찰되는 물리적 세계에 대한 수학의 적용 가능성을 설명하고 수용하려는 대담한 시도가 이루어졌다. Kant의 문제는 어떻게 수학이 선험적으로 알려질 수 있고 더욱이 완강한 확실성을 가지고 – 모든 경험에 – 보편적으로 적용될 수 있는지를 보이는 것이었다. 수학에 대한 그의 견해는 그의 전체 철학에서 분리할 수 있는 요소가 아니다. 반대로, 수학에 대한 언급이 그의 철학적 저술 전반에 걸쳐 나타난다. 그래서, Kant를 이해하는 데 필요한 중요한 열쇠는 수학에 대한 그의 견해를 이해하는 것이다.

독자는, 이어지는 개략적인 그림이 복잡하고 미묘한 Kant의 수학 철학의 어떤 논지들에 대해 말하고 있음에도, 거의 겉핥기에 불과하다는 것에 주의해야 한다. 더욱이, 학자들 간에 많은 의견 불일치가가 있다 (먼저, 이 장(chapter)의 끝에 언급된 항목들 참고). 아래에서 제안되는 잠정적인 해석들은 그들 연구의 일부에 기반한다. 나는 주요 의견 불일치에 주의하거나 그것들을 비켜가려고 노력했다. 그러나, 어떠한 해석이든 부분적으로 어떤 탁월한 학식들과 일치하지 않는 것은 피할 수 없다.

Kant의 수학 철학의 가장 호기심을 자아내고 문제가 되는 특징은 기하학, 산술, 대수학의 참들이, '직관(intuition)'에 근거하여, '선험적으로 종합적(synthetic a priori)'이다라는 논제이다. 그래서 핵심 개념은 선험적 지식, 분석적인 것-종합적인 것의 구별, 그리고 직관의 능력이다.

Kant에게, ('모든 S는 P이다' 형식의) 보편적인 명제는 술어 개념(P)이 주어 개념(S)에 포함되면 **분석적**(*analytic*)이다.; 그렇지 않으면 그 명제는 **종합적**(*synthetic*)이다. 예를 들어, '모든 총각은 결혼하지 않았다'는 결혼하지 않았다는 개념이 총각이라는 개념에 포함된다고 하면 분석적이다. '모든 사람은 죽게 된다'는 죽게 된다는 개념이 사람이라는 개념에 포함된다고 하면 분석적이다. 남자인 것이 (아마) 대통령이라는 개념의 일부가 아니기 때문에, '모든 대통령은 남자이다'는 종합적이다.

우리가 지금 알고 있듯이, 모든 명제가 주어-술어 형식을 갖는 것은 아니다. 그래서 현대의 시각으로 보면 **분석성**(*analyticity*)에 대한 Kant의 정의는 자연스럽지 않고 거북하다. 그는 판단의 다른 형식들을 인지하고 있다. 분석적인 것-종합적인 것의 구별을 부정 판단에 대해 적용하는 것은 간단하다고 제의하면서 {말이다} (**순수 이성 비판**(*Critique of Pure Reason*), A6/B11). 그러나 다른 것들은 그렇게 많이 말하지 않는다. '지금 비가 온다면, 비가 오거나 그렇지 않으면 눈이 온다'와 같은 가정적인 명제들은 어떠한가? 여기는 Kant의 구별에 대한 개선이나 확장을 제안하는 자리가 아니지만, 우리는 그 기초를 검토할 필요가 있다.

Kant 철학에서 분석적인 참(analytic truths)의 형이상학적 지위는 **개념**(*concepts*)의 본성에 달려 있다. 우리는 이것을 다음의 사항을 주목하는 것이상으로 더 깊이 들어갈 필요가 없다. 즉, Kant의 논제는 (적어도 은유적으로) 개념이 부분을 갖는다는 것을 상정한다. 그렇지 않으면 다른 것을 '포함하는' 하나의 개념을 말할 수 없기 때문이다. 여기에 관련된 이슈들은 인식론적이다. Kant는 개념의 부분들은 정신적인 개념적 분석 과정을 통해 파악된다고 믿었다. 예를 들어, '모든 S는 P이다' 형식의 명제가 주어졌을 때 우리는 주어 개념 S를 술어 P가 그 부분인지 알아보기 위해 분석한다. 우리는 '총각'을 분석하여 '결혼하지 않았다'를 포함한다는 것을 알게 됨으로써 '모든 총각은 결혼하지 않았다'는 것을 알게 된다. 요컨대, 개념이 무엇이든지 간에, Kant는 그것을 파악하는 사람이면 누구나 분석을 수행하고 그 요소들을 결정하는 입장에 있다고 주장했다. 개념적인 분석은 개념들에 무엇이 이미 함축되어 있는지를 밝힌다.: '분석 판단들은 설명적(*elucidatory*)이라고 … 불릴 수 있다. 왜냐하면 그것들은 술어를 통해 주어의 개념에 어떤 것도 보태지 않기 때문이다.; 그보다 그것들은 개념을 분해할 뿐이다. 그래서 그 개념을 그 안에 이미 생각되어졌던 부분 개념들로 쪼갠다.' (순수 이성 비판(*Critique of Pure Reason*), B11). 그래서, 개념적인 분석은 세계에 대한 새로운 지식을 산출하지 않는다. 어떤 의미에서, 그것은 우리에게 아무것도, 또는 새로운 아무것도 말해 주지 않는다.

분석적인 참이 선험적으로 알려질 수 있다는 것은 간단하다. A가 분석적인 참이라고 하자. A에 표현된 개념들을 파악한 사람은 누구든 그것들의 부분들을 한정할 수 있는, 그래서 A가 참인지를 판결할 수 있는 입장에 있다. 필요한 개념들을 파악하는 데 필요한 것 이상의, 세계에 대한 특정한 경험이 필요하지 않다.

Kant는 몇몇 수학 명제들이 분석적이라는 것에 주목했다. 예를 들어, '모든 삼각형은 세 각을 갖는다' 또는 아마도 '모든 삼각형은 세 변을 갖는다'[2)]

2) 영어 단어 'triangle(삼각형)'로 표현된 개념은 'three-angled(세 개의-각이 있는)'이라는 개념을 포함한다. 그것이 'three-sided(세 개의-변이 있는)'이라는 개념도 포함하는가? 'triangle'에 대한 독일어 단어는 *'Dreieck'*, 즉 '세 개의-모퉁이가 있는(three-cornered)'이다. 아마도, 그 개념은 '세

또는 '모든 삼각형은 자기-합동이다'를 생각해 보자. 그러나, Kant는 거의 모든 수학 명제들이 종합적이라고 주장했다. 개념적인 분석만으로는 7 + 5 = 12, 또는 어느 두 점에 대해서도 그 두 점을 잇는 직선이 그려질 수 있다, 또는 직선이 두 점 사이의 가장 짧은 거리를 준다 등을 결정하지 못한다. '7', '5', '12', 덧셈, 같다, 점, 직선 등에 대응하는 개념들에 대한 점검으로 이 명제들이 참인지 밝히지 못할 것이다.

Kant가 왜 개념적인 분석이 많은 수학 명제를 성립시키기에 충분하지 않다고 생각했는지를 알기 위해 Kant의 인식론을 경청해 보자. 그는 종합 명제는 오직 '직관'을 통해 알려질 수 있다고 주장했다. 그래서 우리는 그 개념에 의지해야만 한다.

Kant 철학에서의 직관은 두 가지 특징을 갖는다. 학자들이 무엇이 더 중요한지에 대해 동의하지 못하고 있지만 {말이다}. 첫째, 직관은 개별 대상을 마음에 그리는 양태(modes)라는 의미에서 **단칭적**(*singular*)이다. 정말로, 직관은 개별 대상들에 대한 지식에 있어 필수적이다. 대조적으로, 개념적 분석은 단칭적이지 않고 일반적인 참을 산출할 뿐이다. 우리는 개념적 분석을 통해 모든 총각이 결혼하지 않았음을 안다. 그러나 그렇게 해서 총각이 한 명이라도 존재한다는 것을 알게 되는 것은 아니고, 그런 사람에 대해 알아 가게 되는 것도 아니다. Kant는 신의 존재에 대한 존재론적 논증을 논의할 때 우리는 개념적인 분석만으로는 어떠한 것에 대해서도 그 존재성에 관해 알 수 없다고 주장했다 (**순수 이성 비판**(*Critique of Pure Reason*), B622-3). 이 논제를 수학에 적용하여, 누군가 100보다 큰 소수(prime number)가 있다는 것을 보이려고 한다고 가정해 보자. 전형적인 수학적 방식에서, 그녀는 100보다 큰 모든 자연수가 합성수라고 가정하고 모순을 유도한다. 그래서 **아마도**(*perhaps*) 그녀는 100보다 큰 모든 수가 합성수일 수는 없다는 분석적인 참을 규명하게 된다. 그러나 우리는 100보다 큰 자연수가 **있다**(*there are*)는 것을 알면 소수가

개의-각이 있는'을 포함한다. 그러나, 역시, 그것은 '세 개의-변이 있는'을 포함하는가?

존재한다는 것을 얻었을 뿐이다. 개념적인 분석이 진행되는 한, 우리에게 존재성 가정을 거부할 수 있는 선택권이 계속해서 남아 있는 것으로 보인다.[3] 비슷하게 우리는, 정사각형이 있고 대각선을 갖는다는 것을 알면 정사각형의 대각선이 그 변들과 통약불가능하다는 것을 알게 될 뿐이다. 개념적인 분석은 이것을 확고히 하지 못한다. Kant에 따르면, 우리가 **수**(*numbers*) (또는 수가 매겨진, 대상들의 그룹)와 기하학적 도형을 표상하고 그것들에 대해 무엇을 알기 위해서는 직관이 필요하다. **더더구나**(*a fortiori*), 개념적인 분석은 수와 공간의 (잠재적) 무한을 내놓을 수 없다 (Friedman 1985 참고).

그래서 수학을 종합적이라고 여기는 하나의 이유는 수가 매겨진, 사물들의 그룹, 기하학적 도형, 그리고 심지어 공간 자체 – Kant는 공간이 단칭적이어서 직관에 의해 이해된다고 생각했다 – 와 같은 개별 대상들을 다루기 때문이다. 그러나 그의 견해는 이것보다 더 깊다.

유명한 또는 악명 높은 한 구절에서, Kant는 합이 종합적인 것이라고 주장했다.:

> 처음에는 명제 7 + 5 = 12가 그저 분석적인 것으로서 **모순율**(principle of contradiction)에 의해 일곱과 다섯의 합의 개념으로부터 따라 나오는 것으로 생각할 수 있는 것이 사실이다. 그러나 우리가 조금 더 가까이 살펴보면, 7과 5의 합의 개념은 하나가 되도록 두 수를 합친다는 것 이상을 포함하지 않는다.; 그러나 우리는 그 합침을 [생각할] 때 둘이 합쳐지는 그 하나의 수가 무엇인지 어떤 방식으로든 전혀 생각하고 있지 않다. 내가 단지 일곱과

3) 이 예에 관해 명확히 하기는 어렵다. 왜냐하면, 내가 아는 한, Kant는 산술의 증명에 대해 말하지 않기 때문이다. 그는 산술의 어떤 법칙이 분석적이라는 것을 허용한다. 그러나 아마 우리는 100보다 큰 모든 소수가 합성수는 아니라는 것을 밝히기 위해서 직관이 필요하다. 여기에서 요점은 그가 확실히, **존재성**(*existence*) 주장을 성립시키기 위해서 우리에게 직관이 필요하다고 주장할 것이라는 점이다. 현대의 논리 체계에서, '모든 x가 P인 것은 아니다'는 'P가 아닌 x가 있다'는 것을 함의한다. 기호로는, $\neg\forall xPx$가 $\exists x\neg Px$를 함의한다. 저속한 시대 혼합에 가담해 보자면, 칸트에 대해 전술한 해석이 옳다면, 그는 이 추론이 직관과 관련된 것으로 간주할 것이다. 즉, 문제의 추론은 분석적 참으로부터 종합적 참으로 안내할 수 있다. Kant에 귀속되는 적절한 논리에 대한 통찰력 있는 설명은 Posy 1984를 참고할 수 있다.

> 다섯의 합침만을 생각할 때 결코 열둘의 개념을 생각해 내었을 수 없다.; 그리고 내가 그러한 가능한 합에 대한 나의 개념을 아무리 오랫동안 분해할 지라도, 여전히 그것 안에서 저 열둘을 결코 발견하지 못할 것이다. 우리는 이 개념을 넘어서서 우리 자신이 그 둘 중의 하나에 대응하는, 예를 들어 다섯 개의 손가락 또는 … 다섯 개의 점들에 대응하는, 직관을 사용하도록 해야만 한다. 이런 식으로 우리는 점차적으로 일곱의 개념에 직관에 주어진 단위들 다섯 개를 더한다 … 이런 식으로 나는 수 12가 발생하는 것을 본다. 5가 7에 더해져야 한다는 것(*5 were to be added to 7*), 이것을 실은 나는 합 = 7 + 5 의 개념에서 이미 생각하고 있었다. 그러나 이 합이 수 12와 같다는 것은 아니었다. 그러므로 산술의 명제들은 항상 종합적이다. 우리가 더 큰 수를 택하면 이것을 더 뚜렷하게 깨닫게 된다. 왜냐하면 그러면 우리가 그 … 합을 결코 우리의 개념들을 분해함으로써만, 즉 우리 자신이 직관을 사용하지 않고서, 발견할 수는 없다는 … 것이 매우 명백해지기 때문이다. (순수 이성 비판(*Critique of Pure Reason*), B15-16)

Kant에게 개념적인 분석이 새로운 지식을 산출하지 않는다는 점을 기억해 보자. 그보다는, 그것은 그저 개념들 속에 무엇이 함축되어 있는지를 밝힌다. 여기에서 Kant는 덧셈이 새로운 지식을 산출한다고, 그래서 종합적이라고 주장한다.

Kant는 대부분의 수학 명제들이 종합적일지라도 선험적으로 – 감각 경험과 독립적으로 – 알려질 수 있다고 주장했다. 어떻게 이것이 그럴 수 있는가? 동기가 수학에서 나왔든지 그렇지 않았든지 간에, Kant의 일반 철학의 많은 부분이 선험적 종합 명제들이 어떻게 가능한지를 보이는 것에 바쳐졌다. 어떻게 개념적인 분석에 기초를 두지 않는 선험적 참이 있을 수 있는가?

Kant 철학에서의 직관의 두 번째 특징은 직접적인(*immediate*) 지식을 산출한다는 점이다. 7 + 5에 관한 구절에서 나타났듯이, 적어도 인간에게 직관은 감각 지각에 묶여있다. 전형적인 직관은 내 오른손이 다섯 개의 손가락을 포함한다는 판단의 기저를 이루는 지각일 것이다.

물론, 이런 종류의 직관은 경험적이고 그것이 만들어 내는 지식은 우연적인 것이다. 우리는 수학을 그런 식으로 알게 되지 않는다. Kant는 필연적 참에 대한 선험적 지식을 산출하는 직관의 형식이 있다고 주장했다. 이 '순수(pure)' 직관(intuition)이 **가능한 경험적 직관들의 형식들**(*forms of possible empirical intuitions*)을 내놓는다. 즉, 순수 직관은 보통의 감각 지각의 시공간적 형식에 대한 자각이다. 순수 직관이 별 문제 없는(unproblematic), 시공간의 대상들에 대한 경험적 지식이 상정하고 있는 바를 밝힌다는 것이 그 아이디어이다. 예를 들어, Euclid의 기하학은 인간이 공간과 공간적인 대상들을 필연적으로 지각하는 방식에 관계된다. 우리는 대상들을 삼차원으로 이해하고, 영역을 직선으로 둘러싼다, 등등. 산술은 인간이 대상들을 공간과 시간에서 지각하게 되는 방식에 관계된다. 인간은 대상들의 위치를 찾아내어 구별하고 그것들을 센다. 그래서 산술과 기하학은 지각의 뼈대를 묘사한다. Jaakko Hintikka (1967: §18)가 말하듯이, Kant에게 '수학적 추론이 관계하는 개체들의 존재성은 우리가 개체들의 일반적 존재성을 알게 되는 과정에 기인한다.' Kant는 이 과정이 감각 지각이라고 주장했다. 그래서 '수학적 추론의 구조는 지각하는 우리 신체 기관의 구조에 기인한다.'

Descartes에게 '순수 연장'이 (적어도 은유적으로) 물리적 대상들 **내에서**(*in*) 직접적으로 지각된다는 점을 기억해 보자. 대조적으로, Kant는 순수 직관이 인간의 가능한 **지각**(*perception*)의 형식들에 관계하는 것으로 생각했다. 이러한 형식들은 물리적 대상들 자체가 아니다. 그러나 어떤 의미에서, 그것들은 인간 정신에 의해 공급된다.

여기에 기하학적인 선험적 직관의 본성과 수학의 필연성을 강조하는 **순수 이성 비판**(*Critique of Pure Reason*)의 한 구절이 있다. 명백히, Kant는 철학을 개념적인 분석 활동으로 여기면서, 수학과 대조한다.:

> 수학은 순수 이성이 경험의 도움 없이, 그 자체로 자신을 성공적으로 확장하는 가장 빛나는 예를 제시한다 … **철학적**(*philosophical*) 인지(cognition)는

개념으로부터의 이성적인 인지(*rational cognition from concepts*)이다. 수학적(*mathematical*) 인지는 개념의 구성(*construction*)으로부터의 이성적인 인지이다. 그러나 개념을 구성하는 것(*to construct*)은 그것에 대응하는 직관을 선험적으로 드러내는 것을 의미한다. 그러므로 개념의 구성에는 비-경험적인(*non-empirical*) 직관이 필요하다. 결과적으로, 이 직관은, 직관으로서, 개별적인(*individual*) 객체(object)이다.; 그러나 개념 (보편적 표상(a universal presentation))의 구성으로서는, 그것은{이 직관은} 그럼에도 불구하고 같은 개념 아래에 있는 모든 가능한 직관들에 대한 보편적인 타당성을 … 표현해야만 한다. 그래서, 나는 이 개념에 대응하는 대상을 순수 직관 내의 상상력만을 통해, 또는 … 종이 위에도 또 그에 따라 경험적 직관에도 드러냄으로써, 삼각형을 구성한다. 그러나 이 두 가지 경우 모두에서 나는 대상을, 어떠한 경험으로부터도 그것의 모델을 취하지 않은 채, 완전하게 선험적으로 나타낸다. 거기에 그려진 개별적인 도형은 경험적이다. 그렇지만 그 개념의 보편성을 손상시키지 않은 채로 개념을 표현하는 데 기여한다. 왜냐하면 사람은 이 경험적 직관을 다룰 때 그 개념을 구성하는 행동만 고려하기 때문이다. – 결정되어 있는 많은 것들이 … 그것{그 행동}의 결과로 일어나지 않는다.: 예를 들어, 선분 및 삼각형의 크기{와 같이.} – 그래서 사람은 삼각형의 개념을 변화시키지 않는 이러한 차이점들을 제거하여 추상한다 … 철학적 인지는 단지 보편적인 것 내에서만 특정한 것을 심사숙고한다. 한편, 수학적 인지는 … 개별적인 것 내에서 보편적인 것을 심사숙고한다.; 그러나 그럼에도 불구하고 그것은 선험적으로 이성을 수단으로 하여 그렇게 한다. (순수 이성 비판(*Critique of Pure Reason*), B741-2)

그래서 우리는 수학 철학의 역사에서 되풀이되는 주제인, 추상을 만난다(3장, §4 참고).

Kant의 순수 직관과 추상의 과정을 주어진 개념들의 전형적인 또는 예증하는(paradigmatic) 사례를 드러내는 것으로 생각할 수 있을 것이다. 예를 들어, 삼각형의 개념(*concept*)으로 시작하자. 직관은 우리에게 (선험적으로) 전형적인 삼각형을 제공한다. 비슷하게, 수의 개념으로 시작한다고 하면, 직관은 전형적인 수를 산출한다. 이런 후에, 수학자들은 직관된 사례를 가지고 작업한다. 그러나, 그 구절의 끝으로 가면서 나타나듯이, 이것은 아마 Kant가 마음에 가지고 있었던 바가 아닐 것이다. 전형적인 점 또는 선이 있을 수 있다. 그러나 전형적인 또는 예증하는 삼각형은 전혀 없다. 어떤 주어진 삼각형도, 상상되었든 또는 종이 위에 있든, 예각삼각형이거나 직각삼각형이거나 또는 둔각삼각형이어야만 한다. 그리고 부등변삼각형이거나 이등변삼각형이거나 또는 정삼각형이어야만 한다. 그래서 어느 주어진 삼각형도 모든 삼각형들을 대표할 수 없다. 더욱이, Gottlob Frege (1884: §13)가 후에 지적하듯이, 이 노골적인 추상은 산술에 적용될 가망이 없다. 각 자연수는 그것의 그리고 그것만의 특유의 속성들을 갖고, 그래서 어떤 자연수도 모든 자연수를 대표할 수 없다.

'사람은 경험적 직관을 다룰 때 그 개념을 구성하는 행동만 고려한다'는 Kant의 언급은 연역적 추론에서 공통적으로 사용하는 기법과의 연결을 나타낸다. 기하학자가 이등변삼각형에 관한 기하학적 증명을 하고 있다고 가정해 보자. 그녀는 그러한 삼각형 하나를 그려서 그것을 가지고 추론한다. 뒤이은 텍스트에서 우리 기하학자는 모든 이등변삼각형들의 {공통된} 속성들만 적용하고, 각들의 정확한 크기나 밑변이 다른 두 변들보다 짧은지 긴지와 같은, 그려진 삼각형의 다른 어떤 특징들도 사용하지 않는다. 성공한다면, 결론은 모든 이등변삼각형에 적용된다. 이 기법은 수학에서 공통적으로 사용하는 것이다. 정수론 학자(number theorist)는 'n을 소수(prime number)라고 하자'라고 시작하여 그 '예' n을 가지고 추론을 진행할 수 있을 것이다. {이 때} 모든 소수에 적용되는 속성들만 사용한다. 그녀는 n이 속성 P를 갖는다는 것을 보이면 모든 소수들이 속성 P를 갖는다고 결론 내린다. 아마도 독자들에게 n이 '임의의' 것임을 상기시키면서 {말이다}.

이 관행은 현대 논리 체계에서, 때로 '일반화(generalization)' 또는 '전체 긍정(universal introduction)'이라고 불리는 추론의 원칙에 대응한다. 자연스러운 연역 체계에서, 그 원칙은, 상수 c가 식 $\forall x \Phi(x)$에 또는 $\Phi(c)$이 의지하는 어떤 전제에도 나타나지 않으면, $\Phi(c)$ (즉, 술어 Φ가 객체 c에 대해 성립한다) 형태의 식으로부터 $\forall x \Phi(x)$ (즉, Φ가 모든 것에 대해 성립한다)를 추론할 수 있다는 것이다. 이 원칙을 사용하기 위한 제한 조건들은 단칭어(singular term) c가 정말로 임의의 것임을 보장한다. 그것은 어떤 수도 될 수 있다. 그러나, 이 추론 원칙은 Kant가 그것을 알고 있었던 때는 논리의 시야 바깥쪽에 있었다. 악명 높게도 Kant는, 논리는 Aristotle의 삼단논법을 많이 넘어설 필요가 없다고 주장했다. Kant를 해석하면서, Hintikka (1967)는 일반화 원칙(generalization rule)과 같은 '추론'이 수학적 직관의 필수적인 요소인 것으로 이해한다. 즉, 이 원칙을 필수적으로 사용하는 어떠한 증명도 종합적인 결론을 얻는다. – 그 전제들이 분석적이라 할지라도. 현대의 체계에서, 일반화의 원칙(rule of generalization)은 단칭어, 즉 그 텍스트에 도입된 '임의의' 상수에 호소한다. 어느 정도, 이것은 Kant 철학의 직관이 개별 대상들을 다룬다는 특징에 어울린다. 이 해석에 따르면, Kant가 약간의 현대 논리학을 배웠다면 수학이 종합적이라는 주된 논제를 거두어들이거나 또는, 더 그럴듯하게는, (우리의) 논리학에 비추어, 타당한 추론은 분석적인 전제와 종합적인 결론을 가질 수 있다고 주장할 것이다. 우리 추론의 원칙들 중 하나가 단칭어에 호소하니까 말이다 (앞의 각주 3도 참고).

물론, Kant는 직관을 감각 지각에, 또는 순수 직관의 경우에는 감각 지각의 형식에 묶었다. 그리고 일반화의 원칙은 이것들 중 어느 것과도 특별한 관련이 없다. 그 원칙은 완전하게 일반적이다. Hintikka는 직관들이 직접적이고 그것들이 지각이나 그 형식에 묶여있다는 Kant의 논제를 대단치 않게 생각한다. 그는 Kant가 '직관'의 범위에 대해 너무 좁은 견해를 가지고 있다고 비판한다. 대부분의 주석가들은 여기에서 Hintikka를 따르지 않고, Kant의 수학 철학에서 직접성(immediacy)과 지각의 형식들의 더 직접적인 역할의 범위를 정하려고 노력한다 (예를 들어, Parsons 1969와 Parsons 1983: Essay 5의 재판 인쇄에 따른 후기 참고). 대부분의 학자들은 Kant가 기하학의 **공리들**(*axioms*)이 종합적이고, 그래서 논리의 지위와는 상관없는 것으로 생각했다고 본다.

Kant가 수학과, '철학'의 개념적 분석의 차이에 대해 더 자세히 설명한 구절을 하나 더 살펴보자.:4)

> 철학은 보편적인 개념들만을 고수한다. 수학은 그저 개념만 가지고는 아무것도 이룰 수 없지만, 즉각 급히 직관으로 간다. 거기서 그 개념을 **구체적으로**(*in concreto*), 그렇지만 경험적이지는 않게 심사숙고한다.; 그보다는, 그것은{수학은} 개념을 그것이{개념이} 선험적으로 드러내는 직관 내에서만 심사숙고한다. – 즉, 그것이 구성했던 한 직관 … 철학자에게 삼각형의 개념을 주자. 그리고 그 자신의 방식으로 각들의 합과 직각의 관계가 무엇일지 발견하도록 하자. 그는 이제 세 개의 직선으로 둘러싸인 도형의 개념과, – 이 도형에 있는 – {직선의 개수와} 마찬가지로 세 개인 각들이라는 개념밖에 없다. 이제, 그가 이 개념에 대해 얼마나 긴 시간동안 숙고하든지 간에 상관없이, 새로운 어떤 것도 밝혀내지 못할 것이다. 그는 직선, 또는 각, 또는 수 셋에 대해 그 개념을 분해하여 뚜렷하게 만들 수는 있다. 그러나 이러한 개념들에 전혀 연결되지 않은 다른 어떤 속성들에도 도달할 수 없다. 그러나 이제 기하학자가 이 문제를 받았다고 하자. 그는 즉각적으로 삼각형을 구성함으로써 시작한다. 그는 … 이 삼각형의 한 변을 연장하고 그래서 합쳐서 2직각이 되는 이웃한 두 각을 얻는다 … 그는 이제 삼각형의 {한 변을 연장한 그 꼭짓점에서} 대변에 평행한 선을 그림으로써 외각을 나눈다.; 그리고 여기 내각 중 하나와 같은 크기를 갖는 이웃한 바깥쪽 각이 생겨나는 것을 본다.; 등등. 이런 방식으로 그는, 추론의 연쇄에 의해 그러나 항상 직관에 의해 안내받아, 그 문제에 대한 완전하게 분명하고 동시에 보편적인 해답에 이른다. (**순수 이성 비판**(*Critique of Pure Reason*), B743-5)

여기에서 Kant는 삼각형의 각들의 합이 2직각 (180°)과 같다는, Euclid의

---

4) 삼각형의 개념에 대해서는, 앞의 각주 2를 참고할 수 있다.

원론(*Elements*) 1권, 명제 32에서 볼 수 있는, Euclid 기하학의 표준적인 증명을 언급한다. 앞에서 언급했듯이, 개념적인 분석은 새로운 지식을 만들어 내지 않고 개념들 안에 함축되어 있는 것을 밝혀내기만 한다. 그것은 그저 이미 거기에 있던 그{것의} 부분들을 '분해한다' 또는 '뚜렷하게 만든다'. 대조적으로, 수학은 새로운 지식을 만들어 낸다. 그것의 결론들은 그 개념들에 함축되어 있지 않다. 직관은 우리에게 대상들의 예 또는 대상들의 그룹들의 예를 제공한다. {이때} 그것들은 문제의 개념들을 나타낸다. 즉, 직관은 기하학적 대상 또는 수가 매겨진, 사물들의 무리(collections)를 만들어 낸다. 그러나, 이것은 부족한 시작일 뿐이다. 예들만 가지고서는 수학자는 개념적인 분석으로부터 얻어질 것들을 넘어서는 많은 것들을 얻을 수 없다. 지금까지, 그녀가 그 예들에 대해 아는 전부는 그것들이 문제에 주어진 개념들과, 그것들{그 예들} 안에 포함된 어떤 다른 개념들을 가지고 있다는 점이다. 수학은 정신의 선험적인 **구성**(*construction*)의 과정을 통해 새로운 지식을 밝힌다. 수학자는 '순수 직관'에 내포된 규칙들을 따르면서 주어진 그 예들 **위에서**(*on*) 작업하고 **행동한다**(*acts*).

Hintikka (1967: §8)는 Kant의 패러다임이 Euclid의 **원론**(*Elements*)이라는 점을 지적한다. 그래서 Euclid 기하학의 전형적인 입증(demonstration)의 구조를 간단히 살펴볼 가치가 있다. 그것은 일반적 명제의 '언명(enunciation)'으로 시작한다. {즉,} 규명되어져야 할 것을 진술한다. 1권의 명제 32는 (부분적으로) 다음과 같이 쓰여 있다. '어느 삼각형에서든지 … 세 내각들은 … 2직각과 같다'. 그런 다음 Euclid는 명제의 가정을 만족하는 특별한 한 삼각형이 그려졌다고 가정한다. 이것은 '착수(setting out)' 또는 *ecthesis* 라고 불린다. Kant에게, 위와 같이 이 착수가 직관을 수반한다. 직관은 주어진 개념들을 나타내는 사례들을 제공한다. (그림 4.1의 왼쪽 부분 참고) 중대한, 입증의 세 번째 부분에서는 어떤 **추가적인**(*additional*) 선, 원, 점 등을 그림으로써 그림이 완성된다. 아래 예에서 이것은 선분 AB의 AD로의 연장과 선분 AC에 평행한 BE일 것이다. (그림 4.1의 오른쪽 참고)[5] 아마 이 보조적인 구성들이 수학에 수반되는 순수 직관의 본질이다. 기하학자는 (이 경우 Euclid는) 전에 거기에 없었던 것들을 만들어 낸다. 그런 다음 Euclid는 완성된 그림에 대한 일련의 추론들로 구성된 **증명**(*proof*), 즉 *apodeixis*를 가지고 진행한다. 이 예에서, 우리는 (이전의 정리에 의해) 각 ∠CAB가 ∠EBD와 같고 각 ∠ACB가 ∠CBE와 같다는 것에 주목한다. 그래서, 그 삼각형의 세 각의 총합이 2직각이 된다.

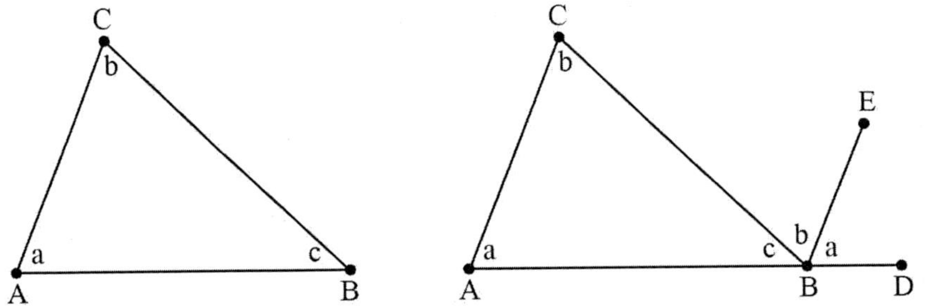

그림 4.1 삼각형의 각들의 합이 2직각과 같다는 증명

인용된 구절에서, Kant는 추론이 '항상 직관에 의해 안내받는다'고 하였다. 직관은 그림을 **읽는**(*reading*) 데 수반되고 그래서 원래의 삼각형에 관한 사실들을 밝힌다. 그 입증의 마지막 '증명' 부분이 종합적 지식을 산출한다.[6)]

다음으로 Kant가 7 + 5 = 12에 관해 말한 것을 생각해 보자. 다시 한 번, 개념적인 분석은 합을 산출하지 않는다. 왜냐하면 일곱과 다섯의 개념들 내의 어떤 것도 우리에게 수 열둘을 주지 않기 때문이다. 합을 얻기 위해, 우리는

---

5) 명제 32는 다음과 같다.: '어느 삼각형에서든지, 변들 중 하나가 연장되면, 그 외각이 반대쪽의 두 내각들과 같고, 그 삼각형의 세 내각들은 2직각과 같다.' 그래서 착수는 선분 BD가 함께 있는 삼각형 ABC일 것이다. 보조적인 구성은 AC에 평행한 선분 BE이다.

6) 이 문제는 이른바 Euclid의 **원론**(*Elements*)의 논리적 '흠(gaps)' 중의 하나와 관련된다. 원의 안쪽으로부터 바깥쪽으로 가는 선이 있다고 해 보자. Euclid는 그 선이 원과 만나는 점이 있다고 가정한다. 현대적인 시각으로 보면, 이것은 공준, 공리, 정의로부터 따라 나오지 않는다. 명백히 연속성 원리를 추가하여야만 한다. 그러나, 우리가 Euclid의 추론이 '직관에 의해 안내받는다'고 생각하면 아마 흠이 없다. 이 관점에서, 원과 직선의 연속성은 직관된다. {그것은} 논리적이거나 분석적이지 않다.

'우리 자신이 그 둘 중의 하나에 대응하는, 예를 들어 다섯 개의 손가락 또는 … 다섯 개의 점들에 대응하는 직관을 사용하도록' 한다. 이것은 Euclid 기하학의 입증에서 착수에 대응한다. 우리는 다섯 개의 대상들의 무리에 대한 예가 필요하다. 그러나, 이것으로는 충분하지 않다. 여전히 그 합을 가지고 있지 않기 때문이다. 그래서 우리는 '점차적으로 일곱의 개념에 직관에 주어진 단위들 다섯 개를 더한다'. 하나의 단위를 계속해서 '더해가'는, 이 중대한 단계는 보조적인 구성에 대응한다. 수학자는 그렇게 함으로써 수 8, 9, 10, 11을 만들어 낸다. 그리고 마침내 '수 12가 생겨나'는 것을 본다. 그래서 그녀는 7과 5의 합이라는 원래의 개념에 함축되어 있지 않은, 그리고 직관에 의해 제공된 예들 안에도 없는, 무엇인가를 **구성한다**(*constructs*). Charles Parsons (1969)는 'Kant가 이 주제에 대해 말할' 때마다, '수가, 그리고 그러므로 산술이 **잇따름**(*succession*)을 중대한 방식으로 수반한다고 주장한다'는 점을 지적한다. 여기에서 우리는 산술이 잠재적 무한을 어떻게 다루는지를 본다. 우리는 항상 계속해서 세어갈 수 있음을 직관한다.

틀림없이, 우리의 기하학과 산술의 예들 사이에는 중요한 차이점이 있다. 단순 합에는 Euclid 기하학의 입증에서 '증명' 단계에 대응하는 것이 없다. 일단 '보조적인 구성'이 완성되면, 우리는 합을 갖고 그래서 끝이 난다. Kant는 산술이 공리를 갖지 않는다는 점을 제의했다 (예를 들어, **순수 이성 비판**(*Critique of Pure Reason*), B204-6). 이것은 그가 산술적인 입증이 존재하지 않는다는 것을 주장했다는 것을 의미할지 모르겠다.[7] 그럼에도 불구하고, 산술과 기하학의 유사점들은 두드러진다. 두 가지 경우 모두, **구성**(*construction*)이 수학적 진전에 필수적이다.

---

7) Euclid의 **원론**(*Elements*) 10권의 산술적 정리들은 명백히 기하학적 용어들로 해석된다. 어떤 주석가들은 산술의 공리적 기반을 세운 것을 Kant의 업적으로 돌린다. 그런데, 나는 Kant가 12–5=7과 같은 **차**(*difference*)에 대해서는 무엇을 생각했었던 것인지 알지 못한다. 누군가는 보조적인 구성이 여기에서는 필요하지 않다고 생각할지 모른다. 일단 열두 개의 대상들의 개념을 파악하기만 하면 그것을 '분해하여' 그 차를 결정할 수 있다. 반면에, 아마 그 무리들을 **분할하는**(*partitioning*) 바로 그 행동이 직관을 수반하는 구성{이라고 할 수 있을 것}이다.

수학에 대한 Kant의 설명에 대한 이 해석 또는 재구성을 계속하기 위해서, 수학적 구성의 본성에 초점을 맞추는 것이 필요할 것이다. 순수 직관이 우리로 하여금 가능한 구성적인 활동들(*possibilities*)을 (선험적으로) 발견하도록 허용한다는 점이 그 아이디어이다. Euclid 기하학의 공준은 공간에서 가능한 구성의 범위를 규정한다. 예를 들어, 어떤 선분도 무한하게 연장될 수 있다. 또는 Euclid의 용어로는, 기하학자는 '유한한 선분을 직선이 되도록 연속적으로 연장'할 수 있다 (공준 2). 산술에서, {이에} 대응하는 원리는 어떤 수도 그 다음 수로 확장될 수 있다는 것이다. 이것은 7 + 5 = 12에 대한 논의에서 사용된다. 이 해석에서, 공준은 수학자가 무엇을 할(*do*) 수 있는지를 말해 준다.8) 이것은 수학을 주로 정신적인 활동으로 만들고, 그것의 주제-대상은 인간의 가능한 정신적 활동이다 (Parsons 1984 참고). 우리는 수학적 구성의 아이디어를 직관주의 – 아마도 Kant에 가장 가까운 20세기 수학 철학 – 의 어떤 버전에서 다시 만날 것이다 (7장 참고).

우리는 이 선험적인 순수 직관과 보통의 감각 지각 또는 경험적 직관과의 관련성을 더 엄격히 해야 한다. 앞에서와 같이, 순수 직관은 지각의 형식의 범위를 규정한다. 하나의 해석은, 공간과 시간에서 지각이 가능한 것들(*possibilities*)을 수학적 구성이 밝힌다는 것이다. 예를 들어, 산술은 지각되는, 대상들로 구성된 무리의 속성들을 묘사한다. 이 관점에서, 기하학이 더 문젯거리이다. 이 해석에서, Euclid 기하학의 공준은 우리가 볼(*see*) 수 있는 가능한 직선들을 묘사한다. 그러나, 한 쌍의 기찻길 철로와 같이 길게 뻗은 곧은 평행선들을 내려다보면 만나는 것처럼 보인다. 원을 회전시키면 타원형으로 보인다. 요컨대, Euclid 기하학(Euclidean geometry)이 공간이 어떻게 보이는지(*appears*)를 항상 묘사하는 것은 아니다. 지각은 Euclid 기하학적이지 않고, 사영적이다. Kant가 직관을 감각 지각에 그리고 그래서 나타남에 묶기 때문에, 이 나타남-실제 이분 문제를 해결해야만 한다. 짐작건대, Kant

8) 그러나, Euclid의 네 번째 공준은 '모든 직각은 같다는 것'이다. 이것은 구성을 나타내지 않는다.

학파 사람은 서로 다른 관찰자들의 다양한 시각들을 제거하여 그것들에 공통된 것을 찾음으로써 어떻게든 추상할 수 있다. 두 번째 문제는 이상화(idealization)와 관련된다. 이 문제는 우리가 전에 만난 적이 있었고 또 다시 만날 것이다. 사람은 폭이 없는 선을 그냥 지각할 수 없다. 실제로 그려진 ('경험적 직관'을 통해 이해된) 그림에서, 두 직선, 또는 원에 접하는 직선은 하나의 점에서 만나지 않고, (선의 두께에 따라 결정되는; 그림 3.2 참고) 작은 영역에서 만난다. 이 문제를 해결하기 위해, Kant는 기하학의 세계를 우리가 사는 물리적 세계로부터 분리시키는, 그리고 후자는 전자의 빈한하고 불완벽한 예화(examplar)일 뿐이라는 Plato의 방법을 취하지 않는다. 그것은 합리주의의 과실이 될 것이고, 지각과의 밀접한 관계를 끊을 것이다.

Kant는 기하학이 **공간**(*space*)을 묘사한다고 생각했다. 그래서 Euclid 기하학의 도형들은 공간의 부분들이다. 우리는 Euclid 기하학의 선이 너무 얇기 때문에 그것을 볼 수 없다. 그러나 그럼에도 불구하고 그것은 공간의 일부이다. 지각된 대상들은 공간에 존재하고 우리는 공간을 이해하는 한도에서 지각을 이해할 뿐이다. 기하학은 지각되는 대상의 필요조건이 되는 무한한 공간을 묘사한다는 의미에서 지각의 형식들을 연구한다. Euclid 기하학의 공간은 지각을 위한 배경이고, 그래서 지각의 형식들을, 또는 Kant 학파의 용어로, 경험적 직관의 선험적 형식을 제공한다. 순수 직관에서 구성을 실행하고 그 결과들에 관한 사태들을 증명하는 것이 우리가 선험적으로 공간에 관해 알게 되는 방법이다.

기하학적 도형들과 그것들을 그린 대응물들 사이의 관계는 무엇인가? 누구도 그려진 선이 Euclid 기하학의 선의 근사일 뿐이라는 것을 부정하지 않을 것이다. 그러나, Kant는 Euclid를 따라서, 그려진 도형들과 '경험적 직관'을 **기하학적**(*geometric*) 입증의 일부로 본다. 그러면, Euclid 기하학의 입증에서 그려진 도형의 역할은 무엇인가? 아마, 하나의 설명은 그려진 (그리고 경험적 직관을 통해 파악된) 선은 수학자가 대응하는 Euclid 기하학의 선에 집중할 수 있도록 돕는다는 것이다. 그려진 그림의 구성은 Euclid 기하학의 공간에서 정신적으로 이해된 구성에 대응한다. 확실히 Kant는 실제로 종이에 그림을 그리는 것이 Euclid 기하학의 입증을 파악하기 위해서 반드시 필요하다고 생각하지 않았다. 약간의 연습을 하면 증명 텍스트를 – 정신의 눈을 통해 – 그림을 참고하지 않은 채 직접 따라갈 수 있다. 비슷하게, Kant는 확실히 7 + 5를 계산하기 위해 ('우리의 다섯 개의 손가락 또는 … 다섯 개의 점들'과 같은) 다섯 개의 대상들의 그룹을 **보아야**(*look at*) 한다고 주장하지 않았다. 우리는 마음속으로 셀 수 있다. 요컨대, – 경험적 직관 내의 – 그려진 도형들 또는 그림들은 정신이 지각의 선험적 형식에 집중하는 것을 돕는다.

Kant의 수학 철학이 이후의 과학과 수학의 발전에 의해 흔들린다는 것이 넓게 동의된다. 언급되는 가장 흔한 예는 비-유클리드 기하학(non-Euclidean geometry)과 그것의 물리학에의 응용이다. Kant는 평행선 공준이 선험적이고, 필연적으로 참이라고 주장했다. 그래서 거짓이 될 수 없다. 그런데도, 현대 물리학 – 경험적 이론 – 에 따르면, 시공간은 비-유클리드 기하학으로 가장 잘 이해된다. Kant가 비-유클리드 기하학에 어떤 정당한 지위를 허용할 수 있었을지에 대해서 학자들 간에 의견이 일치하지 않는다. 일부는 그가 한 종류의 필연성만을 마음속에 그렸고, 그래서 순수 기하학과 응용 기하학에 차이를 두지 않았을 것이라고 주장한다. 이 학자들이 맞다면 Kant에게 비-유클리드 기하학은 애당초 가능성이 없는 것이다. 그러나, 다른 이들은 Kant가 개념적인 가능성과 '직관적인(intuitive)' 가능성이라고 일컬어질지 모르는 것 사이를 구별한다고 생각한다. 명제 또는 이론은 관련된 개념들이 모순을 드러내지 않으면 개념적으로 가능하다. Kant는 Euclid 기하학과 충돌하는 어떤 사고가 정합적이라는 것을 허용한다. 왜냐하면 그 사고가 모순을 수반하지 않기 때문이다. 그는 두 직선으로 둘러싸인 평면 도형을 언급한다. Euclid 기하학이 종합적이기 때문에, 비-유클리드 기하학은 개념적으로 가능하다.[9] 물론, 비-유클리드 기하학은 Euclid 기하학이 필연적으로 참이기 때문에 직관적으로(*intuitively*) 가능하지 않다.

비-유클리드 기하학의 이 해석에서, Kant 학파 사람은 개념적으로 가능한 비-표준적인 산술 – 우리가 '비-Peano 산술(non-Peano arithmetic)'이라고 일컬을지 모르는 것 – 을 허용해야 할 것이다. Kant에게, 7 + 5 = 12는 종합적이다. 그래서 7 + 5 = 10과 7 + 5 = 13이 개념적으로 가능하다. 그러나 우리가 이것들 중 하나가 (또는 심지어 둘 모두가) 참인 정합적인 '순수' 수학을 가질 수 있는가?

이 교묘한 조치가 비-유클리드 기하학에 어떤 합당한 지위를, 아마 순수 수학으로서, 부여하더라도 물리학에서의 이용을 수용하지 않는다. Kant는 '순수 직관이 경험적 직관의 … 형식인 바,' (Euclidean) 기하학이 '경험적 직관을 통해서만 객관적 타당성을' 누린다고 썼다. 직관과의 연결이 아니었다면, 기하학이 '객관적인 타당성을, 그것이 무엇이든지 상관없이, 갖지 못'하고, '단지 상상력에 의한 또는 오성(understanding)에 의한 … 놀이에 불과[했]'을 것이다. (순수 이성 비판(*Critique of Pure Reason*), B298). 비-유클리드 기하학은 아마도 직관에 묶여있는 Kant의 매듭을 끊어 내기 때문에 그저 놀이이다(*is*). Kant의 견해로부터, 비-유클리드 기하학이 물리학에 적용될 수 없(*cannot*)음을 우리가 선험적으로 안다는 것이 따라 나온다.

아마도, 더 나은 대응은 Kant 학파 사람이 평행선 공준이 선험적으로 종합적이라는 논제를 거두어들이는 것일 것이다. 이 특별한 지위는 Euclid 기하학과 비-유클리드 기하학들 중 일부에 공통된 그런 명제들에만 주어진다. (즉, 제 5공준을 제외한 Euclid 공준의 전체). 아마 Euclid 기하학(*Euclidean geometry*)이 선험적으로 종합적이라는 것이 Kant 철학에서 깊게 확립된 부분은 아니다. 문제가 되는 것은 기하학(*geometry*)이 선험적으로 종합적이고,

9) 어떤 해석자들은 Kant가 기하학의 개념들(*concepts*)을 직관 내의 구성에 호소하지 않고서는 표현할 수 없다고 주장하는 것으로 본다. – 그리고 이 구성은 Euclid 기하학적이다. 그래서 비-유클리드 기하학이라도 Euclid 기하학의 필연성을 상정한다.

Kant의 시절에 기하학은 Euclid 기하학이었다는 점이다. 두 번 당황스럽지 않기 위해서, 우리 Kant 학파 사람은 나머지 공준들이나 공리들 중 하나를 부정하는 미래 물리학의 발전에 대한 경계를 유지할 수 있을 것이다. 그러나, Kant 학파 사람이 물리학과 같은 경험적인 기획에서의 발전에 응답하여 선험적으로 알려질 수 있는 것에 대한 자신의 견해를 바꿀지 궁금하다. 1장, §3에서 보았듯이, 자연주의자는 자신의 철학적 견해를 과학 및 수학 발전에 비추어 수정하게 될 것을 예상해야 한다. 철학은 전일적인 기획이다. 그러나 Kant는 자연주의자가 아니었다. 그는 내가 1장, §2에서 '철학-우선'이라고 부른 학파의 틀에 맞는다. Kant는 자신이 경험과 경험 과학에 선험적으로 상정되어 있는 것들(*presuppositions*)의 범위를 규정하고 있다고 생각했다. 그 Kant 학파 사람이 물리학의 발전을 즉각 거부할 준비가 되어 있지 않은 한, 물리학이 그 제한에 순응하지 않았다는 사실이 크게 문젯거리가 된다. 선험적인 것에 관한 견해를 경험 과학에 응답하여 수정하는 것이 이치에 닿는가?

수학의 다른 발전들도 Kant 학파 사람들에게 문젯거리임을 알게 되었다. 예를 들어, 연속성(continuity)과 미분가능성(differentiability) 사이의, 그리고 고른 연속성(uniform continuity)과 점마다 연속성(pointwise continuity) 사이의, 중요한 차이들은 직관에 근거를 가지지 않는 것으로 보인다. 이 구별들이 어떻게 지각의 형식들과 관련되는가? 순수 및 응용 수학의 다른 분야들은 직관과의 매듭을 끊어내고 더 멀리까지 간다. 어떻게 복소해석학, 더 높은-차원의 기하학, 함수해석학, 집합론을 지각의 형식들과 연결시킬 수 있겠는가? 이러한 수학의 많은 분야들이 과학에서 응용을 발견했다. 정말로, 많은 것들이 과학의 필요에 응답하여 개발되었다. 물론, 이 발전의 대부분이 Kant의 생애 이후에 이루어졌기 때문에 그는 이것에 대해 잘못이 없다. 그러나 그는 자신의 견해가 모든 미래 과학에 대해 그 한계를 제시하는 것으로 간주했었다. 현대 Kant 학파 사람에게는 괭이질하기 힘든 고랑이 있다.

3. Mill

Kant의 무시할 수 없는 영향력에도 불구하고, 많은 철학자들이 그의 직관 개념이 – 그리고 수반되는 종합적인 선험적 참에 대한 논제가 – 골칫거리라는 것을 발견했고, 또 계속해서 발견하고 있다. Alberto Coffa (1991)에 따르면, 19세기 전체를 통해 철학의 의제에서 주된 아이템은 언뜻 볼 때 보이는 수학 및 논리의 필연성과 선험적 본성을 Kant 학파의 직관을 들먹이지 않고 설명하는 것이었다. 우리는 공간적 직관 및 시간적 직관의 형식들로부터 독립적인 수학과 논리를 이해할 수 있는가? 전체적인 경험주의의 관점에서, 수학이 선험적으로 종합적이라는 Kant 학파의 견해에 대해 두 가지 대안이 있다. 사람은 수학을 분석적인 것으로 이해하거나 그렇지 않으면 그것을 경험적인 것으로 그래서 후험적인 것으로 이해할 수 있다. 다음 장(chapter)은, 전자의 길을 택했던, 논리주의자들(logicists)에 관한 것이다. 또 형식주의(formalism)의 어떤 버전들은 수학의 분석성(analyticity)에 대한 옹호의 뜻으로 이해될 수 있다 (6장 참고). 우리는 이제, 후자의 길을 택했던, 급진적 경험주의자 John Stuart Mill을 검토한다. 그는 수학이 경험적이라고 주장했다. 그는 영향력 있는, 수학에 대한 현대 경험주의적 설명의 선구자이다 (8장, §2 참고).

우리가 보았듯이, Kant와 같은 철학자들은 자신들이 인간의 사고 및 경험의 전제조건과 한계를 자연과학과 독립적이고 그에 앞서는 방법을 통해 탐구한다고 생각했다. 그들은 모든 경험적 탐구에 대한 기초적인 기반과 선험적인 한계를 결정하는 철학이 우리에게 필요하다고 주장했다. Kant는 자신이, 우리의 지각이 순응해야만 하는 경험적 지식의 틀을 밝히고 있다고 생각했다. Philip Kitcher (1998)는 이와 같은 견해들을 철학이 자연과학을 초월하는 것으로 보기 때문에 **초월주의**(*transcendentalism*)라고 부른다. 그것들은 내가 1장, §2에서 '철학-우선'이라고 부른 견해의 부류들이다. 그것들은 개념적으로, 철학이 다른 거의 모든 것들보다 – 기초적인 순서에서 확실히 과학보다 – 우선한다는 것을 수반한다. Kant의 견해에서, 철학은 경험 과학에 상정되어 있는 것들(presuppositions)을 밝힌다.

지금까지 **자연주의**(*naturalism*)라고 일컬었던 견해는 이러한 정초주의(foundationalism)에 반대한다. 자연주의자들은 인간을 과학에서 연구되는 인과적 질서의 완전한 일부로 본다. 자연과학과 독립적이고 그에 앞서 있는 철학적 지식의 원천은 없다. Willard Van Orman Quine (1981: 72)은 자연주의를 '철학 우선의 포기'라고, 그리고 '과학 자체 안에서 … 실재가 확인되고 묘사되어야 한다는 인식'으로 특징짓는다 (Quine 1969도 참고). 철학자가 언급하는 어떠한 인식적 능력도 보통의 과학적인 검토를 잘 받아들일 수 있어야만 한다. 인식론은 인지 심리학과 뒤섞인다.[10)]

Mill은 철학사에서 가장 일관된 자연주의자 중 한 사람이다. Kant 학파 사람들에 맞서, 그는 인간의 마음이 철저하게 자연의 일부이고, 그래서 세계에 대한 중요한 지식은 선험적일 수 없다고 주장했다. 그는 이 급진적 경험주의에 기반하여 인식론을 전개했다.

Mill의 '표면적(verbal)' 명제와 '실질적(real)' 명제의 구별은 Kant의 분석적-종합적 이분법 또는, 더 낫게는, Hume의 '관념들의 관계(relations of ideas)'와 '사실의 문제(matter of fact)'의 구별을 모범으로 삼은 것으로 보인다. Mill에게, 표면적 명제들은 정의상 참이다. 그것들은 진짜 내용을 갖지 않고, 세계에 대해 아무것도 말하지 않는다. Mill은, 수학의 – 그리고 대부분의 논리학의 – 명제들이 **실질적**(*real*)이고 그래서 종합적이고 경험적이라고 주장했다는 점에서, Kant와 다르고 그 이전의 Hume이나 그 이후의 Rudolf Carnap과 같은, 다른 경험주의자들과 다르다. Hume의 용어로, Mill에게 수학과 논리학은 사실의 문제에 관계된다.

이전과 이후의 경험주의자들과 달리, Mill의 기본적인 인식론적 추론은

10) 수학 철학에서 자연주의에 대한 간략한 설명은 1장, §3을 참고할 수 있다. Maddy 1997은 철저한 논의이다.

열거적 귀납법(*enumerative induction*)이다. 많은 검은 소들을 보고 어떠한 다른 색의 소도 보지 못하면, 모든 소들이 검고 다음에 보게 될 소도 검을 것이라고 결론 내린다. 세계에 대한 모든 (실질적) 지식의 기원은 관찰에 기반한 일반화까지 간접적으로(*indirectly*) 거슬러 올라가 진다. Mill의 전체적인 인식론은 복잡하고, 유명한 그의 과학에서의 실증적 탐구의 원리들(principles of experimental enquiry in science)을 포함한다. 과학적 법칙과, 경험으로부터의 일반화 사이의 인식적 연결은 꽤나 빙 돌아간다. 그러나, 수학과 논리학에 대한 Mill의 인식론은 그렇게 복잡하지 않다. 그는 수학과 논리학의 법칙이 열거적 귀납법 – 관찰된 것에 대한 일반화를 통한 관찰로부터의 추론 – 으로 직접적으로 추적될 수 있다고 주장했다.

적어도 한 곳에서, Mill은 모든 중요한 추론이 '특정한 것으로'부터 '특정한 것으로' 이어지기 때문에 일반화가 논증의 힘에 아무것도 보태지 않는다고 제의한다. '모든 까마귀들은 검다'와 같은 보편 명제들은 우리가 보아왔던 것과 우리가 볼 것으로 기대하는 것에 대한 요약된 기록들일 뿐이다. Mill에게, 전형적인 수학 명제들은 귀납의 결과들이고, 그래서 이 명제들도 경험을 기록하고 요약한다. 수학에 대한 Mill의 철학은 수학 명제들이 정확히 무엇이어서 이 일반적인 인식론적 논지에 따르게 되는지를 보이도록 고안되어 있다.

기하학으로 시작해 보자. Mill은 추상적 대상들의 존재를 거부하고, 기하학의 기초를 관찰에 두려고 노력한다. 그래서, Aristotle처럼, 그는 기하학에서 연구되는 대상들이 우리가 물리적 세계에서 관찰하는 어떠한 것과도 같지 않다는 것에 대해 그 명백한 의미를 해명해야만 한다. 우리가 보는 모든 직선은 폭이 있고 완벽하게 곧지 않다. 이것에 대해 Mill이 쓴 것은 분명하지 않다. 그러나 일반 개요는 이해될 수 있다. 그는 기하학적 대상들이 실제 그려진 도형들의 근사라고 주장했다. 기하학은 구성이 가능한 것들의 이상화에 관계된다. 여기에서 두 가지 중심적인 개념이 '이상화(idealization)'와

'가능성(possibility)'이다. 이 가차없는 경험주의자가 이러한 개념들을 어떻게 이해하는가?

Mill은 폭이 없는 선과 길이가 없는 점이 극한 개념(*limit concepts*)이라고 생각한다. 종이에 그려진 선은 잉크의 질, 연필의 날카로움, 프린터의 해상도 등에 따라 더 두껍거나 더 얇을지 모른다. 기하학의 선은, 선을 점점 더 얇게 그리고 점점 더 곧게 그려갈 때 접근하는 극한으로 생각할 수 있다. 비슷하게, 점은 선분을 더 얇고 더 짧게 그려갈 때 접근하는 극한이다. 그리고 원은 더 얇고 더 완벽한 원을 그려갈 때 접근하는 극한이다.[11] 물론, 물리적으로 그러한 극한들은 없고, Mill은 기하학이 존재하는 대상들을 다루지 않는다고 주장한다. 그래서, 엄격히 말하면, Euclid 기하학은 허구의 작품이다. 상정된 도형들은 '가공의 대용물들'이다. 그러나, 기하학적 도형들이, 그려진 도형들과 자연의 대상물들을 근사하기 때문에 기하학적 명제들은 실제 도형들과 대상들이 이상화된 것들을 근사하는 정도까지 (자연에 대해) 참이다. 우리가 그려진 삼각형의 각들을 잰다면 그 합이 약(*about*) 2직각이 된다는 것을 발견할 것이다. 그려진 삼각형의 선들이 더 곧고 얇을수록, 그 각들은 점점 더 2직각에 가까워진다. 우리가 삼각형을 주의 깊게 그리면, 세 수직 이등분선들이 서로 {한 점에서} 만남을 볼 수 있을 것이다. 우리가 대충 그린다면 (그러나 너무 심하게 대충 그리지는 않는다면), 그 이등분선들이 서로 거의 {한 점에서} 만나는 것을 보게 될 것이다. 이런 의미에서, 기하학의 명제들은 물리적 공간에서 가능한 물리적 도형들에 관한 귀납적 일반화이다. 그것들은 긴 세월의 경험에 의해 확인되어 왔다.

우리는 Mill이 기하학에 대해 설명할 때 말하는 가능성(possibility)의 개념에 의문을 가질 수 있다. 한 예에 초점을 맞추어 보면, 어느 두 점에 대해서도 그 두 점을 잇는 직선을 그릴 수 있다는 Euclid 기하학의 공준을 어떻게 이해

11) Mill의 극한 개념과 현대의 해석학에서 미분계수나 적분과 같은 극한들이 정의되는 방법 사이의 유사성에 주목할 수 있다.

해야 하는가? 이것이 폭이 없는 직선을 그릴 수 있다는 의미라면, 그 공준은 근사적으로라도 참이 아니다. 정말로, 우리는 폭이 없는 선을 그리는 것을 생각조차 할 수 없다. 어떤 도구를 사용할 것인가? 극한에 대한 언급은 다음을 시사한다. 얼마나 작든지 간에 어떤 물리적인 두 점 A, B가 있을 때 그리고 어떠한 정도의 두께이든지 간에 두께 d가 주어졌을 때, A와 B 사이에 d보다 두껍지 않은 직선을 그릴 수 있다는 것을 그 공준이 의미할 수 있을 것이라는 점을. 이것은 그렇게 좋지 않다. 이 극한-진술을 경험으로부터 잘 수립된 일반화라고 간주할 수 없기 때문이다. 우리는 정말로 얇은 직선에 대해 얼마나 많은 경험을 가지고 있는가? 그 일반화는 심지어 참인가? 우리가 아는 한, 우리가 그리고 지각할 수 있는 선의 두께에는 얇을 수 있는 한계가 있다. 우리는 수소 원자 지름보다 얇은 선을 그릴 수 있는가? 어떤 재료를 사용하여? 그런 엄밀한 물리적 용어로 이해된다면, Euclid 기하학 공준의 그 극한 버전은 확실히 거짓이다. 비슷하게, 모든 선{선분}이 수직 이등분선을 갖는다는 정리도 물리적으로 거짓이다. Mill의 이상화를 허용하다고 하더라도 {말이다}. 예를 들어 2 센티미터 길이의, 주어진 선분을 가지고 시작하여 그것을 이등분한다고 가정해 보자. 그 다음 왼쪽 반을 이등분하고, 그 다음 그것의 왼쪽 반을 이등분하고 하여, 가능한 한 오랫동안 계속한다. 이것을 삼십 번 계속하는 것도 가능하지 않다. 삼십 번째 선분은 원자보다 작은 길이를 가질 것이다.

그렇다면 두 점을 잇는 직선을 그리는 것 또는 어느 선분이든지 이등분하는 것은 어떤 의미에서 가능한가? 아마 Mill은 기하학을, 그 안에서 우리의 예민함이 최대한도로 날카로운, 가상적으로 개선된 경험에 관계한다고 생각했을 것이다. 또는 아마 Mill의 철학을 따르는 사람은 기하학 공리들을 위에 언급된 물리적 가능성보다는, 어떤 구별되는 수학적 가능성의 용어로 해석할 수 있다. 그 기저에 있는 논지는 다음과 같다. 즉, 선의 얇음에 대한 한계와 이분될 수 있는 선분들에 대한 한계가 없다는 것은, 우주에 대한 물리적 법칙이 아니라면 공간에 대한 수학적 법칙과 조화된다. 그러나, Mill이 가상적으로 개선된 최고-예민함 또는 구별되는 수학적 가능성들을 알아낼 수 있는 자원을 어떻게 가지고 있는지를 보는 것은 어렵다. Mill에게 모든 수학적 지식은 경험으로부터의 귀납적 일반화에 근거한다는 것을 기억해 보자. 그렇다면 우리는 어디에서 최고-날카로운 예민함과 수학적 가능성들에 대해 알게 되는가?

이제 {화제를} 산술로 돌려보면, Mill은 자연수가 무리들에 **대한**(*of*) 수라는 점에서 Plato과 Aristotle의 생각에 동의한다. 그는 관념적인 '단위들(units)'을 거부한다는 점에서 Aristotle의 편을 들고, 그래서 Mill에게 수는 평범한 대상들에 대한 수이다.:

> 모든 수는 무엇인가에 대한 수이어야만 한다.: 추상 안의 수와 같은 것은 없다. **열**(*ten*)은 열 개의 물체들, 또는 열 개의 소리들, 또는 열 번의 맥박 고동들을 의미해야만 한다. 그러나 수가 무엇인가에 대한 수이어야만 하지만 어떤 것에 대해서도 그것에 대한 수일 수는 있을 것이다. 그러므로, 수에 대한 명제들은, 우리 경험에 알려진, 그것이 무엇이든지 모든 것들, 모든 대상들, 온갖 종류의 모든 존재들에 관한 명제라는 주목할 만한 특색을 갖는다. (Mill 1973: 254-5)

그래서 Mill은 하나의 숫자를 단일 대상을 가리키는 단칭어(singular term)로 간주하지 않는다. 그보다는, 숫자는 '강아지'나 '빨강'과 같은 일반 명사(general terms)이다. 그것들은 개별 대상들이 아니라 대상들의 총체들(aggregates)을 아우른다.: '예를 들어, 둘은 사물들의 모든 쌍들을 나타내고, 열둘은 모든 열두 개 묶음의 사물들을 나타낸다.' (1973: 610)

산술의 명제들은 어떠한가? Mill은 '5 + 2 = 7'과 '165 + 432 = 597' 같은, 합에 대해 설명하려고 노력한다. 그는 단지 두 가지 공리와, 즉 '같은 것과 같은 것들은 서로 같다' 그리고 '동등한 것들에 더해지는 동등한 것들은 같은 합을 만든다' (1973: 610)와 각 숫자마다 하나씩의 정의 스킴(definition scheme)이 있다고 말한다. 그 정의 스킴은 '그 바로 아래의 수에 한 단위를 더해서 만들어지는' 수를 나타낸다. 이것으로부터, 그는 '5 + 2 = 7'을 유도한다. 이 절차를 확장하여 어떤 것이든 정확한 합을 유도하는 방법은 분명하다.12)

여기에서 구별되는 특징은, Mill에게 이러한 합들이 물리적 총체들과 그것들의 구조적 속성들에 관한, 표면적이 아니라 **실질적**(*real*) 명제들이라는 점이다. 그것들이 실질적이기 때문에 궁극적으로 열거적 귀납법, 즉 경험에 대한 일반화에 의해 알려져야만 한다. 대상들을 모으고 분리하는 우리의 거의 동일한 경험은 그 산술 합들을 확증한다. 악명 높은 한 구절에서, Mill은 합 '2 + 1 = 3'이 '감각에 이런 식으로, °o°, 인상을 지우면서도 두 부분들로 이런 식으로, oo o, 분리될 수 있을, 대상들의 무리들이 존재한다'는 가정을 수반한다고 썼다. (1973: 257)

Frege의 **산술의 기초**(*Foundations of Arithmetic*)는 산술에 대한 Mill의 설명에 대한 일련의 모진 비난을 포함한다.:

> 그렇다면, 세상의 모든 것이 못 박혀져 있지는 않다는 것은 참으로 자비로운 일이다.; 왜냐하면 만약 그렇다면 우리는 이 분리를 해 낼 수 없을 것이고, 2+1은 3이 될 수 없을 것이기 때문이다! Mill이 수 0과 1의 기저를 이루는 물리적 사실들까지 예시하지 않은 것은 애석한 일이다! … 이것으로부터 우리는 시계가 세 번 울릴 때 세 번의 소리라고 말하는 것, 또는 단 것, 신 것, 쓴 것을 맛의 세 가지 감각이라고 부르는 것 등이 정말로 틀린 것임을 알 수 있다 … 왜냐하면 이런 것들 중 어느 것도 감각에 이런 식으로, °o°, 인상을 지우지 않기 때문이다. (Frege 1884: §7)

그러므로 Frege는 '배열하기(arranging)'에 대한 Mill의 언급을 엄밀한 물리적 의미로 받아들인다.: '"독일의 시각 장애인 수"라는 표현에 어떤 의미를 부여하기 전에, 문자 그대로 독일의 모든 시각 장애인들을 집결하도록 해야만 하는가?' (§23).

12) 다른 맥락에서 Frege에 의해 언급되었듯이, 이 합들에 대한 Mill의 유도(derivation)는 결합법칙을 필수적으로 사용한다.

Frege의 비판은 불공정하다. 우리가 앞에서 보았듯이, Mill 자신이 물리적으로 삼각형의 세 꼭짓점에 배열될 수 없는 것들에 대한 수들을 언급한다. 그는 소리들과 심장 고동들에 대해 말한다. 그래서 Mill이 마음속에 더 일반적인 무엇인가를 가지고 있었음에 틀림없다. 대상들의 작은 무리들을 모으고 분리하는 것은 산술 합의 일반화에 대한 **전형적인 한 사례**(*one typical instance*)이다. 우리는 대륙과 행성은 말할 것도 없이, 심장 고동들과 시계 종소리들을 정신적으로 '모으(collect)'고 '분리한다(separate).' 그것들이 감각에 이런 식으로 °₀° 인상을 지우지 않고 물리적으로 이런 식으로 ° ° ° 분리될 수 없다고 하더라도 {말이다}. 또한 우리는 한 개를 모으고 어떤 종류의 대상은 영(zero) 개도 모은다. 체스 판에 흰 팀의 왕 말이 몇 개인가를 또는 1999년 이전에 취임한 여성 미국 대통령이 몇 명인가를 고려할 때 {말이다}.

그럼에도 불구하고, Frege는 그 경험주의자의 심각한 부담이 용어 '모으기'와 '분리하기'의 의미를 명백히 하는 것이라는 점에서 옳다. 두 심장 고동들 더하기 하나의 심장 고동이 세 심장 고동들이 된다는 명제에, 또는 두 행성들 더하기 세 행성들이 다섯 행성들이 된다는 명제에, 정확히 어떤 경험이 포함되는가?

또 Frege는 수들이 물리적 총체들을 나타낸다는 Mill의 아이디어에 의문을 제기한다. 총체를 물건들의 물리적 덩이로 생각하면 그것에 수를 붙일 수 없을 것이다.: '내가 한 더미의 카드(playing cards)를, 이것들의 수를 알아내라는 말과 함께, [누군가의] 손에 쥐어준다면, 카드들이 몇 장인지를 알고자 하는지, 또는 카드들을 완전한 짝들로 묶었을 때 몇 벌인지를 알고자 하는지, 또는 심지어 예를 들어 스카트(skat) 게임을 한다고 할 때 몇 점인지를 알고자 하는지에 대해 그에게 알려주는 바가 없다. 그의 손 안의 그 더미를 쥐어주었다고 해서 그가 조사해야 하는 대상을 완전하게 전달한 것은 아니다.; 나는 어떤 단어 – 카드, 또는 벌, 또는 점수 – 를 더 추가해야만 한다.' (1884: §22). 그 다음 절에서, Frege는 한 '묶음의 짚단은 모든 지푸라기들을 반으로 잘라서, 또는 개개의 지푸라기들로 떼어내어서, 또는 두 개의 묶음으로 나누어서, 부분들로 분리 될 수 있다.'고 썼다. 그는 '"하나의 지푸라기"라는 표현에서 … 수를 나타내는 단어 "하나"는, 뚜렷한 신호로서, 지푸라기가 세포나 분자로 구성되는 방식을 공정하게 대하지 못한다.'라고 덧붙인다.

Mill (1973: 611) 자신이 여기에서 Frege에 대한 응답을 가지고 있다.: '대상들의 무리를 둘(*two*), 셋(*three*), 넷(*four*)이라고 부를 때 그것들은 추상에서의 둘, 셋, 넷이 아니다.; 그것들은 두 개, 세 개, 네 개의 어떤 특정한 종류의 사물들이다.; 조약돌들, 말들(horses), 인치(inches), 파운드(pounds) 무게 등. 수의 이름이 내포하는 것은, 주어진 종류의 낱낱의 대상들이 그 특정한 총체를 이루기 위해 합쳐질 때 취해야만 하는 방법이다.' 그러면, Mill에게, 총체는 물건들의 물리적 덩이가 나누어져야 하는 (그래서 그렇게 세어져야 하는) 단위들을 포함하여(*together with*) 그 물건들의 물리적 덩이와 동일시된다. 한 벌의 카드는 쉰 두 장의 개별적인 카드들, {또는} 네 벌의 짝패들 등으로서의 물리적 총체와 똑같지 않다. 그 총체들은 같은 시간에 같은 공간에 위치하지만, 그럼에도 불구하고 서로 다른 총체들이다. 비슷하게, Frege의 지푸라기들의 묶음의 총체는 지푸라기를 둘로 자른 것들의 묶음 또는 짚단을 절반으로 잘라 만든 두 개의 묶음들의 묶음 또는 분자들의 묶음의 총체와 똑같지 않다. Mill이 추상적 대상들의 존재를 거부하고 그래서 총체들이 물질적이라고 주장하더라도, 그의 존재론은 생각하는 것만큼 엄격하지 않다.

그러나, 다시 한 번, 부담은 그 존재론적 범주를 명백히 하고 그것이 어떻게 경험에 기초를 두는지를 보여야 하는 그 경험주의자에게 있다. Penelope Maddy (1990: 2장, §2)는 예를 들어 네 개의 신발을 보는 것과 그것들을 두 쌍으로 보는 것 사이에 차이가 있다고 제의한다. 아마 이와 같은 어떤 것이 Mill의 철학을 따르는 사람을 여기에서 도울 것이다 (Burge 1977도 참고).

Frege는 또한 Mill을 큰 수들에 대한 과제로 데려간다. 우리는 크기가

1,234,457,890인 총체에 대한 경험을 가지고 있는가, 그리고 그것을 크기가 1,234,457,891인 총체와 구별할 수 있는가? 1,234,457,890 + 6,792 = 1,234,464,682에 의해 일반화되는 경험이란 무엇인가? 우리는 1,256 + 2,781 = 4,037과 같은 중간-크기의 합을 어떻게 확인할 것인지 물음으로서, Frege의 요점을 확장할 수 있다. 성인들의 무작위 표본을 뽑아서 그들 각각에게 1,256개의 구슬 더미와 2,781개의 구슬 더미를 주고 그 두 더미들을 하나의 큰 총체로 모으고 그 수를 판정할 것을 요청했다고 가정해 보자. 인간의 주의력이 어떻든지 간에, 우리 피험자들 중에 (있다면) 매우 적은 사람들이 최종적인 수로 4,037을 얻어낼 것이다. Mill의 견해에서, 우리는 이 결과를 그 합이 부당하다고 공언해야 할 것인가? 구슬 대신 토끼를 사용하고, 그 실험을 완료하는 데 몇 개월이 걸렸다고 가정한다면? 갤런(gallons) 단위의 두 가지 액체들을 사용하는데, 이때 화학 반응 또는 증발이 그 총체의 부피를 변화시킬지 모른다면? 우리는 정확한 결과를 얻지 못할 것이고, 그 합이 부당하다고 공언해야 할 것인가? 언뜻 보기에는, 산술 합들을 확인하기 위해 이러한 실험을 시도하는 것조차 터무니없는 것으로 보인다. 우리는 정확한 합이 얼마인지 그 실험을 시작하기 전에(*before*) 안다. 우리는 그 답을 더하기와 세기에 대한 피험자들의 능력을 판정하기 위해 사용할 수 있을 것이다.

비슷한 노선을 따라, Mill은 각 숫자는 대응하는 수의 크기를 갖는 무리들을 표현한다고 주장한다. 이것은 무한히 많은 대상들이 있다는 것, 또는 있을 수 있다는 것을 함의한다. 이것에 대한 경험적 지지가 있는가? 유한하게 많은 물리적 대상들만이 있음을 함의하는 물리적 이론을 취한다면 어떻게 되는가. 이것이 산술을 부정할 것인가?

여기 이 상황은 기하학의 명제들과 보통의 대상들에 대한 진술들 사이의 부조화와 비슷하다. 우리의 제한된 경험은 수학 명제들과 정확히 조화되지 않는다. 기하학에서와 같이, Mill의 철학을 따르는 사람은 이상화, 가능성,

근사 등의 말로 응답할지 모른다. 수학 명제들 – 특히 숫자들의 정의들 – 은 경험에 정확히 순응하지 않는다. 그것들은 우리의 주의 집중-시간이 향상되고 (시간이 흐름에 따라 그 수를 변화시킬지 모르는) 단위들 사이의 어떤 차이나 상호작용도 무시되는 그러한 이상화된 조건 하의 **가능한**(*possible*) 경험에 관계된다. 경험은 산술 명제가 경험에 근사적으로 참이라는 것을 확인한다. 그러나, 다시 한 번, 부담은 이 가능성이라는 개념을 명백히 해야 하는 Mill의 철학을 따르는 사람에게 있다.

우리가 이미 보았던 것에 함축된 Mill의 견해에 대한 또 다른 관점은, (절대적으로는 아니더라도) 높은 정도로 확실하고 필연적인 것이라는 수학이 받아 온 시선으로부터 그가 상당히 멀리 이동해 있는 점이다. Mill에 따르면, 많은 수학 명제가 필연적으로 참이고 의심할 여지가 없기는커녕, 그리고 선험적으로 알려질 수 있기는커녕, 심지어 전혀 참이 아니다. Mill은 일반적으로 인정되는 이 견해가 왜 그렇게 강력한지를 보이는 문제를 심각하게 고려한다. 그는 묻는다.: '왜 수학적 확실성과 입증의 증거 등이 이성에 의해 획득될 수 있는 매우 높은 수준의 확신을 표현하는 흔한 문구들인가? 왜 거의 모든 철학자들에 의해 수학이 … 경험과 관찰의 증거와 독립적인 것으로 생각되고, 필연적 참(Necessary Truth)의 체계라고 특징 지워지는가?' (Mill 1973: 224). Mill은 그 공리들과 정의들이 '어린 시절부터 거듭되는 경험에 의해 우리에게 알려지기' (1973: 256) 때문에 산술이 필연적이고 선험적으로 알려질 수 있는 것처럼 **보인다**(*appears*)고 주장했다. 간단한 합과 같은 산술의 기초적인 참들은 우리가 세계와 상호작용을 시작할 무렵부터 확인되어진다. 이것이 그것들을 진정으로 선험적인 것으로 만들지는 않는다. Mill은 간단한 산술 합들이 필연적이라는 것에 동의한다. 그러나 (앞서 언급한 이상화에도 불구하고) 우리가 그렇지 않은 것들을 상상할 수 없다는 의미에서일 뿐이다. 그래서, 예를 들어 우리는, 그것들이 감각에 이런 식으로, °o°, 인상을 지우면서도 두 부분들로 이런 식으로, oo oo, 분리될 수 있을 그런 대상들의 무리가 존재하다는 것을 상상할 수 없다. 또는 적어도 그 대상들을

어떻게 해서든 변화시키지 않고서는 {그러한 것을} 상상할 수 없다.[13)]

Mill은 산술과 기하학의 공리들에 대한 신뢰의 궁극적인 원천이 우리가 지각할 수 있는 것의 범위에 있다는 점에 대해 Kant 학파의 사람들에 동의한다. 수학적 이론의 공리들은 우리가 세계의 구조를 어떻게 지각하는지를 반추하여 선택된다. 물론, Mill은 이러한 인식적 직관에 대한 통찰들이 다음과 같은 점에서 신뢰할 만하다는 것에 동의한다. 즉, 우리가 그것들을 따르면, 그리고 예를 들어 세계가 Euclid적이고 총체들이 산술에 순응하는 것이 사실이라고 생각하면, 길을 잃지 않는다는 점에서 {말이다}. 그러나 그는 물리적 대상들에 대한 기하학적인 그리고 산술적인 실제 속성에 관한 인식적 직관의 신뢰성이 **경험적인**(*empirical*) 문제라고 주장한다. 즉, 우리는 인식적 직관이 신뢰할 만하다는 것을 **경험에 의해**(*by experience*) 발견한다. 자기-관찰에 의해 우리는, 세계를 어떤 다른 방식으로는 지각할 수 없다는 것과 관찰이 Euclid 기하학과 산술의 형식들에 계속해서 순응한다는 것을 안다.

열거적 귀납법의 얼마 안 되는 인식론적 기초를 감안할 때, Mill이 Euclid 기하학과 기초 산술에 대해 복잡한 철학적 설명을 제공하면서 자신의 가차없는 경험주의를 할 수 있는 한 멀리 가져간다는 것이 흥미롭다. 그러나 그의 수학 철학은 매우 멀리까지 가지는 못한다. Mill은 더 높은 수준의 수학 분야들이 아닌, 기하학, 산술, 그리고 어느 정도의 대수학만을 다룬다. 물론, 이 결점은 Aristotle에게서는 이해될 수 있지만, Mill의 시절에 발전하고 있던 과학에서의 더 높은 수준의 수학의 중요성을 감안할 때 여기에

13) 수학의 명백한 필연성과 선험성에 대한 Mill의 해결은 인과 관계(causality)와 '필연적 연결(necessary connection)'에 대한 Hume의 논지와 비슷하다. Hume은 하나의 것이 다른 것의 원인이라는 우리의 믿음은 그 두 개의 것이 함께하는, 그중 하나를 볼 때 다른 하나를 기대하게 될 정도의, 변치 않는 경험에 근거한다고 제의한다. 상상할 수 있음이 가능성에 대한 신뢰할 수 있는 지침이 되는 정도에 대한 통찰력 있는 논의는 Yablo 1993을 참고할 수 있다. 현대 물리학의 어떤 결과들은 우주가 아마 우리가 상상할 수 없는 방식으로 작동한다는 것을 암시한다. 이것이 공간적 그리고 시간적 직관이 신뢰할 만하지 **못하다는 것에 대한** 경험적 **증거**(*disconfirmation*)를 제공하는가? 결국 '이른(early) 그리고 변치 않는 경험'에 의지할 수 없다면, Mill의 철학을 따르는 사람은 무엇에 의지할 수 있는가?

서는 그렇게 쉽게 이해되지 않는다.

산술과 기하학에 대한 Mill의 설명은 그 시야 내에서만으로 엄격히 제한되기까지 한다. 산술에 대한 그의 철학은 간단한 합과 차 등 초등학교에서 배우는 것을 넘어서는 것들을 거의 파악하지 못한다. (아마도 잘못-이름 붙여진) **수학적 귀납법**(*mathematical induction*)의 원리는, 어떤 속성 P에 대해서도, P가 0에 대해 성립하고 모든 자연수 n에 대해, P가 n에 대해 성립하면 P가 $n+1$에 대해서도 성립한다가 성립하면, P가 모든 자연수에 대해 성립한다는 논제이다. 기호로는:

$$(P0 \ \& \ \forall x \ ((Nx \ \& \ Px) \rightarrow Px+1)) \rightarrow \forall x \ (Nx \rightarrow Px).$$

수학적 귀납법의 원리는 공리적 산술의 중심적인 주제이다. 그것 없이 자연수에 많은 빛을 비추기는 어렵다. 내가 말할 수 있는 한, **열거적**(*enumerative*) 귀납법 – 경험으로부터의 일반화 – 는 수학적 귀납법을 전혀 지원하지 않는다. 어떤 '어린 시절부터 거듭되는 경험'이 수학적 귀납법을 확증하는가? Mill은 우리가 수학적 귀납법이 거짓이라는 것을 상상할 수 없다고 대응할 수 있을 것이다. 그리고 이 상상의 능력에 대한 경험적 신뢰성에 호소할 수 있을 것이다. 그러나, 수학적 귀납법이 직접적으로 경험과 어떻게 관련되는지를 알기는 어렵다. 그것은 어떤 종류의 경험을 나타내는가?

이 지점에서 우리 Mill의 철학을 따르는 사람은 산술의 기초를 기하학에 두려는 Euclid식의 조치를 시도할 수 있을 것이다. (이것이 산술의 보편적 적용 가능성을 손상시킬 지라도). 수학적 귀납법의 기하학적인 유사물은 **아르키메데스의**(*Archimedean*) 원리, 즉, 어느 두 선분 a, b에 대해서도, a를 n번 반복하면 b보다 더 길어지는 자연수 n이 있다는 원리이다. Mill의 철학을 따르는 사람은 이 원리가 어린 시절부터 거듭되는 경험에 의해 확인된다고 지적할 수 있다. (우리가 물리적 가능성이 아니라 수학적 가능성을 말하는 한). 아르키메데스의 원리에 대한 반례는 그중 하나가 다른 것보다 무한

소적으로 작은 한 쌍의 선분일 것이다. 확실히, 우리는 무한소에 대한 직접적인 경험이 없다. 어떻게든 그것을 상상할 수 있더라도 {말이다}.

우리 Mill의 철학을 따르는 사람이 수학적 귀납법의 원리를 아르키메데스의 원리와 관련시킬 수 있더라도 그것은 그렇게 잡을 만한 지푸라기가 아니다. 완비성 공리(completeness axiom)는 더 심한 걸림돌일 것이다. 실해석학에서 이 원리는 모든 실수들의 유계집합은 최소 상계(least upper bound)를 갖는다고 진술된다. 기하학에서 유사물은, 모든 유계인, 점들의 무한집합은 집적점(limit point)을 갖는다는 Bolzano-Weierstrass 성질이다. 우리가 점들이나 대상들의 무한집합에 대한 경험을 가지고 있지 않기 때문에 열거적 귀납법에는 이러한 원리들에 대한 토대가 없는 것 같다.

현황을 점검해 보자. 수학에 대한 Mill의 설명을 유지하기 위해 필요한 다양한 '가능성' 개념들에 대한 엄한 비판들을 살펴보았었다. 이것들이 극복될 수 있을지라도, 그 일은 힘든 일일 것 같다. 둘째로, 그리고 더 중요한 것으로, 모든 수학과 논리학의 근거를 열거적 귀납법에 두려는 Mill의 결정은 방어될 수 없다. 여기에서 윤곽을 그린 것과 같은 이유들로, 현대의 경험주의자들은 이러한 문제들에 대해 Mill을 방어하려고 하지 않는다. 그럼에도 불구하고, Mill의 경험주의에 의한 주된 공격은 오늘날 살아있고, 아마 더 잘 살아있다. 헌신적인 핵심 철학자들은 Mill의 경험주의의 '급진적' 측면을, 즉 논리학과 수학이 '종합적' 또는 '실질적' 명제들을 포함하고, Kant와 반대로, 이러한 명제들이 후험적으로, 궁극적으로는 경험적으로 알려진다는 견해를 받아들이고 방어한다.

Kitcher (1983, 1998)는 개략적인 Mill의 철학적 뼈대 안에서 더 높은 수준의 수학에 대한 미묘하고 복잡한 설명을 제공한다. Mill과 같이, Kitcher는 수학이 구성하고 모으는 인간의 능력들과 관련된다고 생각한다. 그러나 수반되는 이상화에 관해서는 Mill보다 더 분명하다. Kitcher는 모으고 구성하는 인간의 실제 활동들을 언급하는 대신, 시간, 공간, 주의집중-시간, 또는 심지어 수명이라는 인간의 한계를 공유하지 않는 허구적인 이상적 구성자의 활동들을 이야기한다. 그 이상적인 구성자는 폭이 없는 선을 그리고 큰 규모의 총체들을 모은다. 예를 들어, 수학적 귀납법의 공리들과 Bolzano-Weierstrass 성질은 산술과 실해석학에 대응되는, 이상적인 구성자에게 할당된 능력들에 대한 진술들을 나타낸다. 이 구성자는 선분들의 무한집합을 다루고 그것들의 집적점과 최소 상계를 취한다. Kitcher에게, 수학적 진리 – 이상적인 구성자에 관한 명제들 – 은 다소간 간단한 이상화와 근사를 매개로 한 인간의 능력들에 관한 참들과 관련된다. 집합론과 같은 더 고등한 분야들에서, 이상화는 정말로 매우 이상적이다. 모든 무한 기수(cardinal number) κ에 대해, 이상적인 구성자는 크기가 κ인 무리를 만들 수 있다. 그럼에도 불구하고, 실제 인간에 의한 구성과의 연결이 잊혀지지 않는다.

물론, Mill과 달리, Kitcher는 수학과 논리학의 기초를 세우는 데 있어 열거적 귀납법에만 의지하지 않는다. 이상적인 구성자에게 할당된 움직임들이 전체적인 과학적 기획에서의 그 이론의 쓸모에 기초하여 정당화된다. – 수학을 포함하는 – 전체적인 과학적 기획에서 무엇보다 중요한 목표가 경험을 설명하는 것이라는 점에서, Kitcher는 여전히 급진적인 경험주의자이다. Kitcher는 수학이 선험적으로 알려질 수 있다는 일반적으로 인정되는 견해를 거부한다는 점에서 Mill과 함께 한다. Kitcher는 우리가 경험을 예견하고 환경을 조절하는 데 있어 그저 어떤 이상화가 유용한지 결정하기 위해 경험이 필요하다고 주장한다. 우리는 근본적으로 다른 이상화, 그래서 근본적으로 다른 수학의 가능성을 열어두어야 하기 때문에 수학은 완강하지 않다. 아래의 8장, §2에서 우리는 또 다른 가차 없는 경험주의자, Quine을 검토한다. 그는 모든 수학과 과학에 대한 가설-연역적인(hypothetical-deductive) 인식론을 주장하지만, 수학을 실질적 또는 이상적인 구성적 활동에 관한 것으로 간주하지 않는다는 점에서 Mill로부터 더 벗어난다. 우리는, 그러는 동안, 덜 급진적인 경험주의를 포함하여 수학에 대한 다른 견해들로 관심을 돌린다 (5장, §3).

4. 더 읽기

Kant의 수학 철학에 대한 풍부한 학식의 훌륭한 출발을 위하여 Coffa 1991: 1장과 Posy 1992의 논문들을 참고할 수 있다 (특히 Posy의 서문). Parsons 1969, 1984, Friedman 1985, Hintikka 1967, Posy 1984 등 앞서 인용한 논문들과 영향력 있고 통찰력 있는 풍부한 다른 저작들도 좋다. 또한 Friedman 1992를 참고할 수 있다. Mill 자신의 **논리학 체계**(*A System of Logic*) (1973)는 수학에 대한 그의 견해에 대한 읽기 쉬운 설명이다. 확실한 2차 자료는 Skorupski 1989: 5장이다. 또한 Skorupski 1998의 논문들, 특히 Skorupski 1998a와 Kitcher 1998을 참고할 수 있다.

제 Ⅲ 부 세 가지 주요 견해

제 5 장

논리주의: 수학은 (그저) 논리인가?

> 역사적으로 말하면, 수학과 논리학은 전체적으로 구별되는 연구들이다 … 그러나 둘 모두 근대 시기에 성장해 왔다. 논리학은 더 수학적이 되어 왔고 수학은 더 논리적이 되어 왔다. 그 결과 이제는 둘 사이에 선을 긋는 것이 전혀 불가능하게 되었다.; 사실은 그 둘은 하나이다 … 물론, 그것들의 동일성에 대한 증명은 세부적인 문제이다.
>
> (Russell 1919: 18장)

이전 장(chapter)에서는 Immanuel Kant의 다음과 같은 견해들을 제시하였다. (1) 수학이 감각 경험과 독립적으로 알려질 수 있다 – 수학이 선험적이다 – 그리고 (2) 수학의 참은 개념을 분석하여 판정될 수 없다 – 그것들은 종합적이다. 칸트의 영향력을 {어떻게 평가하든} 도저히 과대평가한다고 할 수는 없을지라도, 뒤이은 철학자들은 이러한 견해들을 수학과 과학의 발달에 일치시키는 데 어려움을 겪었다. 앞에서 언급했듯이, Alberto Coffa (1991)는 19세기 철학의 주된 관심이 언뜻 볼 때 보이는 수학 및 논리의 필연성과 선험적 본성을 Kant 학파의 직관 또는 공간적 및 시간적 직관의 선험적 형식에 대한 다른 언급들을 들먹이지 않고 설명하는 것이었다고 주장했다. Kant의 견해에 대한 두 가지 대안은 수학이 경험적이라는 것 (그래서 후험적이라는 것)과 수학이 분석적이라는 것일 듯싶다. 이전 장의 3절은 전자의 대안에 대해서 John Stuart Mill의 대담한 시도를 그렸다. 우리는 이제 수 십 년 더 나아가 20세기에 접어든다. 그리고 수학이 분석적이라는 (또는 거의 분석적이라는) 견해들을 고려한다. 이 장에서 검토되는 저자들 중 일부는 적어도 수학의 부분들이 논리이거나 또는 논리로 환원될 수 있다고 주장한다. 그 아이디어는 '수'와 같은 수학의 개념들과 대상들은 논리의 용어들로부터 정의될 수 있다는 것이다.; 그리고 이러한 정의들과 함께 수학의 정리들은 논리학의 원리로부터 유도될 수 있다는 것이다. 이 견해는 '논리주의(logicism)'라고 불린다. 우리는 Gottlob Frege로부터 시작한다. 그는 우리의 역사 검토에서 처음으로 만나는 뛰어난 수학자이다 (합리주의자 Descartes와 Leibniz에 대해 지나가면서 언급한 것을 제외하고).

1. Frege

우리는 분석성(analyticity) 및 선험적 지식(a priori knowledge)에 대한 개념 변화를 짧게 살펴야만 한다. 이것들은 서로 다른 사상가들에게 서로 다른 것들을 의미한다. Kant에게, 명제가 주어-술어 형태라면 주어 개념이 술어 개념을 포함할 때 분석적임을 기억해 보자.[1] 그 중심 아이디어는 분석성은 개념(*concepts*)에 대한 형이상학에 좌우된다는 것이다. 사람들은 명제가 분석적인지 그것의 개념들을 분석함으로써 판정한다.

Frege는 다른, 그러나 아마 관련되어 있는 구별을 사용했다. 그는 분석성이 인식적(*epistemic*) 개념이라는 점에서 선험성과 비슷하다고 주장했다. 그것은 주어진 명제가 어떻게 알려지는지 (또는 알려질 수 있는지)에 좌우된다.:

> 선험적과 후험적 사이의, 종합적과 분석적 사이의 이러한 구별들은, 내가 보기로는, 판단의 내용이 아니라 그 판단을 내리게 되는 타당한 이유와 관계된다. 타당한 이유가 없는 곳에서는, 구별할 수 있는 가능성이 사라진다. 내 의미에서 명제가 후험적 또는 분석적이라고 불릴 … 때, … 그것은 참이라고 주장하기 위한 정당화가 의지하는 궁극적인 근거(ultimate ground)에 관한 판단이다 … 문제는 … 그 명제의 증명을 찾아내고, 그것을 따라

1) Frege의 혁신 중 하나는 주어-술어 형태의 명제들의 권세에서 철학자들을 벗어나게 했다는 것이었다. 대신, 그는 각 명제들을 다양한 방식으로 함수(function)와 인자(argument)로 분해할 수 있는 것으로 생각했다. 그는 이 개념을 수학으로부터 빌려왔다.

근원적인 진실까지 바르게 거슬러 올라가는 것이 된다. 만약, 이 과정을 수행할 때, 우리가 일반적인 논리의 법칙들과 정의에만 의지해 간다면 그 참은 분석적인 것이다 … 그러나, 일반적인 논리적 본성이 아니라 일반 과학의 범위에 속하는 진실들을 사용하지 않고 증명하는 것이 불가능하다면 그 명제는 종합적인 것이다. 후험적인 참에 대해서, 사실에 호소하지 않고, 즉 증명될 수 없고 일반적이지 않는 진실에 호소하지 않고, 그것의 증명을 구성하는 것은 불가능함에 틀림없다 … 그러나, 반대로, 그 증명이 일반적 법칙들로부터만, 즉, 증명이 필요하지 않고 증명의 여지도 없는 그것들로부터만 유도된다면, 그 참은 선험적이다. (Frege 1884: §3)

Frege가 모든 알려질 수 있는(knowable) 명제는 '궁극적인 근거(ultimate ground)', 즉 표준적 증명(canonical proof)과 같은 어떤 것을 갖는다고 믿었을지라도, 중대한 철학적 정의들은 이것을 상정하지 않고 공식화될(formulated) 수 있다. 명제는 증명할 수 없는 '일반적 법칙'이거나 또는 그러한 증명할 수 없는 일반적인 법칙들에만 의존하는 정당화 – 증명 – 을 가지면 선험적이다. 명제는 '일반적인 논리의 법칙 또는 정의'이거나 또는 그러한 일반적인 논리의 법칙들과 정의들에만 의존하는 증명을 가지면 분석적이다.[2] 지식의 논리적 측면의 원천이 있고, 분석적 참은 그것을 기초로 하여 알려진다.

위 구절은 Frege가 오직 알려질 수 있는 또는 정당한 이유가 있는 명제들만이 분석적 또는 선험적일 수 있다고 주장했음을 나타낸다. 그는 또한 산술과 실해석학이 분석적이라고 주장했기 때문에, 자연수에 대한 모든 참과 실수에 대한 모든 참은 알려질 수 있다고 믿었다. 즉, 모든 그러한 참은 증명할 수 있거나 또는 증명할 수 없는 일반적인 논리의 법칙이나 정의이다. Frege는 자연수 또는 실수에 관한 모든 명제에 대해 그것이나 또는 그것의 부정이 알려질 수 있다는 견해에 헌신했다.

---

2) 이것은 '일반적인 (논리의) 법칙들과 정의들'에 관한 의문을 제기한다. 그것들은 어떻게 알려지는가? 그것들은 어떤 정도까지 선험적인가? 아마도 Frege는 일반적인 법칙들과 정의들은 자명하다고, 또는 자명하게 선험적이라고 생각했다.

산술 명제들이 분석적이라는 것을 증명하기 위해, Frege는 그것들을 일반적인 논리의 법칙들이나 정의들로부터 어떻게 유도할 수 있는지를 보여야만 했다. 그의 논리주의 프로그램은 적어도 그 분야의 기초적인 원리들에 대해서 바로 그것을 하려는 시도였다.

Frege는 세기(counting)에 관한 일반적인 사실에서 시작했다. 두 무리들(collections)이 똑같은지를 그것들 사이에 일대일 대응을 만듦으로써 판정할 수 있다. 한 개념에 해당되는 대상들과 다른 한 개념에 해당되는 대상들 사이에 일대일 대응이 있을 때 두 개념들이 **똑같은 수를 갖는**(*equinumerous*)다고 말하자. 예를 들어, 차려진 식탁의 냅킨은, 각 접시에 대응하는 정확히 하나의 냅킨이 있을 때, 접시와 똑같은 수를 갖는다. 일부일처의 사회에서 남편들은 아내들과 (정의상) 똑같은 수를 갖는다. 그 이름에 포함된 불변화사(particle) 'numerosity(매우 많음)'에도 불구하고, Frege는 '동수성(equinumerosity)'을 자연수 또는 일반적으로 수 개념을 상정하지 않고 (이른바 '고차(higher-order)') 논리의 자원들만 사용하여 어떻게 정의할 수 있는지를 보여 주었다. 그는 (1884: §63) 'Hume의 원리'[3]로 알려진 다음 논제를 제안했다.:

> 어떠한 개념들 F, G에 대해서도, F의 수는, F와 G가 똑같은 수를 가질 때 그리고 오직 똑같은 수를 가질 때만, G의 수와 동일하다. (For any concepts F, G, the number of F is identical to the number of G if and only if F and G are equinumerous.)

Frege가 의도했듯이, 문구 'F의 수(the number of F)'는 대상을 의미하는 문법적 형식이다. 즉, 'F의 수'는 (넓게 말해서) 고유명사(proper name) 또는 오늘날 '단칭어(singular term)'로 불리는 것이다. 앞의 2장, §2.1의 용어법으로,

3) 이 이름은 18세기 경험주의자 David Hume의 비슷한 원리에 대한 Frege의 인용을 따른다. Frege식의 **개념**(*concepts*)은 객관적으로 존재한다. 그래서 정신적 존재자들이 아니다. 그러나 그것들은 정신을 통해 파악될 수 있다. 현대 철학의 용어로, '속성(property)'이 여기의 '개념(concept)'보다 더 좋은 용어일지 모른다.

Frege는 존재론에서의 실재론자였고, 자연수의 독립적인 존재성을 믿었다. 그는 또한 진리 값에서의 실재론자였고, 수학적 진술들이 객관적인 진리 값을 갖는다고 주장했다.

Z를 '자신과 동일하지 않은' 개념이라고 하자. 모든 대상은 자신과 동일하기 때문에 어떤 대상도 개념 Z를 갖지 않는다. 즉, 모든 대상 a에 대하여, Za는 거짓이다. Frege는 수 영(zero)을 개념 Z의 수라고 정의했다.

그런 다음 Frege (Frege 1884: §76)는 수들 사이에 그 다음 수 관계(the successor relation)를 정의한다. '수 n은 자연수들의 수열에서 m바로 뒤에 온다.' 다음이 성립하면 그리고 오직 다음이 성립할 때만.

> 개념 F와 그것에 해당되는 한 대상 x가 존재한다. 이때 개념 F의 수가 n이고 'F에 해당되지만 x와 동일하지 않은' 개념의 수가 m이다. (there exists a concept F, and an object falling under it x, such that the number which belongs to the concept F is n and the number which belongs to the concept 'falling under F but not identical to x' is m.)

다른 말로, 정확히 n개의 대상들에 적용되는 개념이 있고 그 대상들 중 하나를 제거하였을 때 m개의 대상들이 남으면, n이 m의 그 다음 수이다. Frege의 정밀한 언어는 '대상(object)', '개념(concept)', '동일성(identity)'과 같은 논리학적 용어들만 사용하여 이것을 말하기 위해 고안되었다.

T를 '영(zero)과 동일한' 개념이라고 하자. 그래서 어떠한 대상 b에 대해서도, $b = 0$이면 그리고 오직 그럴 때만, Tb가 성립한다. 즉, T는 정확히 하나의 것, 수 영(zero)에 대해서만 성립한다. Frege는 수 일(one)을 개념 T의 수인 것으로 정의했다. 그는 자기 자신의 정의에 따라 수 일이 '자연수의 수열에서 영 다음에 온다'는 것을 보였다.

Frege는 독자에게 이 '수 1의 정의는, 객관적 정당성을 위해, 관찰되는 어떠한 사실의 문제들도 상정하지 않는다'는 점을 상기시켰다. 다른 말로, 기저에 있는 명제들이 선험적이고 객관적이다.

다음 단계는 수 이(two)를 '영과 동일하거나 그렇지 않으면 일과 동일한' 개념의 수인 것으로 정의하는 것이다. 그리고 자연수의 나머지들에 대해서도 마찬가지이다. 일반적으로, n을 자연수들의 수열의 어느 수라고 하자. 개념 S_n, 'n으로 끝나는 자연수들의 수열의 항'을 고려하자. 즉, 어떠한 대상 a에 대해서도, $S_n a$는, a가 n보다 작거나 같은 자연수이면 그리고 오직 그럴 때만 성립한다. Frege는 그 개념 S_n의 수가 n의 그 다음 수임을 보였다.: S_n의 수가 n+1이다. 이것은 무한하게 많은 자연수가 있다는 것을 확립한다.

자연수(*natural number*)의 정의를 내리는 것이 남아있다. 누구는 n이 수 영으로부터 유한 번의 그 다음 수 연산자의 적용 후에 얻어지면 n이 자연수라고 말하고 싶을 것이다. 그러나, 이것은 '유한 번(finitely many)'의 개념에 호소하기 때문에 정의로서는 순환적일 것이다. Frege는 논리적 자원들만 사용하여 이것을 정의해내는 방법을 고안했다. 다른 말로 바꾸어 표현하면, n은 자연수이다, 다음이 성립하면 그리고 오직 그럴 때만.

> 어떠한 개념 F에 대해서도, F가 자연수 영에 대해서 성립하고 모든 대상 d에 대해서 d의 모든 그 다음 수가 F에 해당된다는 것이 d가 F에 해당된다는 명제로부터 따라 나오면, n이 F에 해당된다.
> (For any concept F, if F holds of the number zero and if for every object d, from the proposition that d falls under F it follows that every successor of d falls under F, then n falls under F.)

더 현대적인 용어로, 영에 대해 성립하고 그 다음 수 관계에 대해 닫혀있는 그러한 모든 개념에 n이 해당되면, n은 자연수이다. 기호로는:

$$Nn \equiv \forall F[(F0 \ \& \ \forall d \forall d'((Fd \ \& \ `d' \text{ is a successor of } d') \rightarrow Fd'))$$

$\rightarrow Fn$].

그런 다음 Frege는 수학적 귀납법과 같은 산술의 공통 명제들이 이러한 정의들로부터 어떻게 따라 나오는지를 보였다. Hume의 원리로부터의 산술의 기초 원리들의 유도(derivation)는 지금은 Frege의 정리(*Frege's theorem*)라고 알려져 있다.

Frege는 이 진전에 만족하지 않았다. Hume의 원리는 형식 'F의 수 = G의 수'의 동일성들을 판정한다. 여기에서 F와 G는 어떠한 개념들이어도 괜찮지만, 임의의 단칭어 t에 대한 형식 'F의 수 = t'의 문장들에 대한 진리 값을 판정하지 못한다. 특히, Hume의 원리는 수 2가 주어진 집합과 동일한지 또는 Julius Caesar와 동일한지에 대해 판정하지 못한다. 나는 어느 누구도 수 2와 그 황제를 혼동하지 않을 것이라고 추정하지만, Hume의 원리 자체는 그 질문을 해결하지 못한다.

요컨대, 지금까지 Frege는 (뛰어나게) 자연수들 사이의 관계들을 판정했다. 그리고 다양한 무리들(collections)의 크기에 대해 적절한 정의를 제공했다. 모두 Hume의 원리로부터. 그러나 그는 자연수들을 찾아내지(*identified*) 않았다. 결국, 무엇이 수 2인가(*is*)? 그 기저에 있는 아이디어는 다음과 같다. 즉, 우리는 주어진 어떠한 자연수든지 간에 그것이 어떻게 그리고 왜 그게 무엇이든 어떤 대상과 똑같거나 다른지 우리가 판정할 수 없는 한 그리고 판정할 수 있을 때까지, 자연수를 대상들로서(*as objects*) 특징짓는 데 성공하지 못했다는 점이다. W. V. O. Quine의 슬로건을 빌리자면, '동일성 없이는 개체도 없다(no entity without identity)'. Frege식 논리주의의 문맥에서, 자연수들을 찾아내는 문제는 'Caesar 문제(Caesar problem)'로 알려지게 되었다. (Heck 1997a 참고)

지금까지의 전개는 Frege의 원리(Frege's principle)를 정당화되지 않은 시작점으로 간주한다는 점에 주목할 수 있다. 우리가 할 수 있는 것을 증명하려고 노력하고, 그래서 그 인식적 근거를 밝히려고 노력해야 한다는 것이 Frege의 방법론의 일부이다. 그는 Hume의 원리에 대해 그렇게 하려고 시도했다.

개념의 **외연**(*extension*)은 그 개념이 적용되는 모든 대상들의 부류(class)이다. 예를 들어, '의자'의 외연은 모든 의자들의 부류이다. Frege (Frege 1884: §68)는 자연수들을 개념들과 그것들의 외연들로 정의했다.:

> 개념 F의 수는 개념 F와 똑같은 수를 갖는 개념의 외연이다.
> (The number which belongs to the concept F is the extension of the concept equinumerous with the concept F.)

예를 들어, 수 이(two)는 정확히 두 개의 대상들에 대해 성립하는 모든 개념들을 포함하는 외연 (또는 무리)이다.[4] Aviva Shapiro의 부모이다라는 개념은, 어떤 완전히 갖춰 입은 사람의 신발이다라는 개념과 오(five)보다 작은 소수이다라는 개념이 그렇듯이, 수 이의 원소이다. 수 삼(three)은 정확히 세 개의 대상들에 대해 성립하는 모든 개념들을 포함하는 외연 (또는 무리)이다. 등등.

Frege (1884: §73)는 Hume의 원리가 이러한 정의들과 외연들의 공통 속성들로부터 어떻게 따라 나오는지를 보였다. Frege의 정리와 함께, 이것은 – 앞의 정의들이 옳다는 가정 하에 – 산술의 유도와 자연수에 대한 논리주의의 확립을 완성한다. 이러한 가정들 하에, Frege는 산술이 분석적임을 보이는 데 성공했다. 그 설명은, 개념 및 대상들의 무리를 셀 때 적용되는 산술에 대한 철저하고 대단히 그럴 듯한 설명을 통해 진행되었다.

---

4) Frege가 외연에 대해서는 Caesar-유형(Caesar-type)의 문제를 제기하지 않았다는 것이 흥미롭다. 예를 들어, Caesar가 정확히 두 개의 대상들에 대해 성립하는 그러한 개념들의 외연인지 아닌지 우리가 어떻게 아는가? 외연들은 개념과 가까이 연결되어 있기 때문에 아마도 Frege는 그것들을 이미 알려진 것으로 간주했다.

Frege의 성취를 {어떻게 평가하더라도} 과대평가한다고 할 수는 없다. 누가 그렇게 적은 것들로부터, 그리고 특히, 개념, 외연, 세기 등에 관한 그렇게 간단하고 명백한 사실들로부터 그렇게 많은 것들이 유도될 수 있을 거라고 생각했을 것인가? 그러나, 산술은 수학의 초기 부분일 뿐이다. 논리주의를 실해석학으로 확장하려는 Frege의 계획은 세부적인 프로그램으로 진전되지 못했다 (예를 들어, Simons 1987과 Dummett 1991: 22장 참고). Frege식 논리주의가 복소해석학, 위상수학, 집합론 등과 같은 현대 수학의 분야들을 어느 정도까지 수용할 수 있을지에 대해 추측해 볼 수 있을 뿐이다.

현대 논리학에 친숙한 독자는 Frege의 논리주의 내의 부조화(incongruity)를 주목했을 수 있을 것이다. 산술의 원리들이 논리학의 법칙으로부터 유도가능하다는 논제는 논리 자체에는 존재론이 없다는 이제는 일반적인 견해와 상충된다. 개별적인 논리적 대상들은 없다.[5] 이 관점에서, 논리주의는 애당초 가능성이 없는 것이다. 적어도, 자연수가 독립적인 대상들로서 존재한다고 주장했던 Frege와 같은 존재론적 실재론자에게는 {말이다}. 무한히 많은 자연수들이 있고, 그래서 논리학이 얼마나 많은 대상들이 있는지에 관해 말하지 않으면 자연수를 논리에서 정의할 수 없다.

그러나, Frege는 개념들이 논리의 시야 내에 있다는 전통을 따랐다. 그리고 Frege에게, 외연은 개념에 묶여있다. 그래서 논리학은 존재론을 갖는다. 논리적 대상들은 필연적으로 존재하는 어떤 개념들의 외연들을 포함한다. 그래서, 논리적 대상들이 필연적으로 존재하고, 그래서 논리적 필연성도 주장된다.

앞의 첫 번째 인용된 구절에서 나타나듯이, Frege는 논리학을 물리학과

5) 우리가 이전 장(chapter)의 §2에서 보았듯이, 이 견해의 족보는 Kant까지 올라간다. 신의 존재에 대한 특정한 논거에 대해 논의하면서, Kant는 개념의 분석이 어떤 것의 존재를 함의할 수 없다고 주장했다. Kant가 이것에 관해 옳다면, 그리고 논리가 개념적 분석들로 구성된다면, 명확하게 논리적인 대상들은 없다.

같은 특수한 과학들과 명백히 구별했다. 논리학은 보편적으로 적용가능하기 때문에 주제-중립적이다.; 논리의 참들은 절대적으로 일반적이다. 개념 - 그리고 그것의 외연 - 의 사용은 이 중립성의 토대를 침식하지 않는다. 조금이라도 생각하기 위해서는 개념을 다룰 필요가 있다. 어떠한 종류의 대상에 대해서도, 그러한 대상의 개념과 그 개념의 외연이 있다. Frege는 자연수를 이 논리적 존재론으로부터 어떻게 구성할 수 있는지를 보여주었다. 그는 또한 산술이 논리의 보편적 적용 가능성을 누린다는 것을 지적했다. 어떠한 주제-대상(subject-matter)도 존재론을 갖는다. 그리고 대상들(objects)을 조금이라도 갖는다면 그것을 세고 산술을 적용할 수 있다.

우리는 Frege가 자신의 논리주의를 기하학으로 확장하지 않았음에 주목해야 한다. 그 점에 관해서 그는 Kant 학파의 사람이었다. 그는 (앞에서와 같이, Frege식의 의미에서 이해된 그러한 개념들을 가지고) Euclid 기하학의 원리들이 선험적으로 종합적이라고 주장했다. Frege는 기하학이 특수한, 보편적이지 않은 주제-대상 - 공간 - 을 갖는다고 주장했다. 우리가 논리학의 경계들에 대한 이러한 이슈들을 더 쫓을 필요는 없다 (Shapiro 1991: 1-2장 참고). 그 지평에는 더 큰 이슈들이 있다.

산술에 제한하여도 - 그리고 그 한계{에 대한} 이슈들을 포기하여도 - 우리의 이야기가 깔끔하고 강렬한 결말을 갖지 않는다는 것을 전하는 것은 애석한 일이다. Frege의 후작 **산술의 기초**(*Grundgesetze der Arithmetik*) (1893, 1903)는 개념들과 그 외연들의 이론에 대한 완전한 전개를 포함한다. 현재의 목적을 위해, 중대한 항목은 지금은 불명예스러운, 다음과 같이 풀이되는 기본 법칙 V(Basic Law V)이다.

> 어떠한 개념 F, G에 대해서도, F의 외연은, 모든 대상 a에 대하여 Ga이면 그리고 오직 그럴 때만 Fa이면, 그리고 오직 그럴 때만, G의 외연과 동일하다.

(For any concepts F, G, the extension of F is identical to the extension of G if and only if for every object a, Fa if and only if Ga.)

다른 말로, F의 외연이 G의 외연이다. F와 G가 똑같은 대상들에 대해 성립하면 그리고 오직 그럴 때만.

1902년 Bertrand Russell로부터의 편지가 (van Heijenoort 1967: 124-5 참고) 기본 법칙 V가 앞뒤가 맞지 않는다(inconsistent)는 것을 밝혔다.[6] R을 아래의 경우에 한해서 대상 x에 적용되는 개념이라고 하자.

x가 F의 외연이고 Fx가 거짓인 개념 F가 있다.
(there is a concept F such that x is the extension of F and Fx is false.)

r을 R의 외연이라고 하자. Rr가 참이라고 가정하자. 그러면 r이 F의 외연이고 Fr이 거짓인 개념 F가 있다. 기본 법칙 V로부터 Rr이 거짓이라는 것이 따라 나온다 (r이 또한 R의 외연이기 때문에). 그래서 Rr이 참이라면 Rr이 거짓이다. 그래서 Rr은 거짓이다. 이번에는 r이 F의 외연이고 Fr이 거짓인 개념 F (즉 R)가 있다. 그래서, 정의상, R은 r에 대해 성립하고, 그래서 Rr이 참이다. 이것은 모순이다. 그래서 기본 법칙 V는 앞뒤가 맞지 않는다. 이것은 지금은 Russell의 역설(*Russell's paradox*)로 알려져 있다.

Frege는 이 역설이 자신의 논리주의 프로그램에 엄청난 충격을 준다고 생각했다. 그럼에도 불구하고, 그는 Russell에게 거의 즉각적으로 품위 있는 답장을 보냈다.:

> 당신의 모순의 발견은 나를 엄청나게 놀라게 했습니다. 그리고 나는 그것이 내가 산술을 건설하고자 했던 기반을 흔들었기 때문에, 거의, 실망을 말하고 싶습니다 … 내 법칙 V가 없다면 내 산술의 토대들뿐 아니라 유일

6) 수학자 Ernst Zermelo가 약 1년 먼저 이 역설을 발견했다. Rang and Thomas 1981을 참고할 수 있다.

하게 가능한 산술의 토대들이 사라지는 것 같기 때문에 [문제가] 훨씬 더 심각합니다 … 어쨌든 당신의 발견은 매우 놀랍고 아마도 논리학의 위대한 발전을 가져올 것입니다. 처음 보기에는 반갑지 않아 보일지라도 {말입니다}. (van Heijenoort 1967: 127-8)

같은 편지에서, Frege는 그 역설의 보다 정밀한 공식화(formulation)를 제시했다. 그 타격을 회복하기 위한 몇몇 시도들 이후에, Frege는 자신의 논리주의 프로젝트를, 폐허 속에 남긴 채 포기했다. 우리는 논리주의의 역할을 이어받은 다른 사람들에게로 관심을 돌려, Russell 바로 그와 함께 시작한다.

2. Russell

Russell (1919: 2장)은 자연수에 대한 Frege의 설명이 본질적으로 옳다고 생각했다.:[7)]

'수가 무엇인가?'라는 물음은 종종 질문되어져 왔던 것이다. 그러나 우리 자신의 시대에 와서야 옳게 대답하게 되었다. 대답은 1884년 Frege에 의해, 그의 **산술의 기초**(*Grundlagen der Arithmetik*)에서 주어졌다. 이 책이 꽤 짧고, 어렵지 않고, 극도로 대단히 중요함에도, 거의 관심을 끌지 못했다. 그것이 포함하고 있는 수의 정의는 본 저자에 의해 1901년에 재발견될 때까지 사실상 알려지지 않은 채로 남아있었다.

Russell은 같은 정의들이 Frege (1893)과 (1903)에서 '더 완전하게 그리고 더 많은 진전과 함께 주어진'다고 각주를 달았다. 우리는 Russell이, 기본법칙 V로부터의 모순에 대한 '유일하게 가능한 산술의 토대들이 사라지는 것 같다'는 Frege의 평가를 받아들이지 않았다고 결론 내릴 수 있을 것이다.

---

7) 독창적인 Frege의 논리 연구, **기호**(*Begriffsschrift*) (1897)에 대해 논의하면서, Russell (1919: 3장)은 '이 연구의 대단한 가치에도 불구하고, 내가 – 출판 이후로 20년이 넘는 기간 동안 – 그것을 읽은 적이 있는 유일한 사람이라고 생각한다.'라고 말했다.

사실, Russell은 일단 그것이 합당하게 이해되면 기본 법칙 V는 '외연(extension)' 또는 '부류(class)'의 정의로서 옳다고 주장했다. 그의 진단은 기본 법칙 V로부터의 모순의 유도가 잘못된 추론에 호소한다는 것이었다. (1장, §2로부터) 수학적 개체의 정의가 정의되는 개체를 포함하는 무리들을 참조하면 **비서술적**(*impredicative*)이라는 것을 기억해 보자. '최소 상계'의 보통의 정의는 상계들의 집합을 참조하고 그 집합의 한 원소의 특성을 기술하기 때문에 비서술적이다.

Russell (1919: 17장)은 그러한 정의들이 순환적이기 때문에 추론을 그르친다고 주장했다.:

> 변수가 중요하게 취하는 '모든'이나 '몇몇의' 값들에 관한 진술에 의해 새로운 대상을 만들어 낼 때는 언제나, 이 새로운 대상이 우리의 이전 변수가 취할 수 있었던 값들 중에 있어서는 안 된다. 만약 그렇다면 그 변수가 취할 수 있는 범위의 값들 전체가 그 자체의 용어만으로도 설명할 수 있을 것이어서, 악순환에 휩싸이게 될 것이기 때문이다. 예를 들어, 내가 'Napoleon이 위대한 장군이 갖추어야 할 모든 자질들을 갖추었다'라고 말 한다면, '자질들'을 내가 지금 말하고 있는 것을 포함하지 않을 방식으로 정의해야만 한다. 즉, '위대한 장군이 갖추어야 할 모든 자질들을 갖는'은 그 자체가 전제된 의미에서의 자질이어서는 안 된다.

Russell의 역설의 개발은 '악순환 원리(vicious circle principle)'와 충돌한다. 역설을 만들기 위해서, 'x가 F의 외연이고 Fx가 거짓인 개념 F가 있는 경우에 한해서 대상 x에 적용되는' 개념 R을 정의했다. R의 정의는 모든 개념 F를 참조하고, R은 단지 그러한 한 개념 F이다. 그래서, R의 정의는 비서술적이다. 우리는 R의 정의가 그것 자체의 외연에 대해서 성립한다는 가정으로부터 모순을 유도한다. 비서술적인 정의에 대한 금지는 이런 가정을 하는 것조차 배제한다.

우선은, 개념은 차치하고 외연과 부류에 대해서만 이야기 하자. Russell은,

악순환 원리로부터, '부류가 그 자신의 원소[이다] 또는 그 자신의 원소가 아[니다]는 [것]을 가정하는 것은 모든 상황에서 (거짓이 아니라) 의미 없는 것임에 틀림없다.'고 주장한다. 그래서, 우주에 있는 모든 부류들을 포함하는 모두-포함하는 부류(all-inclusive class)는 없다. 그것이 자기 자신의 원소일 것이기 때문이다. 그리고 자신들을 원소로 포함하지 않는 모든 부류들의 부류도 있을 수 없다. Russell에게, 그러한 부류가 있다고 말하는 것은 (또는 가정하는 것조차도) **의미 없는**(*meaningless*) 것이다. 그는 삼라만상을 분할하는, **유형 이론**(*type theory*)을 제의한다. '개체(individual)'를 부류(class)가 아닌 대상(object)이라고 정의하자. 개체는 유형 0이고, 개체들의 부류는 유형 1이다. 개체들의 부류들의 부류는 유형 2이다. 등등. 그래서, 예를 들어, 야구팀을 구성한 사람들은 각각 개체이고, 그래서 유형 0인 대상들이다. 그 선수들로 이루어진 부류로서 간주되는 팀은 유형 1인 대상이다.; 그리고 팀들의 부류로서 간주되는 리그는 유형 2이다. 리그들의 무리(collection)는 유형 3이다.

부류의 도입이라는 처치는 자연수에 대한 Frege의 정의들을 간략하게 할 수 있다. 어떤 부류 C에 대해서도, C의 수(*number*)를 C와 똑같은 수를 갖는(equinumerous) '모든 부류들의 부류'라고 정의하자. (Russell 1919: 2장 참고). A를 내 세 아이들의 부류라고 하자.; 그래서 A는 유형 1이다. A의 수는 모든 세-원소로 된 유형 1인 부류들의 부류이다. 내 아이들의 수는 그래서 유형 2인 부류이다. 비슷하게, 유형 2인 부류의 수는 유형 3인 부류이다. 등등. Russell에게, '수는 어떤 부류의 수가 되면 어떤 것이어도 괜찮은 그러한 어떤 것이다.' 그는 수 영(zero)을 원소를 갖지 않는 모든 유형 1인 부류들의 부류라고 정의했다. 그래서 영은 정확히 하나의 원소 – 유형 1인 공집합 – 을 갖는 유형 2인 부류이다. 수 1은 하나의 원소를 갖는 모든 유형 1인 부류들의 부류이다. 수 1도 유형 2인 대상이고, 존재하는 개체들만큼의 원소들을 갖는다 (유형을 혼합하는 이 진술이 허락된다면).[8] 계속해서, 수 2는

8) 각 유형에 따라 서로 다른 자연수들이 있다. 0^1을 원소를 갖지 않는 유형 2인 모든 부류들의 부류로 정의하고, 1^1을 하나의 원소를 갖는 유형 2인 모든 부류들의 부류로, 등등 정의할 수 있을

두 개의 원소를 갖는 모든 유형 1인 부류들의 부류이다. 그래서, 수 2는 개체들의 모든 쌍들(pairs)의 부류이다. 수 3은 개체들의 모든 세 쌍들(triples)의 부류이다. 예상했던 대로, 앞에 언급한 내 아이들의 부류 A의 수는 3이다.

Russell은 또 하나의 중심이 되는 Frege식의 정의를 부류의 문맥에 순응시켰다.: '부류 α … 의 수의 **그 다음 수**(*successor*)는 x와 함께 α로 이루어진 부류 … 의 수이다. 이때 x는 [α]에 속하지 않는 [어떠한 개체여도 괜찮다].' (1919: 3장) 지금까지는 좋다.

Frege에게 수 영은 '자기 자신과 동일하지 않은' 개념의 수임을 기억해 보자. 이것은 영이 유형 2인 부류가 되는, Russell의 프로그램에 합치된다. 그러나, 다른 자연수에 대한 Frege의 제시와 무한히 많은 자연수가 있다는 (Hume의 원리를 통한) 증명은 Russell의 유형 규제를 (그리고 악순환 원리를) 위반한다. Frege가 수 1은 '영(zero)과 동일한' 개념의 수이다라고 제안했던 것을 기억해 보자. 개념 대신 부류를 사용하면, 수 1은 자신의 유일한 원소가 수 영이 되는 부류의 수일 것이다. 즉, Frege의 수 1은 {0}의 수이다. 그러나 {0}은 **유형 3**(*type 3*)이고 그래서 이 부류의 수는 **유형 4**(*type 4*)이다. 수 0이 하나의 원소 (즉, 유형 1인 공집합)를 가짐에도, 0은 Russell의 수 1의 원소가 아니다. 후자가 – 유형 규제에 의하여 – 유형 1인 부류들만 포함하기 때문이다. 수 0은 유형 2이므로 유일한 원소를 갖는 모든 유형 2인 부류들로 이루어진 유형 3인 부류의 원소이다 (각주 8 참고).

유형을 계속적으로 유지하는 것을 돕기 위해, 임시로 1_R, 즉 Russell-1을 단 하나의 원소를 갖는 유형 1인 모든 부류들로 이루어진 유형 2인 부류라고 정의하자.; 그리고 1^1을 단 하나의 원소를 갖는 유형 2인 모든 부류들로 이루어진 **유형 3**(*type 3*)인 부류라고 정의하자. 그래서 Russell의 수 영은 1^1의 원소이지만 1_R의 원소는 아니다. Frege에게, 수 이는 '영과 동일하거나 또는

것이다. 그래서 0^1과 1^1은 유형 3이다.

일과 동일한' 개념의 수이다. 이것을 현재 문맥으로 (개념 대신 부류를 관련시켜) 바꾸면, Frege의 수 이는 부류 {0, 1}의 수일 것이다. 그 수 1은 1_R 인가 1^1 인가? 어느 쪽이든 작동하지 않는다. Russell에게 부류 {0, 1^1}은 유형 2인 부류와 유형 3인 부류를 포함하기 때문에 존재하지 않는다.[9] 부류 {0, 1_R}은 유형 2인 부류들의 한 쌍을 포함하고 그래서 유형 3이다. {0, 1_R}의 수는 그래서 유형 4이다. 일반적으로, 수 n을 n의 선행자들: {0, 1, … , n-1} 의 수로 정의하려는 Frege의 계획은 곤경에 빠진다. 우리는 (0, 1, 등등이 모두 같은 유형이 아니라면) 유형 규제를 직접적으로 위반하거나, 그렇지 않으면 잘못된 유형의 부류를 만들어 낸다.

다시 Russell에게, 각 수 n은, 원소 n개를 갖는, (유형 0) 개체들의 모든 부류들 – 즉, 원소 n개를 갖는, 비부류들(non-classes)의 모든 부류들 – 로 이루어진 **유형 2**(*type 2*)인 부류이다. 그는 무한히 많은 자연수가 존재한다는 Frege의 증명을 받아들일 수 없었다. 자연수를 마치 개체들인 것처럼 취급하는 것을 수반하기 때문이다. 기본 법칙 V와 같이, Frege는 Hume의 원리가 비서술적이라고 생각했다. Frege의 정리는, 무한히 많은 자연수가 존재한다는 증명을 포함하는데, 이 비서술성에 달려 있다.

Russell에게, 주어진 자연수가 존재하는지의 여부는 우주에 **개체들**(*individuals*) (즉, 비부류들)이 얼마나 많이 있는지에 좌우된다. 예를 들어, 세계가 정확히 612개의 개체들을 포함한다고 가정해 보자. 그러면 Russell의 수 612는 원소 612개를 갖는, 개체들의 모든 부류들의 부류일 것이다. 오직 하나의 그러한 부류, 즉 **모든**(*all*) 개체들의 부류가 있을 것이다. 정의를 따라

9) 조심해서, 선수들과 팀들의 부류와 같은, 혼합된 유형의 부류들을 일관되게 정의하는 것이 가능하다. 현대의 Zermelo-Fraenkel 집합론은 혼합된 부류들을 허용한다. 그래서 유한 유형의 모든 부류들의 부류와 그리고 그것의 부분부류들(subclasses) 등이 있다. 결과로 초래된 구조는 때로 '누적 위계(cumulative hierarchy)'라고 불린다. 혼합된 유형을 허용하면 유한 유형들을 넘어서는 유형 위계의 확장이 용이해 진다. 누적 위계에서는, 그들 자신의 원소가 되지 않는 모든 집합들의 집합이 없다. 모든 집합들을 원소로 포함하는 보편 집합이 없다. 그리고 모든 단독 개체들의 집합이 없다. 그래서 Frege식의 구성이 거기에서도 막힌다.

서, 612의 그 다음 수는 우주를 '이루는 부류'에 우주에 '속하지 않는 [어떠한 개체여도 괜찮은] x를 합친' 것의 수이다. 자, 우주의 크기에 관한 가정 아래서, 그러한 x는 없고 그래서 612의 그 다음 수가 없다. 수들은 612에서 그냥 다 떨어져 버린다. – 수 613은 없다.

이 당황스러움을 피하기 위해, Russell과 Whitehead는 **무한 공리**(*axiom of infinity*)를 제의한다. 그것은 무한히 많은 **개체들**(*individuals*)이 있다고 진술된다. Russell은 이 원리가 그가 활용하는 (정의들과 같은) 다른 제일원리들이 가지는 인식적 지위를 누리지 못한다는 것을 인정한다. 무한 공리는 증명될 수 없고, 분석적이거나, 선험적이거나, 필연적으로 참인 것은 아니다. 그럼에도 불구하고, **산술에는**(*for arithmetic*) 필수적인 것으로 보인다. 그래서 Russell은 그것을 공준으로 받아들인다. 그러면, 각 자연수와 그것의 그 다음 수의 존재가 따라 나온다.

Frege와의 대조가 극명하다. Frege는 각 자연수가 존재한다는 것을 **증명했다**(*proved*). 그러나 그의 증명은 비서술적이고, 유형 규제를 위반한다. Russell은 각 자연수가 존재할 만큼의 충분한 개체들의 존재를 **가정해**(*assume*)야 했다. 이것은 논리주의에 흠이 된다. 우리가 산술의 정리 Φ를 증명하는 것으로 넘어간다면, 우리가 말할 수 있는 전부는, 아래의 진술

무한히 많은 (유형 0) 개체들이 있다면 Φ이다.

가 논리학의 정리라는 것이다. 대부분의 산술이 어색하고, 가설적인 지위를 갖는다.

무한 공리에 승차하면, 다음 단계는 **자연수**(*natural number*)에 대한 일반적인 개념을 정의하는 것이다. 여기에서 다시, Russell은 Frege의 제안을 부류들의 문맥으로 바꾼다.: n이, 수 0을 포함하고 또한 각 원소들의 그 다음 수를 포함하는 모든 (유형 3) 부류에 속하면 자연수이다. 그러나, 현재 상태

그대로, 이 정의는 매우 직접적인 방식으로 비서술적이다. 자연수의 부류는 유형 3 부류인데, 그 유형의 '모든 부류'를 참조하여 정의된다. 충실하게 악순환 원리를 위반하지 않기 위해서, Russell (그리고 Whitehead)는 유형들의 위계 내에 더 나아간 구조를 주장했다. 유형 1 부류는, 부류들을 참조하지 않고 정의될 수 있으면, '서술적'이다. 또는 수준(level) 0이다. 유형 1 부류는, 서술적이 아니지만 서술적인 부류들만 참조하여 정의될 수 있으면, 수준 1이다. 유형 1 부류는, 수준 1이 아니지만 수준 1 부류들만 참조하여 정의될 수 있으면, 수준 2이다. 모든 유형에 비슷한 수준 구조가 있다. 전체적인 이론은 때로 '분지 유형 이론(ramified type theory)'이라고 불린다.[10)]

방금 말한 '자연수'의 정의에서, 어구(locution, 語句) '모든 부류'는 유형 2 부류들의 분지 유형에서 어떤 수준(*level*)에 제한되어져야만 할 것이다. n이, 수 0을 포함하고 또한 각 원소들의 그 다음 수를 포함하는 모든 서술적인 유형에 속하면, 유형 2이고 수준 1인 자연수라고 말해야 할 것이다.; n이 수 0을 포함하고 또한 각 원소들의 그 다음 수를 포함하는 모든 수준 1 부류에 속하면 유형 2이고 수준 2인 자연수이다.; 등등. 그러나, 우리는 이제 각 수준에서 같은 부류의 '자연수'를 얻었다고 생각할 이유가 없다. Russell과 Whitehead는 수준 규제를 가지고 있는 수학을 충분히 개발하지 못했음을 깨달았다. 일부 중대한 정의들이 비서술적인 정의를 필요로 하는 것으로 보이기 때문이다. 예를 들어, 이 정의들로부터의 자연수의 수학적 귀납법에 대한 Frege의 증명은 성사되지 못한다. Russell의 체계 내의 형식으로 나타내어질 때, 수학적 귀납법은 비서술적이거나 또는 비서술적인 것으로 보이고, 많은 중요한 수학적 전개들이 비서술적이다.

이 어려움에 대한 대응으로, Russell과 Whitehead는 또 하나의 공리, 환원

10) Whitehead와 Russell 1910. 분지 유형 이론에 대한 호의적이고 읽기 쉬운 전개는 Hazen 1983을 참고할 수 있다. Russell은 내가 여기에서 '수준(level)'이라고 부른 것 대신 '차수(order)'라는 단어를 사용했다. 현대 저작에서, '2차 논리(second-order)' 또는 '고차 논리(higher logic)'와 같은 문구는 Russell의 위계에서의 유형과 비슷한 것을 나타낸다.

가능성 원리(a principle of *reducibility*)를 제안했다. 그것은 각 유형에서, 모든 부류 c에 대해, c와 똑같은 원소들을 갖는 서술적인 (수준 0) 부류 c'이 있다고 진술된다. 환원 가능성 원리는 어떤 새로운 부류들도 첫 번째 수준을 넘어서서 생성되지는 않는다고 말한다. 이것은 Russell과 Whitehead가 어구 '모든 부류들'을 '모든 서술적 부류들'에 제한하고 그런 다음 산술의 기초 원리들을 계속 유도해 나가도록 허용했다. 환원 가능성 원리의 결과, 논리학자는 수준-위계를 무시하고 마치 비서술적인 정의들이 허용되고 악순환이 실은 문제가 되지 않는 것처럼 진행할 수 있게 되었다. 여러분이 그것을 얻을 수 있다면 좋은 거래이다.

그러나 환원 가능성 원리의 지위는 무엇인가? 그것은 분석적인 것인가? 선험적으로 알려질 수 있는 것인가? 참이기는 한가? 비평가들은 그 원리가 임시방편적이라고 비난했다. Russell의 대응은 무한 공리에 대한 것과 같았다. 그는 환원 가능성 원리가 논리학의 원리들과 똑같은 정당성을 누리지 못한다는 것을 인정했다. 그리고 그에 대한 설득력 있는 주장을 제시하지 않았다. 그러나 그것이 수학의 전개에서 필수적이라고 주장했다. 그래서 그것을 공준으로 제안했다. 그는 환원 가능성 공리가 자신의 논리주의에서 하나의 결점임을 인정했다.[11)]

무한 및 환원 가능성의 원리를 이용하여, Russell과 Whitehead는 산술에 대한 표준적인 Peano 공리들을, 그래서 자연수에 대한 보통의 모든 정리들을 확립했다. 그런 다음 그 전개를 일부 수학의 더 고급 분야들로 확장했다. 그들은 그 길을 따라 지금까지 없었던 더 높은 유형들을 적용했다. m을 자연수라고 하자. Russell (1919: 7장)은 정수(*integer*) $+m$을 자연수에서 '(어떤 n에 대해서도) n에 대한 $n + m$의' 이항 '관계(relation)'인 것으로 정의

11) F. P. Ramsey (1925)는 수준에 대한 규제가 없는 '간단한' 또는 비서술적인 유형 이론을 제안했다. 그러나 아마 우리는 악순환 원리의 위배를 정당화할 필요가 있다. Ramsey는 부류들에 대한 존재론적 실재론을 채택했다. 이로써 악순환 원리의 필요성을 제거한다. 앞의 1장, §2를 참고할 수 있다. 우리는 이 징(chapter)의 뒤쪽에서 짧게 이것으로 돌아온다.

했다. 그래서, 예를 들어, +4 는 다음 쌍들에 대해 성립하는 관계이다.: ⟨4, 0⟩, ⟨5, 1⟩, ⟨6, 2⟩, ⋯ 비슷하게, 정수 $-m$은 $+m$의 역, 즉 '$n+m$에 대한 n의 관계'이다. 그래서 -4는 ⟨0, 4⟩, ⟨1, 5⟩, ⟨2, 6⟩, ⋯ 에 대해 성립한다. 이 '정수들'에서 보통의 성질들이 성립하도록 더하기와 곱하기를 정의할 수 있다.

정수가 자연수의 확장이라는 것이 널리 알려져 있고, 널리 가르쳐진다. 우리는 자연수에 음수 쪽의 전체 수를 덧붙임으로써 정수로 나아간다. 그래서 예를 들어, 자연수 2는 정수 +2와 동일하다. Russell은 그의 정의에서 자연수와 정수가 서로 구별된다는 점을 강조했다. 자연수 2는 **부류들의 부류**(*class of classes*) (즉, 유형 2인 부류)인 반면 정수 +2는 자연수들에 대한 **관계**(*relation*)이다. 이 자연수를 이 정수와 동일시하면 유형 규제를 어기게 될 것이다.: ' ⋯ $+m$은 어떤 상황에서도 m과 동일시될 수 없다. m은 관계가 아니고 부류들의 부류이다. 실로, $+m$은 $-m$만큼이나 전적으로 m과 구별된다.'

다음으로, 유리수들은 정수들 사이의 비(*ratios*)를 포착하는 관계들이라고 정의된다.: '우리는 분수 m/n을, $xn = ym$ 일 때 두 [수] x, y 사이에 성립하는 관계라고 정의할 것이다.' 그래서, 예를 들어, 분수 3/4은 쌍들: ⟨3, 4⟩, ⟨6, 8⟩, ⋯ 에 대해 성립하는 관계이다. 직관적으로, 관계 3/4은 x와 y 사이에 분수 x/y가 3/4으로 약분될 수 있는 경우에 한해서 성립한다. 유리수 $m/1$이 정수 $+m$과 같은 관계가 아니라는 점을 또한 주목할 수 있다. 그래서 유리수 2는 정수 2 그리고 자연수 2와 다르다. 유리수들의 산술을 재포착하기 위해, 이 유리수들에 대해 '보다 크다(greater than)' 관계와 더하기와 곱하기 연산들을 정의할 수 있다.

실수들에 대해, Russell은 또 다른 논리주의자, Richard Dedekind (1872)를 따른다. '절단(section)'을 다음과 같은 성질을 만족하는 유리수들의 공집합이 아닌 부류 c라고 정의하자. (1) 모든 유리수 x, y에 대하여, x가 c에 속하면 그리고 $y < x$이면 y가 c에 속한다.; (2) 모든 유리수 x에 대하여

x가 c에 속하면 $x<z$인, 유리수 z가 있다.; (3) 모든 유리수 x에 대하여, x가 c에 속하면 $x<y$인 c에 속하는 유리수 y가 있다. 다른 말로, 절단은 연결된, 유계인, 최댓값을 갖지 않는 유리수들의 부류이다. 그 절단은 유리수에서 'Dedekind 절단(cuts)'이라고 불리는 것에 대응한다. Russell은 실수들을 절단들과 동일시한다. 실수 2는 2 (즉, 2/1)보다 작은 유리수들의 부류이다. 그리고 2의 제곱근은 모든 음의 유리수들과 제곱한 것이 2보다 작은 음 아닌 유리수들의 부류이다. 실수에 순서 관계, 그리고 더하기와 곱하기 연산들을 정의할 수 있다. 그런 다음 실수가 완비된 순서체임을 보일 수 있다. 특히, 실수들의 모든 유계인 부류는 최소 상계를 갖는다라는 완비성 원리(completeness principle)를 확립할 수 있다.

이 정의에서 실수들은 유리수들의 **부류들**(*classes*)이라는 것에 주목할 수 있다. 그래서 환원 가능성 공리는 – 또는 비서술적인 정의들의 사용은 – Russell의 실해석학 전개에서 중요한 역할을 한다. 수준을 직접적으로 유지하는 것은 불가능하게 된다. 예를 들어, 수준 0인 2의 제곱근, 수준 1인 2의 제곱근 등등을 갖는 것이 불가능하지 않게 될 것이다. 실수에 대해서, Russell은 또한 선택 공리가 필요했다. 그것은, 어떤 두 부류들도 원소를 공유하지 않는 공집합이 아닌 부류들의 어떠한 무리 c에 대해서도, c의 각각의 원소에서 정확히 하나씩의 원소들을 선택한 것들을 포함하는 부류가 적어도 하나 있다라고 서술된다 (Russell 1919: 12장; 수학의 발전에서 선택 원리들의 역할에 대한 완전한 전개는 Moore 1982 참고). 무한 및 환원 가능성{의 원리}와 같이, 이 공리는 논리의 용어들을 사용하여 공식화될 수 있다. 그러나 아마 논리학의 원리들만으로는 확립될 수 없다.

마지막으로, Russell은 복소수를 실수들의 순서쌍이라고 정의했다. 그래서 복소수 3-2i는 첫 번째 원소가 실수 3이고 두 번째 원소가 실수 -2인 순서쌍과 동일시된다.

이것은 Russell의 논리주의의 전개를 거의 완성한다. Russell (1919: 18

장)은 부분적으로 수사적인 질문을 던졌다.: '이 학과(subject)는 무엇인가? 수학이라고 그렇지 않으면 논리학이라고 평등하게 불릴 수 있을 것이다 … 이 학과의 어떤 특징들은 분명하다. 먼저, 우리는, 이 학과에서, 특정한 것들 또는 특정한 속성들을 다루지 않는다.: 우리는 어떠한(*any*) 것이든 또는 어떠한(*any*) 속성이든 그것에 관해서 말해질 수 있는 것들을 형식적으로 다룬다.' 논리는 완전하게 일반적이고, 보편적으로 적용 가능하다.

기하학은 물리적 공간(*space*)에 관계하는 한에서, Russell의 논리주의의 시야 바깥쪽에 놓인다. 그러나, 기하학의 '순수한' 버전을 고려할 수 있다. 그것은 여러 가지 공리 체계들의 귀결들을 추적하는 것으로 이루어진다. 이것의 많은 부분은 모델 이론(model theory)의 출현 및 논리학의 성과에 따른 엄격한 개념과 함께, 논리주의의 틀에 어울릴 수 있다. 무한 원리, 환원 가능성 원리, 선택 원리와 함께, Whitehead와 Russell의 유형 이론은 집합론 외의 거의 모든 순수 수학의 분야들을 포착한다.

그러나 수학은 무엇에 관한(*about*) 것인가? 수, 함수 등등은 정말로 무엇인가? Russell이 다양한 종류의 수들을 부류들, 부류들에 대한 관계들, 부류들에 대한 관계들에 대한 관계들 등등인 것으로 간주했기 때문에, 수의 지위는 부류들의 지위에 달려있다. 그의 성숙기의 저작들은 부류들의 독립적인 존재를 거부한다. 수학 철학 입문(*Introduction to Mathematical Philosophy*) (1919: 18장)에서, 그는 '부류들을 나타내는 기호들은 단지 편의적인 것이지 "부류"라고 불리는 대상들을 나타내지 않는다 … [부]류들은 사실은 … 논리적 허구들이다 … [그것들은] 세계의 궁극적인 내용물들의 부분으로 간주될 수 없다.' Russell은 부류에 관한 어떠한 진술들이든지 개념들과 속성들에 관한 진술들로 (그가 '명제 함수(propositional functions)'라고 부르는 것으로) 바꾸어 표현하는 방법을 보여 주었다. (또는 보여 주려고 노력했다.) 최종 결과는 그가 '부류 없음(no class)' 이론이라고 불렀던 것이다. 부류라는 말은 '말하기의 방식'일 뿐이고, 실지로는 제거될 수 있다.[12)]

Russell의 수들이 부류들이기 때문에 (또는 부류들로부터 구성되기 때문에), 그것들 또한 논리적 허구이고, 그래서 '세계의 궁극적인 내용물들'의 부분이 아니다. 그래서 이 기간에, Russell은 Frege의 존재론에서의 실재론을 뚜렷이 벗어났다. 성숙기의 '부류 없음' 기간 동안, 그는 (순수) 수학의 어떠한 분야들의 어떠한 진술이든지 수, 함수, 점, 부류 등을 참조하지 않은 채 속성들과 개념들에 관한 복합 진술(complex statement)로 올바르게 다시 쓰여질 수 있다고 주장했다.

3. Carnap과 논리 실증주의

우리는 이제 20세기 초중반 수 십여 년 간 번영했던 경험주의의 한 학파를 검토한다. **논리 실증주의**(*logical positivism*)는 자연과학의 엄청난 성공과 수학적 논리의 성장으로부터 시작했다. 앞서 언급했듯이, 수학은 경험주의에 있어서 어려운 사례이다. 이전 장(chapter)에서 우리는 수학의 참들이 그것들 자체로 경험에 대한 일반화에 의해 경험적으로 알려진다는 Mill의 견해를 검토했다. 따라서, 수학은 종합적이고 후험적이다. 대조적으로, 논리 실증주의자들은 수학의 참들이 분석적이라는, 그래서 선험적이라는 논리주의자들의 논지에 매료되었다. 우리가 이미 살펴보았듯이, 이러한 개념들은 서로 다른 저자들에게 서로 다른 것들을 의미한다. 우리는 더 나아간 분석성(analyticity) 개념의 진화를 만난다.

이 장(chapter)의 시작 부분에서 언급했듯이, Coffa (1991)는 많은 19세기 철학은 수학과 논리의 (그런대로 명백한) 필연성과 선험적 본성을 Kant 학파의 직관을 들먹이지 않고 설명하려는 시도로 가득 차 있었다고 제의했다. Coffa는 가장 비옥한 반-Kant 학파 노선이 자신이 '의미론적 전통(semantic

12) 여기에서 환원 가능성 공리가 더욱 큰 역할을 한다. 단일한 환원(single paraphrase)이 전체 유형의 위계에서 모든 개념들을 동시에 말하도록 명할 수 있을 것이기 때문이다. Russell은 때로 '체계적 모호함(systematic ambiguity)'에 대해 말한다. 거기에서는 동일한 문장이 각 유형 그리고/또는 수준에 관한 서로 다른 명제들을 표현하는 데 사용된다.

tradition)'이라고 부르는 것이었다고 말했다. 그것은 Bernard Bolzano, 초기 Ludwig Wittgenstein, Frege, David Hilbert의 작업을 관통하여 흘러서, Vienna Circle의 Moritz Schlick와 Rudolf Carnap으로 끝난다. 이 철학자들은 오늘날에도 여전히 수학적 논리와 서양 철학 모두에서 일반적으로 쓰이는 많은 개념들과 도구들을 개발하고 연마했다. 주된 통찰은 필연성과 선험적 지식의 원천을 **언어**(*language*)의 사용에 두는 것이었다. 필연적 참은 정의상 참인 것이다.; 선험적 지식은 언어 사용에 대한 지식이다. Michael Dummett는 이 접근을 철학에서의 **언어적 전환**(*liguistic turn*)이라고 부른다.[13)]

현재의 문맥에서 이 논제는, 일단 '자연수', '그 다음 수 함수(successor function)', '더하기', '곱하기'와 같은 용어들의 **의미들**(*meaning*)을 이해하면 그것에 의해서 수학적 귀납법과 같은 산술의 기초 원리들이 참이라는 것을 알 수 있는 자원들을 가질 것이라는 것이다. 이것은 적어도 논리주의의 정신 안에 있다. 엄격히 말해, 수학의 참들이 결국 논리적 토대만으로는 참이 되지 않더라도 {말이다}.

앞에서 검토한 두 명의 주된 논리주의자들 중, Frege는 수가 필연적으로, 수학자와 독립적으로 존재한다고 주장했고, Russell은 (적어도 그의 부류-없음 기간 동안) 수가 존재하지 않는다고 주장했다. 이것이 선택권들을 다 소진시킨다고 생각할지 모른다. 그러나 경험주의자로서 Carnap은 수의 존재에 대한 모든 형이상학적 질문이 문제가 된다는 것을 깨달았다. 어떻게 이 이슈가 관찰에 의해 결정될 수 있는가? Carnap은 수학적 대상들의 존재에

---

13) Dummett는 '언어적 전환'을 Frege에 둔다. 그러나 이것은 논란의 여지가 있다. Frege가 분명히 의미론적 전통의 종국의 발전에 중추적인 인물이었더라도, 그는 모든 필연적 참이 정의상 참인 것이라고 주장하지 않았다. Frege에게 기하학의 참들은 **종합적**(*synthetic*)이고 선험적임을 (앞의 §1 참고). 그래서 정의상 참은 아님을 기억해 보자. Frege에게, 분석적 참들은 '일반적인 논리적 법칙들과 정의들'로부터 유도될 수 있다. 그래서, Frege식의 분석적 참들의 지위는 '일반적인 논리적 법칙들'의 본성에 달려 있다. 그러나 Frege는 이러한 것들에 관해 충분히 말하지 않았다. (앞의 각주 2 참고)

대한 바로 이 논쟁의 가치를 부인했다.

한 수준에서, 존재론적 질문에는 자명하고 긍정적인 대답이 있다. '수들이 있다.'는 '10보다 큰 소수들(prime numbers)이 있다.'의 논리적인 귀결이다. 후자를 받아들이면, 그것은 우리가 수학과 과학을 진지하게 받아들이면 반드시 해야만 하는 것이지만, 전자가 인정된다.: 2,000년 묵은 고군분투의 깔끔한 결말이다. Frege와 Plato이 승리한다.; Russell, Mill, 그리고 아마도 Aristotle가 패배한다.

물론, 존재론적 반-실재론자는 이 간단한 논리적 추론에 의해 달라지지 않을 것이다. 그리고 많은 존재론적 실재론자들은 이 이슈가 그렇게 간단하지 않음을 인정한다.[14] 그러면 전통적인 논쟁은 무엇에 관한 것인가? Carnap (1950: §2)은 다음과 같이 제의했다. 즉, 분파들은 '자신들이, 수의 존재론적 지위(ontological status)에 관한 질문이라고 말하는 것이; {그리고} 수가 실재(reality) … 또는 "독립적인 개체들(independent entities)"의 존립(subsistence)이나 지위(status)라고 불리는 어떤 형이상학적 특성들을 갖는지에 대한 질문이라고 말하는 것이, 무엇을 의미하는지 설명하려고 노력하는 것 같다'. Carnap은 다음과 같이 불평한다. '이러한 철학자들은 지금까지 자신들의 질문을 보통의 과학적 언어의 측면에서 공식화하여 제공하지 않았다. 그러므로 우리의 판단은 그들이 … 어떤 인지적(cognitive) 내용을 그 [존재론적] 질문에 부여하는 데 성공하지 못했다는 것이 되어야만 한다. 그들이 분명한 인지적 해석을 제공하지 못한다면 그리고 그렇게 할 때까지, 그들의 질문이 허위 질문(pseudo-question) … 이라는 의심을 갖는 것은 당연하다.' 우리는 여기에서 경험주의자들에게 공통적인, 자연주의의 경향을 본다 (1장, §3과 4장, §3 참고). 그 아이디어는 과학이 진리에 대한 가장 좋은, 아마도 유일한, 노선을 가지고 있고 그래서 어떠한 의미 있는 질문도 과학적 용어로 제시되어야만 한다는 것이다. 존재론적 질문은 '이론적(theoretical)'이거나 과학적이지

---

14) 이 문제에 대한 명료한 논의는 Hale 1987: 5-10을 참고할 수 있다.

않고, 그래서 의미 없는 것이다.

10보다 큰 소수들이 있다는 증명으로부터 수의 존재성을 유도하는, 자명하고 긍정적인 대답은 어떠한가? Carnap은 그 차이를 기술한다.:

> 속성, 부류, 수, 명제가 존재하는가? 이것들 그리고 관련된 문제들의 본성을 더 분명히 이해하기 위해, 개체들(entities)의 존재 또는 실재에 관한 두 가지 질문들 사이의 근본적인 구별을 인지하는 것이 무엇보다 필요하다. 누군가가 새로운 종류의 개체들에 관해 자기의 언어로 말하고자 한다면, 새로운 규칙에 종속되는 새로운 말하기 방법의 체계를 도입해야 한다.; 우리는 이 절차를 문제의 새로운 개체들에 대한 언어적 **뼈대**(*framework*)의 구성이라고 부를 것이다. 그리고 이제 우리는 존재에 대한 두 가지 종류의 질문들을 구별해야만 한다.: 첫 번째는, **그 뼈대 내에서**(*within the framework*) 어떤 새로운 종류의 개체들의 존재에 대한 질문들이다.; 우리는 그것을 **내적 질문들**(*internal questions*)이라고 부른다.; 그리고 두 번째는, **전체로서의 개체들의 체계**(*the system of entities as a whole*)의 존재 또는 실재에 관한, **외적 질문들**(*external questions*)이라고 불리는 질문들이다. 내적 질문들과 그것들에 대한 가능한 대답들은 새 형식의 표현들의 도움을 통해 공식화된다. 그 대답들은 순수하게 논리적인 방법들에 의해서, 또는 그렇지 않으면 경험적인 방법들에 의해서 발견될 수 있을 것이다. 그 뼈대가 논리적인 것인지 또는 사실적인 것인지에 따라서 {말이다}. 외적인 질문은 더욱 면밀히 검사할 필요가 있는 문제가 되는 특성이 있다. (Carnap 1950: §2)

'언어적 뼈대'는 담론의 일부를 형식을 갖추어 기술하려는 시도이다. 그 뼈대는 어떤 표현들이 그 뼈대 안에서 합당한 문장들인지를 가리키는, 정밀한 문법을 포함해야 한다. 그리고 그 문장들의 사용을 위한 규칙들을 포함해야 한다. 그 규칙들 중 일부는 경험적일 수 있을 것이다. 그것들은, 예를 들어, 어떤 종류의 경험을 할 때 그러그러한 문장을 확언할 수 있다는 것을 나타낸다. 다른 규칙들은, 어떤 경험을 하든 상관없이 어떤 추론들이 허용되고 어떤 문장들이 확언될 수 있는지를 가리키는, 논리적인 것일 것이다. Carnap은 후자를 **분석적**(*analytic*) 참들이라고 부른다.

다른 곳에서, Carnap은 Russell의 것과 매우 비슷한 그러나 한 가지 중요한 차이점이 있는 논리주의의 체계를 제시했다 (예를 들어, Carnap 1931 참고). 그러나 Russell은 자신의 과제가 명제, 개념, 부류, 수의 본성에 대한 **철학적**(*philosophical*) 분석이라고 생각했다. 그래서 그는 악순환 원리를 주장했고, 그래서 비서술적인 정의들을 거부했다. 앞에서 보았듯이, 그 결과는, 임시방편적인 환원 가능성 공리가 더하여진, 다루기 불편한 분지 유형 이론이었다. 다른 한편, Carnap은 자신의 체계를 하나의 언어적 뼈대 – 많은 것 중에 하나 – 로 간주했다. 뼈대를 개발하면서, 사람은 그 체계의 규칙들을 자유롭게 규정한다. 유일하게 필요한 요건은 규칙들이 분명하고 명시적이어야 한다는 것이다. 그래서 Carnap은, 환원 가능성 원리를 완전히 피하는, Ramsey의 비서술적인 간단한 유형 이론을 선호한다 (앞의 각주 11 참고).

Carnap (1950)은 '수들의 체계(the system of numbers)'라고 불리는 언어적 뼈대의 윤곽을 간략히 그린다. 그것의 문법은 숫자들, 변수들, '… 한 수 x가 있다'와 같은 양화사들(quantifiers), 산술 연산들을 나타내는 기호들을 포함한다. Carnap은 이 뼈대가 산술을 위한 '관례적인 연역적인 규칙들'을 포함한다는 것을 보여준다. 이 뼈대는 수학적 논리에서 개발된 것들과 같은, 형식적인 연역 체계인 것으로 보인다.

수의 뼈대(*number framework*)를 Carnap의 초기 논리주의 체계 또는 그의 후기 '수들의 체계'와 같은 체계라고 정의하자. 어떠한 그러한 체계에 대해서도, 우선, '예를 들어, "백보다 큰 소수가 있는가?"와 같은 내적인 질문들'이 있다. '… [그] 대답들은 관찰에 근거한 경험적 조사들에 의해서가 아니라 새로운 표현들의 규칙들에 근거한 논리적 분석에 의해서 발견된다. 그러므로, 여기에서 대답들은 분석적이다. 즉, 논리적으로 참이다.' (Carnap 1950: §2). 백보다 큰 소수의 존재는 주어진 수의 뼈대의 규칙들과 정의들에 따른 쉽고, 간단한 귀결이다. 수들(*numbers*)의 존재는 그러한 규칙들과 정의들에 의한 완전히 자명한 귀결이다. 그것은 1이 수라는 조항으로부터 따라 나온다. '그러므로, "수들이 존재하는가?"라는 질문을 내적인 의미의 뜻으로 말하는 어떠한 사람도 부정적인 대답을 확언하거나 또는 진지하게 검토할 수 없다.'

다시 한 번, Carnap은 수들의 실재에 관한 외적인 질문이 의미 없는 것이라고 주장했다. 합당한 질문에 가장 가까운 것은 주어진 수의 뼈대를 채택하는 것이 얼마나 권할 만한 것인가이다. 그러나 이것은 실용적인(*pragmatic*) 문제이다. 절대적인 '예' 또는 '아니오'의 대답을 요구하지 않는다. 우리 – 지적/과학적 공동체의 일원들 – 은, 그것이 우리가 취하는 목표들을 어떻게 발전시키는지에 따라, 뼈대를 채택할지 여부를 자유롭게 선택한다. 과학적 기획의 전체적인 목표는 경험을 묘사하고 예견하는 것, 그리고 물리적 세계를 조절하는 것이다. 수학은 이 과학적 기획의 부분인 것으로 보인다. 실용적인 질문은 Carnap의 수의 뼈대들 중 하나가 Russell의 분지 유형 이론과 같은 다른 뼈대들보다 과학의 목적에 더 좋게 또는 더 나쁘게 기여하는가 하는 것이다.

Carnap은 관용의 원리(principle of tolerance)를 채택하고 방어했다. 천 송이의 꽃들이 피려고 시도하는 것은 허용할 수 있다. 그것들 모두가 피지는 못할 지라도 {말이다}.:

> 과학의 어떠한 분야에서건 언어적 형식들 … 에 대한 수용 또는 거부는, 최종적으로는 그것들의 도구로서의 효율성, 노력의 양에 대한 달성된 결과의 비율, 필요한 노력들의 복잡성 등에 의해 결정될 것이다 … 어떠한 특수한 탐구의 영역에서건 그곳에서 일하는 사람들에게 그들에게 유용해 보이는 어떠한 표현의 형식이든 사용할 수 있는 자유를 주자.; 그 분야의 작업은 조만간 유용한 기능이 없는 그러한 형식들을 제거하는 데 이를 것이다. 확언하는 데 주의를 기울이고 그것들을 비판적으로 검사하자. 그러나 언어적

형식들을 허용하는 데에는 관대해지자. (Carnap 1950: §5)

앞의 1장, §2에서, 우리는 Gödel이 존재론적 실재론에 근거하여 비서술적인 정의를 옹호했다는 것을 보았다. Ramsey도 그랬다 (앞의 각주 11 참고). 그 관점에서, 비서술적인 정의는 존재하는 개체(entity)를 다른 존재하는 개체들을 참조하여 묘사한 것이다. 그러나 이것은 수의 존재에 관한 원래의 외적(*external*) 질문에 대해 긍정적인 대답을 필요로 한다. 그래서 그것은 형이상학을 통해 진행된다. Gödel과 Ramsey에 따르면, 비서술적인 정의는 수와 부류가 독립적인 존재성을 갖기 때문에(*because*) 받아들일 수 있다. 대조적으로, Carnap은 비서술적인 정의를 실용적 이유에서 옹호한다. 그의 수의 뼈대는 즉시 쓸 수 있는 과학적 용도의 측면에서 분지 유형 이론보다 훨씬 더 편리하다. 더 이상의 정당한 이유가 필요하지 않다. 또는 이치에 닿지도 않는다. 속성, 개념, 수 등의 형이상학적 지위를 철저하게 조사하는 것은 허위 질문들을 만들어 낼 뿐이다.

Mill과 달리, Carnap과 다른 논리 실증주의자들은 수학의 참들이 경험에 의해 결정되지 않는다고 주장한다. 수학적 진리들은 선험적이다. 우리가 어떤 경험을 하든 상관없이 유효하다. 그러나, 경험주의자로서 그들은 모든 사실적 문제가 궁극적으로 경험에 의해 결정되어야만 한다고 주장했다. 그래서 논리 실증주의자들은 수학적 진리들이 사실적 내용을 갖지 않는다고 결론 내렸다. Carnap에게, 자연수에 관한 참들은 수의 뼈대 사용하기에 대한 규칙들로부터 나오기 때문에 '뼈대 원리들(framework principles)'로 불릴 수 있을 것이다.

그 학파의 후기 멤버, Alfred J. Ayer (1946: 4장)는 그것을 분명히 말했다:

> 과학적 일반화는 거짓일 수 있다고 이미 받아들여지는 반면, 수학과 논리학의 참들은 모두에게 필연적이고 확실한 것으로 보이기 때문이다. 그러나

> 경험주의가 맞다면 사실적 내용을 갖는 어떠한 명제도 필연적이거나 확실할 수 없다. 따라서 경험주의자는 수학과 논리학의 참들을 다음 두 가지 중 하나로서 다루어야만 한다.: 그는 그것들이 필연적으로 참은 아니라고 말해야만 하거나 … 그렇지 않으면 그것들이 사실적인 내용을 갖지 않는다고 말해야만 하고, 그런 다음 어떻게 사실적인 내용이 전혀 없는 명제가 참이고 유용하며 놀라울 수 있는지 설명해야만 한다.

Ayer는 Mill에 반대하여 수학적 진리들은 필연적이라고 썼다. 그러나 그것들은 세상이 있는 방식에 관해 아무 말도 하지 않는다고 덧붙였다. 우리는 '우리 자신을 부인하지 않고서는, 언어의 사용을 지배하는 규칙들에 반하는 죄를 짓지 않고서는, [논리학과 수학의 참들을] 버릴 수 없다.' Carnap에게, '언어의 사용을 지배하는 규칙들'은 여러 가지 언어적 뼈대에서 발견된다.

그래서, 논리 실증주의자들은 종합 명제들이 선험적으로 알려질 수 있는 바로 그 가능성을 제거했다. Ayer가 말했듯이, 명제는 종합적이다. 즉, 사실적 내용을 갖는다. 오직 그것의 참 또는 거짓이 '경험의 사실들에 의해 결정될' 때만 {말이다}. 명제는 '그 타당성이 그것이 포함하는 기호들의 정의에만 의지할 때' 분석적이다. Ayer에게, 이것이 그 경우들을 망라한다. 그는 분석적 명제들이 '우리에게 어떠한 경험적 상황에 관해서도 정보를 주지 않'음에도, '특정한 기호들을 사용하는 방법을 예증함으로써 우리를 깨우친다.'고 덧붙였다.

논리 실증주의자들은 기하학을 울타리(fold) 안으로 가져왔다. 예를 들어, Euclid 기하학의 공리들은 '점', '선'과 같은 무정의 용어들에 대한 '그냥 정의들'이다. Ayer는 이렇게 썼다.: 'Euclid 기하학의 삼각형인 것으로 보이는 것이 측정에 의해 총 합이 180도가 되는 각들을 갖지 않는다는 것을 알게 되면, 우리는 Euclid 기하학의 삼각형의 세 각의 합이 180도와 같다는 수학 명제가 틀렸음을 입증하는 사례를 만났다고 말하지 않는다. 우리는 잘못 측정했다고 말하거나, 또는 그보다는 아마도, 측정하고 있었던 그 삼각형이

Euclid 기하학적이지 않다고 말한다.' 순수 수학의 이론으로서 이해된, Euclid 기하학은 Carnap에게는(*á la*) 언어적 뼈대이다. 삼각형의 각들에 대한 앞의 그 정리는 뼈대 원리이고, 그래서 분석적이고, 선험적으로 알려질 수 있다. 그것은 정의상 참이다. 물리학을 위해서, 비-유클리드 기하학들 중 어느 하나보다 이 뼈대를 채택하는 것이 권할 만한 것인지에 대한 **실용적인**(*pragmatic*) 또는 과학적인 별개의 이슈가 있다. 이 마지막 것은 **수학적**(*mathematical*) 질문이 아니다.

Carnap과 Ayer 이외에, 주요 논리 실증주의자들에는 Moritz Schlick, Gustav Bergmann, Herbert Feigl, Otto Neurath, Friedrich Waismann과 같은 이른바 'Vienna Circle'의 다른 멤버들이 있었다. Vienna 밖에는, C. W. Morris와 Ernest Nagel이 있다. 그 운동은 거의 1960년대에, 그 전에는 아니라 하더라도, 진행되었다. 그러나 수학에 대한 입장이 논리 실증주의의 쇠퇴의 주된 이유는 아니었다. 논리 실증주의는 지식의 기반을 묘사하려는 전통적인 (급진적인) 경험주의와 문제를 공유했다. 우리는 관찰과 이론을 구별할 수 있는가? 그리고 수학과 나머지 과학적 이론을 예리하게 구별할 수 있는가? 수학적 논리의 성공은 실증주의자들이 확증의 논리를 시도하도록 이끌었다. 그것은 경험적 관찰과 과학적 이론 및 수학적 이론을 관련지을 것이다. 그렇지만 어떠한 설득력 있는 확증-논리도 나타날 것 같지 않았다. 이러한 실패들이 모든 사실적 (비-분석적) 진술이 검증가능하다는 중심 논제를 공식화하는 것을 어렵게 했다. 검증가능하다는 것은 정확히 무엇인가? 검증가능성 논제는, 그동안보다 더 약한 검증 개념들에 대해서도, 방어될 수 없다고 판명되었다.

어떤 비평가들은 논리 실증주의의 바로 그 진술이 그 견해의 기반을 약화시킨다고 지적했다. 예를 들어, 모든 의미 있는 진술이 분석적이거나 그렇지 않으면 (어떤 의미에서) 경험을 통해 검증가능하다는 명제를 생각해 보자. 명백히, 이(*this*) 명제는, 포함하는 단어들의 의미로 인해 참이라는 의미에서는,

분석적이지 않다. 또한, 그 명제는 그 용어의 어떠한 의미에서도 경험에 의한 검증가능성에 종속되는 것 같지 않다. 그래서, 논리 실증주의는 자신을 금지된 형이상학적 교리로 낙인찍는 것 같다. 그 프로그램의 윤곽을 보여주기 위해 필요했던, Carnap 자신의 많은 철학적 진술들은 일정한 언어적 뼈대 **내에서**(*within*) 이루어진 것 같지 않다. 사실, 그의 진술들은 언어적 뼈대에 **관한**(*about*) 것이고, 그래서 주어지는 어떠한 뼈대에 대해서도 **외적**(*external*)인 것이다. 이것이 Carnap 자신의 작업을 의미 없는 '허위 진술들(pseudo-statements)'로 만드는가?

논리 실증주의에 대한 한 영향력 있는 공격이 Carnap의 가장 영향력 있는 제자인 Quine으로부터 나왔다. 그는 분석적 진술과 종합적 진술 사이에 구별이 존재하지 않는다고, 또는 적어도 논리 실증주의의 목적에 기여하는 구별은 존재하지 않는다고 주장했다. Quine에 따르면, 의미 있는 진술들의 참 또는 거짓을 결정할 때 언어의 역할과 세계의 역할을 나누는 예리한 구별은 없다. Quine은, 관찰, 이론, 수학적 진술들이 서로 불가분하게 연결되어 있는, 과학적 언어에 대한 전일적 접근을 제안했다. 그는 관찰이 모든 지식의 기반이라는 경험주의자의 기초 아이디어를 공유했다. 그래서 많은 전통적 형이상학에 대한 기본적인 불신을 공유했다. 그는 Mill의 것에 더 가까운 자연주의와 경험주의를 중요한 측면에서 전개했다. 수학의 참은 과학의 참과 관찰 보고가 참인 것과 똑같은 방식으로 참이다. 이 참들은 필연적이지 않고 선험적으로 알려지지 않는다. 우리는 8장, §2에서 Quine에게로 돌아온다.

수학 명제들이 수학적 용어들의 의미로 인해 참 또는 거짓이라는 논제는 '의미'가 무엇인가에 대한 확장된 논의 없이 완전히 판결될 수 없다. 그러나, 그 논제의 한 가지 주된 전망이 어떻게 수학이 **알려지**(*known*)는가에 대한 설명이라는 점에 주목할 수 있다. 논리 실증주의자들에 따르면, 수학적 언어의 정확한 사용에 대한 지식을 가지고 있으면, 귀납법 공리, 소수(prime number)

정리, 그리고 심지어 Fermat의 마지막 정리에 대한 지식을 얻기 위해 충분하다. Carnap에게, 일단 우리가 수의 뼈대 또는 Euclid 기하학과 같은 주어진 언어적 뼈대의 규칙들을 알게 되면, 필요한 수학 명제들의 지식을 얻기 위해 필요한 모든 것을 갖게 된다. 이것은, 인식론적으로, 수학 명제들이 자족적인 그룹들로 예리하게 나누어질 수 있다는 것을 시사한다. 각 명제 p는 그것의 뼈대 P에 결부된다. P의 규칙들에 대한 지식이 p의 참 또는 거짓에 대한 지식에 존재하는 거의 전부이다.

수학적 논리에서의 결과들을 포함한 수학의 발전은 이 유망한 인식적 논제에 의구심을 던진다. Gödel의 불완전성 정리는 D가 일정 양의 산술을 포함하는 효과적인 연역 체계라면 D의 규칙들로 결정될 수 없는 D의 언어 내의 문장들이 존재한다는 것이다 (예를 들어, Bools와 Jeffrey 1998: 15장 참고). 많은 경우 이러한 문장들의 진리-값은 자연수를 실수나 집합론의 위계(set-theoretic hierarchy)와 같은 더 풍부한 구조에 끼워 넣음으로써 결정된다. 즉, 산술의 언어의 어떤 진술들은 자연수의 뼈대의 규칙에만 기반하여 알려질 수 없다. 이 상황은 수학에서 전형적이다. 예를 들어, 수학자가 어떤 수학적 구조 S에 관한 어떤 수학적 진술 s에 관심이 있다고 가정해 보자. Carnap에 따르면, s가 (S의) 참이면 분석적이고 그것의 참을 구조 S의 언어적 뼈대에 빚지고 있다. 그러나, 수학자는 s를 논박하거나 증명하기 위해 흔히 S보다 훨씬 더 풍부한 구조를 사용한다. 즉, 수학자는 S의 속성을 결정하기 위해 S보다 풍부한 구조들을 고려한다. 어떠한 풍부한 수학적 이론도 Carnap의 (수학적) 언어적 뼈대와 같이 자족적이지 않다.[15)]

최근의 Fermat의 마지막 정리의 증명이 적절한 사례이다. 그 용어들에 대한 기초적인 이해를 가지고 있는 사람은 누구나 다음과 같은 그 진술을 이해(*understand*) 할 수 있다. 즉, 어떠한 자연수들에 대해서도

15) 다음 장(chapter)에서 우리는 이 '불완전성' 현상이 한때 두드러졌던 또 하나의 수학 철학인 형식주의의 기반을 약화시키는 것을 보게 될 것이다.

$$a > 0,\ b > 0,\ c > 0,\ n > 2,\ a^n + b^n \neq c^n.$$

그렇지만 그 증명은 매우 수준 높은 수학자들을 제외한 대부분에게 파악되지 않는다. 그것이 자연수를 훨씬 넘어서는 개념들과 구조들을 사용하기 때문이다. 이 경우 적어도, 누군가는 '자연수', '그 다음 수 함수', '더하기', '곱하기', '거듭제곱'과 같은 용어의 의미를, Fermat의 마지막 정리가 참인지 알 수 있는 수단을 갖지 않은 채, 이해한다. 이 정리에 대한 '자족적인' 증명 – 즉, 자연수의 속성을 넘어서지 않는 증명 – 이 있을 수 있을 것이다. 아마도 Fermat 자신은 그러한 증명을 발견했을지 모른다. 그러나 현대의 수학자들은 그 경로를 통한 증명을 알아 내지 못했다. (그리고 {지금도} 알지 못한다.) 그럼에도 불구하고, 그 정리는 분명히 자연수에 관한 것이다.

물러서는 한 가지 방법은 논리 실증주의자가 어떤 참들만이, 예를 들어, 산술의 참들만이 분석적이라는 것, 또는 다른 식으로는 {그 참들만이} 산술의 용어들의 의미에 의해서 결정된다는 것을 인정하는 것일 것이다. 아마 누군가는 산술의 참들의 기본 핵심이 분석적이라고 주장할 수 있다. 그 외의, 핵심적이지 않은 명제들은 어떠한가? 그것들은 종합적인가? 그렇다면, 그것들은 어떻게든 관찰을 통해 검증가능한(verifiable)가?

가능한 다른 선택은 논리 실증주의자가 수학적 진술들이 그것들의 의미로 인해 참이라는 논제를 유지하고, 주어진 명제가 참이라는 것을 알기 위한 자원들을 그 근처에서 갖지 않은 채 그 참인 명제를 이해하는 데 필요한 지식을 가질 수 있다는 것을 인정하는 것일 것이다. 그 아이디어는 우리가 자연수를 더 풍부한 구조에 끼워 넣을 때 그렇게 함으로써 원래의 수학적 용어들에 대한 **의미로부터 따라 나오는**(*follows from the meaning*) 것에 관해 더 많은 것을 알 수 있다는 것이다. 그래서 논리 실증주의자는 풍부하고 열려 있는, 논리적 귀결이라는 개념이 필요하고, 수학적 지식의 이해를 주장하기 전에 귀결이라는 그 개념을 해명할 필요가 있다. 그 귀결 개념이 보충되고 평가될 때까지, 수학에 대한 인식론에 대해 얼마나 많은 진척을 주장할 수 있을지 분명하지 않다.

4. 현대의 견해들

수학에 대한 Frege의 접근의 변형들이 오늘날, Frege의, 수를 대상으로 개념화하기(*Frege's conception of Numbers as Objects*) (1983)를 시작으로 하는 Crispin Wright의 연구에서, 그리고 Bob Hale (1987), Neil Tennant (1997)와 같은 다른 학자들의 연구에서, 힘차게 추구된다. 신-논리주의자(*neo-logicist*)를 다음 두 가지 논제들을 주장하는 사람들이라고 정의하자.: (1) 수학적 진리의 중요한 골자는, (거의) 분석적인 또는 의미를 구성하는 규칙들로부터의 유도에 의해서, 선험적으로 알려질 수 있다. (2) 이 수학은 객관적인 또는 어떤 의미에서 정신-독립적인 대상들로 이루어진 관념의 세계에 관계한다.[16] 이 견해들의 조합은, 수학을 선험적이고 객관적인 참들의 본체로 보는 전통적인 견해에 호의적이면서도 존재론에서의 실재론이 직면하는 표준적인 인식론적 문제들을 걱정하는 사람들에게 매력적이다. 어떻게 우리가 인과적으로 활동력이 없는, 추상적 대상들에 관해 어떤 것인가를 알 수 있는가? 신-논리주의자는 대답한다.: 우리가 수학적 언어를 사용할 때 의미하는 것에 대한 우리의 지식으로 인해서라고. – 그렇게 전통적인 논리주의에서 발견되는 문제들을 해결하려고 시도한다. 신-논리주의자는 아마 Coffa의 '의미론적 전통'에 가장 가까운 현대의 후계자이다.

두 개념 F, G가 F에 해당되는 대상들과 G에 해당되는 대상들 사이에 일대일 대응이 있을 때 똑같은 수를 갖는다는 것을 기억해 보자. 예를 들어, 어느 축구 경기에서 레드 카드가 한 장도 나오지 않았다면 한 팀의 선수들과 다른 한 팀의 선수들은 똑같은 수를 갖는다. Frege는 자연수를 명백히 상정하지 않은 채 논리적 자원들을 사용하여 동수성(equinumerosity)을 정의하는 방법을 보여주었다. 지금은 'Hume의 원리'로 알려져 있는 그의 (1884: §63) 그 논제에 대한 공식화를 기억해 보자.:

16) Frege 자신은 분명히 이 논제들 중 두 번째 것을 주장했다. Frege가 첫 번째 논제와 비슷한 어떤 것을 주장한 정도에 대해서는 앞의 각주 13을 참고할 수 있다.

어떠한 개념들 F, G에 대해서도, F의 수는, F와 G가 똑같은 수를 가질 때 그리고 오직 똑같은 수를 가질 때만, G의 수와 동일하다.
(For any concepts F, G, the number of F is identical to the number of G if and only if F and G are equinumerous.)

신-논리주의의 프로그램은 외연(extensions)에 대한 Frege의 논법을 우회하여, Hume의 원리 또는 그와 비슷한 것을 직접적으로 연구의 대상으로 하는 것이다. Wright를 포함하여 다수의 저자들이 Frege의 산술의 개발(1884, 1893)이 (이른바 '2차 논리'에서 – Shapiro 1991 참고) Hume의 원리로부터 산술의 표준 공리들을 유도하는 데 있어 반드시 필요한 것들을 포함한다고 지적해 왔다. 더욱이, Hume의 원리는 (2차) 산술이 모순이 없다면 모순이 없다. 산술을 제시하면서, 외연들과 불행하게 끝난 기본 법칙 V에 대한 Frege의 실질적인 유일한 사용은 Hume의 원리를 유도하는 것이었다. 예를 들어, Parsons 1965, Wright 1983, Hodes 1984, Boolos 1987을 참고할 수 있다.

앞에서 언급했듯이, Hume의 원리로부터의 산술의 유도가 지금은 **Frege의 정리**(*Frege's theorem*)라고 불린다. 그것이 자연수와 그 기초를 밝혀주는 실질적인 수학적 성취라는 점을 아무도 의심하지 않는다. 신-논리주의자는 Frege의 정리가 앞에서 언급한 자연수에 대한 철학적 논제들을 지지한다고 주장한다.

근본적인 아이디어는 Hume의 원리의 오른쪽이 왼쪽을 위한 참 조건을 제공하는데도, 왼쪽은 적절한 문법적 형식 및 논리적 형식을 갖는다는 것이다. 특히, 'F의 수'와 같은 어법은 진짜 단칭어이고, 대상들을 나타내기 위해 사용되는 문법적 형식이다. 적어도 Hume의 원리의 오른쪽의 어떤 사례들은 논리적 근거에만 기반하여 참이다. 예를 들어, '자기 자신과 동일하지 않은' 개념은 '자기 자신과 동일하지 않은' 개념과 똑같은 수를 갖는다. 그래서, Hume의 원리로부터, 우리는 스스로-동일하지-않은 것들의 수는 스스로

-동일하지-않은 것들의 수와 동일하다고 결론 내린다. '0'이 스스로-동일하지-않은 것들의 수라고 하면, 우리는 0=0이고 그래서 영(zero)이 존재한다고 결론 내린다.

Frege를 따라서, 신-논리주의자는 그래서 수 1을 '영과 동일한' 개념의 수라고 정의하고, 수 2는 '영과 동일하거나 그렇지 않으면 일과 동일한' 개념의 수로서 정의한다. 그 다음에도 Frege의 방식으로 진행한다. Hume의 원리로부터 이러한 자연수들이 서로 다르다는 것이 따라 나온다. 그래서 Hume의 원리는 유한 영역에서 만족될 수 없다.

Frege 자신의 전개와 같이, 신-논리주의자는 Hume의 원리가 **비서술적**(*impredicative*)이라는 것을 필요로 한다. 어구 'F의 수'에서 변수 F가, 개념 자체가 수의 용어로 정의되는 그러한 개념의 예시가 될 수 있다는 의미에서 {말이다}. 이 특성이 없다면, 개별 수들의 바로 그 정의는, Hume의 원리로부터의 기본 산술 공리들의 유도와 마찬가지로, 실패할 것이다. 이 비서술성(impredicativity)은 Frege와 그의 신-논리주의 추종자들에 의해 공유되는 존재론적 실재론과 어울린다.

Wright와 Hale은 Hume의 원리가 논리적 참, 즉 Frege의 용어로, '일반적인 논리적 법칙'이라고 주장하는 데까지는 가지 않는다. Hume의 원리는 그 형식으로 인해서 참은 아니다. 받아들여진 논리적 법칙들로부터 유도될 수 있을 것 같지도 않다. Wight와 Hale은 Hume의 원리가 기수(cardinal number)의 **정의**(*definition*)라고 주장하지도 않는다. 용어의 정의는, 그 정의된 용어를 포함하는 어떠한 식(formula)도 그것을 포함하지 않는 식과 동등하다는 의미에서 **소거할 수 있**(*eliminable*)어야만 한다는 것이 널리 동의된다. Hume의 원리로부터, 자기 자신과 동일하지 않은 것들의 수와 같은 어떤 것이 존재한다는 점이 따라 나온다. 기호로는 $\exists x(x=0)$. Hume의 원리는 그 수 용어들이 빠져 있는 동등한 문장을 가능하게 하지 않는다. 또한 성공적인 정의는, 나머지 언어와 이론에 미치는 영향이 없다는 의미에서 **비-창**

조적(*non-creative*)이어야 한다. Hume의 원리는 우주가 무한하다는 것을 수반하기 때문에 그러한 영향이 있다. 그래서 Hume의 원리는 소거할 수 있지도 않고 비-창조적이지도 않다.

그래서, Wright와 Hale은 산술의 참이 논리적 참의 일종이라는, 또는 각 산술의 참이 일반적인 논리적 법칙들과 정의들로부터 따라 나온다는 전통적인 논리주의의 논제를 방어하지 않는다. 그러므로 '신-논리주의(neo-logicism)'에 '신(neo)'이 붙는다. 그러나, 그들은 Hume의 원리가 **자연수**(*natural number*) 개념'을 분석(analytic of)'한다고 주장한다. 그래서, 그 프로그램은 적어도 기초 산술의 참들에 대해서는 그 필연성을 보존하고, 어떻게 이 참들이 선험적으로 알려질 수 있는지를 보인다. 후기 연구에서, Wright(1997: 210-11)는 다음과 같이 썼다.:

> Frege의 정리는, 산술의 기본 법칙이 어떤 원리가 보강된, 즉 기수의 동일성 개념을 정확히 정의하지는 않더라도 그것을 **설명하**(*explain*)는 역할을 하는 원리가 보강된 2차 논리의 체계 내에서 유도될 수 있다는 것을 … 확실하게 할 … 것이다. 그리고 이 설명이 2차 논리의 용어로 정의될 수 있는 개념의 용어로 진행된다는 것을 확실하게 할 것이다. 설명을 위한 그러한 원리가 … **분석적**(*analytic*)이라고 간주될 주 있다면 산술의 분석성(analyticity)을 증명하기에 … 충분할 것이다. 그 용어가 애를 먹인다는 것을 알게 되더라도 … Hume의 원리는 – 어떤 개념을 정의하는 데 암묵적으로 기여하는 어떠한 원리들과도 같이 – 중대한 인식론적 상정 없이 이용될 수 있을 것이다 … 그래서 산술의 기본 정리의 … 참에 대한 인지로 가는 선험적인 분명한 하나의 경로가 … 만들어지게 될 것이다. 그리고 추가로 [Hume의 원리가] **완전한**(*complete*) 설명이라고 – 기수의 개념이 어떻게 순수하게 논리적인 토대 하에 완전히 이해될 수 있을지를 보여주는 것이라고 – 판단된다면 산술이 **논리적인**(*logical*) 추상 원리 – 논리적인 개념들만 배치하[는] 것 – 을 사용한다는 정도에서만 초월하는 논리로서의 … Hume의 원리에 의해 나타내어지게 될 것이다. 그래서 … 2차 논리의 통제 하에 산술의 기본 법칙들의 참에 대한 완전한 이해와 파악으로 가는 선험적인 경로가 있을

것이다 … 그러한 인식론적 경로는 … 여전히 논리주의로서 묘사할 가치가 있는 결과일 것이다.

여기에서 기본 주장은 Hume의 원리가 중대한 인식론적 상정들을 갖지 않는다는 것이다. 이것은, 우리가 기본적인 산술의 참을 확립하려고 시도할 때 Kant 학파의 직관, 경험의 비옥함(empirical fruitfulness) 등등을 들먹일 필요가 없게 하려는 프로젝트에 필수적이다.

원래의 Frege식 논리주의처럼, 신-논리주의의 프로그램은 2차 논리가 실제로 논리인 경우에만 성공의 가능성을 갖는다. 실질적인 수학이 이미 그 논리에 들어가 있다면, 전통적인 논리주의가 통용되는 한 Frege의 정리는 질문을 하게 만든다. 신-논리주의에서 중요한 것은, 2차 논리의 공리들과 규칙들이 **분석적**(*analytic*)이라는 것인가, 즉 필수적 측면에서(in the requisite sense) 의미를 구성한다는 것인가, 아니면 {그 공리들과 규칙들이} 실질적인 인식론적 상정들에서 자유롭다는 것인가. 2차 논리의 지위는 현대 철학에서 진행 중인 이슈이다. 예를 들어, Quine (1986: 5장)은 2차 논리가 '양의 탈을 쓴 늑대'처럼 변장한 집합론이라고 주장한다. 토론의 실례로는, Boolos 1975, 1984, Tharp 1975, Wagner 1987, Shapiro 1991을 참고할 수 있다. 이것은 이전 절의 결말을 되풀이한다. 즉 논리주의 프로그램의 가치들을 주장할 수 있기 전에 그 기저에 있는 논리적 원리들이 뚜렷하게 되고 인식적 지위가 분명하게 묘사되어야만 한다는 점을 되풀이한다. 그 논리에 대한 검토가 부족하면 성취되어져 온 것이 무엇인지 분명하지 않다.

우리가 보았듯이, Frege 자신은 Hume의 원리를 산술의 궁극적인 기반으로 삼는 것에 반대한다. 왜냐하면 Hume의 원리는 'F의 수 = G의 수' 형식의 동일성들만 결정하기 때문이다. 즉, Hume의 원리는 'F의 수 = r' 형식의 문장들의 진리 값을 판정하지 못한다. 신-논리주의자는 외연을 포함한 Frege의 해결책을 채택하지 않고, 수의 존재를 거부한 Russell을 따르지도 않는다 (존재성에 관한 질문을 거부한 Carnap을 따르지도 않는다). 그래서,

'Caesar 문제(Caesar problem)'는 신-논리주의의 의제에서 활동 중인 그리고 열려 있는 이슈이다. 즉, 신-논리주의자는 자연수를 나타내는 용어들과 다른 단칭어들 사이의 동일성을 정립하기 위해, Hume의 원리만으로는 하지 못하는 것을 하려고 한다 (Hale 1994와 Sullivan과 Potter 1997 참고).

Hume의 원리는 **추상화**(*abstraction*)이다. – 동수성(equinumerosity)의 관계로부터 수에 관한 진술로의. 그것은 다음과 같은 형식의 추상화 원리들의 종류 중 하나이다.:

$$\text{(ABS)} \qquad @\alpha = @\beta \text{ if and only if } E(\alpha, \beta)$$

여기에서 $E(\alpha, \beta)$는 '동치(equivalence)'라고 불리는 특별한 종류의 관계이고, '@'는 새 함수 기호이다. 그래서 '@α'와 '@β'는 단칭어이다.[17] Frege는 (ABS) 형식의, 다른 두 가지 추상화 원리들을 언급한다. 하나는 적어도 상대적으로 무해하다.: l의 방향이 l'의 방향과, l과 l'이 평행하면 그리고 오직 그럴 때만, 동일하다. 나머지 하나의 예는 그의 불명예스러운, 그리고 앞뒤가 맞지 않는, 기본 법칙 V이다.:

> 어떠한 개념 F, G에 대해서도, F의 외연은, 모든 대상 a에 대하여 Ga이면 그리고 오직 그럴 때만 Fa이면, 그리고 오직 그럴 때만, G의 외연과 동일하다.
>
> (For any concepts F, G, the extension of F is identical to the extension of G if and only if for every object a, Fa if and only if Ga.)

이것은 외연 이론의 부분으로서 도입되었다.

신-논리주의 프로그램은 적어도 어떤 추상화 원리들의 정당성에 의존한다.

---

17) 관계 E는 다음과 같을 때 동치이다. (1) 모든 α에 대하여 $E(\alpha, \alpha)$이다 (반사성(reflexivity)). (2) 모든 α, β에 대하여 $E(\alpha, \beta)$이면 $E(\beta, \alpha)$이다 (대칭성(symmetry)). (3) 모든 α, β, γ에 대하여 $E(\alpha, \beta)$이고 $E(\beta, \gamma)$이면 $E(\alpha, \gamma)$이다 (전이성(transitivity)).

Wright는 자기 자신의 제안이 '추상에 의한 개념-형성'이 받아들여진다는 단서 조건에 의존한다는 것을 인정한다. George Boolos (예, 1997)는 장래의 논리주의자를 위한 합당한 묘책으로서의 '추상에 의한 개념-형성'에 반대론을 폈다. 그의 논의에서 가장 유행한 것은 '나쁜 동료 문제(bad company objection)'이다. Boolos는 Hume의 원리와 같은 좋은 추상 원리들을 기본 법칙 V와 같은 나쁜 것들과 구별하는 임시방편적이지 않은 방법은 없다고 제의한다. 확실히, Hume의 원리는 무모순이다. 반면 기본 법칙 V는 그렇지 않다. 그러나 그 구별은 결이 너무 거칠다. Hume의 원리는 무한 영역에서만 만족될 수 있다는 의미에서 '무한에 대한 공리'이다. Boolos는, 유한(*finite*) 영역에서만 만족될 수 있는 Hume의 원리 (그리고 기본 법칙 V)와 같은 (ABS) 형식을 갖는, 무모순의 추상 원리들이 있다는 점을 지적한다. Hume의 원리가 받아들여질 수 있다면 이러한 다른 것들도 그렇다. 그러나, 유한 원리들은 Hume의 원리와 양립할 수 없다. 그러면 합당한 추상 원리들을 구별하는 방법은 {무엇인가}? Wright (1997)의 대응은 나쁜 추상 원리들을 배제하고 좋은 것을, 특히 Hume의 원리를 허용하는 어떤 보존 원칙의 범위를 정하고 방어하는 것이다. 토론은 계속된다. 그러나 1996년 Boolos의 비극적인 죽음 이후로는 아마 이전보다 덜한 강도로 {말이다}.

신-논리주의의 프로젝트는, 여태까지 개발된 바로는, 자연수와 기초 산술에만 적용된다. 아무리 이것이 중대할지라도 산술은 수학의 작은 부분일 뿐이다. 신-논리주의의 의제에 대한 또 다른 주요 아이템은 그 처치를 확장하여 실해석학, 함수해석학, 그리고 아마 기하학이나 집합론과 같은 수학의 다른 분야들을 망라하는 것이다. 그 프로그램은 더 강력한 수학적 이론들을 특징지을 수 있을 만큼 충분히 풍요로운 추상 원리의 탐색을 포함한다. 이 방향의 시도에 대해서는 Wright 1997: 233-44와 Hale 2000을 참고할 수 있다.

요컨대, 그래서, 논리주의는 사라지지 않았다. 그것은 수학 철학에서 진행 중인, 활동적이고 잠재적으로 비옥한 연구 프로그램이다.

5. 더 읽기

앞에서 인용된 주요한 많은 자료들은 읽기 쉽고 쉽게 손에 넣을 수 있다. Frege 1884는 영어로 번역되어졌고 (J. L. Austin에 의해), Russell 1919는 1993년에 Dover 종이 표지판으로 재판되었다. Ayer 1946은 고전적인 연구로 남아 있다. Benacerraf와 Putnam 1983 선집은 논리주의에 대한 많은 원본 자료들을 (필요할 경우 영어 번역으로) 포함한다. 그것들은 Carnap 1931과 1950, 그리고 (다른 번역이 실려 있는) Frege 1884의 정선된 연구들, Russell 1919, Ayer 1946 (그리고 관련된 작품인 Hempel 1945)을 포함한다. Resnik 1980과 Dummett 1991은 Frege식 논리주의에 대한 명료한, 중요한 이차 자료들이다. 또한 Demopoulos 1995에 수집된 논문들과 Boolos 1998의 두 번째 부분도 참고할 수 있다. Heck 1997의 몇몇 연구들은 신-논리주의를 다룬다. 그리고 그 주제는 **수학 철학**(*Philosophia Mathematica*)에 자주 등장한다. 논리주의의 다른 접근에 대해서는 (Dover 종이 표지판으로 번역과 함께 출판된) Dedekind 1872, 1888과 Hodes 1984를 참고할 수 있다.

제 6 장

형식주의: 수학적 진술은 무엇인가를 의미하는가?

가벼운 관찰이, 많은 수학적 활동이 언어적 기호들을 어떤 규칙들에 따라 조작하는 것으로 이루어진다는 것을 드러낸다, 또는 드러내는 것 같다. 산술을 하는 누군가가 $a \times b = c$ 형식의 문장을 확인한다면 그에 대응하는 $b \times a = c$를 쓸 수 있다. 게다가 $a \neq 0$과 같은 문장에 이른다면 $c / a = b$ 라고 쓸 권한이 있다. 수학의 초등적이거나 고등적인 부분 모두 규칙에 따른 조작이라는, 적어도 그렇게 보이는, 이러한 특징을 갖는다.

수학의 실제에 관한 이 관찰의 의미는 무엇인가? '형식주의(formalism)'라는 이름을 따르는 여러 철학들은 수학의 본질(*essence*)이 문자들의 조작이라는 주장을 추구한다. 문자들과 허용되는 규칙들의 목록이 주어진 수학 분야에 관해 말할 수 있는 것들을 거의 모두 말한다. 그래서 형식주의자(formalist)에 따르면, 수학은 어떠한 것에 관한, 즉 인쇄된 문자들과 그것들의 조작 규칙들을 넘어서는 어떠한 것에 관한 것이 아니다. 또는 그런 것일 필요가 없다.

형식주의는 수학의 한 측면을 포착하여, 아마 다른 모든 것을 무시하거나 경시한다. 좋든 싫든 간에, 많은 초등 산술이 일련의 알 수 없는 기교들로서 가르쳐진다. 그 기교들이 무엇을 하는 것인지 또는 왜 그것들이 작동하는지를 거의 또는 전혀 보여 주지 않은 채 {말이다}. 얼마나 많은 학교 선생님들이 제곱근을 취하는 알고리즘은 차치하고라도 긴 나눗셈 {알고리즘} 규칙들을 기계적인 순서의 실행 이외의 측면에서 설명하겠는가? 그러나 아마 이것은 철학을 정당화하려는 시도라기보다는 일부 교육에 대한 비판에 더 가깝다.[1)]

---

1) 계산기의 출현이 형식주의의 경향을 증가시킬 수 있을 것이다. 계산기 작동의 원리를 제시하기 위한 또는 그것을 이해하려는 질문이 있다면 그것은 초등 수학의 선생님이나 학생이 아니라 공

형식주의는 수학 철학자들 사이에서보다 수학자들 사이에서 더 나은 혈통을 가지고 있다. 역사 전체에 걸쳐, 수학자들은 그 당시 분명한 해석이 없는 듯 보였던 기호들을 도입할 기회를 가져 왔다. '음수(negative numbers)', '무리수(irrational numbers)', '초월수(transcendental numbers)', '허수(imaginary numbers)', '무한대의 이상점(ideal points at infinity)'이라는 바로 그 이름들이 반대 감정의 병존을 나타낸다. 다행히도, 수학 분야 종사자들은 대담하고 상상력이 풍부한 영혼들을 공유해 왔지만, 그 이름들은 더 회의적인 사람들이 짓는 것 같다. 새로이 도입된 '개체들(entities)'이 수학과 과학 내의 적용에 유용하다는 것이 증명되었더라도, 철학적 순간에 일부 수학자들은 그것들을 무엇이라고 생각해야 할지 알지 못했다. 정말이지, 허수란 무엇인가? 그러한 딜레마에 대한 흔한 대처가 형식주의로 퇴각하는 것이다. 수학자는 예를 들어 복소수를 나타내는 기호는 실수와 똑같은 규칙들(의 대부분)에 따라 조작되어져야 하고, 그것이 전부라고 말한다.

그러나, 수학자들 자신들이 철학적 입장을 항상 깊게 전개하는 것은 아니다. 형식주의의 기본 버전들에 대한 가장 상세한 표현들이 이 견해에 대한 Gottlob Frege의 (1893: §86-137) 단호한 비판에서 발견된다.

1. 기본 견해들; Frege의 맹공

역사적으로 '형식주의'라고 주장할 수 있는 서로 다른 일반적 입장들이 적어도 두 가지 있다. 그 철학들은 결정적인 방식으로 서로 대립되지만, 형식주의의 반대자들과 옹호자들 모두 때로 그것들을 혼합한다.

학도 (또는 물리학도)를 위한 것이다. 버튼 누르기에 '의미'를 부여하는 것이 정말 필요한가? 우리는 계산기가 젊은 세대의 생각하는 능력, 또는 적어도 수학을 하는 능력을 망친다는 불평을 듣는다 (또는 듣곤 했었다). 내가 보기에는, 기초 알고리즘들과 기계적인 순서들이 무엇을 하는 것인지 또는 왜 하는 것인지 설명하려는 시도 없이 기계적으로 가르쳐진다면, {차라리} 어린이들이 계산기를 사용하는 것도 좋을 것 같다. 형식주의는 깊숙이 자른다.

1.1. 이름

이름 형식주의(*term formalism*)는 수학이 문자들 또는 기호들 – 숫자들 그리고 다른 언어적 형식들의 체계 – 에 관한 것이라는 견해이다. 즉, 이름 형식주의는 수학의 개체들을 그것들의 이름들과 **동일시한다**(*identifies*). 복소수 $8 + 2i$ 는 그저 '$8 + 2i$'라는 기호이다. 철저한 이름 형식주의자는 또한 자연수 2를 숫자 '2'와 동일시할 것이다. 그러나 아마 우리는 수학의 일부 분야들에 관해서는 형식주의자가 되고 다른 분야들에 관해서는 그렇지 않을 수 있다. 우리는 퀴퀴하게 느껴지는 그러한 분야들에 대해서만 형식주의를 채택할 수 있을 것이다.

그렇다면, 이름 형식주의에 따르면, 수학은 주제-대상을 갖고, 수학 명제들은 참 또는 거짓이다. 이 견해는 수학에 대한 (보기에) 어려운 형이상학적 그리고 인식론적 문제들에 대해 간단한 해답을 제의한다. 수학은 무엇에 관한 것인가? 수들, 집합들 등등. 이 수들, 집합들 등등은 무엇**인가**(*are*)? 그것들은 언어적 문자들이다. 어떻게 수학이 알려지는가? 수학적 지식이란 무엇인가? 그것은 그 문자들이 서로 어떻게 관련되는지, 그리고 그것들이 수학의 실제에서 어떻게 조작되어져야 하는지에 관한 지식이다.

가능한 가장 간단한 등식을 생각해 보자.:

$$0 = 0.$$

아마 그것은 참이라고 알려진다. 이름 형식주의자는 그것을 어떻게 해석하는가? 그녀는 그 등식이 맨 왼쪽의 달걀 모양의 약간의 잉크 (또는 탄 토너)가 맨 오른쪽의 역시 달걀 모양의 약간의 잉크와 동일하다는 것을 나타낸다고 말할 수는 없다. 분명히, 그것들은 두 개의 서로 다른 약간의 잉크들이다.

이름 형식주의자는 그 등식이 그 두 개의 약간의 잉크들이 같은 모양을 갖는다는 것을 주장하는 것으로 간주할 수 있을 것이다. 그러나 이것은 '모양'이라고 불리는 개체의 존재를 상정하는 것 같다. 글자나 문장과 같은 언어적 아이템들을 논의할 때, 현대 철학자들은 **유형**(*types*)과 **토큰**(*tokens*)을 구별한다. 토큰은 잉크, 연필, 분필 표시, 탄 토너 등으로 만들어진 물리적인 대상들이다. 물리적 대상들로서, 그것들은 자유로이 만들어지고 파괴될 수 있다. 유형은 토큰들의 추상적 형식들이다. 단어 'concatenation'에는 하나의 유형 'c'에 대한 두 개의 사례들이 있다. 유형 'c'는 그 모양의 모든 글자-토큰들에 의해 공유된다. 로마자에 스물여섯 개의 글자가 있다고 말할 때 토큰이 아니라 유형에 관해 말하는 것이다. 글자 'a'의 모든 토큰이 파괴되더라도 그 진술은 참으로 남을 것이다. 이 관점에서, 이름 형식주의자는 수학이 **유형**(*types*)에 관한 것이라고 주장할 수 있을 것이다. 그래서 앞의 등식은 간단하고, 복잡하지 않은 동일률(the law of identity)의 사례일 것이다. 그 등식은 유형 '0'이 자기 자신과 동일하다는 것을 나타낸다.

이러한 모양 또는 유형을 무엇이라고 이해해야 하는가? 모양과 유형은 수와 무척 닮은 추상적인 대상이라는 점을 주목할 수 있다. 그러면, 터놓고 수의 존재를 주장하는 존재론에서의 실재론에 대한 이름 형식주의의 이점은 무엇인가? 아마 이름 형식주의자는 수와 달리 유형은 복잡하지 않은 사례들, 즉 토큰을 갖는다고, 그리고 우리는 그것에 관한 것들을 토큰을 통해 알게 된다고 주장할 수 있다.

초보적인 이름 형식주의는 (적어도 일시적으로는) 두 명의 수학자, E. Heine와 Johannes Thomae에 의해 20세기에 접어 들 때쯤 제안되었다. Heine (1872: 173)는 '나는 어떤 눈에 보이는 기호들에 **수**(*numbers*)라는 이름을 준다. 그래서 이 수들의 존재는 의심할 바 없다.'라고 썼다. Thomae (1898: §§1-11)는 '형식적 입장이 우리에게서 모든 형이상학적 어려움들을 제거한다.; 이것은 그것이 우리에게 제공하는 이점이다.'라고 주장했다. 이것은 아직도 잘 살펴보아야 한다.

Frege (1893: §§86-137)는 그들의 견해를 일정하게 표현하는 것에 착수했고, 가혹한 공격도 개시했다. 다음 등식을 생각해 보자.:

$$5 + 7 = 6 + 6.$$

이것은 무엇이 될 수 있는가? 아마 그것은 기호 '5 + 7'이 기호 '6 + 6'과 동일하다는 것을 의미한다. 그러나 이것은 말이 안 된다. 심지어 그 **유형**(*types*)이 다르다. 전자 '5 + 7'에서는 유형 '5'가 발견되고, 후자 '6 + 6'에서는 그렇지 않다. 두 기호들이 **같은 수**(*same number*)를 나타낸다고 주장하는 것은 형식주의자에게 가능하지 않다. 이름 형식주의의 중심 논제가 그 이름들이 나타내는 것으로 추정되는 추가적인 언어적 개체들을 고려할 필요가 없다는 것이기 때문이다. 중요한 것은 **문자**(*characters*)뿐이다. 그것들은 자기 자신들을 나타낸다. 그래서 이름 형식주의자는 '=' 기호를 동일성으로 해석할 수 없다. 이름 형식주의의 편에서, Frege는 그 등식이 산술에서 기호 '5 + 7'이 어느 곳에서고 진리 값의 변화 없이 '6 + 6'으로 대체될 수 있음을 의미하는 것으로 해석하는 것을 제안한다. 즉, $A = B$ 형식의 문장은 어떠한 수학적 문맥에서도 A에 대응하는 기호가 B에 대응하는 기호와 상호 대체될 수 있다는 것을 의미한다. 그래서 앞의 등식 '0 = 0'은 유형 '0'이 진리 값의 변화 없이 자기 자신으로 대체될 수 있다는 자명한 이치를 주장한다.

이름 형식주의는 아마 정수들과 유리수들까지 확장될 수 있다. 그러나 실수들은 무엇이어야 할까? 우리는 그것들을 그 이름들과 동일시할 수 없다. 대부분의 실수들은 이름을 갖지 않기 때문이다. 이름 형식주의자는 실수 π를 그리스 글자 'π'와 동일시하는 것을 시도할 수 있을 것이다. 그러나 이름을 갖지 않는 실수들에 관해서는 무엇을 말할 수 있을 것인가? 실수 **전체**(*all*)에 관한 진술은 어떻게 이해할 것인가? 간단한 시도는 π를 그것의 소수 전개(decimal expansion): 3.14159 … 와 동일시하는 것일 것이다. 그러나, 그 전개는 무한하게 길게 표현되는 객체(object)이고 언어적 기호가 아니다. 이름 형식주의자는 유한소수들의 '극한'에 관한 이론을 도입하고 π를 기호 '3',

'3.1', '3.14', … 들의 '극한'과 동일시 할 수 있을 것이다. 그러나, 이 경로를 따른다면 이름 형식주의는 어떠한 이점도 찾기 어렵다. 기호들의 '극한'은 유리수들(*numbers*) 3, 3.1, 3.14, … 의 극한이라는 π에 대한 통상적인 이해와 매우 많이 비슷해 보인다. 형식주의의 의미를 잃어버린 것 같다.

이름 형식주의자가 이 문제를 어떻게든 해결하고 실수에 대한 괜찮은 언어적 대용물을 생각해 냈다고 가정해 보자. 여전히, 그 견해는 수학적으로 **계산하기**(*calculation*)를 포착했을 뿐이다. 이름 형식주의자가 소수 정리나 미적분학의 기본 정리와 같은 수학 **명제들**(*propositions*)을 어떻게 이해해야 하는가? 그런 것들이 어떤 의미에서 기호들에 관한 것이라고 말할 수 있는가?

1.2. 게임

형식주의의 다른 기본 버전은 수학의 실제를 언어적 문자들로 하는 게임에 비유한다. 마치 체스에서 졸(pawn)을 사용하여 대각선 쪽 앞 칸에 있는 것을 잡을 수 있는 것처럼, 산술에서는 앞서 '$x = 8 + 2$'에 이르렀다면 '$x = 10$'이라고 쓸 수 있다. 이것을 **게임 형식주의**(*game formalism*)라고 부르자.

이 견해의 급진적 버전들은 노골적으로 수학의 기호들은 의미 없는 것이라고 주장한다. 수학의 식(formulas)과 문장(sentences)은 어떠한 주제-대상에 관해서도 참 또는 거짓인 명제를 표현하지 않는다. 이 견해는 수학적 문자들이 체스판의 기물들(pieces)보다 더 많은 의미를 가지지 않는다는 것이다. 수학의 '내용'은 그 언어를 가지고 조작하기 위한 규칙들에 의해 소진된다. 게임 형식주의의 조금 더 온건한 버전들은 수학의 언어가 어떤 종류의 의미를 가질 수 있을 것이라는 것을 인정한다. 그러나 그렇다고 해도, 그 의미는 수학의 실제와 관련이 없다. 연구하고 있는 수학자와 관계되는 한에 있어, 수학의 언어의 기호들은 의미 없는 편이 낫다.

게임 형식주의의 급진적 버전과 온건한 버전 사이의 차이는 수학 철학에 있어서는 거의 중대성을 갖지 않는다. 두 견해들은 수학 분야의 인쇄된 문자들에 대한 수학적(*mathematical*) 해석이 없다는 것에 동의한다. 이에 반해, 이름 형식주의자는 수학이 그것의 용어들에 관한 것이라고 주장한다.

이름 형식주의와 같이, 게임 형식주의는 수학에 대한 어려운 형이상학적 그리고 인식론적 문제들을 해결하거나 그렇지 않으면 회피한다. 수학은 무엇에 관한 것인가? 아무것에 관한 것도 아니다. 수, 집합 등등은 무엇인가(*are*)? 그것들은 존재하지 않는다. 또는 존재하지 않는 편이 낫다. 어떻게 수학이 알려지는가? 수학적 지식은 무엇인가? 그것은 게임의 규칙들에 관한 지식 또는 그 규칙들에 부합하는 어떤 움직임들이 있었다는 지식이다. 등식 '$2^{10} = 1024$'와 모든 자연수 x에 대하여 $y > x$인 소수 y가 존재한다 (기호로는, $\forall x \exists y$ ($y > x$ & y가 소수))는 정리는 각각 산술의 규칙들에 부합하는 어떤 플레이(play)의 결과를 나타낸다.[2)]

게임 형식주의의 문맥에서, '언어(language)' 그리고 '기호(symbol)'와 같은 문구는 오해의 소지가 있다. 거의 어떠한 다른 문맥에서도, 언어의 목적은, 우선 무엇보다도, 의사소통하는 것이다. 우리는 언어를 사물들, 보통 언어 그 자체가 아닌 사물들에 관해(*about*) 말하기 위해 사용한다. 보통의 용법에서, 기호는 어떤 것을 상징한다(*symbolizes something*). 단어 'Stewart'는 사람 Stewart를 나타낸다. 그래서 숫자 '2'가 수 2를 나타낸다고 생각할 것이다. 이것이 바로 게임 형식주의자가 부정 또는 반대하는 것이다. 숫자는 아무것도 나타내지 않거나 그렇지 않으면 아무것도 나타내지 않는 편이 낫다. 수학에서, 문제가 되는 것은 숫자, 그리고 수학 게임에서의 숫자의 역할일 뿐이다.

논리에 대한 Frege 자신의 연구가 게임 형식주의의 복잡한 버전에 추동력을 주었다는 것이 아이러니하다. Frege는 자신의 논리학의 목적 중 하나는

2) Wittgenstein 1953 이후로, 규칙 따르기에 대한 많은 철학적 논의들이 있어왔다. 누군가가 다른 것보다 이 규칙을 따르고 있는 것은 무슨 일인가? 하나의 규칙을 그르게 따르는 것과 다른 규칙을 옳게 따르는 것을 구별할 수 있는가? 예를 들어, Kripke 1982를 참고할 수 있다. 여기에 이슈가 있다면, 게임 형식주의만이 아니라 수학에 대한 어떠한 철학에 대해서도 문제가 된다.

옳은 추론을 성문화하는 것이라고 주장했다. 유도(derivation)의 인식적 의미를 한정하기 위해, 추론에는 어떤 '틈(gaps)'도 있을 수 없다.; 모든 전제들은 모호한 점이 없어야만 한다. 이 목적을 위해, Frege는 **형식적**(*formal*) 체계를 개발했다. 또는 정확하게는, 형식적으로 이해될 수 있는 연역 체계를 제시했다.: '나의 개념 쓰기는 … **계산과 같이**(*like a calculus*) 적은 수의 표준적인 활동들에 의해 **조작되**(*operated*)도록 … 고안된다. 그래서 최종적으로 정해진 규칙들을 따르지 않는 어떤 단계들도 허용되지 않게 된다.' (Frege 1884: §91, 강조는 나의 것임) Frege는 이 특징이 형식주의의 한 버전을 기를 수 있다는 것을 알았다.:

> 이제 기호(*Begriffsschrift*)에 대한 규칙들과 다른 법칙들 [예를 들어 Frege 1879]를 그 기호들의 의미와 느낌에 대해 말하지 않고 임의의 조작들로 도입할 수 있었다는 것이 확실히 참이다. 그러면 우리는 그 기호들을 조각상(figure)처럼 취급하고 있었을 것이다. 그렇다면 우리가 추론 한 단계의 외적 표현이라고 생각했던 것은 체스에서 말의 한 번의 이동, 즉 한 배치로부터 다른 배치로의 한낱 변이와 비교할 만할 것이다. 우리는 어떤 이에게 우리의 [공리들]과 … 정의들을 … 주고 – 체스에서 기물들의 초기 위치를 주는 것처럼 – 허용되는 변화의 규칙들을 말해줄 수 있을 것이다. 그런 다음 우리의 정리를 유도하라는 문제를 부과할 수 있을 것이다 … 이 모든 것을 이 기호들의 느낌이나 의미에 대해 또는 그 식들이 표현하는 생각들에 대해 그가 조금도 알아차리지 못한 채 … (Frege 1903: §90)

Frege는 우리가 문장에 부여하는 **의미**(*meaning*)가 그것들을 흥미롭게 만들고, 이 의미가 그 유도를 위한 전략들을 암시한다는 점을 지적했다. 게임 형식주의자는 이 점에 동의할 수 있을 것이다. 그러나 수학적 표현들의 의미는 수학 자체와는 관련이 없다고 덧붙일 것이다. 수학에 관한 한, 문제가 되는 것은 규칙들이 준수되어야 한다는 것뿐이다. 의미는 단지 발견술적인 것이고, 심리적인 도움에 지나지 않는다. 수학은 주제-대상을 조금도 가질 필요가 없다.

그러나, 게임 형식주의자는 벅찬 문제를 안고 있다. 왜 수학이 과학에서 그렇게 유용한가? 어쨌든, 아무도 체스의 유용한 용도를 찾지 않는다. 왜 의미 없는 수학 게임이 어떠한 응용성을 가져야 한다고 생각하는가? 그것은 분명히 그렇고, 우리는 그러한 응용성을 설명해야 한다. 비슷한 문제가 수학 내의 수학의 응용성에 대해서도 발생한다. 왜 복소해석학 게임이 실해석학 게임에 유용한가? 이 이슈는 예를 들어 복소해석학에 관해서는 게임 형식주의자이지만 실해석학이나 산술에 관해서는 그렇지 않은 사람에게 더욱더 문젯거리이다.

이런 의미에서, 게임 형식주의는 **도구주의**(*instrumentalism*)라고 불리는 과학철학과 무척 닮았다. 그것은 전자(electrons)와 같은 눈에 띄지 않는 이론적 개체들(theoretical entities)에 관한 우려들을 완화하기 위해 고안되었다. 도구주의에 따르면, 이론적 과학은 식별 가능한, 물리적 우주에 관해 예측하기 위한 복잡한 도구일 뿐이다. 과학자는 이론적 개체들이 존재한다고 믿을 필요가 없다. 그래서 도구주의자(instrumentalist)는 이론적 존재자들에 대한 우리의 지식을 해명하려는 인식론적 문제로부터 해를 입지 않는다. 그러나 그녀는 다만 왜 그 도구가 그렇게 잘 작동하는지 또는 왜 그것이 하여간 작동하는지 설명해야 하는 틈새 문제를 안고 있다. 비슷하게, 게임 형식주의자는 수학이 무엇에 관한 것인지를 말하는 문제로부터 해를 입지 않는다. 그리고 아마 수학이 어떻게 알려지는가라는 문제에 대해 깨끗한 해답을 가지고 있다. 그러나 이제 왜 수학이 유용한가라는 이슈는 아주 다루기 힘들어 보인다.

게임 형식주의에 대한 Frege의 (1903: §91) 주된 비판은 이러한 줄기를 따라 간다.:

> 내용으로서의 사고가 없는 산술은 또한 응용의 가능성이 없을 것이다. 왜 체스 기물들의 배치가 어떠한 응용도 줄 수 없겠는가? 확실히, 그것이 아무 사고도 표현하지 않기 때문이다. 만약 그랬다면 그리고 체스의 규칙들을 따르는 모든 말 두기가 하나의 사고에서 다른 사고로의 전이와 대응됐다면,

> 체스의 응용들 또한 상상할 수 있을 것이다. 왜 산술의 등식들이 응용되는가? 오로지 그것들이 사고를 표현하기 때문이다. 과연 어떻게 아무것도 표현하지 않고 일군의 조각상들에 불과한, 즉 어떤 규칙들에 부합하는 또 다른 일군이 조각상들로 변환되어져야 하는 그러한 조각상들에 불과한, 등식을 적용할 수 있겠는가? 적용 가능성만이 산술을 게임에서 과학의 등급으로 끌어 올린다.

형식주의자는 응용이 수학 자체의 일부가 아니라 그것{수학}과 관련 없는 것이라고 반박할 수 있다. Frege (1903: §88)는 Thomae (1898: §§1-11)를 인용한다.

> 수의 형식적인 개념화는 논리적 개념화보다 더 조심성 있는 제한을 받아들인다. 그것은 수가 무엇인지 그리고 무엇을 하는지 묻는 것이 아니라, 그보다는 산술에서 그것들에 요구되는 것이 무엇인지를 묻는다. 형식주의자에게, 산술은 비어있다고 여겨지는 기호들이 있는 게임이다. 그것은 그것들이{기호들이} (그 계산 게임에서) 어떤 조합 규칙들 (게임의 규칙들)과 관련하여 할당 받은 움직임들 외에는 내용을 가지지 않는다는 것을 의미한다. 체스 플레이어는 기물들을 비슷하게 사용한다.; 그는 그것들에{기물들에} 게임에서의 움직임들을 한정하는 어떤 속성들을 할당한다 … 확실히, 산술과 체스 사이에는 중요한 차이점이 있다. 체스의 규칙들은 임의적이고, 산술을 위한 규칙들의 체계는, 간단한 공리들에 의해 수를 다양체(manifolds)에서 찾을 수 있고 그래서 수가 자연에 대한 우리의 지식에 중요한 기여를 할 수 있는, 그런 것이다.

여기에서 Thomae는 내가 '온건한 게임 형식주의(moderate game formalism)'라고 부르는 견해를 채택한 것으로 보인다. 그 아이디어는 수학자가 자신의 '언어'를 **마치** 다수의 의미 없는 문자들인 **것처럼**(*as if*) 다룬다는 점이다. 산술의 규칙들은 아마 응용의 목적으로 선택되었지만, 이러한 응용들은 그러한 그 수학자와는 관계가 없다. Frege가 이 게임 형식주의자의 편에서 말하듯이, '형식적 산술에서 우리는 다른 것이 아니라 {하필이면 왜} 그 규칙들을

선택했는지에 대해 해명해야 하는 우리 자신의 책임을 면제한다.' (Frege 1903: §89)

Frege는 적용 가능성의 문제가 단지 형식주의자, 또는 심지어 수학자가 그것을 다루기를 거부한다는 이유만으로 사라지는 것은 아니라고 대응한다. 그는 그 책략에 의해 얻어지는 것이 무엇인지 풍자적으로 묻는다.: '확실히, 산술은 일거리로부터 놓여난다. 그러나 이것이 그 문제를 없애는 것인가? [형식주의자는] 그것을 자신의 동료들, 기하학자들, 물리학자들, 천문학자들의 어깨에 올려놓는다.; 그러나 그들은 감사의 뜻을 표하면서 그 일을 정중히 사양한다.; 그래서 그것은 그 과학들 사이의 허공에 빠진다. 그 과학들의 영역을 분명하게 잘라 분리하는 것이 좋은 일일 수 있을 것이다. 아무도 책임을 지지 않으려는 영역이 남지 않는다는 조건 하에 {말이다}.' (Frege 1903: §92) 그리고 나서 Frege는 문제의 응용들은 극히 넓게 이루어진다고 지적한다. 수학은 세어지고 재어질 수 있는 어떠한 것에도 응용될 수 있다. 똑같은 수가 '길이, 시간 구간, 질량, 관성 모멘트 등에서 발생할 수 있을 것이다.' 그래서 '산술의 유용성은 – 부분적으로는, 적어도 – 그것이 응용되어야 하는 그러한 과학들과는 독립적으로 해결되어야 한다.' 그래서 그 문제를 이런 방식으로 피하는 것은 도움이 되지 못할 것이다.[3] 형식주의에 대한 Frege의 일축이 너무 섣부른 것이라 하더라도, 형식주의자가 우리에게 수학의 적용 가능성에 대한 해명을 빚지고 있다는 것은 분명하다.

3) 수의 넓은 적용 가능성은 논리주의를 찬성하는 Frege가 고려하는 사항들(considerations) 중 하나이다. 자연수에 대한 그 자신의 설명은 명백하게 그 응용들 중 하나로 시작한다.: 농도(cardinality)를 표기하기 (5장, §1 참고). 실수에 대한 Frege의 (1903) 설명은 양들의 비를 잴 때의 그 응용성을 중심으로 진행된다. (Simons 1987과 Dummett 1991: 22장 참고).

2. 연역주의: Hilbert의 기하학의 기초

게임 형식주의에 대한 Frege의 비판들 중 하나는 그 견해의 온건한 버전에 대한 변형을 시사한다. 예를 들어, 누군가가 – 수학자, 물리학자, 천문학자가 – 산술의 기본 공리들을 어떻게 해서든 참이 되도록 해석하였다고 가정해 보자. 이것은 산술의 응용성을 보장하는 데 충분하지 않다. 이 해석만으로는 **정리들**(*theorems*)이 같은 해석 아래에서 참이라는 것을 보장하지 않을 것이기 때문이다. 산술-게임의 규칙들이 우리를 (그렇게 해석된) 참들로부터 참들로 데려간다는 것을 어떻게 아는가? Frege (1903: §91)는 다음과 같이 썼다.:

> 내용을 가지고 있는 산술에서 등식들과 부등식들은 사고를 표현하는 의미들인 반면, 형식적인 산술에서 그것들은 어떠한 의미에 대한 고려도 없이 규칙들에 따라 바꿀 수 있는, 체스 기물들의 위치들과 비견된다. 왜냐하면 그것들이 의미를 가지고 있다고 여겨진다면 그 규칙들이 임의적으로 규정될 수는 없을 것이기 때문이다.; 그것들은 참인 명제들을 표현하는 식들로부터 [우리가] 또한 참인 명제들을 표현하는 식들만 [유도할] 수 있도록 선택됐어야만 할 것이다. 그렇다면 기호들을 조작하기 위한 규칙들이 꽤 임의적으로 규정된다고 주장하는 형식적 산술의 관점은 포기됐을 것이다.

오늘날의 용어로 하면, 산술과 같이 성공한 분야의 응용에서, 그 게임의 규칙들은 임의적일 수 없고, **논리적 귀결들**(*logical consequences*)을 만들어 내야만 한다. 그 언어가 어떻게 해석되든지 간에 상관없이, 공리들이 참이 되었다면 정리들은 같은 해석 하에서 참이어야만 한다.

엄격한 연역 체계의 출현 – 많은 부분은 Frege 덕분인 – 은 게임 형식주의와 공통점을 가지면서도 그러나 이 특정한 위험은 피하는 솔깃한 철학을 떠올리게 한다. **연역주의자**(*deductivist*)는 추론의 규칙들이 참을 보존해야 한다는 Frege의 의견을 받아들인다. 그러나 여러 가지 수학적 이론들의 **공리들**(*axioms*)이 임의적으로 규정되어진 것처럼 다루어져야 한다고 주장한다.

그 아이디어는 수학의 실제가 어느 쪽으로 해석되지 않은 공리들의 논리적 귀결들을 결정하는 일들로 이루어져 있다는 점이다. 수학자는 자유롭게 수학의 공리들(과 정리들)을 의미 없는 것으로 간주한다. 또는 그것들을 자유로이 해석한다.

이 견해를 엄격하게 분명히 표현하기 위해, 우리는 '그리고', '만약 … 이면', '존재한다', '모든 것에 대해'와 같은 논리적 용어들을 '수', '점', '집합', '선'과 같은 비-논리적(non-logical)인, 또는 구체적으로 말하면 수학적인 용어들과 구별할 것이다. 논리적 용어들은 그 보통의 의미로 이해된다. 반면 비-논리적 용어들은 해석되지 않은 채로 남거나 해석되지 않는 것처럼 다루어진다.[4] Φ를 예를 들어 산술에서의 한 정리라고 하자. 연역주의에 따르면, Φ의 '내용'은 Φ가 산술의 공리들로부터 따라 나온다는 점이다. 연역주의는 때로 '만약-이면-주의(if-then-ism)'라고 불려진다.

게임 형식주의와 연역주의 사이의 친밀성은, Frege가 말했듯이, '계산과 같이 조작될' 수 있는 논리적 체계의 개발로부터 생긴다. 연역주의는 논리가 주제-중립적이라는 슬로건과 어울린다. 현대의, 모델 이론의 관점에서, 전제들의 집합 Γ로부터 결론 Φ로의 추론이 타당하다면, Φ는 모든 전제들 Γ를 참으로 만드는 어떠한 해석 아래에서도 참이다. 연역주의의 배경이 되는 아이디어는 해석을 무시하고 추론을 고수하는 것이다.

게임 형식주의자처럼, 우리 연역주의자도 철학적 질문들에 대해 깨끗한 해답을 제의한다. 수학은 무엇에 관한 것인가? 아무것도 아니다. 또는 아무것도 아닌 것에 관한 것으로 간주될 수 있다. 수학적 지식은 무엇인가? 그것은 무엇이 무엇으로부터 따라 나오는지에 대한 지식이다. 수학적 지식은 논리적(*logical*) 지식이다.[5] 수학 분야가 어떻게 응용되는가? 그 공리들을 참으로

4) 이 접근은 Frege의 논리주의에서는 낯선 것이다. Frege에게, 수학의 모든 용어는 논리적이고, 그래서 완전하게 해석될 것이다. Van Heijenoort 1967a와 Goldfarb 1979를 참고할 수 있다.

5) 연역주의는 이 점에서 논리주의와 공통점이 많다 (5장 참고).

만드는 해석을 발견함에 의해서.

연역주의는 19세기와 20세기 초반 동안 수학, 특히 기하학 기초의 발전과 함께 잘 나아간 철학이다. 중대한 사건들에는 다음의 것들이 포함된다. 해석 기하학의 출현과 성공, {그것에 대한} 대응으로서의 사영기하학과 함께; 무한대의 점들과 같이, 이상적이고 상상적인 요소들을 수용하려는 시도; n차원 기하학의 전개; Euclid 기하학을 대체하지 않는, 비-유클리드 기하학의 주류 수학으로의 나란한 동화 등. 이러한 주제들은 수학이 공간과 시간의 직관에 묶여 있다는 Kant 철학의 논제들의 기반을 약화시키는 데 일조했다 (4장, §2 참고). 수학 커뮤니티에서는 엄격함, 여러 가지 수학 분야들의 공리화, 그리고 궁극적으로 연역을 내용과 독립적으로 이해하는 것에 대한 관심이 증가하기 시작했다. 그것은 아마 이러한 수학적 발전 및 논리학적 발전으로부터 공리들의 '해석'이 문제가 되지 않는다는 철학적 논제로 가는 작고도 자연스러운 걸음이다. 물리학자는 실제 시공간이 Euclid 기하학적일지 또는 4차원적일지에 대해 걱정할 수 있다. 그러나 수학자들은 모든 종류의 기하학들의 귀결들을 자유롭게 탐험한다.

Moritz Pasch는 논리적 추론이 주제-중립적이어야 한다는 아이디어를 전개했다. Pasch는 기하학이 형식적인 방식으로 제시되어져야 한다고 썼다. 추론을 해 나갈 때 직관이나 관찰에 의존하지 않은 채 {말이다}.:

> 기하학이 정말로 연역적이려면, 추론의 과정이 모든 부분에서 기하학적 개념들의 의미와 독립적이어야만 한다. 그림들과 독립적이어야 하는 것과 똑같이.; 명제들과 정의들에서 명시된 관계들만이 합당하게 고려될 수 있을 것이다. 연역하는 동안 용어들의 의미를 생각하는 것은 유용하고 합당지만, 결코 불가피하지는 않다.; 사실, 불가피하게 그렇게 해야 한다면 그 증명이 불완전하다는 것이 분명해진다. (Pasch 1926: 91)

Ernest Nagel (1939: §70)은 Pasch의 연구가 기하학에 대한 표준을 정립했다고 썼다.: '그 이후로 어떠한 연구도 학생들의 관심을 다음과 같은 과목으로 이끌지 않았다. 즉, 무정의 또는 원시 용어들(undefined or primitive terms)과 무증명 또는 원시 진술들(unproved or primitive statements)에 대한 주의 깊은 목록화하기로 시작하지 않는 과목; 그리고 이 원시적인 토대에 의해서만, 모든 추가 용어가 정의되고 모든 추가 진술들이 증명되어야 한다는 조건을 만족하지 않는 과목.'

20세기에 접어 들 때쯤 David Hilbert의 기하학에서의 연구가 이러한 기초론적 전개의 정점을 나타낸다. 그의 기하학의 기초(*Grundlagen der Geometrie*) (1899)에서 실행된 프로그램은 기하학에서 직관의 필수적인 역할에 종지부를 찍었다. 공간적 직관 또는 관찰이 Euclid 기하학 공리들의 원천으로 남아 있지만, Hilbert의 저작에서 직관과 관찰의 역할은 명백하게 동기 부여에만 제한되고 발견술적이다. 일단 공리들이 형성되면 직관과 관찰은 추방당한다. 그것들은 수학의 일부가 아니다.

이러한 방향 설정에 의한 하나의 결과는 공리들이 만족되는 한 무엇이라도(*anything at all*) 점, 선, 평면 등 무정의 원시어들(undefined primitives)의 역할을 할 수 있다는 것이다. Otto Blumenthal은, 1891년 Berlin 기차역에서의 논의에서, Hilbert가 기하학의 적절한 공리화 내에서 '우리는 항상 "점, 직선, 평면" 대신에 "탁자, 의자, 맥주잔"을 말할 수 있음에 틀림없다'고 말했다고 전한다 (Hilbert 1935: 388-429 참고; 이 이야기는 p. 403에서 이야기된다).

Hilbert (1899)는 그 아이디어를 다음과 같이 요약한다.: '우리는 … 점들, 직선들, 평면들이 상호간에 어떤 관계들을 갖고 있다고 생각한다. 그것을 우리는 "위치하다", "사이에", "평행한", "합동인", "연속인" 등과 같은 말을 수단으로 나타낸다. 이 관계들의 완전하고 정확한 기술은 기하학의 공리들(*axioms of geometry*)의 귀결로서 생긴다.' 확실히, Hilbert는 그 공리들이 '우리 직관의, 관련되어 있는 근본적인 어떤 사실들'을 표현한다고도 말하지만, 이어지는 그 책의 전개에서 직관의 내용으로 남아있는 전부는 '점', '선'

등등 (그리고 일부 정리들에 나오는 그림들)과 같은 말(*words*)의 사용이다. Hilbert의 제자(protégée) Paul Bernays (1967: 497)는 Hilbert (1899)의 목표를 다음과 같이 요약했다.:

> Hilbert에 의한 기하학의 공리화의 주된 특징은 그 공리적 방법이, 19세기 말에 일어나 현대 수학에서 일반적으로 채택되어 온 수학의 추상적 개념화의 정신 내에서 제시되고 행해진다는 점이다. 그것은 용어들의 직관적인 의미를 제거하여 추상하는 것에 있다 … 그리고 가설적인 의미에서, 즉 공리들을 만족시키는 … 어떠한 해석에 대해서도 참이 성립한다는 의미에서, 공리화된 이론의 주장들 (정리들)을 이해하는 것에 있다. 그래서, 공리적 체계는 주제-대상(subject matter)에 관한 진술들의 체계로서 간주되지 않고 관계적인 구조라고 말할 수 있는 것을 위한 조건들의 체계로서 간주된다 … 공리적임(axiomatics)의 이러한 개념화에서 … 그 공리들을 근거로 하는 논리적 추론은 공간적 도형들의 연구에서 단지 직관을 돕기 위한 수단으로서 사용되지만은 않는다.; 그보다는 논리적 종속물들은 그 자신들을 위해 고려된다. 그리고 추론할 때, 명백히 가정되는 또는 가정들과 공리들로부터 논리적으로 따라 나오는, 도형의 그러한 속성들에만 의존해야만 한다는 점이 주장된다.

Hilbert의 유명한 '수학적 문제들' (Hilbert 1900) 중 두 번째는 연역주의의 접근을 수학의 모든 부분으로 확장한다.[6] '과학의 토대를 조사하는 일에 종사할 때 우리는 그 과학의 기초 아이디어들 사이에 내재하는 관계들에 대한 정확하고 완전한 기술을 포함하는 공리들의 체계를 수립해야만 한다. 수립된 그 공리들은 동시에 그 기초 아이디어들의 정의들이다 … '

이 문맥에서 그리고 논리주의와 관련하여 하나의 중요한 발전은 형식적

6) Paris에서 개최된 1900 세계수학자대회(the 1900 International Congress of Mathematicians) 전에 있었던 강연에서, Hilbert는 수학자들이 달려들어야 하는 스물세 문제를 제시했다. 그 목록은 20세기의 많은 기간을 통해서 수학 그리고 특히 수학적 논리를 위한 많은 의제를 제공했다. 가장 유명한 문제들 중 하나는, 열 번째 것인데, 주어진 디오판토스 방정식(Diophantine equation)이 자연수 해를 갖는지 판정하는 알고리즘을 찾는 것이었다. 이 이슈는 Matijacevič (1970)이 그러한 알고리즘이 없다는 것을 보였을 때 겨우 해결되었다.

언어와 연역 체계가 그것들 자신의 정당한 자격으로 수학적 대상으로서 연구될 수 있을 만큼의 충분한 명료함과 엄격함을 가지고 형성되었다는 점이다. 즉, 수학자는 형식적 체계에 **관해**(*about*) 어떤 것들을 증명할 수 있다. 그러한 노력들은 **메타-수학**(*meta-mathematics*)이라고 알려지게 되었다. 메타-수학적인 질문들에 대한 관심은 평행선 공준 증명의 실패에 대한 대응으로서의 비-유클리드 기하학의 발전으로부터 성장했다. 실제에 있어서는 (그리고 지난 일에 대한 통찰력 덕분에), 비-유클리드 기하학의 공리들은 그것들을 참으로 만드는 구조를 그림으로써(by describing) 무모순임이 보여졌다.

해석기하학의 기법을 사용하여, Hilbert (1899)는 실수를 사용하는 공리들 전체에 대한 모델을 구성하였다. 그래서 그 공리들이 '양립 가능하다(compatible)'는 것을, 즉 무모순이라는 것을 보였다. 오늘날의 용어로 하면, 그는 그 공리들이 만족될 수 있다(satisfiable)는 것을 보였다. 공간적 직관이 발견술을 넘어서는 역할을 하고 있다면, 이 증명은 필수적이지 않을 것이다. 직관이 홀로 모든 공리들이 (실제 공간에서) 참이라는 것을 그래서 그것들 모두가 서로 양립 가능하다는 것을 우리에게 보장할 수 있을 것이다. Kant의 시절에 기하학자는 이 문맥에서 '양립 가능성(compatibility)' 또는 만족 가능성(satisfiability)을 증명한다는 점에 관해 의아해 했을 것이다. 우리가 곧 보게 되듯이, Frege도 그것을 망설였다.

그런 다음 Hilbert는 자신의 공리들 중 하나는 거짓이 되지만 나머지 모두가 성립하는 일련의 모델들을 제시했다. 그래서 각 공리들이 다른 것들과 독립적임을 보였다. 각 모델의 '점', '선' 등 다양한 영역들은 수들의 집합, 수들의 쌍들의 집합, 수들의 집합들의 집합 등이다. 딱 탁자, 의자, 맥주잔은 아니지만, 같은 정신 안에 있다.

아마, 이 메타-수학은 그 자체가 의미 없는 것으로 간주되었던 공리들로부터 정리들을 유도하는 것은 아니다. 메타-수학의 목적은 주제-대상에, 즉 형식적 언어와 공리화에, 빛을 비추는 것이다. 그래서, 메타-수학은 수학이 주제-대상이 필요하지 않다는 것을 주장한 연역주의(와 게임 형식주의)의 주제에서 예외적인 것 같다.

하나의 선택권은 연역주의자가 메타-수학은 수학이 아니라고 주장하는 것일 것이다. 그러나 이것은 모순 어법에 가깝다. 메타-수학은 수학의 다른 어느 분야와 같은 외양과 방법을 가지고 있다. 확실히, 메타-수학은 형식화될(formalized) 수 있다. (그리고 뒤에 형식화됐다.) 일관되기 위해서, 우리 연 연주의자는 메타-수학 내의 '수학'이 그저 이 메타-수학의 공리들로부터의 귀결들을 유도한 것이라고 제의해야 한다. 이 공리들을 의미 없는 것으로 간주한 채 {말이다}. 메타-수학을 형식적 언어와 연역 체계에 '적용'하는 것은 수학의 분야로서의 그것의 본질과 관련이 없다. 산술이 세기에 적용될 수 있는 것과 똑같이 메타-수학은 연역 체계에 적용될 수 있다. 메타-수학의 역할과 중요성은 형식주의 저자들에 따라 다양하다.

Frege와 Hilbert는 활발한 서신 교환을 계속했다. 그것은 수학에 대한 그들의 철학적 접근의 차이를 두드러지게 한다.[7] Frege는 이 공리화가 기하학의 원시어들(primitives)에 대한 **정의**(*definition*)를 제공한다는, 그래서 똑같은 바로 그 문장들이 공리이자 정의로서 기능한다는 Hilbert의 (1899) 주장에 대해 질문했다. Frege는 정의와 공리의 본성에 대해 Hilbert를 바로잡으려고 시도했다. Frege에 따르면, 정의는 **의미**(*meanings*)를 주고 용어의 원뜻을 확정해야 하는 반면, 공리는 **참**(*truths*)을 표현해야 한다. 1899년 12월 27일의 편지에서 Frege는 Hilbert (1899)가, 예를 들어, '사이에'의 정의를 주지 않고 있다고 주장한다. 그 공리화가 '사이에'라는 관계가 성립하는지 여부를 판정하는 데 사용될 수 있는 '특색적인 표시를 주지 않기' 때문이다.:

단어 '점', '선', '사이에'의 의미가 주어지지 않고, 미리 알려진 것으로 가정

---

7) 그 서신들은 Frege 1976으로 출판되고 Frege 1980으로 번역되었다. 그것들에 대한 통찰력 있는 분석은 Resnik 1980, Coffa 1991: 7장, Demopoulos 1994, Hallett 1994를 참고할 수 있다. Shapiro 1997: 5장도 참고할 수 있다.

> 됩니다 … 당신이 점이라고 부른 것도 불분명합니다. 사람들은 우선 점들을 Euclid 기하학의 의미에서 생각합니다. 그 공리들이 우리 직관의 근본적인 사실들을 표현한다는 진술에 의해 강화된 생각이죠. 그러나 그 이후로 당신은 수들의 쌍을 점이라고 생각합니다 … 여기에서 그 공리들이 정의들과 관계된 무거운 짐을 나르게 됩니다 … 단어 '공리'의 오랜 의미에 [더]하여 … 그러나 저는 파악할 수 없는 또 다른 의미가 거기에서 나타납니다.

'수들의 쌍을 점으로' 생각하는 아이디어는 Hilbert의 메타-수학적 정리들 중 일부를 지칭한다. 예를 들어, Hilbert는 '점'이 수들의 쌍인 데카르트 좌표계의 모델을 구성함으로써 자신의 공리화가 무모순임을 보였다. 같은 편지에서 Frege는 Hilbert에게, 정의는 그 의미가 아직 주어지지 않은 한 개 단어의 의미를 명시해야 하고, 그 정의는 그 의미가 이미 알려진 다른 단어들을 사용해야 한다고 말했다. 정의와 달리, 공리와 정리는 '그것이 표현하는 주장과 사고의 의미에 관해 아무런 의문도 남지 않도록, 뜻과 의미가 … 아직 완전하게 정해지지 않은 단어나 기호를 포함해서는 안 된다. 그래서 유일한 질문은 그 사고가 참인지의 여부일 수 있다 … 그래서 공리와 정리는 그 내부에 존재하는 기호나 단어의 의미를 정하려고 결코 시도해서는 안 된다. 그것이 아니라 이미 정해져 있어야만 하는 것이다.' Frege의 요점은 간단한 딜레마이다.: 만약 제안된 공리들 내의 용어들이 사전에(beforehand) 의미를 가지고 있지 않으면, 그 진술들이 참 (또는 거짓)이 될 수 없다. 그래서 그것들은 공리가 될 수 없다. 만약 그것들이 사전에 의미를 가지고 있다면, 공리들은 정의가 될 수 없다.

오늘날의 용어로 하면, Hilbert는 '점', '선', '평면'과 같은 용어들에 대한 **암묵적**(*implicit*), 또는 **기능적**(*functional*) 정의들을 마련했다. 이것들은 몇몇 아이템들을, 서로들 사이의 관계에 관해서, 동시에 특징짓는 것이다. 성공적인 암묵적 정의는 구조를 포착한다 (Shapiro 1997: 4, 5장 참고). Frege는 이 개념을 받아들이지 않았다. 적어도 **정의**(*definition*)로서는 받아들이지 않았다.

Frege는 공리들이 참이라는 것으로부터, '그것들이 서로 상충되지 않는다는 것이 따라 나오'고, 그래서 그 이상으로 공리들이 무모순이라는 것을 보일 필요가 없다고 덧붙였다. 즉, Frege는 Hilbert의 메타-수학의 요점을 이해하지 못했다. 그 공리들의 참은 직관에 의해 보증되고, 그것들이 무모순이라는 것을 보일 이유가 없다.

12월 29일의 답장에서, Hilbert는 Frege에게 기초(*Grundlagen*)의 목적은 기하학의 원리들 사이의 논리적 관계들을 탐구하는 것이라고 말했다. 왜 '평행선 공리가 다른 공리들의 귀결이 아닌지'를 알기 위해 그리고 삼각형의 각들의 합이 2직각이라는 사실이 평행선 공리와 어떻게 연결되어 있는지를 알기 위해서. 나는 수학적 논리의 개척자인 Frege가 이(*this*) 프로젝트를 평가할 수 있었다고 추정한다. 단어 '점', '선', '평면'의 의미가 '주어지지 않고, 미리 알려진 것으로 가정된'다는 Frege의 주장에 대해, Hilbert는 다음과 같이 답하였다.:

> 오해의 주요한 지점이 바로 여기에 있습니다. 저는 어떠한 것도 미리 알려진 것으로 가정하기를 원하지 않습니다. 저는 제 설명을 … 점, 직선, 평면 개념의 정의로 간주합니다 … 예를 들어 누군가가 크기 없음(extensionless) 등의 용어로 바꾸어 씀으로써 '점'의 다른 정의들을 찾고 있다면, 저는 정말이지 그러한 시도들을 가장 단호한 방법으로 반대하고 싶습니다.; 그 사람은 아무것도 거기에 없기 때문에 결코 발견할 수 없는 어떤 것을 찾고 있습니다.; 그리고 모든 것이 사라지고 희미해지고 헝클어지며 숨바꼭질 장난 속으로 빠져듭니다.

이것은 Euclid의 '점은 부분을 갖지 않는 것이다'와 같은 '정의'에 빗댄 것이다. Hilbert는 그러한 정의들은 도움이 되지 않는다고 주장했다. 이 '정의들'은 수학적 전개에서 사용되지 않는다. 우리가 할 수 있는 전부는 점들, 선들, 평면들의 서로에 대한 관계들을 – 공리화를 통해서 – 명시하는 것이다. 우리가 제공할 수 있는 전부는 용어들에 대한 암묵적 정의이다. 더 잘 하려고 시도하면 '숨바꼭질'에 빠지게 된다. Hilbert는 '점'에 대한 자신의 개념이 '모호하지 않게 확정되'지 않는다는 Frege의 불평에 대해서도 대답했다.:

> 모든 이론이, {개념들} 서로에 대한 필연적인 관계와 함께 개념들의 비계(scaffolding) 또는 도식(schema)일 뿐이라는 것, 그리고 그 기본 요소들을 우리가 좋아하는 어떠한 방식으로도 생각할 수 있다는 것은 확실히 명백합니다. 제 의견을 말씀드리자면, 저는 사물들의 어떤 체계를, 예를 들어 사랑, 법, 굴뚝청소부 체계를 생각합니다 … 그런 다음 저의 모든 공리들을 이 사물들의 관계들이라고 가정합니다. 그러면 명제들은, 예를 들어 Pythagoras의 정리는 이 사물들에 대해서도 타당합니다 … 이 상황은 사실 자주 이용됩니다. 예를 들어, 쌍대성원리에서 … [이것은] … 이론에서 결코 결점이 될 수 없습니다. 그리고 그것은 어떠한 경우든지 간에 피할 수 없습니다.

Hilbert가 Berlin 기차역에서 했던 말과의 유사성에 주목할 수 있다.

Hilbert는 그것들이 모두 참이기 때문에 그 공리들의 무모순성(consistency)에 관해 걱정할 필요가 없다는 Frege의 주장을 힘껏 거부했다.: '이러한 것들에 대해 생각하고, 저술하고, 강의해 오는 동안, 저는 정확히 반대의 것을 말해 왔습니다.: 임의로 주어진 공리들이 그것들의 모든 귀결들과 함께 서로 상충되지 않는다면, 그것들은 참이고 그것들에 의해 정의된 것들도 존재합니다. 이것이 참과 존재성에 대한 저의 판단 기준입니다.' 문자 그대로, Hilbert는 공리들의 무리(collection)가 무모순이면 참이고 그 공리들이 말하는 것들이 존재한다고 주장했다. 이것은 우리가 다른 영역에서 생각하는 방법과 뚜렷한 대조의 경향을 보인다. Hilbert에 대한 보다 주의 깊은 진술은, 공리들 무리의 무모순이 수학의 정당한 분야를 구성하기에 충분한 조건이라는 것일 것이다. 무모순은 수학자에게 필요한 '참'과 '존재성'의 전부이다.

1900년 1월 6일의 답신에서, Frege는 Hilbert가 '기하학에서 공간적 직관을 떼어놓으면서 그것을 산술과 같은 순수하게 논리적인 과학으로 돌리기'를 원한다는 것에 주목했다. 그리고 Frege는 많은 Hilbert의 관점을 자기 자신의 뼈대 내에서 되찾을 수 있었다. 그러나, 두 위대한 마음들은 아득히 멀리 떨어져 있었다. Frege는 무모순을 수립하는 유일한 방법은 모델을 주는 것이라고 말했다.: '그러한 모든 속성들을 가지고 있는 대상을 가리키기 위해서는, 그러한 모든 조건들이 만족되는 경우를 제시할 것.' 다음 절에서 보게 되듯이 후기 Hilbert 프로그램은 무모순을 수립하기 위한 또 다른 방법을 마련하려고 시도했다.

Frege는 Hilbert의 '정의들의 체계가 몇몇 미지수가 있는 방정식들의 체계와 닮았다'고 불평했다. 나는 Hilbert가 이 유사성을 인정했을 것이라고 생각한다. 가까운 예에서, 세 '미지수'는 '점', '직선', '평면'이다. 우리는 그것들 사이의 관계들만을 얻는다. Frege는 다음과 같이 썼다.: '당신의 정의들이 주어졌을 때, 나는 내 주머니 시계가 점인가 아닌가라는 질문에 대해 어떻게 판단해야 할지 알지 못한다.' Hilbert는 확실히 동의할 것이다. 그러나 그 주머니 시계 이슈를 해결하려는 시도는 숨바꼭질 장난을 하는 것이라고 덧붙일 것이다. 여기에서 Frege의 이슈는 그 자신의 논리주의에서 제기된 이른바 'Caesar 문제'를 생각나게 한다 (5장, §1 참고). Frege에게 '내 주머니 시계는 점이다'라는 문장은 진리 값을 가져야만 한다. 그리고 산술의 이론이 방정식 '2 = Julius Caesar'의 진리 값을 판정해야만 하는 것과 똑같이 우리의 이론은 이 진리 값을 판정해야만 한다.

Hilbert는 – 주머니 시계 이슈에 의해 나타내어지는 – 개념에 대한 Frege의 관점을 거부하는 것을 주요 혁신(*innovation*)으로, 그리고 자신의 접근의 강점으로 생각했다. 1903년 11월 7일의 편지에서 그는 '전통적인 논리의 구조에서 가장 중요한 틈은 … {한 개념에 대해} 사람이 어느 대상과 관련하여 그 대상이 그 개념에 해당되는지의 여부를 진술할 수 있으면 그 개념이 이미 있다고 … 가정한다는 점입니다. [그 대신에,] 결정적인 [것은] 그 개념을 정의하는 공리들이 모순으로부터 자유롭다는 점입니다.'라고 썼다. 약간의 격앙됨을 보이면서, Hilbert는 다음과 같이 요약했다.:

개념은 다른 개념들과의 관계에 의해서만 논리적으로 확정될 수 있습니다. 이러한 관계들은, 내가 공리라고 부리는 어떤 진술들에서 공식화되는데, 그래서 공리들이 … 그 개념들의 정의들이라는 견해에 이릅니다. 저는 더 나은 것을 가지고 있지 않았기 때문에 이 견해를 생각해 냈던 것이 아닙니다. 그게 아니라 논리적 추론에서 그리고 이론의 논리적 구성에서 엄밀함의 필요조건들에 의해 제 자신이 그것 속으로 밀려들어가는 것을 발견했습니다. 저는 수학의 더 포착하기 힘든 부분들이 … 이런 방식에 의해서만 확실성을 갖고 다루어질 수 있다는 것을 확신하게 되었습니다.; 그렇지 않으면 원을 빙글빙글 돌게 될 뿐입니다.

3. 유한주의: Hilbert 프로그램

Dickens의 말로 바꾸어 표현하면, 20세기에 접어 들 때 수학은 '최고의 시간, 최악의 시간'이었다. Augustin Louis Cauchy, Bernard Bolzano, Karl Weierstrass와 같은 수학자들에 기인하는, 실해석학에서의 강력하고 유익한 발전은 무한소의 문제를 극복하고 미적분학을 단단한 기반 위에 올려놓았다. Hilbert (1925: 187)는 실수와 복소수 해석학이 '가장 미적인 그리고 섬세하게 세워진 수학의 구조'라고 썼다. 무한하게 작고 무한하게 큰 양들이 필요하지 않게 됐음에도, 새로운 이론들은 여전히 무한한 무리들에 의존했다. Hilbert에 따르면, '수학의 해석학은 무한의 교향곡이다'. 동시에, Georg Cantor의 집합론에서 무한에 대한 짜릿한 설명이 있었다.

이러한 깜짝 놀랄 만한 사태들에도 불구하고, 또는 그것들 때문에, 근본적인 위기의 느낌이 있었다. 수학은 모든 분야들 중에 가장 정확하고 확실해 보였고, 그래야 했으나, 도전이나 의심이 일어나고 있었다. Russell의 역설(5장, §§1-2 참고)과 같은 이율배반에 비추어, 그 집합론이 정말 무모순이라는 확신이 없었다. Cantor가 '모순적인 다수(inconsistent multitudes)'라고 불렀던 것, 즉 너무 커서 함께 하나의 집합으로 모을 수 없는 집합들의 무리를 사용하는 것이 위기감에 도움이 되지 않았다. 그 이율배반들이 일부 수학적 방법들의 정당성에 대한 공격으로 이어졌다. 그것은 일부 수학자들로 하여금 수학적 방법들에 엄격한 제한을 가하도록 하였다. 그 제한은 실수와 복소수 해석학에 심각한 손상을 주는 것이었다 (1장, §2, 5장, §2, 7장 참고).

이런 사태들에 대한 Hilbert의 대응은 연역주의, 이름 형식주의, 게임 형식주의의 측면들을 통합했다. 그 철학적 장점들이 무엇이든지 간에, Hilbert **프로그램**(*Hilbert programme*)은 오늘날까지 번창하는 생산적인 메타-수학의 시대를 낳았다. Hilbert에게, 그 프로그램은 뚜렷한 인식적 목적을 갖고 있었다.: '내 이론의 목표는 수학적 방법의 확실성을 단번에 확립하는 것이다' (Hilbert 1925: 184). 그것은 엄격한 논리적 체계를 전개했던 Frege와 같은 논리학자들의 기념비적인 노력들뿐 아니라 수학 분야들에 대한 공리화의 초기 작업들 위에 세워질 것이었다.:

> 우리의 과학을 배신하지 않고 그 역설들을 피할 수 있는 완전하게 만족스러운 방법이 … 있다. 우리가 이 방법을 발견하도록 조장하는 욕구들과 마음가짐은 … 이러한 것들이다.: (1) … [우리]는 생산적인 정의들과 연역적인 방법들을 주의 깊게 조사할 것이다. 우리는 그것들을 돌보고, 강화하고, 유용하게 만들 것이다. 누구도 Cantor가 우리를 위해 만들어 낸 낙원에서 우리를 쫓아낼 수 없을 것이다. (2) 우리는 수학 전체를 통해 우리의 연역적 결론에 보통의 기초 정수론에 존재하는 것과 같은 확신을 확립해야만 한다. 그것에 대해서는 누구도 의심하지 않고 그곳에서는 모순과 역설이 우리 자신의 부주의함을 통해서만 발생한다. (Hilbert 1925: 191)

그 프로그램의 배경이 되는 아이디어는 수학의 각 분야들을 그 논리와 함께 주의 깊게 그리고 엄격하게 형식화하는 것이다. 그런 다음 그것들이 정합적이라는 것을 확인하기 위해 형식적 체계들을 연구하는 것이다.

그 프로그램을 묘사하기 위해, 우리는 그것의 핵심으로부터 시작한다. 그것은 때로 '유한 산술(finitary arithmetic)'이라고 불린다. 가장 단호하게, 유한 산술은 (체스와 같은) 의미 없는 게임으로부터 또는 의미 없는 공리들로부터 귀결을 연역하는 것으로 이해되지 않는다. 반대로, 유한 산술의 주장들은 의미를 갖고, 주제-대상을 갖는다.

유한 산술의 식들은 '$2 + 3 = 5$'와 '$12,553 + 2,477 = 15,030$'과 같은 등식들과, 뿐 아니라 '$7 + 5 = 12$ 또는 $7 + 7 \neq 10$' 또는 심지어 '$2^{10,000} + 1$은 소수(prime)이다'와 같이 그러한 것들의 간단한 조합들을 포함한다. 지금까지, 고려되는 진술들은 특정한 자연수를 언급하는 것들뿐이라는 점을 주목할 수 있다. 그리고 언급된 속성들과 관계들 전체는 속성들과 관계들이 성립하는지를 계산하는 알고리즘 (또는 컴퓨터 프로그램)이 있다는 의미에서 **효과적으로 결정가능**(*effectively decidable*)하다.

다음의 두 문장들을 생각해 보자.:

(1) 100보다 크고 $101! + 2$보다 작은 소수인 수 p가 있다.[8)]

(there is a number p greater than 100 and less than $101! + 2$ such that p is prime.)

(2) p와 $p + 2$가 모두 소수인 100보다 큰 수 p가 있다.

(there is a number p great than 100 such that both p and $p + 2$ are prime.)

이 두 문장들은 **양화사**(*quantifier*) '수 p가 있다'를 포함한다. 그러나 그것들 사이에는 차이가 있다. 문장 (1)의 양화사는 $100! + 2$보다 작은 (유한개의) 자연수들에 '제한된'다. 이것을 **유계 양화사**(*bounded quantifier*)라고 부르자. 대조적으로, 문장 (2)의 양화사는 한계가 없고, 그래서 그것은 **모든**(*all*) 자연수들, 즉 무한한 무리에 걸쳐 '변동한다.' 이것은 **무계**(*unbounded*) 양화사라고 불린다. Hilbert는 유계 양화사들만이 있는 문장들을 유한적이라고 여겼다. 반면 (2)와 같이, 무계 양화사들이 있는 문장들은 유한적이지 않다.

간단한 등식들의 조합과 같이, 유계 양화사들만이 있는 문장들은 그것들이

8) 수 101!은 1, 2, 3, ⋯ , 101을 곱한 결과이다. 매우 크다.

참인지 계산하는 알고리즘이 있다는 의미에서 효과적으로 결정가능하다. 허용 가능한 한계가 매우 클 수 있기 때문에, 거기에는 어느 정도의 이상화가 수반된다. 그러나 유계 양화사에서는 고려해야 하는 유한하게 많은 경우들만이 있고, 그래서 그러한 명제들은 계산을 나타낸다. 무계 양화사들을 가지고 있는 문장들은 이러한 속성을 갖지 않는다. 원칙적으로도, 고려해야 하는 경우의 수에 제한이 없다.

Hilbert는 일반성을 나타내기 위해 문자를 도입한다. 다음 문장을 생각해 보자.:

(3) $a + 100 = 100 + a$

'0 + 100 = 100 + 0'과 '47 + 100 = 100 + 47' 같은 (3)의 사례들은 모두 합당한 유한적인 진술들이다. 문장 (3)은 각각의 그러한 사례들이 참이라는 것을 나타낸다. Hilbert는 그러한 일반화들을 유한적이라고 여겼다. 그래서 교환법칙은 다음과 같은 유한적인 공식화를 갖는다.:

(4) $a + b = b + a$

'$3 + 5 \neq 8$'과 같은 등식의 부정은 합당한 유한적인 진술이다. 그것은 3과 5의 합이 8이 아니라는 허위성을 나타낸다. 그러나, (3)과 (4)와 같이 일반성을 위한 문자들을 포함하는 진술들에 대해, 그 부정의 의미가 무엇인지 분명하지 않다. Hilbert (1925: 194)는 일반성 문자들이 있는 문장들은 유한적인 부정을 갖지 않는다고 말했다. 그는 이렇게 썼다.: 'a가 숫자 기호라면 $a + 1 = 1 + a$가 보편적으로 참이다라는 진술은, 우리의 유한적인 관점에서는 **부정될 수 없**(*incapable of negation*)다. 우리가 다음과 같은 점을 고려하면 이것을 더 잘 알 수 있다. 즉, 이 진술은 무한하게 많은 수 관련 등식들의 "그리고"에 의한 결합으로 해석되지 않고, 수를 나타내는 기호가 알려졌을 때 그 경우에 대해 무엇인가를 말하는 가설적인 판단으로서만 해석된다는 점{을 고려하면 말이다}.' 그래서, 일반성 진술의 부정은 그것이 거짓이 되는 사례가 – 수 기호가 – 있다(*there is*)고 주장하는 것이다. 비슷하게, (3)의 부정은 p + 100 이 100 + p와 동일하지 않은 수 p가 있다(*there is*)고 말하는 것이다. 그래서, 일반성 진술의 부정은 무계(*unbounded*) 양화사를 포함한다. 그래서 유한적이지 않다.

일반성을 나타내는 문자들이 없는 그러한 유한적인 문장에 관한 심각한 인식론적 이슈는 없다. 그러한 모든 문장들은 (긴 경우) 기계적인 계산을 나타낸다. 그래서 그것들의 진리 값을 판정하는 것은 알고리즘을 실행하는 문제일 뿐이다 (그러나 앞의 각주 2 참고). 어떻게 우리가 일반성을 나타내는 문자들을 가지고 있는 유한적인 문장들을 합당하게 주장하게 되는지에 관해 Hilbert는 명확하지 않다. 그리고 유한 산술에서의 증명 기법에 관해 학자들 간에 의견의 불일치가 있다. 가장 흔한 해석은 유한 산술이 오늘날 '원시 회귀 산술(primitive recursive arithmetic)'이라고 불리는 것에 대응한다는 것이다. 그러나 어떤 사람들은 유한적인 방법의 범위가 더 제약을 두지 않는 것이라고 이해한다.[9)]

우리의 다음 아이템은 유한 산술의 내용(*content*)에 관계된다. 그것은 무엇에 관한 것인가? 명백히, 유한 산술의 주제-대상은 자연수들이다. 그래서, 다시 한 번, 그것들이 무엇인지 묻는다. Hilbert는 명백히 논리주의의 관점을 거부한다.: '우리는 우리들이 철학자들과, 그 중에서도 특히 Kant와 일치한다는 것을 발견한다. Kant는 … 수학이 논리와 독립적으로 주어진 주제-대상(subject matter)을 다룬다고 가르쳤다. 그러므로, 수학은 결코 논리에만 근거를 둘 수는 없다. 결과적으로, 그렇게 하려는 Frege의 그리고 Dedekind의 시도들은 실패하도록 운명 지어졌다' (Hilbert 1925: 192). Hilbert는 유한 산술이, 어떤 의미에서는, – 논리적 연역조차도 {포함하는} – (인간의) 모든 사고의 선결 조건(*precondition*)이 무엇인가에 관계한다고

---

9) 원시 회귀 산술에 대한 설명은 증명 이론을 다루는 것이라면 어떤 것이든지 참고할 수 있다 (예를 들어 Smorynski 1977: 840 또는, 더 풍부한 것은, Takeuti 1987). Detlefsen 1986과 Tait 1981도 참고할 수 있다.

주장한다. Kant 학파의 언어를 사용하여, Hilbert는 적어도 정합적으로 생각하기 위해서 그렇게 썼다.

> 무엇인가가, 즉 모든 사고보다 먼저 직접적으로 경험되어 직관되는 논리 외의 어떤 구체적인 대상들이 개념화 안에 주어져 있어야만 한다. 논리적 연역이 확실하기 위해서, 우리는 이러한 대상들의 모든 측면들을 알 수 있어야만 한다. 그리고 그것들의 속성들, 차이점들, 인과적 연쇄들, 관념 연상들이, 대상들 그 자체와 함께, 다른 어떤 것으로 환원될 수 없는 어떤 것으로 주어짐에 틀림없다 … 이것이 기본 철학이다. 나는 그것이 단지 수학뿐이 아니라 모든 과학적인 사고, 이해, 의사소통에서 필수적이라고 느낀다. (Hilbert 1925: 192)

Hilbert는 유한 산술의 주제-대상이 '그 구조가 즉시 명확하고 인지될 있는, 구체적인(concrete) 기호 그 자체'라고 제의했다. 그는 유한 산술에서 자연수들을 다음의 '수 기호(numerical symbols)'와 동일시할 것을 제의했다.:

|, | |, | | |, | | | | …

그는 그렇게 이해되면 '각 수 기호가 | 만 포함한다는 사실에 의해서 직관적으로 인지될 수 있다'고 강조했다. 그런 다음 기호 '2'는 '| |' 의 축약형으로서 도입된다, 등등. 그래서 부등식 '3 > 2는 기호 3, 즉 | | | 이 기호 2, 즉 | | 보다 더 길다는 사실을 의사소통하는 데 기여한다.; 즉, 다른 말로, 후자의 기호가 전자에 완전히 포함되는(proper) 부분이다'.

그래서 Hilbert는 내가 '이름 형식주의'라고 부르는 것과의 유사성을 보인다 (앞의 §1.1 참고). 게임 형식주의에서 그렇듯이, 단어 '기호(symbol)'의 사용이 여기에서 오해를 부를 수 있다. Hilbert는 문자들 그 자체에 관심이 있다. 어떤 의미에서, 수 기호는 그들 자신을 상징한다.

단어 '구체적인(concrete)'의 사용에도 불구하고, Hilbert는 유한 산술에서 연구되는 문자들이 물리적 토큰으로서보다는 추상적 유형으로서 더 이해

되어야 한다고 생각한다.10) 물리적 잉크 (또는 탄 토너) 덩이 | | 는 물리적 덩이 | | | 에 완전히 포함되는 부분이 아니다. 두 토큰은 공간 상 다른 위치에 존재하고 그래서 별개의 덩이들이다. Hilbert가 '구체적 기호'가 '개념화 안에 주어지'고 '모든 사고보다 먼저 직접적으로 경험되어 직관된(intuited)'다고 말했던 것도 주목할 수 있다. Hilbert는 구체적인 기호가 지각된(perceived)다고 말하지 않는다. 이것은 '구체적인 기호'가 물리적 대상이 아니라는 또 다른 표시이다. 그는 Kant의 직관의 형식과 같은 무엇인가를 마음에 가지고 있었던 것 같다 (4장, §2 참고).

Hilbert는 또한 유한 산술의 주제가 모든 인간 사고에 필수적이라고 주장했다. 여기에서도 우리는 Kant와 비슷한 아이디어를 본다. 아이디어는, 어쨌든 생각하고 추론하기 위해서 우리는 기호들을 사용하고 어떤 식으로든 조작해야 한다는 것이다. 유한 산술은 절대적으로 부정할 수 없는 것, 또는 의심으로부터 면제된 것은 아닐지 모른다. 그러나 그것은 인간적 견지에서 가능한 한 확실하다. 유한 산술보다 더 선호되거나, 더 인식적으로 안전한 관점은 없다 (Tait 1981 참고).

확실히, 유한 산술은 수학의 굉장한 태피스트리(tapestry, 여러 가지 색실로 그림을 짜 넣은 직물)의 작은 (그리고 잠재적으로 자명한) 조각일 뿐이다. 유한 산술을 넘어서는 첫 번째 시도는 무계 양화사들을 포함하는 자연수들 (또는 문자 유형들)에 관한 진술로 구성되어 있다. 앞에서와 같이, 이것은 일반성을 위한 문자들을 포함하는 유한적인 진술들의 부정을 포함한다. 그러면 그곳에는 실해석학, 복소해석학, 함수해석학, 기하학, 집합론 등이 있다. Hilbert는 기하학에서의 무한대의 이상점에 비유하기 위해, 이 모든 것에 '이상 수학(ideal mathematics)'이라는 호칭을 주었다. 이상점이, 많은 기하학을 단순화하고

10) 앞의 §1.1을 참고할 수 있다. 철학적 용어에서, '구체적인(concrete)'은 보통 '물리적인(physical)' 또는 '시공간적인(spatio-temporal)'을 의미한다. 수학자들은 때로 언어 '구체적인(concrete)'을, '일반적인(general)'에 반대되는, '특수한(specific)'에 더 가까운 것을 위해 사용한다. 이런 의미에서, 정수론은 군론(group theory)과 같은 추상 대수의 분야들보다 더 '구체적(concrete)'이다.

통합하는 것과 똑같이 이상 수학도 우리가 유한 산술을 합리화하고 더 효율적으로 다룰 수 있도록 허용한다. 그러므로 이상 수학은 도구적으로 다루어진다.:

> 우리는 … [이상 수학의 기호들과 식들]이 그 자체로 아무것도 의미하지 않는다고, 즉 수 기호들이 의미하는 바 이상을 의미하지 않는다고 결론 내린다. 여전히 우리는 의미가 기인하는 것으로 여겨지는 다른 식들을 [이상 식들(ideal formulas)]로부터 유도할 수 있다. 즉, 그것들을 유한적인 진술들의 의사소통으로 해석함으로써. 이 결론을 일반화하여, 우리는 수학을 두 가지 식들의 종족(stock)으로 이해한다.: 첫 번째는, 유한적인 진술들의 의미 있는 의사소통들에 대응하는 것들; 그리고 두 번째는, 아무것도 의미하는 바가 없고 **우리 이론의 이상 구조**(*ideal structures of our theory*)인 다른 식들. (Hilbert 1925: 196)

이 이상 수학은, 거의 **게임**(*game*) 형식주의의 노선들을 따라서, 형식적으로 다루어져야 한다 (앞의 §1.2 참고). 이상 수학의 각 분야를 위한 구문(syntax)과 추론의 규칙들은 명백히 공식화되어야 하고, 그 분야는 그저 문자들로 하는 게임인 것처럼 수행되어야 한다. Hilbert (1925: 197)가 말하듯이, '그래서 물질적인 연역이 규칙들에 의해 통제되는 형식적인 절차에 의해 대체된다.' 그 '규칙들'은 Frege와 같은 논리학자들에 의해 개발된 연역 체계들에 있는 것들이다.

물론, 이상 수학은 유한적인 수학에 유용해야만 한다. 이상 수학의 형식화된 분야에 대한 유일한 엄격한 필요조건은, 신뢰할 수 없는 유한적인 진술에 대응하는 식을 유도하기 위해 사용할 수 없다는 것이다. T를 어떤 이상 수학의 제안된 형식화(formalization)라고 가정하고 Φ를 간단한 방정식과 같은 어느 유한적인 진술이라고 하자. 그러면 우리는 Φ가 유한적인 수학 내에서 참이라고 판정될 수 없는 한 T에서 Φ (에 대응하는 식)을 유도할 수 없어야 한다. 오늘날의 용어로 하면, T의 형식적 체계는 유한 산술의 **보수적 확장**

(*conservative extension*)이어야 한다.

형식화된 이론 T가, T의 공리들과 규칙들을 사용하여 '0 = 0 그리고 0 ≠ 0'과 같은 모순되는 식을 유도하는 것이 가능하지 않을 때, **무모순**(*consistent*)이라고 하기로 하자. 모든 참인 유한적인 진술들이 T의 정리에 대응하고, T가 (Frege의 것과 같은) 표준적인 연역 체계를 사용한다면, T의 보수성(conservativeness)은 그것의 무모순성과 동치이다.[11] 그래서 이상 수학에 대한 필요조건은 무모순성이다.

그래서 무모순성이 Hilbert의 초기 연역주의 저술로부터 이어져 강조된다 (앞절 참고). 그가 Frege에게 '임의로 주어진 공리들이 그것들의 모든 귀결들과 더불어 서로 상충되지 않는다면, 그것들은 참이고 그것들에 의해 정의된 것들도 존재합니다. 이것이 참과 존재성에 대한 저의 판단 기준입니다.'라고 썼던 것을 기억해 보자. 물론, 여기에서는 '무모순성'의 개념이 더 완전하게 표현되고, 무모순성의 철학적 역할이 더 완전하게 뚜렷해진다.

자연수들을 그 이름들과 **동일시하는**(*identifying*) 데 있어 Hilbert (또는 이름 형식주의자)를 따르든 그렇지 않든, 자연수들과 기호들 사이에 가까운 구조적 연결이 분명히 있다. 이 연결은 논리주의자들과 다른 수학자들에 의해 이후로도 계속 개발되어 왔다 (예를 들어, Corcoran 외 1974 참고). 결정적으로 Hilbert 프로그램에서, 자연수들과 문자 유형들의 동일시가 유한 산술이 **메타-수학**(*meta-mathematics*)에 적용되는 것을 허용한다. 즉, 형식적 체계 자체는 이제 **유한 산술**(*finitary arithmetic*)의 범위 아래에 있다. Hilbert가 말하듯이, '형식화된 증명은, 수를 나타내는 기호와 같이, 구체적이고 보이는 대상이다. 우리는 그것을 완전하게 기술할 수 있다.' 그리고 유한 산술을 사용하여

11) 표준적인 논리 규칙들을 따를 때, Φ가 모순이고 Ψ가 어느 식이면 'Φ이면 Ψ이다'가 유도될 수 있다. 그래서 형식적 이론 T가 모순된다면 모든 식은 T에서 유도될 수 있다. 더더구나, 거짓인 유한적인 진술들이 T에서 유도될 수 있다. 거꾸로, Φ를 등식과 같은 참인 유한적인 진술이라고 하자. 그리고 Φ의 부정이 T의 정리라고 가정하자. 가정에 의해, Φ와 그 부정 모두 T의 정리들이고, 그래서 T는 모순이다.

그러한 형식화된 증명들에 관한 것들을 증명할 수 있다.

T가 형식화된 공리적 체계라면, T가 무모순이라는 진술 그 자체가 유한적이라는 점, 즉 일반성을 위한 문자들을 사용하여 공식화할 수 있다는 점도 주목할 수 있다. T가 무모순이라는 진술은 다음의 형식을 갖는다.:

마지막 줄이 '0≠0'인 a는 T에서 유도된 것이 아니다.
(a is not a derivation in T whose last line is '0≠0')

Hilbert 프로그램의 마지막 단계는 완전하게 형식화된 수학적 이론들에 대한 **유한적인**(*finitary*) 무모순성 증명들을 제공하는 것이다. 즉, 이상 수학의 이론을 사용하기 위해서 우리는 그것을 형식화하고 그런 다음 유한 산술 내에서 그 이론이 무모순이라는 것을 보여야 한다. 일단 이것이 이론 T에 대해 이루어지면 인식적 목표를 달성하게 된다. 우리는 T의 사용이 모순에 이르지 않을 것이고, 신뢰할 수 없는 어떠한 유한적인 진술들도 만들어 내지 않을 것이라는 극대의 자신감을 갖게 된다. 이것이 우리가 이상 수학적 이론에 요구할 수 있는 전부이다. T가 Cantor식의 집합론에 대한 형식화라면, 일단 유한적인 무모순성 증명을 갖게 되면 우리가 그 낙원에서 쫓겨나지 않을 것이라는 것을 최대한 확실하게 **안다**(*know*).

John von Neumann (1931)은 Hilbert 프로그램의 간결한 요약을 네 단계로 마련했다.:

(1) 수학과 논리에 사용되는 모든 기호들을 열거하기 …

(2) 고전 수학에서 '의미 있는(meaningful)' 것으로 분류되는 진술들을 나타내는 그러한 기호들의 모든 조합들의 특성을 모호하지 않게 기술하기. 이러한 조합들은 '식(formulas)'이라고 불린다 …

(3) 고전 수학의 '증명할 수 있는(provable)' 진술들에 대응하는 모든 식들을 우리가 성공적으로 구성할 수 있도록 하는 구성 절차 마련하기. 따라서,

이 절차는 '증명하기(proving)'라고 불린다.

(4) 유한 산술의 방법으로 확인될 수 있는 고전 수학의 진술들에 대응하는 그러한 식들이 … (3)에서 묘사된 과정에 의해 증명될 수 있다는 것이, 대응하는 진술들에 대한 점검이 그것이 참이라는 것을 밝힌다는 것과, 필요충분조건(if and only if) 관계에 있다는 것을 (유한적인 … 방법으로) 보이기.

항목 (1)-(3)은 여러 가지 수학 분야들에 대한 형식화를 필요로 한다. 이것의 많은 부분은, 훌륭하게 성취되었고, 결과적인 형식적 체계에 대한 연구가 지금 왕성하게 성장하는 수학적 논리의 분야이다. 결정적인 최고점, 항목 (4)는 문제가 된다는 것을 알게 되었다.

4. 불완전성

Kurt Gödel (1931, 1934)은 Hilbert 프로그램의 인식적 목표에 광풍 – 많은 사람들은 죽음의 광풍이라고 말한다 – 을 몰아붙였던 결과를 수립했다. T를 일정량의(a certain amount of) 산술을 포함하는 형식적인 연역 체계라고 하자. 주어진 문자들의 연쇄가 문법적인 식인지 아닌지 판정하는 알고리즘, 그리고 주어진 식들의 연쇄가 T내의 합당한 연역인지 아닌지 판정하는 알고리즘이 있다는 의미에서, T의 구문이 **효과적**(*effective*)이라고 가정하자. 아마 틀림없이, 이러한 조건들은 T가 Hilbert 프로그램에서 역할을 하는 데 있어 필수적이다. 이러한 가정들 하에서, Gödel은 T의 언어 내에 다음을 만족시키는 문장 G가 있다는 것을 보였다. (1) T가 무모순이면 G는 T의 정리가 아니다, (2) T가 무모순성보다 조금 더 강한 'ω-무모순성' 속성을 갖는다면[12] G의 부정은 T의 정리가 아니다. 즉, T가 ω-무모순이면

12) 산술 이론 T는 다음이 성립하면 ω-무모순이다. 즉, 만약 $\Phi(x)$가 성립하지 않는 자연수 x가 존재한다는 진술뿐 아니라 $\Phi(0)$, $\Phi(1)$, $\Phi(2)$, … 를 모두 증명할 수 있는 식 $\Phi(x)$가 존재하지 않으면. J. Barkley Rosser (1936)는 T가 무모순이라는 더 약한 가정으로부터 Gödel의 것과 비슷한 결과를 증명했다.

G를 어떻게 해서든 '결정하지(decide)' 않는다. 이 결과는, Gödel의 (제 1) 불완전성 정리(*Gödel's (first) incompleteness theorem*)로 알려져 있는데, 20세기의 주요한 지적 성취들 중 하나이다.

식 G는 (일반성을 위한 문자들을 사용하는) 유한적인 진술의 형식을 갖는다. 개략적으로 말해서, G는 G가 T에서 증명될 수 없다는 진술의 형식화이다. 그래서, T가 무모순이면 G는 참이지만 증명할 수 없다. 그래서 Gödel의 결과는 고전 수학 전체, 또는 산술 전체라고 하더라도 그것을 포착하는 단일한 형식적 체계를 발견하려는 희망을 좌절시킨다. 누군가가 그러한 형식적 체계의 후보를 제안하다면 우리는 그 체계가 '결정하지' 못하는 문장을 발견할 수 있다. 그 문장이 참이라는 것을 알 수 있을 지라도 {말이다}.

그래서 불완전성 정리는 산술 전체에 대한 단일한 연역 체계가 – 모든 산술 참들을 유도하기 위한 단일한 형식적 방법이 – 요구되는 어떠한 (형식주의 또는 기타의) 수학 철학에 관해서도 의구심을 일으킨다.[13] 그러나, 모든 이상 수학을 위한 단일한 형식적 체계를 발견하려는 꿈은 Hilbert 프로그램의 공식적인 (또는 필수적인) 부분이 아니었다. 그것이 정말 그렇다면, 문제는 다른 곳에서 온다.

Gödel은 불완전성 정리의 배경에 있는 추론이 주어진 형식적 체계 T 내에서(*within*) 재연될 수 있음을 보였다. 특히, 'T에서 증명될 수 있는(provable in *T*)'의 형식화가 어떤 간단한 필요조건을 만족하면 우리는, T에서, 다음의 것을 표현하는 문장을 유도할 수 있다.:

T가 무모순이면 G는 T에서 유도될 수 없다.

13) 우리가 Frege식의 원래의 논리주의는 그러한 연역 체계 없이는 성공할 수 없을 것이라고 주장할 수 있을 지라도, 현대의 신-논리주의자들은 모든 산술 참들을 산출하는 단일한 연역 체계가 있다는 주장에 전념하지 않는다 (5장, §§1, 4 참고).

그러나, 앞에서 보았듯이, 'G가 T에서 유도될 수 없다'는 G와 동치이다. 그래서, 우리는, T에서, 다음과 같은 취지의 문장을 유도할 수 있다.

T가 무모순이면 G이다.

T가 무모순이고, 우리가, T에서, T가 무모순이라는 없어서는 안 될(requisite) 진술을 유도할 수 있다고 가정하자.; 그러면 우리가 T에서 G를 유도할 수 있다는 것이 따라 나올 것이다. 이것은 불완전성 정리와 상충된다. 그래서 T가 무모순이라면 우리는 T에서 T가 무모순이라는 없어서는 안 될 진술을 유도할 수 없다. 이것은 Gödel의 **제 2 불완전성 정리**(*second incompleteness theorem*)로 알려져 있다. 개략적으로 말해서, 그것은 (일정량의 산술을 포함하는) 어떠한 무모순인 이론도 자기 자신의 무모순성을 증명할 수 없다는 것을 역설한다.

이 결과는 Hilbert 프로그램에 문제가 있음을 나타낸다. PA를 (이상) 산술의 한 형식화, 예를 들어 자연수들에 대한 고전 이론이라고 하자. Hilbert 프로그램은 PA의 무모순성에 대한 **유한적인 증명**(*finitary proof*)을 필요로 한다. 그러나 제 2 불완전성 정리는, 만일 PA가 실제로 무모순이면 PA의 무모순성에 대한 직접적인 진술은, PA의 유한적인 부분에서는 커녕 PA 그 자체에서 유도될 수 없다는 것이다. 같은 것이 어떠한 다른 형식적 체계에도 그것이 일정량의 산술을 포함하는 한 해당된다. Hilbert 프로그램은 연역 체계가 무모순이라는 유한적 증명을 필요로 한다. 그럼에도, 그 무모순성은 그 체계 자체에서 증명될 수 없는 것으로 보인다. 더 안전한 하위 체계에서도 마찬가지다.

많이 논의되는 논문 (Gödel 1958)은 Bernays의 말을 바꾸어 표현하면서 시작한다.:

체계의 무모순성은 그 체계 자체의 증명 수단들보다 더 약한 것들을 사용하여 증명될 수 없기 때문에, 고전 수학의 무모순성을 또는 심지어 정수론의 무모순성을 증명하기를 원한다면, Hilbert의 의미에서, 유한적인 수학인 것의 뼈대를 넘어서는 것이 필요하다 … 통찰을 사용하는 증명들에[서] … 그것은 기호 조합들에 대한 조합된 (시공간의) 속성들로부터가 아니라 … 그것들의 의미(*meaning*)로부터만 생긴다.

Gödel은 우리가 '분명하다는 것이 의미하는 바에 대한 정확한 개념(notion)'을 가지고 있지 않기 때문에 Beranys의 주장을 엄격하게 증명할 수 없다는 점을 지적했다. 그러나 Gödel은 '그것이 옳다는 것은 의심의 여지가 없다'고 덧붙였다.

Bernays-Gödel 결론에 대해, 보편적이지는 않지만, 합의에 가까운 것들이 있다. Hilbert식의 프로그램에 대한 Gödel-이후의 방어는 적어도 두 가지 선택권이 있다. 하나는 제 2 불완전성 정리의 증명에서 사용된 무소순성의 형식화를 기피하는 것이다. 제 2 불완전성 정리를 피하는, 무모순성-속성들을 표현하는 다른 방법이 있다 (Feferman 1960, Gentzen 1969, Detlefsen 1980 참고). 그러면, 그 이슈는 그저 무모순성을 표현할 때 무엇이 중요한지, 그리고 무모순성의 증명이 Hilbert 프로그램의 인식적 목표를 만족시키기 위해 무엇을 보여야만 하는지에 따라 결정된다.

두 번째 선택권은 유한 산술의 방법론이 PA에 또는 다른 어떠한 형식화된 이론에도 포섭될 수 없다는 것을 보이거나 주장하는 것일 것이다. 즉, 이상 수학 분야의 목적이 유한적인 진술들의 유도를 단순화하는 것임에도 불구하고, 주어진 어떠한 형식화된 이론들도 그것의 증명-방법들이 유한적인 증명-방법들 모두를 포함하지는 않는다. 이 논제는 유한 산술이 본질적으로 비형식적(*inherently informal*)이라는 것이다. Detlefsen 1986을 참고할 수 있다.

5. Curry

수학적 이론들의 엄격한 형식화에 크게 의존하는 어떠한 현대 수학 철학도 그렇게 함으로써 형식주의의 영향력을 보여준다. 그리고 아마 Hilbert 프로그램에 빚지고 있다. 수학자들 중에 형식주의에 대한 옹호자들이 여전히 있지만, 1940년대 (정도) 이후에는 그것을 명시적으로 인정하는 철학자들과 논리학자들은 거의 없었다. 주목할 만한 예외가 Haskell Curry이다.

Curry의 철학은 수학의 분야가 발전할 때 그 방법론이 점점 더 엄격해진다는 관찰과 함께 시작한다. 그 최종 결과는 그 분야를 형식적 연역 체계 내에서 성문화하는 것이다. Curry는 이 형식화의 과정이 수학의 본질이라고 생각한다.

그는 다른 모든 수학 철학들이 '모호하'고, 더 중요하게는, '형이상학적 가정들에 의존한다'고 주장한다. 그는 수학이 그러한 어떠한 가정들로부터도 자유로워야 한다고 주장하고, 형식적 체계에 대한 주목이 그 자유로움을 준다고 논한다. 그래서 형식주의에는 외부로부터의 형이상학적 가정들이 없다는 Thomae의 주장을 반영한다.

Curry의 형식주의의 주된 논제는, 성숙한 수학적 이론의 주장들은 (Hilbert 또는 게임 형식주의가 말하는 것 같은) 특정한 형식적 연역 체계 **내의**(*in*) 움직임들의 결과로서보다는, 어떤 형식적 체계에 **관한**(*about*) 주장으로서 해석된다는 것이다. 연구 논문의 결론에서의 주장은 'Φ가 형식적 체계 T의 정리이다'라는 형식의 어떤 것으로서 해석된다. 그래서 Curry에게, 수학은 객관적인 과학이고 주제-대상을 갖는다. 그는 '수학의 중심 개념은 형식적 체계의 그것이다' 그리고 '수학은 형식적 체계들에 대한 과학이다' (Curry 1954)라고 썼다. 그래서 Curry는 게임 형식주의보다는 이름 형식주의와 더 동맹적인 관계에 있다. 수학은 메타-수학이다라는 것이 특유의 슬로건이다.

그러나, Hilbert와 달리, Curry는 메타-수학을 유한 산술에 제한하지 않는다.: '형식적 체계들에 대한 연구에서, 우리는 우리 자신을 기초적인 명제들에 대한 한 단계 한 단계의 유도에 가두지 않는다. 그보다는, 그 체계를 … 논거로서 간주하고, … 우리가 쓸 수 있는 어떠한 것이라도 수단으로 삼아 연구한다' (Curry 1954). Curry는 어떤 '직관'이 이 메타-수학에 수반된다는 것을 인정한다. 그러나 '이 직관의 형이상학적 본성은 관련이 없다'고 주장한다.

한 수준 뒤로 물러나면, Curry의 견해에서, 메타-수학은 그 자체로 수학의 한 분야이다. 그렇기 때문에, 메타-수학은 형식화되어야 한다. 즉, 메타-수학의 비-유한적인 결과들은 (대부분의 현대 수학적 논리처럼) 메타-수학을 위한 형식적 체계를 만들어냄으로써, 그리고 문제의 결과들을 그 형식적 체계에 관한 정리들로서 해석함으로써 수용된다. 아마도, 이것은 심술궂은 무한 퇴행(vicious infinite regress)을 구성하지 않는다.

Curry에게, 주어진 형식적 체계의 **참**(*truth*)에 관계된 진짜 이슈는 없다. 대신, '우리를 다른 것보다 이 형식적 체계에 관심을 갖도록 이끄는 숙고들'에 대한 질문만이 있다. 이 '관심'의 문제는 대체로는 실용적이다.: '수용 가능성은 목적과 관련이 있고, 어느 목적을 위해 수용 가능한 체계가 다른 목적을 위해서는 그렇지 않을 수 있을 것이다.'[14] Curry는 형식적 체계에 대한 세 가지 '수용 가능성의 기준'을 언급한다.: '(1) 전제들에 대한 직관적인 증거; (2) 무모순성 … ; (3) 이론 전체의 유용성' (Curry 1954).

물론 두 번째 기준, 무모순성은 중요하다. 모순인 형식적 체계는 쓸모가 제한적이다 (표준적인 논리를 가정한다면, 앞의 각주 11 참고). 그러나, Hilbert와 달리, Curry는 무모순성에 대한 **증명**(*proof*)을 요구하지 않는다.:

---

14) 수용 가능성에 대한 Curry의 개념은 '언어적 뼈대'의 수용 가능성에 관계된 Carnap의 '외적 질문'과 꽤 비슷하다 (예를 들어, Carnap 1950). 5장, §3을 참고할 수 있다.

> 무모순성 기준은 Hilbert에 의해 강조되었다. 아마, 그 이유는 그가 … 선험적인(*a priori*) 정당화를 추구하기 때문이다. 그러나 물리학이 선험적인(*a priori*) 정당화에 대한 질문과 관련이 없다는 사실 외에도, 나는 무모순성에 대한 증명이 수용 가능성의 필요조건도 충분조건도 아니라고 주장한다. 그것은 명백히 충분하지 않다. 필요성에 대해서는, 어떤 모순도 알려지지 않는 한, 무모순성 증명은, 그 체계에 관한 우리의 지식에 이를지라도, 유용성을 변화시키지 못한다. 모순성이 발견되더라도 그 이론의 완전한 포기를 의미하지 않고 수정과 개선을 의미한다 … 무모순성에 대한 Hilbert 특유의 입장은 그래서 수학에 대한 형식주의적 개념화의 일부가 아니다 …
> (Curry 1954)

형식적 체계를 받아들이기 전에 무모순성을 증명할 필요가 없기 때문에, Curry의 철학은 Gödel의 제 2 불완전성 정리의 영향을 받지 않는다. Curry가 수학을 단일한 형식적 체계에 제한하지 않기 때문에, 그의 견해는 Gödel의 제 1 불완전성 정리의 영향도 받지 않는다.

대부분의 형식주의자들처럼, Curry는 합당한 수학의 모든 분야가 형식화되어야 한다고 요구하는 것 같다. 형식주의자 (또는 연역주의자)는, 예를 들어, 19세기에 형식화되기 이전의, 산술의 실제를 무엇이라고 이해해야 하는가? Archimedes, Cauchy, Fermat, Euler는 수학을 하지 않았던 것인가? 현대의 장면에서, 엄격한 연역 체계를 명백하게 언급하지 않는 비형식적인(*informal*) 수학의 실제의 지위는 무엇인가? 실로, 비형식적인 메타(*meta*)-수학의 지위는 무엇인가?

Curry식의 형식주의에 대한 반대자들은 수학의 분야가 발전하고 엄격해지면서 형식화된다는 관찰의 철학적 중요성에 의문을 제기한다. Frege 그리고 Gödel과 함께, 어떤 철학자들은 필수적인 어떤 것이 형식주의에서 상실된(*lost*)다고 주장한다. 수학의 언어는 의미를 갖고 이 의미를 무시하려고 시도하는 것은 심한 왜곡이다. 기껏해야, 형식주의와 연역주의는 수학의 작은 측면에 초점을 맞춘다. 그 기획에 필수적인 것을 의도적으로 차치하면서 {말이다}. 다음 장(chapter)에서, 우리는 수학이 본질적으로 비형식적이라고 주장하는 철학으로 관심을 돌린다.

6. 더 읽기

앞에서 살펴 본 주요한 많은 자료들은 영어 번역을 손에 넣을 수 있다. Geach와 Black 1980: 162-213은 형식주의에 대한 Frege 1893의 절들(§§86-137)에 대한 번역을 포함한다. Benacerraf와 Putnam 1983은 von Neumann 1931과 Hilbert 1925의 번역을 포함한다. (앞에서 인용된 Hilbert 1925의 구절이 그 버전으로부터 왔다). Van Heijenoort 1967은 Hilbert 1904와 1927의 번역뿐 아니라 Hilbert 1925의 또 다른 번역을 포함한다. 다른 관련된 논문들은 Hilbert 1918, 1922, 1923이다. Hilbert와 Bernays 1934도 참고할 수 있다. Curry 1954도 Bernacerraf와 Putnam 1983 선집에서 재판되었다. 그 논문이 그의 1939년의 견해들을 기술한다는 것을 표시하는 메모와 함께. Curry 1958은 그의 성숙된 형식주의에 대한 더 풍부한 역작이다. Resnik 1980: 2, 3장은 여러 가지 유형의 형식주의 (그리고 게임 형식주의에 대한 Frege 의 비판)에 대한 훌륭한 2차 자료이다. Hilbert 프로그램을 다루는 많은 문헌들의 실례로, Detlefsen 1986, Feferman 1988, Hallett 1990, Sieg 1988, 1990, Simpson 1988, Tait 1981 등을 참고할 수 있다. Bernays 1967은 Hilbert의 견해들에 대한 명료하고 호의적인 재구성이다. Reid 1970은 책으로 된 Hilbert의 지적 전기이다.

제 7 장

직관주의: 우리의 논리에 무슨 문제가 있는가?

수학에서 배중률의 보편적 타당성에 대한 오래된 믿음은 직관주의(intuitionism)에서는 π의 유리수성(rationality)이나 지구를 통과하는 축을 중심으로 하늘이 회전한다는 것과 똑같은 문명사의 현상으로 간주된다. 그리고 직관주의는 **단순한 일상 현상들**(*simple everyday phenomena*)의 광범위한 그룹에 대한 고전 논리의 … 실제상의 타당성 … 에 의해 이 교리의 오랜 지속을 설명하려고 노력한다. [이] 사실은 명백히 강한 인상을 만들어서 유용할 뿐 아니라 선험적인 것으로 생각되었던 고전 논리가 사고의 뿌리 깊은 습관이 되었다.

나는 직관주의가 한편으로 논리를 섬세하게 하고, 다른 한편으로 진리의 원천으로서의 논리를 규탄한다는 것을 분명히 했기를 바란다. 더 나아가 직관주의 수학(intuitionistic mathematics)은 내적인 건축술이고, 수학 기초에 대한 연구는 내적인 탐구라는 것을 …

(Brouwer 1948: 94, 96)

1. 고전 논리 수정하기

수학의 실제는 주로 **정신적**(*mental*) 활동이다. 확실히, 수학은 종이, 연필, 컴퓨터를 사용한다. 그러나 적어도 이론적으로는 이런 것들이 없어도 좋다. 수학자의 주된 도구는 자신의 정신이다. 이 장(chapter)에서 고려되는 철학들이 서로 꽤 다르더라도 (그리고 심지어 서로 맞지 않더라도), 모두 수학의 이 활동을 강조한다. 그 근거 또는 정당화에 주의를 기울이면서 {말이다}. 이 견해들을 묶는 중심 논제는 수학에서 어떤 추론의 양식들에 대한 거부이다(1장, §2도 참고). 여기에서 고려되는 철학들은 그 시절의, 그리고 오늘날의 수학의 수정을 요구한다.

주된 아이템은 때로 'law of excluded third'나 'tertium non datur' (TND)로 불리는, **배중률**(*law of excluded middle*, LEM)이다. Φ를 명제라고 하자. 그러면 중간 배제(excluded middle)에 대응하는 사례는, Φ 또는 그렇지 않으면 Φ가 아니다라는 명제이다. 때로 Φ 또는 not-Φ, 또는 기호로 Φ ∨ ¬Φ로 줄여 쓴다. 의미론에서, 이것과 밀접하게 관련된 **이가 원리**(*principle of bivalence*)는 모든 명제가 참 또는 그렇지 않으면 거짓이라는 것이다. 그래서 가능한 두 가지 진리-값밖에 없다 – 여기에서 '중간 배제(excluded middle)'라는 이름이 나왔다.[1] **직관주의**(*Intuitionism*)는 중간 배제를 반대하는 수학 철학들에 대한 일반적인 이름이다.

중간 배제를 포함하는 보통의 논리적 체계는 **고전적**(*classical*)이라고 불리고, 고전 논리로 수행되는 수학은 **고전 수학**(*classical mathematics*)이라고 불린다. 중간 배제가 없는, 더 약한 논리는 **직관주의 논리**(*intuitionistic logic*)라고 불리고, 그에 부합하는 수학이 **직관주의 수학**(*intuitionistic mathematics*)이다. 자세한 것은 Dummett 1977을 참고할 수 있다.

직관주의 논리에는 중간 배제에 의존하는 다른 원리들과 추론들이 없다. 이것들 중 하나가, 명제 Φ의 부정의 부정으로부터 Φ를 추론하는 것을 허용하는, 이중 부정 소거(double negation elimination)의 법칙이다. 직관주의 논리를 사용하여 Φ로부터 not-not-Φ를 추론할 수 있지만, 그 반대는 할 수 없다. 누군가가 not-Φ 형태의 명제로부터 모순을 유도했다고 가정해 보자. 그러면 고전 수학자와 직관주의자 모두는 not-not-Φ라고 결론 내릴 것이다 (**귀류법**(*reduction ad absurdum*)을 통해서). 고전 논리학자는 또한 Φ(의 참)을 추론할 것이다. 그러나 이 마지막 추론이 직관주의 논리에서는 (그 수학자가

1) 중간 배제(excluded middle)와 이가(bivalence)는 다음과 같은 평범한 생각을 가정하면 동치이다. 즉, 어떠한 명제 Φ에 대해서도, Φ가, Φ이면 그리고 오직 Φ일 때만, 참이다. 그리고 Φ가, Φ가 참이 아니면 그리고 오직 Φ가 참이 아닐 때만, 거짓이다. 이러한 원리들은 때로 'Tarski 상호조건들(biconditionals)' 또는 'T-문장들(T-sentences)'이라고 불린다.

Φ가 참 또는 그렇지 않으면 거짓이라는 것을 미리 알고 있지 않는 한) 허락되지 않는다.

또 다른 예를 들기 위해, 수학자가 모든 자연수가 어떤 속성 P를 가지는 것은 아니라는 것을 증명했다고 가정해 보자. 기호로, 그 정리는 $\neg \forall x Px$이다. 그러면 고전 수학자는 P가 결여된 자연수가 있다(*there is*)고 추론할 것이다 (즉, $\exists x \neg Px$). 직관주의자는 이 결론을 (일반적으로) 허용하지 않을 것이다. 수학적 논리에 익숙한 독자들은 $\neg \forall x Px$로부터 $\exists x \neg Px$로의 추론이 중간 배제 또는 그것과 동등한 원리나 추론에 의존한다는 것을 확인해 볼 것을 권한다.

제안되는, 또는 요청되는 논리의 수정은 철학과 묶여있다. 직관주의자들은 중간 배제 그리고 그것과 관련된 추론들이 수학적 대상들의 독립적인 존재에 대한 믿음 그리고/또는 수학 명제들이 수학자와 독립적으로 참 또는 거짓이라는 믿음을 나타낸다고 주장한다. 오늘날의 용어로, 직관주의자들은 중간 배제가 존재론에서의 실재론 그리고/또는 진리 값에서의 실재론의 결과라고 주장한다 (2장, §§2.1, 2.2 참고). 어떤 직관주의자들은 이 실재론을 철저하게 거부한다. 반면 다른 이들은 그저 수학이 그러한 어떤 형이상학적 논제를 상정해서는 안 된다고 주장한다.

직관주의에 의한 제한들을 통해 얻게 되는 수학은 고전 수학과 매우 다르다 (예를 들어, Heyting 1956, Bishop 1967, Dummett 1977 참고). 비평가들은 보통 직관주의에 의한 제한들이 수학자를 무능케 한다고 불평한다. 다른 한편, 직관주의 수학은 고전 수학에서 유효하지 않은 잠재적으로 중요한 많은 특징들을 고려한다. 그리고 대체로 흥미로운 방식으로 더 미묘하다. 여기에서 우리는 무엇이 일부 철학자들로 하여금 그 제한을 요청하도록 이끌었는지 검토한다.

2. 스승, Brouwer

Hilbert의 유한 산술이 명확하고 뚜렷하게 Kant 철학의 영향을 받았음에도 (6장, §3 참고), 앞의 두 장(chapters)은 Immanuel Kant의 수학 철학으로부터 두드러지게 벗어난 풍조를 기록했다. 이 책에서 고려된 모든 20세기 저술가들 중에서, L. E. J. Brouwer는 가장 Kant 철학적인 사람이다. Brouwer (1912: 78)는 Kant의 철학에 '직관주의의 옛 형태'라는 명칭을 붙인다 (Kant가 수학의 실제에 비판적이지 않았음에도 불구하고). 그래서 Hilbert의 유한 산술이 직관주의 수학과 유사성이 있는 것은 우연이 아니다. Brouwer와 Hilbert 모두 유한 산술의 실행을 고수하면 고전적 접근과 직관주의의 접근 사이에 차이가 많지 않다는 것에 주목했다. 그러나, Hilbert와 Brouwer 사이에 본질적이고 조화될 수 없는 차이들이 있다. 그들은 확실히 Hilbert가 이상 수학이라고 부른 것에 대해, 그것은 물론 수학의 대부분인데, 의견이 다르다. 여기에서 더 중요한 것은, 그들 기획들의 철학적 배경이 이보다 더 다른 것이 있을 수 없을 정도라는 점이다.

직관주의와 형식주의를 비교하는 논문에서, Brouwer (1912: 77)는 과학적 원리들은 '어느 정도의 근사치로 자연에서 성립한다고 이해될 수 있을 뿐이다'는 점에 주목했다. 그리고 '이 규칙의' 주된 '예외는 고대로부터 … 실제상의 산술과 기하였다'는 점을 지적했다. 수학은 '지금까지 관찰 수단의 엄청난 개량(improvements)에 영향을 받지 않았다'. 철학적 문제는 수학에 의해 향유되는 정확성을, 그리고 그것이 경험의 정교화에 영향 받지 않음을 설명하는 것이다. 직관주의자들과 형식주의자들은 수학적인 과학들이 갖는 '유효한 정확성'의 원천에 있어서 다르다.: '수학적 정확성이 어디에 존재하는가라는 질문은 두 편에 의해 다르게 대답된다.; 직관주의자는 이렇게 말한다.: 인간의 지성에; 형식주의자는 이렇게 말한다.: 종이에.'

Brouwer에게는, Kant에게서처럼, 대부분의 수학적 진리들은 '분석적 증명'을 할 수 없는 것들이다. 그것들은 개념들의 분석에 의해서만 알려질 수는 없고, 의미 덕분에 참인 것은 아니다. 그래서 대부분의 수학은 **종합적**(*synthetic*)이다. 그럼에도 수학적 진리는 선험적이다. 어떠한 특수한 관찰이나 우리가 할 수 있는 다른 경험들과 독립적으로. Brouwer는 수학이, 인간 사고의 특수한 측면에 관계하는, 정신-의존적인 것이라고 주장했다. 2장, §2의 용어법으로, Brouwer는 존재론에서의 반-실재론자, 그리고 진리-값에서의 반-실재론자였다. 그리고 그는 경험주의자가 아니었다. Kant와 같이, Brouwer는 실재론과 경험주의 사이의 종합을 이루기 위해 노력했다.

Kant에게 그리고 Brouwer에게, 수학적 법칙을 경험적으로 '논박할 가능성'은 '확고한 믿음에 의해서 배제될 뿐만 아니라, 전혀 생각할 수 없는 [것이다]'. Brouwer에게, 수학은 인간이 세계에 접근하는 방법에 관계한다. 하여간 생각하는 것은 수학적 용어로 생각하는 것이다.[2)]

Brouwer (1912: 77)는 인간이 자연의 수동적인 관찰자가 아니라, 그보다는 경험을 조직할 때 **적극적인**(*active*) 역할을 한다는 Kant 철학의 주요 논지를 반영한다.: '사람이 항상 그리고 모든 곳에서 자연의 질서를 만들어 내는 것은 그가 현상들의 인과적 순서들을 그저 단절시키지 않고 … 그것들에 … 자기 자신의 활동에 기인하는 현상을 보충한다는 사실 때문이다'. 수학은 이 적극적인 역할에 관계한다.

Brouwer는 19세기 수학의 발전이 **기하학**(*geometry*)에 대한 Kant의 견해를 지지할 수 없게 만들었다는 것을 인정했다. 논리적 귀결이 내용과 독립적이라는 아이디어에 이르렀던 엄격함의 출현과 사영 기하학에 대한 다양한 해석들의 전개는 기하학적 정리의 논리적 형식만이 문제가 된다는 논제를 지지했다 (6장, §2 참고). 이것은 기하학에 '순수 직관'의 공간을 남겨 놓지 않았다. Brouwer에 따르면, 기하학이 지각의 종합적 선험 형식에 관계한다는

---

2) 우리가 이전 장(chapter)의 §3에서 보았듯이, Hilbert가 수학에 관해 비슷한 것을 말했다. 그러나 Hilbert의 진술은 추론에서의 **기호**(*symbols*)의 사용에 제한되었다. 우리가 보게 되듯이, Brouwer에게 기호는, 수학의 본질로부터 잘 제거되는, 부수적인 것이다.

Kant 철학의 아이디어에 대한 주된 광풍은, 비-유클리드 기하학의 출현과 수용이었다.: '이것은 보통 기초 기하학의 언어로 기술되는 현상들이 비-유클리드 기하학의 언어로 … 같은 정확성을 가지고 기술될 수 있을 것이라는 것을 보여주었다.; 그러므로, 우리 경험의 공간이 Euclid 기하학의 속성들을 가진다고 주장하는 것이 불가능할 뿐 아니라 그(*the*) 기하학이 우리 경험의 공간에 대해 참이 될 것을 요구하는 것은 의미가 없어졌다' (Brouwer 1912: 80). 이 논점은 직관주의 성향을 가진 또 다른 수학자, Henri Poincaré (1903: 104)에 의해서도 주장되었다 (Shapiro 1997: 5장, §3.1 참고).

그래서, Brouwer는 공간(*space*)에 대한 Kant의 견해를 포기했다. 그 자리에, 그는 모든 수학의 기초를 시간(*time*)에 대한 Kant 학파의 견해에 두는 용기 있는 제안을 했다. 다음과 같은 어려운 구절들이 Brouwer의 저술 전체에 걸쳐 나타난다.:

> [현대 직관주의는] 삶의 순간들을 산산이 부서트려 질적으로 서로 다른 부분들로 만드는 것을 인간 지성의 기본적인 현상으로 간주한다. 그 부분들은 시간에 의해 분리되어 있는 동안만 재결합되게 될 수 있을 것이다. 그리고 그 인간 지성은 정서적인 내용을 제거하여 추상함으로써 수학적 사고의 기본적인 현상의 일부가 된다. 즉, 적나라한 두-일체(two-oneness)에 대한 직관의 일부가 된다. 이 두-일체에 대한 직관은, 수학의 근본적인 직관인데, 수 일과 이뿐 아니라 모든 유한한 서수들을 만들어 낸다. 그 두-일체의 원소들 중 하나가 새로운 두-일체로서 생각될 수 있고, 그 과정이 언제까지나 계속될 수 있을 것이라는 점을 고려하면 {말이다}. (Brouwer 1912: 80)

이것은 날카로운 해석을 거부하는 것 같다. 그 근본적인 아이디어는 자연수의 기초를 시간적 지각의 형식에 두는 것일 것이다. 꼭 Kant가 기하학의 기초를 공간적 지각의 형식에 두었던 것처럼. 우리는 세계를 구별되는 순간들의 연쇄로 이해한다. 매 순간은 또 다른 순간을 낳는다. 이것이 '적나라한 두-일체'이다. 그리고 두 번째 순간은 세 번째에게 길을 내준다. 등등. 그래서 자연수들이 생긴다.

Brouwer는 이 '근본적인 직관(basal intuition)'이 '연결되고 분리된 것'을 결합한다고 말한다. 매 순간은 유일하다. 그렇지만 매번 다음 순간과 연결된다. 그 본래의 직관은 또한 '연속된 것과 이산적인 것'을 결합하고, '선형 연속체에 대한 직관을 즉각적으로 낳는다'. 시간의 순간들은 구별된다. 그렇지만 연속적으로 흐른다. Brouwer는 '사이에(between)'라는 개념이 유리수로, 그리고 궁극적으로는, 실수로 이어진다고 언급한다. 그 아이디어는, 어떠한 두 순간들 사이에도 세 번째 것이 있다는 것을 우리가 **선험적**(*a priori*)으로 안다는 것인 것 같다. 시간적 연속체는 '새 단일체들(units)을 사이에 넣음으로써 소진되지 않는다. 그리고 … 그러므로 단일체들의 무리(collection)라고만 생각될 [수 없다].' 그래서 자연수와 실수 양자는 – 이산적인 것과 연속적인 것은 – 시간적 직관에 기초를 둔다. 이것이 산술과 실해석학을 낳는다.

그런 다음 Brouwer는 기하학의 기초를 실수에 두기 위해 점을 수들의 쌍과 동일시함으로써 표준적인 Descartes의 기법을 따른다. Brouwer는 이것이 비-유클리드 기하학과 n차원 기하학뿐 아니라 통상적인 평면과 입체 기하학에 종합적 선험의 자격을 준다고 주장한다.[3] 기하학도 궁극적으로 시간에 대한 직관에 기초가 두어진다.

Kant에게는 산술과 기하학이 '직관'에 의존하기 때문에 분석적이지 않다는 것을 기억해 보자. 4장, §2에서 보았듯이, Kant 철학의 직관이 정확히 무엇인지에 관해 학자들 사이에 상당한 불일치가 있다. 거기에서 그것을 다루면서, 나는 Kant의 선험적인 수학적 직관의 중심 요소가 **구성**(*construction*)이라는 점을 제의했다. 특히, Euclid 증명에서 결정적으로 직관적인 (그리고 종합적인) 측면들은, 가정을 만족시키는 전형적인 도형이 그려지는

3) Frege가 산술과 해석학이 분석적이라고 주장했다는 것을 기억해 보자. 그는 공간에 대한 종합적 선험 형식이라는, 기하학에 대한 Kant 학파의 철학을 옹호하였다. 그래서, Frege는 기하학의 기초를 산술과 해석학에 두는 Descartes 방식을 활용한 기초 짓기를 받아들이지 않을 것이다. 그래서 그는 정확히 Brouwer와 반대되는 사람이었다.

'착수'와 독자가 주어진 도형에 추가적인 선들 그리고/또는 원들을 그리도록 안내하는 보조적인 구성이다. 분명히, 이러한 구성들은 종이나 칠판 위의 물리적 조작들이 아니라 그것의 이상화이다. 누구도 문자 그대로 두께가 없는 선을 그릴 수 없다. Kant에게, Euclid의 '구성'은 정신적인 행위, 즉 지각의 형식을 파악하는 정신의 활동적인 과정이다.

Brouwer는 수학의 본질이 이상화된 정신적 구성이라는 것을 아주 분명하게 밝힌다. 예를 들어, 모든 자연수 n에 대해 $m < n! + 2$이고 m이 소수(prime)인, 소수 $m > n$이 있다는 명제를 생각해 보자. Brouwer에게, 이 명제는 주어진 어떠한 자연수 n에 대해서도 n보다 크지만 $n! + 2$보다 작은 소수 m을 만들어 내는 **절차**(*procedure*)를 언급한다. 수학자는 자기가 그러한 절차를 내어 놓을 때까지 이 명제를 확립하지 못한다. Brouwer (1912, 87-8)는 다음과 같은 Schröder-Bernstein 정리의 한 버전을 논의한다.: 만약 집합 A와 세 부분으로 나누어진 겹치지 않는 집합 $A_1 + B_1 + C_1$ 사이에 일대일 대응이 있으면, A와 A_1 사이에 일대일 대응이 있을 때, A와 $A_1 + B_1$ 사이에도 일대일 대응이 있다. 이 정리는 고전 수학에서, 실제로 2차 논리에서 증명가능하다 (Shapiro 1991: 102-3 참고). 그러나, Brouwer는 직관주의자는 그 명제를 다음과 같이 해석한다고 썼다.:

> 만약, **첫째로**(*first*) 유형 A의 수학적 개체들과 유형 A_1의 수학적 개체들 사이의 일대일 대응을 밝히는 법칙을 구성하고, **둘째로**(*second*) 유형 A의 수학적 개체들과 A_1, B_1, C_1의 수학적 개체들 사이의 일대일 대응을 밝히는 법칙을 구성하는 것이 가능하면, 이 두 가지 법칙들로부터 유한 번의 조작을 거쳐 유형 A의 수학적 개체들과 유형 A_1, B_1의 수학적 개체들 사이의 일대일 대응을 밝히는 세 번째 법칙을 밝히는 것이 가능하다.

일대일 대응의 존재성에 관한 고전적 정리는 필요한 **절차**(*procedure*)를 만들어 내지 못한다. Brouwer는 우리가 결론의 절차를 만들어 내는 일반적인 방법을 모르기 때문에 Schröder-Bernstein 정리가 증명 가능할 것 같지 않다고 주장했다.

중간 배제에 대한 Brouwer의 거부는 수학에 대한 자신의 구성적인 개념화로부터 나온다. 우선, 문장 Φ가 아닌 것이 아니라는 전제로부터 Φ를 추론하는 것을 허용하는 고전적 규칙인, 이중 부정 소거 추론을 생각해 보자. P를 자연수들에 대한 한 속성이라고 하자. 그리고 P가 n에 대해 성립하는 자연수 n이 있다는 명제를 생각해 보자.; 기호로 이것은 $\exists nPn$이다. 직관주의자에게, 이 명제는 속성 P를 갖는 수 n을 **구성하는 방법**(*how to construct*)을 보일 때만 확립된다. ¬Φ로 기호화되는, 명제 Φ의 부정은 Φ(에 상응하는 구성)을 가정하는 것이 모순이라는 것을 보일 때 확립된다. 그래서, 이중 부정 $\neg\neg\exists nPn$은 $\neg\exists nPn$이라는 가정이 모순임을 보일 때 확립된다. 분명히, $\neg\exists nPn$라는 가정으로부터 모순을 유도하는 것은 Pn인 수 n을 구성하는 것은 아니다. 실제로, 우리는 모순을 유도할 수 있고 그러한 수 n이 무엇일 수 있을지를 알지 못할 수 있다. 그래서, Brouwer의 관점에서, 이중 부정 소거는 효력이 없다.

중간 배제에 상응하는 것은 Pn인 수 n이 있거나 그렇지 않으면 없다는 것이다. 이것을 확립하기 위해서, 수 n을 구성해서 Pn을 보여야 하거나 또는 그렇지 않으면 $\exists nPn$라는 가정으로부터 모순을 유도해야 할 것이다. 자신의 이력 전체를 통해서 Brouwer는 이 원리가 일반적으로 성립한다고 믿을 선험적인 이유가 없다고 지칠 줄 모르게 주장했다.

Brouwer (1948: 90)는 고전적인 (실수 그리고 복소수) 해석학이 '과학에 … 적합할'지 모른다는 것을 인정한다. 그러나 고전적인 해석학이 수학적 구성의 정신-의존적 본성과 부딪히기 때문에 직관주의의 해석학보다 '덜 수학적인 참'을 갖는다고 주장한다. 이것은 수학과 경험 과학 사이의 대담한 갈라섬이다.

Brouwer는 중간 배제에 대한 믿음의 기원을 추적하여 올바르지 않고 구식인 수학 철학, 즉 내가 '존재론에서의 실재론'이라고 부르는 견해에 이른다. 그는, 고전 수학이 정당화되는 '여러 가지 방법들'은 '모두 같은 주요 아이디어를 따른다'고 주장한다. '즉, 고전 논리의 법칙을 따르는, 수학적 대상들의 세계, {다시 말해} 생각하는 개인과 독립적인 세계의 존재성에 대한 상정 …' (Brouwer 1912: 81). 예를 들어, 자연수가 수학자와 독립적으로 존재한다고 주장하는 사람은 중간 배제에 대한 앞의 경우를 '자연수들의 무리가 Pn인 수 n을 포함하거나 그렇지 않으면 포함하지 않는다'로 해석할 것 같다. 이 관점에서는, 중간 배제의 모든 경우들은 명백한, 정말로 논리적인 참이다.

Plato이 기하학자들이 동적인 언어를 쓰는 것, 즉 '제곱하고 적용하고 더하고 등 …'을 말하는 것에 비판적이었던 것을 기억해 보자. 그는 '영원한 주제의 진짜 대상은 … 어떤 때는 이것 또는 저것이 되고, 그리고 존재하기를 멈추는 어떤 것이 아니라, 영원히 존재하는 것에 관한 … 지식이다.'라고 주장했다 (국가론, 7권, 앞의 1장, §2 그리고 3장, §2 참고). 분명히, Brouwer는 Plato에 반대하여 기하학자들의 편을 들 것이다. 수학은 독립적으로 존재하는 존재자들의 어떤 이상적인 세계가 아니라 정신적 활동에 관계한다. 그런 것으로서, 그 언어는 정적이지 않고 역동적이어야 한다.

Brouwer의 견해에서, 수학의 실제는 우리 마음을 **내성**(*introspection*, 內省)하는 것에서 나온다. 철학에서, 전통적인 관념론의 슬로건은 다음과 같다.: '존재하는 것은 지각되는 것이다'. 직관주의에서 상응하는 슬로건은 수학에서, '존재하는 것은 구성되는 것이다'가 될 것이다. 적어도 원칙적으로, 모든 수학적 진리들이 수학자들에게 접근 가능하다는 것이 Brouwer의 견해로부터 따라 나온다.: '경험되지 않는 참들이 없다는 견해의 그 … 논점은 실제적인 삶과 과학에서보다 수학에서 훨씬 늦게 인정받게 되었다. 이 관점에서 엄격하게 다루어지는 수학은, 정리들을 오로지 내성적인(introspective) 구성에 의해서만 연역하는 것을 포함하는데, 직관주의 수학이라고 불린다' (Brouwer

1948: 90). Brouwer에 따르면, 고전적인 수학자는 '알려질 수 없는 참들의 존재를' 올바르지 않게 '믿는다'.

Brouwer에게, 모든 합당한 수학 명제는 인간 정신의 능력들을 직접적으로 언급한다. 수학적 주장들은 '깨달아진다. 즉, … 참들을 전달한다. 만약 이러한 참들이 경험된다면 {말이다}.' 그래서, 직관주의자에게 이해될 때, 배중률은 **전지적 신**(*omniscience*)의 원리나 마찬가지이다.: '속성을 수학적 개체에 … 부여하는 것은 모두 판단될 수 있다. 즉, 증명되거나 모순으로 귀착된다.' Brouwer의 논거는 우리가 전지적이지 않고 그래서 중간 배제를 가정해서는 안 된다는 것이다.

수학적 개체의 정의가 그 개체를 포함하는 무리를 참조하면 **비서술적**(*impredicative*) 이라는 것을 기억해 보자 (1장, §2 그리고 5장, §2). 예를 들어, '최소 상계'의 보통의 정의는, 어떤 수를 상계들의 무리의 용어로 특징짓고 그 정의된 수가 그 무리의 원소이기 때문에 비서술적이다. 존재론에서의 실재론자에게, 비서술적인 정의는, 객관적으로 존재하는 존재자를 그 존재자를 포함하는 무리들의 용어로 특징짓기 때문에 위험하지 않다. 실재론자에게, '최소 상계'는 비슷하게 비서술적인 '교수진들 중 가장 완고한 멤버'보다 더 문제 될 것이 없다. 그러나, 직관주의자에게, 비서술적인 정의는 심술궂게 순환적(viciously circular)이다. 우리는 수학적 개체를 그 개체를 포함하는 무리를 사용하여 **구성할**(*construct*) 수 없다.

비슷한 방식으로, Brouwer (1912: 82)는 수학적 개체들의 무리를 마치 완결된 총체(totalities)처럼 간주하는 것에 반대한다. 그는 고전적인 수학자가 … '직관주의자에게 전혀 의미 없는 여러 가지 개념들을, 예를 들어 "원소들이 공간의 점들인 집합", "원소들이 일변수 연속함수들인 집합", "원소들이 일변수 불연속 함수들인 집합" 등과 같은 개념들을 도입한다'고 불평한다. 직관주의자에게는, 이러한 한 무리의 원소들 전체를 구성하는 것을 결코 끝낼 수 없고, 그래서 그러한 원소들로 이루어진 '그 집합'을 말할 수 없다.

수학의 본성과 그 대상들에 대한 Brouwer의 개념화는 고전 수학에서 거짓인 (증명할 수 있는) 정리들로 이어진다. 고전적으로 생각되듯이, 실수는 무한 소수(infinite decimal)로서, 즉 실무한(completed infinity)으로서 생각될 수 있다. Brouwer (1948)가 말했듯이, 고전적인 수학자는 '처음부터 n번째 원소가 각 n에 대해 정해진다'고 주장한다. 더욱이, 어떠한 임의의 또는 무작위의 한 자리 숫자들의 연쇄(sequence of digits)도 합당한 실수이다. Brouwer는, 자신의 이력 초기에, 실수들을 **규칙에 의해**(*by a rule*) 주어진 소수 전개들(decimal expansions)과 동일시했다.: '그 개념: "0과 1 사이의 실수"를 생각하자 … 직관주의자에게 [이 개념은] "소수점 이후의 한 자리 숫자들의 기초적인 연쇄(elementary series of digits)를 구성하기 위한, 유한 번 이어지는 조작들에 의하여 만들어지는 법칙"을 의미한다' (Brouwer 1912: 85). 기법적인(technical) 이유로, 소수 전개에 대한 주목은 어색한 것으로 판명되었다. 그리고 어쨌든, 수학자들이 소수 전개보다는 유리수들의 Cauchy 수열에 대해 말하는 것이 더 보통이다. 이런 식으로, 초기 Brouwer에게는, 규칙들에 의해 주어진 Cauchy 수열들만이 합당한 실수들을 결정한다.[4)]

그러나, 후에 Brouwer는 이러한 규칙-지배 수열들(rule-governed sequences)에, 때로 '자유 선택 수열(free choice sequences)'이라고 불리는 것을 보충하였다. Brouwer는 나아가는 선택 수열(evolving choice sequence)의 더 나아가는 항들을 자유롭게 만들어 내는 (또는, 기법적인 사항(technicality)을 모른 체하는, 다시 말해 소수 전개에서 더 나아가는 한 자리 숫자들을 모른 체하는) 힘을 가진 '창조되는 대상'을 마음에 그렸다. 자유 선택 수열은 고전적인 실수에 부여되는, 앞에서 언급된 속성, 즉 '처음부터 n 번째 원소가 각 n에 대해 정해진다'는 속성을 갖지 않는다. 규칙-지배와 자유 선택 수열 양자의 주요

4) 유리수들의 수열 a_1, a_2, …은 다음과 같을 때 *Cauchy* {수열}이다. 즉, 각 유리수 $\varepsilon>0$에 대하여, 모든 자연수 m, n에 대해 만약 $m>N$이고 $n>N$이면 $-\varepsilon<a_m-a_n<\varepsilon$인 그러한 자연수 N이 존재하면. Cauchy 수열은, 항 a_n을 계산하는 효과적인 절차가 있고, ε이 주어졌을 때 경계 N을 계산하는 효과적인 절차가 있을 때만, 규칙에 의해 주어진다. 완비성 원리(the principle of completeness)는 모든 Cauchy 수열이 실수로 수렴한다는 것이다.

특징은 각각이 잠재적 무한(potential infinity)일 뿐 실무한(actual infinity)이 아니라는 점이다. 우리는 결코 전체 수열 그대로를 우리 앞에 가질 수 없다. 우리는, 규칙을 따름으로써 또는 창조되는 대상이 계속되도록 하여 자유 선택 수열을 잘 만들어 냄으로써, 원하는 만큼 수열을 이어나갈 수 있는 능력을 가지고 있을 뿐이다.

이 관점에서, 주어진 실수에 관한 어떠한 정리들도 그것에 관한 유한한 양의 정보로부터 따라 나와야 한다. 규칙-지배 수열에 대해서, 수학자는 대응하는 실수에 관한 사실들을 확립하기 위해 그 규칙을 사용할 수 있다. 그러나, 자유 선택 수열에 대해서는, 규칙이 없고, 그래서 그것에 관해 수학자가 가지고 있는 유일한 정보는 – 어떠한 시점에서라도 – 그 수열의 처음 유한개 부분(segment)으로 구성된다. a를 자유 선택 수열이라고 하자. 수학자가 a에 부여하는 어떠한 속성 P도 대응하는 Cauchy 수열의 처음 유한개 부분에 근거하여야만 한다. 즉, 수학자는 P가 a에 대해 성립하는지의 여부를 결정할 수 있기 전에 결코 a의 전체 수열을 결정해야 해서는 안 된다. – 순전히 전체 수열이 결코 존재하지 않기 때문에. 그래서, a가 속성 P를 가지면, 실수 b가 a에서 ε 이내에 있으면 P가 b에 대해서도 성립하는 유리수 $\varepsilon > 0$이 있다. 비슷한 추론을 사용하여, Brouwer는 실수에서 실수로의 모든 함수가 (균등하게(uniformly)) 연속이라는 점을 수립했다![5]

이 정리의 증명은 자유 선택 수열을 필수적으로 사용한다. 규칙-지배 실수들만이 고려된다면 불연속 함수들이 논리적인 이유로 배제될 수는 없다. 그러나, 불연속 함수의 존재가 원하지 않는 중간 배제의 경우들을 수반한다.

---

5) 덧붙여 말하면, 선택 공리가 직관주의 해석학에서는 성립하지 않는다는 것이 Brouwer의 정리로부터 따라 나온다. 이 공리의 한 가지 공식화는, 모든 실수 a 에 대해서 주어진 관계 R이 a와 b 사이에 성립하는 실수 b가 있으면, 모든 a에 대해 관계 R이 a와 fa 사이에 성립하는 함수 f가 있다는 것이다. 함수 f의 값으로 b를 뽑는다 (즉 '선택한다'). 직관주의 해석학에서, 모든 실수 a에 대해 $b>a$인 자연수 b가 있음이 증명 가능하다. 우리는 a를 예를 들어 오차 0.5 이내로 어림하기만 하면 되고 그런 다음 그 어림수보다 훨씬 더 큰 자연수를 선택한다. 그러나, 모든 실수 a에 대해, fa가 자연수이고 $fa>a$인 연속함수 f가 있을 수 없다.

예를 들어, f를 모든 실수 x에 대해서, $x \leq 0$ 일 때 $fx = 0$이고 $x > 0$ 일 때 $fx = 1$인 어떤 함수라고 하자. 그래서 f는 0에서 불연속이다. 이제 Cauchy 수열 $\langle a_n \rangle$을 다음과 같이 정의하자.: Goldbach 추측(conjecture)에 대한 n보다 작은 반례가 없으면 $a_n = 1/n$; 그렇지 않으면 $a_n = 1/p$. 여기에서 p는 그러한 가장 작은 반례이다. 직관주의자에게, $\langle a_n \rangle$은 합당한 Cauchy 수열이다 (효과적으로 각 항을 계산할 수 있고, 효과적으로 임의로 가까운 근삿값을 결정할 수 있기 때문에 – 앞의 각주 4 참고). a를 $\langle a_n \rangle$이 수렴하는 실수값이라고 하자. $a > 0$은 Goldbach 추측이 거짓이면 그리고 그럴 때만 성립한다는 것에 주목할 수 있다. 실수 fa는 무엇인가? 우리는 Goldbach 추측이 거짓이면 $fa = 1$이고 그렇지 않으면 $fa = 0$이라는 것을 알고 있다. 그래서 Goldbach 추측이 참인지 아닌지를 알기 전에는 fa를 오차 0.4 이내로 어림할 수 없다. 그래서, f가 합당한 함수라면 Goldbach 추측은 참이거나 또는 그렇지 않으면 Goldbach 추측이 참이라는 것은 사실이 아닐 것이다. 이 마지막 부분이 원하지 않는 중간 배제의 사례이다. (적어도 Goldbach 추측이 결판이 날 때까지. 결판이 나는 경우에는 또 다른 예를 사용할 것이다.)

이 논의는 이른바 '약한 반증의 방법(method of weak counterexamples)'의 사례이다. 여기에서 직관주의자는 고전 수학의 어떤 원리들 (이 경우에는 불연속성의 존재)을, 그 원리가 중간 배제의 사례들을 수반한다는 것을 보임으로써, 반대한다. 또 다른 예를 들기 위해, (다음과 같다고 알려진) 함수 g를 생각해 보자. 즉, x가 유리수이면 $gx = 0$이고 x가 무리수이면 $gx = 1$이다. c를 실수라고 하자. $gc = 0$인지 아닌지를 판단하기 위해, c가 유리수인지 아닌지를 판단해야만 한다. c가 선택 수열(choice sequence)이라면 c가 유리수인지 아닌지 판단할 수 없다(*cannot*). 자유 선택 수열에 관한 어떠한 정보도 상응하는 Cauchy 수열의 유한개로 이루어진 부분(segment)으로부터 얻어져야만 한다. 어떠한 유한개로 이루어진 부분도 (또는 어떠한 유한 소수도)

계속되어 유리수를 만들어 낼 수 있고, 어떠한 유한개의 부분도 계속되어 무리수를 만들어 낼 수 있다. c가 규칙에 지배된다면 어떤 경우들에서는 그 규칙에 관한 추론에 의해 c가 유리수인지 아닌지 그래서 $gc = 0$인지 아닌지 판단하는 것이 가능할 수 있을 것이다. 그러나, gc의 값을 얻는 일반적인 방법은 없다. 다시, g의 존재성은 원하지 않는 중간 배제의 사례를 수반한다. 그래서, g의 정의는 직관주의자에게 합당하지 않다.

이것과 대조적으로, 불연속 함수들은 고전 수학에서 주된 요소이다. 그것들은 물리학에 필수적인 것으로 판명되었다 (예를 들어, Wilson 1993a 참고). 그러나, 앞에서 보았듯이, Brouwer는 과학의 필요에 맞추어 수학을 재단하는 것에 관심이 없었다.

Brouwer는 직관주의 수학이 단지 고전 수학을 제한하는 것이 아니라 그것과 양립할 수 없는 것이라고 인식했다.[6] '어떠한 고전 논리의 틀에도 꼭 들어맞을 수 없는 직관주의의 구조가 있다. 그리고 어떠한 내성적인(introspective) 이미지에도 적용되지 않는 고전적인 논증이 있다' (Brouwer 1948: 91). 그 이유는 그 분야들이 이해되는 방식의 기본적인 차이와 관계된다.

> 직관주의에서는 타당성이 있지만 고전 수학에서는 그렇지 않은 정리들은 종종 다음과 같은 형편으로부터 비롯된다. 즉, 수학적 개체들에 대해 … 어떤 속성의 소유가 기본적인 직관으로부터 전개되는 방식에 특별한 특성을 부여한다는 점, 그리고 기본적인 직관으로부터 전개되는 방식의 이 특별한 특성으로부터, 고전 수학에 대해서는 거짓인 속성들이 뒤따른다는 점이다.

Kant의 수학 철학으로부터 벗어나는 풍조에 더하여, 또는 그 풍조를

6) '구성주의(constructivism)'라고 불리는 수학과 철학의 학파가 있다. 그들은 중간 배제를 받아들이지 않고 직관주의 해석학의 비-고전적인 측면도 받아들이지 않는다. 개략적으로, Errett Bishop (1967)은 고전 수학과 직관주의 수학의 공통적인 핵심만 수용한다. 그는 수학의 언어에 대한 인식적 이해를 강조한다. 예를 들어, 주어진 속성을 가진 수가 존재한다고 말하기 위해서는, 그러한 수를 발견하는 방법을 제시할 수 있어야만 한다. Bishop은 중간 배제를 '제한된 전지적 신'의 원리라고 부른다.

따라서, 이전 두 개의 장(chapters)에서 다루어진 사상가들은 수학의 언어(*language*)와 **논리**(*logic*)에 주력하는 경향이 증가하는 모습을 보였다. 논리주의자들은 수학이 단지 논리에 지나지 않는다고 주장하면서 수학을 논리로 환원하겠다고 나섰다. 반면, 형식주의자들은 규칙-지배의 방식으로 문자들을 다루고 있는 실제에 호소했다. Alberto Coffa (1991)는 이 경향을 '의미론적 전통(semantic tradition)'이라고 부르고, Michael Dummett는 그것에 '언어적 전환(linguistic turn)'이라는 명칭을 붙였다. Brouwer는 그 추세에 저항했다. 그에게, 언어는 정신적인 구성들을 의사소통하기 위한 완벽하지 않은 매개체일 뿐이고, 수학의 본질을 이루는 것은 그 구성들이다. 수학자가 정신적인 구성을 해내고 그것을 다른 이들과 나누고자 한다고 가정해 보자. 그녀는 종이에 기호들을 적고 저널에 투고한다. 모든 것이 편집자와 그리고 그 다음에는 독자와 잘 맞는다면, 다른 수학자들은 그 저널의 그 기호들을 읽음으로써 그들 자신이 그 정신적, 수학적 구성을 경험할 수 있다. 그러나, 다른 어떠한 매개체들처럼, 언어는 틀릴 수 있다. 독자들은, 그 논문을 읽은 후 (또는 노력한 후) 어떠한 구성도 경험하지 못할지 모른다는 의미에서 '그것을 얻지' 못할 수 있을 것이다. 또는 그들은 첫 번째 수학자의 구성과 다른 것을 경험할지 모른다. 어느 경우이든, 문제는 첫 번째 수학적 구성에 있는 것이 아니다. 영화 **폭력 탈옥**(*Cool Hand Luke*)에서처럼, 우리가 여기에 가지고 있는 것은 의사소통의 실패(일 뿐)이다. Brouwer의 견해에서, 논리는 수학을 언어를 통하여 의사소통하기 위한 규칙들의 체계화에 불과하다.

그래서 Brouwer에게, 논리주의와 형식주의는 모두 수학적 의사소통의 외적인 포착(trappings)에 주력하고, 수학의 본질을 완전히 무시한다. 그는 무모순성 증명에 대한 관심을 명백히 거부했다.:

> 구성 … 에서 … 보통의 언어 그리고 어떠한 기호적 언어도, 수학적 기억을 지원하거나 다른 사람들이 똑같은 [구성]을 만들어 내는 것을 가능하게 하는, 비-수학적 보조자로서 기여하는 것 이외에 어떠한 역할(rôle)도 맡을

수 없다. 이런 이유 때문에, 직관주의자는 다음과 같은 보증에 의해서 수학적 이론의 정확성을 확신하는 느낌을 결코 가질 수 없다. 즉, 무-모순이라는 증명, 개념들을 유한개의 단어들로 정의할 수 있는 가능성 … 또는 사람들의 관계 내에서 결코 오해로 이어지지 않을 것이라는 실제상의 확실성. (Brouwer 1912, 81)

다른 말로 하면, 언어와 논리에 주력하는 것은 논점을 놓치는 일이다.

3. 제자, Heyting

어떤 면에서, Brouwer의 제자 Arend Heyting은 – Brouwer가 승인하지 않았던 기고문을 통해서 – 둘 중에 더 영향력이 있었고, 양의성(ambivalence, 兩意性)을 일부 보여주기까지 하였다. 그는 직관주의 논리의 엄격한 **형식화**(*formalization*)를 전개했다. 그 체계는 때로 **Heyting 술어 계산**(*Heyting predicate calculus*)이라고 불린다 (예를 들어, Heyting 1956: 7장, 또는 Forbes 1994: 10장과 같은 기호 논리에 대한 현대의 교과서들 참고). Heyting (1930)은 고전 논리의 기초가 되는 형이상학적 가정 – 진리-값에서의 실재론 – 에서 볼 때, 고전 수학의 언어가 (객관적인) **진리 조건**(*truth conditions*)의 측면에서 가장 잘 이해된다고 제의했다. 그래서 고전 수학을 위한 의미론은 각 문장이 참 또는 거짓이 되는 조건들을 기술한다. 이가(bivalence)의 거부로 인해 (앞의 §1 참고), 이와 같은 의미론은 직관주의에 적절하지 않다. 대신, 직관주의 언어는 **증명 조건**(*proof conditions*)의 측면에서 이해되어야 한다. 의미론은 각 문장에 대해 표준적인 증명이라고 간주되는 것을 기술할 것이다. 대략적으로, 여기 일부 조목들이 있다.:

‘Φ 그리고 Ψ’ 형태의 문장의 증명은 Φ의 증명과 Ψ의 증명으로 구성된다.

'Φ 또는 그렇지 않으면 Ψ(either Φ or Ψ)' 형태의 문장의 증명은 Φ의 증명 또는 그렇지 않으면 Ψ 의 증명으로 구성된다.

'만약 Φ이면 Ψ' 형태의 문장의 증명은 Φ의 어떠한 증명도 Ψ의 증명으로 전환하는 방법으로 구성된다.

'not-Φ' 형태의 문장의 증명은 Φ의 어떠한 증명도 모순에 이르는 증명으로 전환하는 절차로 구성된다. 다른 말로, not-Φ의 증명은 Φ의 증명이 있을 수 없다는 증명이다.

'모든 x에 대하여 $\Phi(x)$' 형태의 문장의 증명은, 주어진 n에 대해, 대응하는 문장 $\Phi(n)$의 증명을 산출하는 절차로 구성된다.

'$\Phi(x)$인 x가 있다' 형태의 문장의 증명은 아이템 n의 구성과 대응하는 $\Phi(n)$의 증명으로 구성된다.

그 체계는 지금은 Heyting 의미론(*Heyting semantics*)으로 알려져 있다(Dummett 1977: 1장 참고). 선언(disjunction, 選言) 'Φ 또는 그렇지 않으면 Ψ'의 표준적인 증명은, 그 조목들 중 하나의 증명을 하지 않는 이상, 할 수 없다는 점에 주목할 수 있다. 그래서 중간 배제 'Φ 또는 not-Φ'의 사례에 대한 그러한 증명은, Φ의 증명 또는 그렇지 않으면 Φ의 증명이 있을 수 없다는 증명을 하지 않는 이상, 할 수 없다. 그래서 많은 중간 배제의 사례들이 이 의미론에 의해 정당화될 수 없을 것 같다. 'x가 있다'를 포함하는 문장은 그러한 x를 산출하는 방법을 보여주지 않고는 증명할 수 없음에 주목할 수 있다. 이것은 모든 직관주의 학파에 의해 공유되는, 직관주의의 주요 주제에 대한 형식화이다.

이 Heyting의 연구가 언어와 논리에 대한 Brouwer의 태도를 절대 반대하는 것이라는 점이 아이러니하다. Heyting의 형식적 안(proposals)은 자신의 고전적 동료들에게 도움이 되려는 시도였을지 모른다. 그들에게 적어도 직관주의 수학의 언어적 포착의 개요를 제공함으로써 {말이다}. Heyting은 정신적 구성의 우세 그리고 언어와 논리의 **경시**(*downplaying*)에 관한 Brouwer의 견해를 공유했다. '수학의 직관주의적 기초(The Intuitionist Foundation of Mathematics)' (1931: 53)에서, 그는 '언어가 동반되는 것은 수학의 재현이 아니다.; 아직 수학 그 자체에 미치지 못한다.'고 썼다. 저서 **직관주의**(*Intuitionism*) (1956: 5)에서, 그는 언어가 수학의 실제 구성을 의사소통하는 완벽하지 않은 매개체라는 Brouwer의 주장을 반영한다. 형식적 체계 자체는 합당한 수학적 구성이다. 그러나 '사람은 형식적 체계가 수학적 사고의 어느 영역을 완전하게 재현한다는 확신을 결코 가질 수 없다.; 어떠한 순간에도 추론의 새로운 방법들을 발견하는 것은 우리로 하여금 그 형식적 체계를 확장하도록 할 수 있을 것이다'. Heyting은 '논리가 수학에 의존한다'고 주장했다. 그 반대가 아니라. 그래서 논리에 대한 자신의 연구를 통해 직관주의의 추론을 **체계적으로 정리하**(*codify*)려고 했던 것은 아니다. 어떤 것도 그런 것을 할 수 없다.

그럼에도 불구하고, Heyting의 형식화 작업은 직관주의 (그리고 구성주의) 수학을 보통의 증명 이론의 시야 안에 놓이게 했다. 그리고 이제는 직관주의의 산술, 해석학, 집합론 등의 형식화된 버전들에 대한 광범위한 저술들이 있다. 직관주의 논리에 대한 많은 (그러나 전부 다는 아닌) 메타-이론적인 연구는 고전적인 메타-이론을 이용한다. 즉, 전형적인 증명-이론가는 직관주의 논리를 이용하는 형식적 체계들 자체를 연구하기 위해 고전적인 논리를 사용한다. 한 가지 지속적인 기여는, 적어도 고전 수학자의 관점에서 {보았을 때}. 수학의 실제에서 중간 배제의 역할에 대한 세부적인 연구였다. 우리는 이제 직관주의 수학이 고전 수학과 어떻게 다른지 안다. – (Brouwer와 Heyting에 반하여) 직관주의 형식 체계가 직관주의 수학의 정확한 모델이라고 가정하다면 말이다. 같은 것이 Bishop의 구성주의(constructivism)에도 해당된다 (앞의 각주 6 참고). 메타-수학적 연구는 또한 직관주의 수학이 과학의 필요를 어느 정도까지 충족할 수 있을지에 대한 활발한 토론으로

이어졌다.[7)]

Heyting의 철학적 글쓰기는 수학이 정신-의존적이고 그 초점이 수학적 구성에 있다는 Brouwer의 논지를 반복한다.:

> 직관주의 수학자는, 자기 지성의 자연스러운 기능으로서, 그리고 사고의 자유롭고 생기 넘치는 활동으로서 수학을 할 것을 제의한다. 그에게, 수학은 인간 정신의 산출물이다 … [우리]는 우리 사고와 독립적인 존재성을, 즉 초월적인 존재성을 … 수학적 대상에 부여하지 않는다 … [수]학적 대상들은 정말 천성적으로 인간 사고에 의존한다. 그들의 존재는 사고에 의해 판단될 수 있는 한에서만 보장된다. 그것들은 사고에 의해 그것들 내에게 알아차릴 수 있는 한에서만 속성을 갖는다 … 초월적인 … 존재성에 대한 신념은 수학적 증명의 수단으로서 거부되어야만 한다 … [이]것이 배중률을 의심하는 이유이다. (Heyting 1931: 52-53)

자신의 스승과 함께 Heyting은, 고전 수학이 수학적 대상들이 수학자와 독립적으로 존재하고 수학의 참들이 객관적이고 영원하다는 '형이상학적' 원리에 의존한다고 주장한다. 그는 수학자가 여가 시간에 그러한 형이상학적 원리를 주장하거나 또는 거부할 자유가 있다는 것을 인정한다. 그러나, '형이상학적 어려움들의 미로'를 벗어나는 유일한 길은 '그것들을 수학' 그 자체 '에서는 추방하는' 것이다 (Heyting 1956: 3). Heyting은 고전 수학자가 중간 배제를 통해서 형이상학적 논증을 사용한다는 이유로 비난한다.:

> '존재하는 것'이 '구성되는 것'을 의미하지 않는다면, 어떤 형이상학적 의미를 가져야만 한다. 이 의미를 살피는 것 또는 그것이 방어될 수 있는지 그렇지 않은지를 결정하는 것은 수학의 과업일 수 없다. 우리는 수학자가 개인적으로 자신이 좋아하는 어떠한 형이상학적 의미를 받아들이는 것에 대해 반대하지 않는다. 그러나 Brouwr의 프로그램은 우리는 수학을 형이상학보다 더 간단하고 직접적인 어떤 것으로 연구해야 한다는 것을 함의한다.

7) 이전 절에서 살펴보았듯이, Brouwer는 이 논쟁의 결과에 너무 많은 신경을 쓰지는 않을 것이다.

> 정신적인 수학적 구성을 연구할 때 '존재하는 것'은 '구성되는 것'과 동의어이어야만 한다. (Heyting 1956: 2)

요컨대, Heyting은 수학의 실제가 어떠한 형이상학에도 의존해서는 안 된다고 주장한다.[8)]

어떤 지점에서는, 그가 정신-의존성과 함께 더 나아가서, 수학이 **경험적**(*empirical*)이라고 주장하기까지 하는 것 같다.:

> 수학 명제는 어떤 기대를 표현한다. 예를 들어, 명제, 'Euler 상수 C가 유리수이다'는 $C = a/b$인 두 정수 a와 b를 발견할 수 있다는 기대를 표현한다 … 명제의 확언은 의향(intention)의 완수를 의미한다. 예를 들어, 'C가 유리수이다'라는 주장은 희망했던 정수들을 실제로 발견했다는 것을 의미할 것이다 … 명제의 확언은 그 자체로는 명제가 아니다.; 그것은 경험적 사실의 확인, 즉 그 명제에 의해 표현되는 의향의 완수이다. (Heyting 1931: 59)

> 직관주의 수학은 정신적 구성에 … 있다.; 수학적 정리는 순수하게 경험적인 사실, 즉 어떤 구성의 성공을 표현한다. '2 + 2 = 3 + 1'은 다음과 같은 진술의 축약으로 읽혀야만 한다.: '나는 "2 + 2"와 "3 + 1"이 나타내는 정신적 구성을 수행했다. 그리고 그것들이 똑같은 결과로 이어진다는 것을 발견했다.' … 구성에 관해 말해진 [진]술은 … 순수하게 경험적인 결과들을 표현한다. (Heyting 1956: 8)

그러나, 나는 이와 같은 진술들이 너무 문자 그대로 이해되지 않아야 한다고 제안한다. Heyting은 John Stuart Mill의 것과 같은 경험주의를 옹호하는 것이 아니었다 (앞의 4장, §3 참고). 누군가가 사람이 덧셈을 하는 것에 대해 연구했다고 가정해 보자. '2 + 2'와 '3 + 1'이 일곱 자리 수들로 교체된다면, 경험적 결과들이 확실히 수학적인 것과 다를 것이다. 결국, 사람은

8) 이전 장(chapter)의 §5에서 Haskell Curry가 자신의 형식주의의 주된 미덕이 형이상학적 가정들로부터 자유롭다는 것이라고 주장했음을 보았다. 형이상학-회피는 수학 철학자들 사이에 공통된 조건인 것으로 보인다.

실수를 한다. 확실히, Heyting은 경험적인 데이터를 수학과 관련 없는 것이라고 생각한다. 비슷한 노선을 따라, 직관주의자는 '$2^{1001}+1$이 소수이거나 그렇지 않으면 $2^{1001}+1$이 합성수이다'와 같은 정리들을 받아들인다. 약수들의 크기를 (만약 있다면) 실제 경험적으로 체감하는 것이 거의 불가능하더라도 {말이다}.

우리는 이 연구에서 전에도 비슷한 이상화(idealizations)를 여러 번 만났다. 나는 이상화가 어느 쪽에 대해서도 그들의 견해가 형이상학적으로 중립적인 것이라고 주장하는 것을 어렵게 한다고 제의한다. 수학 철학에서, 형이상학은 거의 불가피하다. – 사람이 형이상학과 수학의 실제(*practice*)와의 관련성에 의문을 가질 수 있기는 하지만 (1장, §2 참고). Brouwer 자신의 Kant 철학적 입장은 형이상학적으로 중립적이지 않다. 그는 수학의 본성과 그 개체들에 대한 확고한 견해를 표현한다. 누군가는 중립에 접근하는 가장 좋은 방법은 Brouwer의 자유 선택 수열을 거부하고 Bishop의 구성주의 (앞의 각주 6), 즉 고전 수학과 직관주의 수학의 공통적인 핵심과 더 비슷한 어떤 것을 고수하는 것이라고 생각할 것이다. Heyting (1931: 57)은 자유 선택 수열이 없어지면 직관주의 수학이 '빈약해질' 것이라는 점을 인정한다. 그리고 고전 수학은 중간 배제가 없으면 빈약해질 것이다.

Heyting의 초기 논문 (1931)은 고전 수학이 흠이 있고 직관주의로 대체되어야 한다는 Brouwer의 주장을 반영한다.: '직관주의는 수학을 구성하는 가능한 유일한 방법이다.' 그러나, 그의 책 (1956)은 더 절충적이어서, 직관주의 수학이 고전 수학과 '나란한' 위치를 차지할 만하다고 주장한다. Heyting은 직관주의자는 수학에 대한 '독점권'을 주장하지 않고, 고전 수학자가 직관주의의 개념화의 '충분한 권리를 인정하'면 만족할 것이라고 썼다. 좋은 타협이다. 그러나, Heyting은 고전 수학의 기저를 이루는 것으로 추정되는 '형이상학적' 가정을 계속해서 미심쩍어 했었다.

4. Dummett

Brouwer와 Heyting 모두 언어를, 수학의 진짜 본질인, 정신의 수학적 구성을 의사소통하기 위한 완전하지 않은 매개체라고 생각했다는 점을 기억해 보자. 그들에게, 논리는 이 매개체를 배치하기 위한 단순한 형식에 관계되고, 그래서 언어와 논리에 대한 노골적인 주목은 논쟁의 올바른 영역에서 크게 동떨어진 것이다. 대조적으로, 수학과 그 논리에 대한 Michael Dummett의 주된 접근은 시작부터 언어적이다. 그의 철학적 관심은 수학적 문제들보다는 직관주의 논리에 더 놓여 있다 (자유 선택 수열이 Dummett 1977: 3장에서 다루어지기는 하지만). Brouwer 처럼, 그리고 Heyting 과는 달리, Dummett는 절충적 방향성을 갖고 있지 않다. 그보다는, 그는 '전통 수학이 수학적 진술들을 합당하게 해석하는 {데 사용하는} 어떠한 방법도 근거가 확실하지 않은 추론의 형식을 사용한다'는 논제를 탐구한다 (Dummett 1973: 97).

Dummett는 논리가 옳다고 {판단}하기 위해 고려하는 어떠한 사항도 궁극적으로 **의미**(*meaning*)에 관한 질문에 좌우되어야만 한다고 제의한다. 그래서 그는 일련의 전제들로부터 추론을 이끌어내는 규칙들은 그 전제들의 일부 용어들의 의미로부터 나온다는 널리 알려진 견해, 이른바 '논리적 술어학(logical terminology)'을 채택한다. 이것은 논리적 추론이 해석적이라는 또는 의미를-구성한다는 논지와 어울린다.

본성상 언어는 공적인 매개체이다. 그리고 보통 말하는 대로, 언어 내의 용어들의 의미는 그 용어들이 담화에서 바르게 사용되는 방법에 의해 결정된다. Lewis Carroll의 Humpty Dumpty가 이렇게 말할 지도 모르지만, 그 용어들이 어떻게 사용되어야 할지는 언어의 사용자에게 맡겨져 있다. 그들의 사용이 의미를 결정한다. 다른 무엇이 {그것을} 할 수 있겠는가? Dummett (1973: 98-99)는 이 논점을 효과적으로 설명한다.:

수학적 진술의 의미는 그 **사용**(*use*)에 따라 결정되고 남김없이 결정된다. 그러한 진술의 의미는, 그것의 사용에서 뚜렷이 드러나지 않는 어떤 것일 수 없다. 또는 구성 요소로서 그런 것을 포함할 수 없다. 그것은 오로지 그 의미를 이해하는 개인의 마음에 놓여있다 … 두 명의 개인들이 진술의 사용에 관해서 완전히 동의한다면 그 의미에 관해 동의하는 것이다. 그 이유는 진술의 의미가 오로지 개인들 사이의 의사소통의 도구로서의 역할(rôle)에만 있기 때문이다 … 개인은 그가 의사소통하는 것이 관찰될 수 없는 {그러한 의사소통의} 내용을 의사소통할 수 없다.: 개인이 수학적 기호 또는 식에 그것들의 사용에 놓여있지 않은 어떤 정신적 내용을 연관시킨다면, 기호 또는 식의 도움에 의해 그 내용을 전달할 수 없을 것이다. 왜냐하면 듣는 이들은 그 연관을 모를 것이고 그것을 알게 될 수 있는 방도가 없을 것이기 때문이다. 의미를 전달하는 것의 사용을 초월하는, 의미의 구성 요소가 있다고 가정하는 것은, 누군가가, 그에게 수학적 이론의 언어를 가르칠 때 직접적으로 가르친 모든 것을, {과거에} 배웠을 지도 모른다고 가정하는 것이다. 게다가 누군가가 모든 면에서 그 언어를 이해했지만 실제로는 이해하지 못하거나 단지 부정확하게 이해하고 있는 사람과 같이 행동할지 모른다고 가정하는 것이다.

나는 똑같은 것이 비-수학적인 언어에도 또한 적용되는 것이 아닌가 하고 생각한다.[9)]

언어에 대한 이 상식적인 견해는 Dummett의 **증거의 조건**(*manifestation requirement*), 즉 표현의 의미를 이해하는 어떠한 사람도 자신의 행위를 통해서 – 그 표현의 **사용**(*use*)을 통해서 – 이해한다는 것을 입증할 수 있어야만 한다는 논제를 지지한다.: '[표현의 의미에 대한] 지식을 … 가지고 있다고

9) Dummett의 표적은 표현(expressions)의 '의미들(senses)'이 객관적인, 정신-독립적인 존재자들이라는 Frege의 견해 (예를 들어, Frege 1892)를 포함한다. 그 견해에 따르면, 문장을 이해하는 것은 그 의미를 파악하는 것이다. Dummett (1973: 100)는 '개인에게 속하는 매우 사적인 의미의 개념은 … 실제 실행되는 수학, 즉 많은 개인들이 협동적으로 참여하고 있는 이론의 몸체, 그러니까 각자가 자신의 결과물을 다른 이들과 의사소통할 수 있는 탐구로서의 수학과 관련이 없다'고 썼다. Dummett의 동료 직관주의자들인 Brouwer 및 Heyting과의 뚜렷한 대조에 주목할 수 있다.

말해지는 사람의 행위 또는 능력과 그것이 결여되어 있다고 말해지는 사람 사이에는 관찰 가능한 차이가 있음에 틀림없다. 그러므로 … 수학적 진술의 의미를 파악하는 것은, 일반적으로, 그 진술을 특정한 방식으로 사용하는 능력 또는 다른 이들의 사용에 특정한 방식으로 반응하는 능력으로 구성되어 있어야만 한다는 것이 따라 나온다.' Dummett는 어떠한 의미론이든지 간에 철학에서 역할을 수행하기 위해서 만족해야만 하는 기준을 식별한다.: 이해는 말로 나타낼 수 없는 것이어서는 안 된다. 우리는 한 언어에서, 그 언어를 바르게 사용하는 방법을 알고 있을 때 그리고 오직 그럴 때만, 유효한 표현들을 이해한다.

그런 견해들에 공통된 슬로건은 '의미는 사용이다(meaning is use)'이다. 그러나 이것은 오해를 부를 수 있다. 이 견해들의 옹호자는 종종 '사용'을 모호하게 남겨둔다는 점에서 비판받는다. 확실히 이 개념이 철학에서 그렇게 중심적인 위치를 차지한다면 어떤 해명이 필요하다. Ludwig Wittgenstein (1978: 366-367)은 '모든 것은 명제의 뜻을 결정하는 것(*what*)[에] 달려있다. 기호들의 사용이 그것을 결정해야만 한다.; 그러나 무엇을 그 사용이라고 간주할 것인가?'라고 말했다.

'사용'에 대한 일부 명확한 표현들은 의미에 대한 고려를 통해 논리 및 수학의 실제를 수정하도록 동기를 부여하는 것을 어리석은 일로 만든다. 수학자가 하는 (그리고 잘 해 내는) 모든 것이 합당한 사용이라면, 배중률은 어느 것만큼이나 합당하다. 부정과 선언(disjunction)이 실제로 사용될 때, 중간 배제는 옳다. 활동하고 있는 수학자들은 그것의 사용을 망설이지 않고, 확실히 만약 누구라도 {중간 배제를} 말한다면 그들은 자신들이 말하고 있는 것을 안다. 좋든 싫든 간에, 고전 논리는 수학자들 사이에서 승리했다. 그래서 의미론적 노선을 따라 배중률을 거부하는 논증이 어떻게 있을 수 있는가? 이와 같은 견해에서는, **모든**(*all*) 사용이 신성불가침인 것 같다. 자 이제, Wittgenstein이 묻는 것처럼, '무엇을 그 사용이라고 간주할 것인가?'

그러한 강한 반-수정주의의 노선을 따라 '사용'의 해석을 제의하는 적어도 두 가지의, 수학의 언어에 대한 방향 설정이 있다. 그러한 한 가지 견해는 형식주의, 즉 바른 수학의 실제는 형식적 연역 체계로 체계화될 수 있다는 논제이다 (이전 장(chapter) 참고). 고전 논리가 적절한 연역 체계의 구성 요소라면, 고전 논리의 그 이슈가 해결된다. Dummett와 – Heyting을 포함한 – 그 이전의 직관주의자들이 '증명(proof)'이라고 말할 때, 그들 모두 '정해진 형식적 체계 내의 증명'을 의미하지 않는다는 점에 주목할 만하다. 직관주의자에게, 증명은 본래부터 비형식적이다. 형식주의와 직관주의는 자연스러운 동맹자들이 아니다.

언어 '사용'에 대한 또 하나의 반-수정주의적 이해는 Dummett가 '전일적(holistic)' 설명이라고 부르는 것이다.: '그러한 견해에서 어떠한 단일한 진술들에 대해서도 그 내용에 대해 질문하는 것은 합당하지 않다 … 각 진술의 의미는 … 전체로서 간주되는 언어의 다른 영역에 있는 다른 진술들과 … 맺는 다중적인 연결들에 의해 변경된다. 그래서 전체적인 언어를 알지 못하고 그 진술을 이해할 수 있는 적합한 방법은 없다.' W. V. O. Quine의 '신념의 망(web of belief)'은 아마 이와 같은 견해이다 (8장, §2 참고). Dummett는 그러한 의미론적 전일주의에서, 배중률의 사례와 같은 특정한 진술을 전체적인 언어에 대한 비판 없이 **비판하는**(*criticize*) 방법은 없다고 주장한다. 이것은 그렇게 옳지는 않다. Quine 자신은 다루기 힘든 경험적 데이터로 인한 논리와 수학의 변화 가능성을 제기한다. 그러나, 분명히, Quine의 것과 같은 전일적 견해에서, 수학의 실제에 대한 비판은 **의미론**(*semantics*)으로부터도, 그리고 의미와 이해를 일반적으로 숙고하는 것으로부터도 오지 않는다.

Dummett (1991a)는 의미론적 이론의 기획이 지금 고려 중인 일종의 의미론적 전일주의와 잘 어울리지 않는다고 제의한다. 우리가 여기에서 이것을 판결할 필요는 없다. 전형적인 의미론은, 복합 진술의 의미론적 내용은 그 부분들의 의미론적 내용의 면에서 분석된다는 의미에서 **구성적**(*compositional*)이다. 예를 들어, 널리 유행하는 Tarski식의 의미론에서, 복문 식(complex formula)의 참 조건은 그 하위 식들의 참 조건의 측면에서 정의된다. Dummett에게, 문제는 이 의미론이 증거의 조건에 위배된다는 점이다. 수학적 이론에 대한 고전적인 이가(bivalent) 해석에서는,

> 중심 개념은 참의 그것{개념}이다.: 문장의 의미에 대한 파악은 … 문장이 참이라는 것이 무엇인가에 대한 지식에 있다. 일반적으로, 언어의 문장들이 우리가 그 진리-값을 효과적으로 결정할 수 있는 것들이 아닐 것이기 때문에, 그러한 문장의 참에 대한 조건은, 우리가, 일반적으로, 그것이 성공할 때마다 성공한다고 인지할 수 없는 것일 것이다. 또는 그래서 우리 자신을 그것을 인지할 수 있는 위치에 처하게 할 수 없는 것일 것이다. (Dummett 1973: 105)

증거의 조건을 만족시키기 위해서, Dummett는 **검증가능성**(*verifiability*) 또는 단언가능성(assertability)이 구성적 의미론의 주된 요소로서의 참을 대체해야 한다고 주장했다. 아마도, 언어 사용자들은 각 문장이 검증될 수 있거나 단언될 수 있는 조건에 대한 자신들의 이해를 명백히 나타낼 수 있다. 수학에서, 검증(verification)은 **증명**(*proof*)이다. 수학자는 주어진 문장을 오직 증명할 수 있을 때만 단언할 수 있기 때문이다. 그래서 Dummett의 안(proposal)은 Heyting의 직관주의 논리를 위한 의미론의 중심 주제를 불러낸다. 각 식의 참 조건들을 마련하는 대신, 우리는 증명 조건들을 제공한다 (자세한 것은 앞의 §3 또는 Dummett 1977: 1장 참고).

의미론적 전일주의에 대한 Dummett의 대안은 그가 **분자**(*molecular*) 의미론이라고 부르는 것이다. 그 이론에 따르면: '개별 문장들은 그 자신들의 구성 요소들로 구성되는 방식에 부합하여 그것들에 속하는 내용을 전달한다. {이때 그 구성 요소들은} **그 언어에서 그 구성 요소들을 포함하지 않는 다른 문장들과 독립적이다**(*independent of other sentences of the language not involving those constituents*)…' (Dummett 1973: 104). Dummett의 안(proposal)은 적어도

언어의 중대한 부분들은 어떠한 다른 부분들과도 독립적으로 이해될 수 있다는 것이다. 이것은, 무엇보다 먼저, 논리적 용어들에 적용된다.: {즉,} 부정, 연언(conjunction, 連言), 선언(disjunction), '만약-이면(if-then)'과 같은 연결사들(connectives), 그리고 '있다(there is)', '모든 것에 대하여(for all)'와 같은 양화사들(quantifiers)에 {적용된다}. 저명한 Dummett 주의자, Neil Tennant (1997: 315)는 그것을 다음과 같이 잘 표현했다.:

> 여기에서의 내용은 분석적 프로젝트가 [논리적] 연산자들(operators)을 일대일로 취해야만 한다는 것이다. 논리적 기능을 판정하는 기본 규칙들은 각 연산자가 자신이 포함된 복문(complex) 문장의 의미에, 그리고 파생적으로는, 그러한 문장들이 포함된 논증의 타당성에 이바지하는 고유한 기여를 명시해야만 한다 … 사람은 여러 가지 언어의 조각들을 별개로 또는 한 번에 하나씩 습득할 수 있어[야 한다]는 것이 … 따라 나온다. 사람이 어떤 순서로 논리적 연산자들을 익히는지가 (파악하는지가) 문제가 되어서는 안 된다. 실로 일부 연산자들이 아직 그 사람의 이해 안에 있지 않다고 해도 문제가 되어서는 안 된다. 문제가 되는 전부는, 어떠한 연산자에 대한 파악도 그것을 포함하는 추론들에 적용되는 도식적인 규칙들에 기초하여 단순히 합해져야 한다는 점이다.

이와 같은 견해에서, 확립된 실제는 비판될 수 있다. 언어에 대한 분석은 논리적 연산자들이 정합적이지 않은 방식으로 사용된다는 것을 밝힐 수 있을 것이다. 특히, 철학자는 용어들이 사용되는 방식의 서로 다른 측면들 사이에 있는 부조화를 발견할지 모른다. 더 자세하게는, Dummett와 Tennant는 논리적 연산자들이 전형적으로 증명에 도입되는 방식이 고전적인 원리들이나 추론들과 갈등을 일으킨다고 주장한다. 즉, 부정과 선언(disjunction) 연산자들을 도입하는 – 그리고 {부정과 선언 연산자들의} 의미를 파악하고 있다는 것을 보여주는 – 규칙들은 연결사들(connectives)이 결합되었을 때 중간 배제를 따로따로 정당화하지 않는다. Tennant (1997: 317)는 중간 배제를 '편익이 생기는 가짜 결혼(shoddy marriage of convenience)'이라고 부른다. 그래서,

Dummett와 Tennant는 직관주의 논리가 이 의미론에 의해 정당화되지만 고전 논리는 그렇지 않다는 Heyting의 주장을 지지한다.

Dummett 주의자의 틀에서, 고전 수학의 주요 전제(presupposition)는 알려질 수 없는 참들이 있거나 또는 있을 수 있다는 것이다. 이가 의미론은 참(truth)과 알려질 수 있음(knowability)이 별개의 것임을 시사한다. 때로 **전체적인 의미론적 반-실재론**(*global semantic anti-realism*)이라고 불리는 Dummett의 접근은, 적어도 원칙적으로, 모든 참들이 알려질 수 있다는 것을 함의한다. 알려질 수 없는 참의 가능성은 선험적으로 배제된다. 우리가 앞의 §2에서 살펴보았듯이, Brouwer 자신은, '실제적인 삶과 과학'뿐 아니라 수학에 대한 의미론적 반-실재론을 채택했다.

여기에서 진행되는 바는 간단하지 않다. Heyting의 의미론에서도, 전에 만났던 성가신 이상화의 조건 아래에서만 언어가 증거의 조건을 만족한다는 점을 주목할 수 있다. 누구도 긴 식의 증명 조건들에 대한 이해를 명백히 나타낼 수 없고, 누구도 어떤 큰 수들이 소수인지 아닌지 알 수 없다. 게다가 모든 자연수가 소수 또는 그렇지 않으면 합성수라는 것은 직관주의 산술의 정리이다. 그 이유는 수가 소수인지 아닌지 판정하는 유한한 **방법**(*method*)을 우리가 가지고 있기 때문이다. 이 방법이 얼마나 실행할 수 있는 것인지 또는 심지어 {어떤} 주어진 경우에 대해서 누군가 그것을 실행했었는지는 문제가 되지 않는다. 구체적으로, $2^{1001}+1$은 소수이거나 또는 그렇지 않으면 합성수이다. Tennant (1997: 5장)는 Heyting의 의미론을 지지하기 위해 필요한 이상화에 대한 명료한 방어책을 제공한다.

다른 한편, 우리는 너무 많이 이상화해서는 안 된다. Heyting의 의미론으로부터 고전 논리를 거부하기까지의 경로는 인간의 수학적 능력에 관한 어떤 비관론에 의존한다 (예를 들어, Posy 1984와 Sahpiro 1991: 6장 참고). 인간이 모든 잘 구성된 수학적 진술의 진리 값을 결정할 수 있다면, 고전 논리는 결국에는 – Heyting의 의미론 아래에서도 – 승리할 것이다.

Dummett의 직관주의는 우리가 실제로 증명했던 것만 이해한다는 엄격한 유한적인 견해와, 알려질 수 없는 참들에 호의적인 간단한 실재론 또는 그렇지 않으면 각각의 모호하지 않은 수학적 문장 Φ에 대해 수학자는 Φ가 참인지 거짓인지 결정할 수 있음을 주장하는 강한 낙관론 사이에 놓여 있는 것으로 보인다. Tennant (1997: 6-8장)는 이러한 가능성들의 적절한 균형점으로서 직관주의 논리에 대한 방어책을 제공한다.

고전 논리의 옹호자는 Dummett의 비판을 고려하여 두 가지 선택권을 갖는다. 하나는 증거(manifestation), 분리할 수 있음(separability), 조화(harmony) 조건을 만족하면서도 고전 논리를 허용하는 의미론을 마련하는 것이다. 이 길을 취하는 철학자는 넓은 의미에서 Dummett식의 틀을 받아들이고, 그 틀 안에서 연구하면서, 고전 논리가 정당화될 수 있다고 주장한다. 논쟁은 의미론의 질문들, 알맞은 이상화, 그리고 증거의 정도와 세부 사항에 달려 있는 것 같다. 고전 수학자의 또 다른 선택권은 Dummett의 전체적인 틀을 거부하는 것일 것이다. 그 철학자는 고전 논리가 Dummett가 요구한 종류의 정당화를 가지고 있지 않다는 것을 인정한다. 그러나 고전 수학이 이러한 종류의 정당화가 필요한 곳에 서 있지 않다고 주장한다. 고전 수학의 결실과 능력은 우리의 지적 삶에서의 지위를 확립한다. 고전 수학이 의미론에 대한 Dummett의 틀과 갈등을 일으킨다면 후자가 떠나야만 한다. 이러한 방식에 기대는 사람들은 전일주의에 마음이 끌릴 수 있을 것이다 (8장, §2 참고).

Dummett (1973: 109) 자신이 지적하듯이, 전술한 고려 사항들은 매우 일반적이어서 오로지 언어가 어떻게 이해되는지에 좌우된다. 그래서, 그의 결론들이 건전하다면 단지 수학뿐 아니라 모든 담화에 대해 직관주의 논리의 채택을 지지한다. 그래서 Dummett는, 고전 논리가 정신-독립적인 대상들의 유한한 무리에 관한 보통의 추론에 적절하다는 데 동의하는 이전 직관주의자들 Brouwer와 Heyting을 넘어서 나아간다. 이것은 Dummett에게 수학에 특화된 특징들에만 의존하는 직관주의 논리를 위한 다른 논거들을 찾으려는 동기를 제공한다.: '그러면, 수학을 위한, 직관주의 논리를 찬성하여 고전 논리를 거부하는 것에 대한 대안적인 방어책이 있는가? 우리가 특히 수학적(*mathematical*) 진술들을 다루고 있다는 사실에만 의존하고, 그 논거를 다른 어떠한 일반적인 부류의 진술들로 확장하기를 바라는지의 여부는 열어 두는 그런 어떠한 방어책이 있는가?'

Dummett는 그러한 '국소적인' 수정주의로 가는 한 가지 길은 실행되지 않은 절차의 결과에 관해서도 확정적인 사실이 있다는 것을 거부하는 '냉철한' 유한주의라고 결론 내린다. 이 견해에서, 사람은 관련된 절차를 실행하기 전까지 다음을 결론 내릴 수 없다.

$2^{100}+1$이 소수 또는 합성수이다.

그래서 사람은 앞에서 논의된 이상화에 이의를 제기한다. 그러한 견해에서도 중간 배제는 여전히 정당하지 않다. 그러나 냉철한 유한주의자는 논리를 직관주의자가 하는 것보다 훨씬 더 심하게 제한해야 한다. 냉철한 접근으로부터 직관주의 논리의 어떤 추론들과 원리들이 정당화되는지는 분명하지 않다. '$2^{100}+1$이 소수 또는 합성수이다'로 이어지는 (직관주의적으로 옳은) 추론들 중 일부는 버려져야 한다. 직관주의자가 더러운 목욕물로 아기를 씻기지 않는다면, 냉철한 유한주의자는 확실히 그렇게 한다.

Dummett의 근래의 연구 (1991, 1991a)는 고전 수학의 거부에 관한 또 다른 시각을 제공한다. Gödel의 불완전성 정리에 대한 초기 논문에서 (Dummett 1963), 그는 어떤 개념이 적용되는 대상들의 범위를 기술하는 것이 가능하지 않을 때 그 개념을 무한정 확장 가능하(*indefinitely extensible*)다고 정의한다. 즉, 어떤 개념은, 그 개념의 외연을 기술하려는 어떠한 시도도 그렇게 기술되지 않는 개념의 사례를 초래할 때, 무한정 확장가능하다. Dummett는 불완전성 정리가 산술의 참의 개념이 무한정 확장가능하다는 것을 보여준다고 주장한다. T가 산술의 참들을 열거하는 효과적인 절차라고 하자. 불완전성 정리의 적용은 T에 의해 열거되지 않는 산술의 참 Φ를 낳는다. 그래서 T는 산술의 참을 특징짓는 데 실패한다.

Dummett는 사실상 어떠한 본질적인 수학적 영역 – 자연수, 실수, 집합론의 위계 등 – 도 무한정 확정 가능하다고 주장한다. 그 영역의 경계를 정하려는 어떠한 시도도 그것의 확장으로 이어진다. 이것은 실무한이 없고, 오직 잠재적 무한이 있다는 중요한 직관주의의 주장과 관련될 수 있을 것이다.

d를 영역(domain)이라고 하자. Dummett는 양화사 '모든 d에 대하여'는 d가 무한정 확장 가능한지의 여부와 상관없이 이치에 닿는다고 제의한다. 그렇지 않으면, 수학은 시작부터 운명이 지어진다. 그러나, 후기의 연구에서, 그는 고전 논리는 영역이 무한정 확장 가능하지 않을 때만 적용된다고 주장한다. 이 결론은 부분적으로 수학적 논리, 특히 모델 이론의 분석에 근거를 둔다. 형식적 언어의 해석을 마련할 때, **논의 영역**(*domain of discourse*)을 명시하는 것이 필요하다. Dummett는 고전 논리가 고전적인 모델 이론에 유효하다는 보통의 증명은 그러한 영역이 – 무한정 확장 가능하지 않고 – 한정적이라는 가정이 전제되어 있는 것이라고 주장한다. 그래서 그는, 고전 논리 이론이 양화사들의 범위가 무한정 확장 가능한 수학에 적용되지 않는다고 주장한다. 그러나 우리는 여전히 완전한 직관주의 논리가 그러한 영역들에 적용된다는 논거가 필요하다.

5. 더 읽기

Benacerraf와 Putnam 1983은 Heyting 1956에서의 즐거운 대화, Brouwer 1912와 1948의 번역, 그리고 Heyting 1931을 포함한다. 그것은 또한 Dummett 1973을 포함한다. Van Heijenoort 1967은 Brouwer의 관련된 다른 논문들의 번역들, 그 중에서도 특히 Brouwer 1923을 포함한다.

영어로 된 또 다른 흥미로운 자료는 Brouwer 1952이다. Heyting 1956과 Dummett 1977은 직관주의 수학에 대한 책으로 된 훌륭한 입문서이다. 둘 다 영어로 되어 있다. Dummett 1978은 그의 많은 중요한 철학적 논문들을 포함한다 (1963과 1973을 포함하여). 무한정 확장 가능성의 더 많은 것에 대해서는, Dummett 1994를 참고할 수 있다. 수학 철학에 대한 Dummett의 더 많은 근래의 연구는 1991과 1991a에서 전개된다. 더 넓은 의미의 Dummett 프로그램의 광범위한 전개에 대해서는 Tennant 1987과 1997을 참고할 수 있다. Prawitz 1977도 참고할 수 있다.

제 IV 부 현대의 장면

제 8 장

수가 존재한다

이 마지막 장들(chapters)은 수학 철학에서 현대의 일부 입장들을, 이 분야의 현재 상태의 표본으로서, 검토한다. 나는 생략된 견해들의 옹호자들에게 (그리고, 물론, 내가 잘못 전한 견해들의 옹호자들에게) 사과하는 바이다. 수학의 적용 가능성을 둘러 싼 문제들은 지금 더 많은 주목을 받고 있다. 그리고, 아마, 수학적 논리에서의 진전이 숙고되어서 철학적 이슈에 공헌해 왔다.

대체로, 현대의 수학 철학에 (그리고, 어느 정도까지는, 형이상학과 인식론에) 두 학파가 있다. 하나의 그룹은 수학에 대한 주장이 거의 문자 그대로, '액면 그대로' 간주되어야 한다고 주장한다. 영(zero)이 자연수라는 것은 산술의 공리이고, 모든 자연수 n에 대해 m이 소수인 수 $m>n$이 있다는 것은 정리이다. 동시에, 이것은 무한하게 많은 소수들이 있다는 것을 수반한다. 즉, 무한하게 많은 수소들이 **존재한다**(*exist*). 비슷하게, 집합이 존재하고 등등. 첫 번째 학파의 멤버들은 이것을 간단한, 문자적 의미에서 이해한다. 수학과 보통의 담화에 마찬가지로 적용되는, 오직 한 종류의 '존재함(existence)'이 있다. 간음하는 대통령이 있는 것처럼, 소수도 있다.

배중률 및 관련된 추론들과 같은 원리들의 관점에서 (이전 장(chapter)의 §1 참고), 문제의 철학자들 대부분은 수, 집합 등이 정신, 언어, 수학자의 관례들과 독립적으로 존재한다고 주장한다. 현재의 용어로, 첫 번째 학파의 멤버들은 존재론에서의 실재론자들이다.

잘 알려진 것처럼, 이 그룹이 직면하는 심각한 인식론적 문제들이 있다.

예를 들어, 인간이 수학적 대상들에 관해 무엇인가를 아는 것이 어떻게 가능한가, 그리고 그것들에 대한 우리의 주장이 사실이라는 것에 우리는 어떤 확신을 가질 수 있는가?

두 번째 학파는 첫 번째의 반대편이다. 그 멤버들은 수학에 대해 회의적이다. 그것이 문자 그대로 간주된다면 {말이다}. 그러나 그들은 우리의 전체적인 지적 삶에서 수학의 중요성을 받아들인다. 그래서, 그들은 수학을 재진술하려고 시도한다. 또는 수학적 존재자들을 들먹이지 않고 수학의 역할을 하는 어떤 것을 시도한다. 두 번째의 기획의 논점은 집합이나 수와 같은 추상적인 대상들의 존재를 주장하지 않은 채 우리가 얼마나 멀리까지 갈 수 있는지를 살피는 것이다.

이 장(chapter)은 첫 번째 학파의 멤버들, 존재론적 실재론자들과 관계된다. 여기에서 고찰하는 사람들은 또한 진리-값에서의 실재론자들이어서, 대부분의 수학 명제들이 객관적으로 참 또는 거짓이고, 수학자와 독립적이라고 주장한다. 요컨대, 우리 실재론자들은, 수학자들이 자신들이 말하는 것에 관해 말하려고 한다고 주장한다. 그리고 수학자들이 말하는 것은 대개 참이라고 주장한다. 앞에서 만났던 존재론적 실재론자로는 Plato (3장, §2), Gottlob Frege (5장, §1), 그리고 신-논리주의자인 Crispin Wright와 Bob Hale (5장, §4) 등이 있다.

1. Gödel

Kurt Gödel은 역사상 가장 영향력 있는 논리학자들 중에 한 명이었다. 그가 일생에 걸쳐 철학에 관심을 가졌지만, 그의 까다로운 개인적 규범은 우리 분야에서 출판된 몇 개의 논문들만 허용했다.[1)]

---

1) Gödel 1995는 그의 출판되지 않은 많은 철학적 연구들을 포함한다. 그리고 Wang 1974: 8-13, 324-6은 관련된 (그리고 많이 논의되는) 서신들을 포함한다. Gödel은 또한 상대성 이론에 대해서도 썼고, 기계론, 즉 정신이 기계이거나 또는 기계로 정밀하게 모형화될 수 있다는 논제에 반

Gödel 1944는 논리가 '더 추상적이고 일반적인 특징을 가지고 있음에도, 동물학만큼이나 진실로 실제 세계(the real world)와 관련된다' (Russell 1919: 169)는 Bertrand Russell의 초기 견해에 대한 호의적인 인용으로 시작한다. 그에게는, Russell의 논리주의가 알려졌을 때 (5장, §2 참고), 수학도 또한 '실제 세계(the real world)'의 일반적인 특징들과 관계되는 것으로 보였다. 이것은 적어도 진리-값에서의 실재론을 제의한다. 수학적 주장들은 객관적으로, 참 또는 거짓이다. 그러나, 존재론의 문제에서, Russell은 결국에는 '부류-없음(no-class)' 견해를 채택하였다. 그것은 수와, 다른 수학적 대상들을 '논리적 허구(logical fictions)'로 간주한다. Gödel은 이 존재론적 반-실재론(ontological anti-realism)이 쉽게 방어될 수 있는 것이 아니라고 주장했다.

우리가 살펴보았듯이, Russell의 수학 철학의 많은 부분은 악순환 원리에 초점을 맞춘다. 그것을 Gödel은 '어떠한 그 총체(totality)의 용어로만 정의할 수 있는 멤버들을, 또는 그 총체를 수반 또는 상정하는 멤버들을 포함할 수 없다'고 요약했다. 여기에 서로 다른 세 가지 원리들이 있음을 주목할 수 있다.:

(1) 어떠한 총체도 그 총체의 용어로만 **정의할 수 있는**(*definable*) 멤버들을 포함할 수 없다.

(2) 어떠한 총체도 그 총체를 **수반하는**(*involving*) 멤버들을 포함할 수 없다.

(3) 어떠한 총체도 그 총체를 **상정하는**(*presupposing*) 멤버들을 포함할 수 없다.

이 원리들 중 두 번째와 세 번째는 모두 그럴 듯하다. 물론 '수반하는'과 '상정하는'이 무엇이 되는지에 따라 {말이다}. 이 원리들은 '존재론적 순환(ontological circularity)'이라고 불릴 수 있을지 모르는 것을 배제한다. 그러나

대론을 폈다. Gödel의 철학에 대한 명료하고 통찰력 있는 논의에 대해서는 Wang 1987: 7장을 참고할 수 있다.

실제에 파급 효과를 미치지 않는다. Gödel은 수학에 또는 수학이 제시되는 방식에 제한을 가하게 되는 것은 악순환 원리 중 오직 형태 (1)뿐이라고 말했다. 그 버전은 수학자가, 우리가 전에 만났던 주제인, 비서술적인 정의와 같은 어떤 약정(*terms*)을 도입하는(*introducing*) 것을 삼가도록 한다. 뒤따르는 연구는 그 제한들이 수학을 무능케 할 것이라는 점을 보여주었다.: '고전 수학의 형식주의가 그 첫 번째 형태의 악순환 원리를 만족시키지 않는다는 것을 증명할 수 있다. 그 공리들이, 이 형식주의에서 모든 실수들을 지시함으로써만 정의할 수 있는 실수들의 존재를 수반하기 때문이다.' (Gödel 1944: 455) 그래서 악순환 원리의 첫 번째 형태는 고전 수학과 갈등을 일으킨다. Gödel은 자신이 '이것을 고전 수학이 틀렸다기보다는 오히려 악순환[의 이 버전]이 틀렸다는 것에 대한 증명으로 생각할 것이다'라고 말했다.

그러나, Gödel은 사태를 Russell의 이론과 수학의 실제 사이의 이 충돌과 함께 놓아두지 않았다. 그는 악순환 원리의 첫 번째 버전 (1)은 '수학 … 의 대상들에 대해 구성주의적 … 입장을 취하는 경우에 한해 적용된다'고 주장했다 (Gödel 1944: 456).[2] 즉,

> 그 첫 번째 형태의 악순환은 수반되는 존재자들이 우리 자신들에 의해 구성되는 경우에 한해 적용된다. 이 경우 정의되는 대상이 속하는 총체를 지시하지 않는 정의 (즉, 구성에 대한 기술)가 분명히 존재해야만 한다. 왜냐하면 사물의 구성은 확실히 구성될 그 사물이 속하는 사물들의 총체에 근거를 둘 수 없기 때문이다.
>
> 그러나, 그것이 우리의 구성과 독립적으로 존재하는 대상들에 관한 질문이라면, 이 총체를 지시함으로써만 기술될 수 있는 (즉, 고유하게 특징지어질 수 있는) 멤버들을 포함하는 총체들의 존재가 조금도 부조리할 것이 없다 … 부류(classes)는 … 또한 실제 대상으로서 이해될 … 수 있을 것이다. 즉, 우리의 정의나 구성과 독립적으로 존재하는 … '사물들(things)의

2) Russell 자신은 구성주의자가 아니었고, 그래서 악순환 원리에 대한 자신의 방어는 다른 곳에 있어야만 한다. Goldfarb 1989를 참고할 수 있다.

수다성(pluralities, 數多性)'으로서 또는 많은 사물들로 이루어진 구조로서…

우리가 앞에서 여러 번 보아왔듯이, 존재론에서의 실재론자에게 정의는 대상을 만들어내는 비법이 아니고, 이미 존재하는 존재자들을 기술하거나 가리키는 방법일 뿐이다. 그 관점에서, 비서술적인 정의가 무해하다.

Gödel도 자신의 실재론이 악순환 원리의 그럴 듯한 버전 (2)와 (3)과 합치된다는 것을 지적했다.: '사태의 그러한 상태는 … 악순환 원리의 두 번째 형태와 모순되지 않을 것이다. 총체를 지시함으로써 기술되는 대상이 이 총체를 "수반한다"고 말할 수 없기 때문이다. 기술 그 자체는 그럴 지라도 {말이다}.; 그것은 세 번째 형태와도 모순되지 않을 것이다. "상정하다"가 "알려질 수 있음"에 대한 것이 아니라 "존재함에 대한 상정"을 의미한다면 {말이다}'.

Gödel의 철학의 가장 두드러진 모습은 수학적 대상들과 보통의 물리적 대상들 사이의 비유이다. 그는 이 아이디어를 거슬러 올라가 초기 Russell에 이른다. Gödel이 말하듯이, Russell은,

> 논리와 수학의 공리들을 자연의 법칙들에 비유하고, 논리적 증표(logical evidence)를 감각 지각(sense perception)에 비유한다. 그래서 그 공리들은 그 자체로 필연적으로 명백할 필요가 없다. 그러나 그것들이 타당한 이유는 (정확히 물리학에서와 마찬가지로) 그것들이 이 '감각 지각들'이 유도되는 것을 가능하게 한다는 사실에 있다.; 물론 그것들이 또한 물리학에서와 비슷한 일종의 본래적인 그럴듯함을 갖는다는 점을 배재하지 않을 것이다. 나는 ('증표(evidence)'가 충분히 엄격한 의미에서 이해된다면) 이 견해가, 이어져온 발전에 의해 대체로 정당화되어 왔다고 생각한다. 그리고 미래에 여전히 더 그렇게 될 것이라고 기대된다. (Gödel 1944: 449)

여기에서 Gödel은 최고의 호기심을 자아내는 – 그리고 최고의 논쟁의 여지가 있는 – 다음과 같은 제안을 하였다. 즉, 우리가 감각 관찰을 설명 (그리고 예측)하기 위해 복잡한 물리 이론들을 만들어 내는 것과 같이, 수학에서는

'직관' 또는 수학적 대상들에 대한 확립된 믿음을 설명하기 위해 복잡한 이론들을 만들어 낸다. 이 직관적인 믿음은 David Hilbert의 유한 수학의 원리들을 포함한다 (6장, §3 참고).

폄하하는 사람들은 Gödel의 견해가 인간이 수나 집합을 직접 '보는' 데 사용하는 여섯 번째 감각을 가지고 있다는 것이라고 말하기를 좋아한다. 그래서, 지성에 의해 알 수 있는 '존재의 세계' (3장, §1 참고)에 대한 Plato의 언명에 때로 비유되는, 그 견해는 우리가 과학에서 알고 있는 모든 것들과 갈등을 일으킨다고 조롱당한다. Gödel의 반대자들은, 인간은 철저하게 물리적 존재로서 개체들과 오직 물리적으로 상호작용함으로써만 그것들을 직접적으로 이해한다고 주장한다. 수학적 개체들은, 그것들이 존재한다면, 물리적이지 않기 때문에, 우리는 간접적으로라도 그것들을 '지각할(perceive)' 수 없다.

Gödel의 수학적 직관이 의미하는 바가 또는 수학과 물리학 사이의 비유가 의미하는 바가 완전하게 분명하지는 않다. 어떤 **명제**(*proposition*)가 참이라**는**(*that*) 지식과 개별 **대상**(*objects*)에 **대한**(*of*) 지식 사이에 차이점이 있다. 후자는 수와 같은 대상들에 대한 일종의 친숙함 또는 이해를 필요로 한다.

1944년의 논문에서, Gödel은 기본적인 방정식이나 부등식과 같은 기초 산술의 원리들이 '감각 지각과 가장 적절하게 비교될 수 있는' 일종의 '논박의 여지가 없는 증거'를 가지고 있다고 썼다 (p. 449). 이것은 수학의 '데이터'가 어떤 **명제들**(*propositions*)로 이루어져 있고, 우리는 그것에 주목하지 않을 수 없다는 것을 발견하고 그래서 그것을 수학적 이론에 의해 해명하려고 시도한다고 제의한다. 그래서 여기에서 지식은 **라는-지식**(*knowledge-that*), 예를 들어, 7 + 5 = 12 라는 또는 어떠한 실수의 제곱도 음이 아니라는 지식이다.

앞에서 언급한 조롱은 Gödel의 견해의 이 모습에 대해서는 정당하지 않다. 개별 수학적 대상들을 이해하는 것에 관해 말해지는 것이 지금까지 아무것도 없기 때문이다. 그러나, 더 후기의 논문에서, Gödel은 '수학적 대상들이 우리의 구성이나 우리가 … **개인적으로 그것들의 직관**(*intuition of them individually*)을 갖는 것과 독립적으로 존재한다고 생각하는' (Gödel 1964: 474, 강조는 나의 것임) 철학자에 대해 호의적으로 말했다. 그래서 아마 Gödel은 우리가 수학적 대상들에 대한 일종의 이해, 즉 수나 집합과 같은 개별적인 수학적 대상들에 **대한**(*of*) 직관적인 **지식**(*knowledge*)을 가지고 있다고 주장했다. 그러나 아마 우리는 여기에서 그를 너무 문자 그대로 생각해서는 안 된다.

Gödel (1964: 483)은 '초한 집합론(transfinite set theory)의 대상들이 … 분명히 물리적 세계에 속하지 않고 물리적 경험과의 간접적인 연결도 매우 느슨하다 (주로 집합론의 개념들이 오늘날 물리적 이론들에서 사소한 역할만 한다는 사실 때문에)'는 점에 주목했다. 물론, 이것은 전통적인, 존재론에서의 실재론이다. 아래의 것은 필시 Gödel의 가장 유명한 (또는 평판이 나쁜) 철학적 구절이다.:

> 그러나, 감각 경험으로부터 멀리 떨어져 있음에도, 우리는 집합론의 대상들에 대해서도 지각(perception)과 비슷한 어떤 것을 갖는다. 그것은 그 공리들이 우리에게 자신들이 참이라는 것을 강요한다는 사실에 의해 경험된다. 나는 우리가 이런 종류의 지각, 즉 수학적 직관에 대해 감각 지각에 대해서보다 더 적은 자신감을 가져야 하는 이유를 모르겠다. 이때 감각 지각은 우리가 물리적 이론들을 만들어 내고 미래의 감각 지각이 그것들과 일치할 것이라는 기대를 갖도록 한다 …
>
> 수학적 직관이, 관련된 대상들에 대한 **즉각적인**(*immediate*) 지식을 주는 능력이라고 생각될 필요가 없다는 점이 주목되어야 한다. 그보다는, 물리적 경험의 경우에서처럼, 우리가 그러한 대상들에 대해서도 즉각적으로 주어져 **있는**(*is*) 다른 어떤 것을 기반으로 관념을 **형성하는**(*form*) 것으로 보인다. 여기에서 오직 이 다른 어떤 것이 감각이 **아니**(*not*)거나, 주로 감각이

> 아니다. 감각 이외의 다른 어떤 것이 실제로 즉각적으로 주어진다는 것은 (수학과 독립적으로) 물리적 대상들을 참조하는 우리의 관념들도 감각들 또는 감각들의 단순 조합들과 질적으로 다른 구성 요소들을 포함한다는 사실로부터 따라 나온다. 예를 들어, 대상 그 자체의 관념 … 분명히, 수학의 기저를 이루는 그 '주어진 것'은 우리의 경험적인 관념들에 포함된 추상적 요소들과 밀접하게 관련된다. (Gödel 1964: 483-484)

이 구절이 개별 대상들에 대한 직관/지각 – 대한-지식(knowledge–of) – 을 언급하는지 또는 어떤 수학 명제들에 대한 직관적인 믿음 – 라는-지식(knowledge–that) – 을 언급하는지 분명하지 않다는 점에 주목할 수 있다. Gödel은 우리에게 자신들이 참이라고 강요하는 것이 **공리들**(*axioms*)이라고 말했다. 그리고 대상 그 자체들에 대한 즉각적인 지식을 갖지 못할지도 모른다고 말했다.

Gödel은, 물리적 대상에 대해서도 우리의 감각 지각이 물리적 대상에 대한 우리의 '직관적' 믿음과 정확하게 맞지는 않는다고 말했다. 가까이서 바라본 건물이 멀리서 바라본 같은 건물보다 훨씬 더 크게 보인다. 명백한 것을 다시 말하자면, 우리는 그 큰 감각 지각과 그 작은 것이 모두 **똑같은 건물**(*the same building*)에 대한 지각이라는 것을 필연적이다시피 믿는다. 더욱이, 감각 지각은 때로 사람을 현혹시킨다. Gödel은 물리적 세계에서의 광학적 환영과 수학적 영역에서의 Russell의 역설과 같은 이율배반 사이의 유사성을 제시했다. 두 가지 경우 모두, 우리의 직관적 믿음들은 오해의 소지가 있어서 이론에 의해 수정될 필요가 있다.

Gödel의 단어 '직관'의 사용은 명백히 Kant 철학적이다. 각주에서, 그는 '집합 개념 … 과 Kant의 의미에서의 순수 오성(pure understanding)의 범주 사이의 밀접한 관련성'을 보였다. '즉 양자의 기능은 "종합", 즉 다양체(manifolds)로부터 단일체(unities)를 산출하는 것이다 (예를 들어, Kant에서, 여러 가지 모습들로부터 **한**(*one*) 대상의 관념을 {산출하는 것}).' **물리적 대상**(*physical object*)의 관념 그 자체는 지각 자체에는 포함되지 않고, 정신이 공헌하여

이루어지는 것이다. 우리는 짧게 Immanuel Kant의 수학 철학을 4장, §2에서 만났고, 7장, §§2-3에서는 근대 Kant 학파의 사람을, 직관주의자 L. E. J. Brouwer를 다루면서 생각했었다. Gödel은 직관주의자들로부터 벗어나고, Kant 그로부터도 벗어나, 자신의 존재론적 실재론과 함께한다. 그는, Kant에게 직관은 '주관적(subjective)'인 것이라고 말한다. 나는 Gödel이 Kant에게 서로 다른 사람들이 서로 다른 주관적인 미각을 갖고 있는 것처럼 서로 다른 수학을 갖게 된다는 견해를 돌리려고 하지는 않았지 않았을까 생각한다. 그 아이디어는 Kant 학파의 직관은 지각의 기저를 이루는 **형식들**(*forms*)에 관계한다는 것이다. Kant에게, 그리고 Kant 학파적인 직관주의자들에게, 수학은 정신-의존적이다. 대조적으로, Gödel에게 수학의 기저를 이루는 그 '주어진 것'은 '객관적인 실재의 모습을 표현하는 것일 수 있을 것이지만, 감각들과는 대조적으로, 우리 안에 그것이 나타나는 것은 우리 자신과 실재 사이의 또 다른 종류의 관련성 때문일 수도 있을 것이다.' 그러면, Gödel에게, 우리의 수학적 직관은 객관적인 수학적 영역에 대한 (일종의) 희미한 감지이다.

Gödel과 Kant 학파 사람들 사이의 이 차이점은 실제에 파급 효과를 미친다. 그 논문의 더 앞부분에서, Gödel은 수학에 대한 구성주의자의 개념화에 이의를 제기한다. '그것은 수학적 대상들을, 그것들이 우리 자신의 구성으로서 해석될 수 있는 정도에서만, 또는 적어도 **직관에 완전하게 주어질 수 있는**(*can be completely given in intuition*) 정도에서만 인정한다.' (Gödel 1964: 474, 강조의 나의 것임). Kant 학파 사람에게, 직관에 주어지는 것 이외에는 수학적 대상들에 대한 어떠한 것도 없다. 대조적으로, Gödel의 견해는 직관이 우리와 수학적 실재 사이의 관련성을 나타내지만 수학적 세계는 그것에 대한 우리의 '지각'을 넘어선다는 것이다. – 물리적 세계가 그런 것처럼. 이것이 정신-독립적이라는 것이 의미하는 바이다.

초기 논문에서, Gödel은 Russell의 부류-없음 이론(no-class theory)에

대해 다음과 같은 면에서 감탄하는 모습을 보였다. 즉, 그것은 '"데이터" 밖의 대상들의 존재에 관한 가정을 제거하고 그것들을 그 데이터를 기반으로 하는 구성에 의해 대체하려는 의도에서 세부적으로 수행된, 소수의 예들 중 하나이다.' (Gödel 1944: 460) 이것은 물리적(*physical*) 대상들이 정신과 독립적으로 존재한다는 것을 거부하고 그런 대상들을 감각 데이터로부터 구성하려는 철학적 시도임을 에둘러 암시한다. 그러한 모든 시도들이 실패했다는 것이 일반적으로 동의된다. Gödel은 수학적 대상들을 (속성들과 기타 같은 종류의 것들로부터) '구성하'려는 Russell의 시도도 또한 실패했다고 주장한다.: '[부류-없음 이론을 통해] 도입되는 부류들과 개념들은 수학에서 그것들의 사용에 필요한 모든 속성들을 가지고 있지 않다.' 그는 이것이 '논리와 수학이 (딱 물리학처럼) 실제 내용(real content)을 가지고 있는 공리들 위에 만들어지고, 그 내용은 '잘 설명되어질' 수 없는 것이라는 … 견해를 검증한 것'이라고 결론지었다. (Gödel 1944: 461)

Gödel은 수학과 물리적 현상 사이의 유사점을 더 멀리 취한다. 우리는 물리적 대상들에 관해 대단히 이론적인 과학적 활동을 통해 배운다. 과학적 이론들은 관찰과 연결되어 있어야만 하지만 관찰들을 넘어선다. 우리는 원자와 전자를 보지(*see*) 못하지만, 그것들은 우리가 보는 대상들을 이해하는 데 도움을 준다. 유추에 의하면, 수학적 대상들, 특히 자연수의 속성들을 결정하기 위해, 우리는 '직관'을 넘어서서 강력한 수학적 이론들을 개발해야만 한다. 더욱이, '산술적 문제들의 해답은 본질상 산술을 초월하는 가정들의 사용을 필요로 한다는 … 것이 드러났다' (Gödel 1944: 449). Gödel은 여기에서 (디오판토스 방정식과 같은) 산술의 언어에서의 어떤 간단한 진술들이 기초 산술에서 해결되지 않지만, 실해석학이나 집합론과 같이 더 풍부한 이론들에서는 해결된다는 사실을 언급한다. 왜 집합론이 자연수에(*on the natural numbers*) 빛을 비출 수 있다고 생각하는가? 우리가 어느 정도의 수준에서, 자연수에 관해서 그리고 집합에 관해서 실재론자가 아니라면 {말이다}.

Gödel의 철학적 견해에 대한 흥미로운 사례 연구인, 그 1964년 논문의 주된 초점은 **연속체 가설**(*continuum hypothesis*)이다. Georg Cantor는 자연수들과 실수들 사이에 일대일 대응이 없다는 것을 보였다. 즉, 자연수들보다 더 많은 실수들이 있다. 크기가 자연수들의 크기와 실수들의 크기 사이에 있는 어떤 무한 집합들이 있는가? 다른 말로 하면, S와 자연수들 사이에 일대일 대응이 없고 S와 실수들 사이에 일대일 대응이 없는, 실수들의 무한 집합 S가 있는가? 이것은 연속체의 '크기'에 대해 묻기 때문에 때로 **연속체 문제**(*continuum problem*)라고 불린다. Cantor는 자연수들의 크기와 실수들의 크기 사이의 무한 기수(infinite cardinalities)는 없다고 (그래서 앞에서 묘사된 집합 S는 없다고) 추측했다. 이것은 연속체 가설로 알려져 있다.[3] CH로 줄여 표현할 수 있다.

표준이 된 집합론의 형식화는 **선택 공리를 동반한 Zermelo-Fraenkel 집합론**(*Zermelo-Fraenkel set theory with choice*) (ZFC)으로 알려져 있다. Gödel (1938)은 ZFC가 무모순이면 ZFC 더하기 CH도 그렇다는 것을 보였다. 다른 말로 하면, ZFC 내에서 연속체 가설을 반박하는 것은 가능하지 않다 (ZFC가 모순이지 않는 한). 1964년 논문에서, 그는 비슷하게 ZFC 내에서 CH를 증명하는 것도 불가능하다고 추측하였다. 이 추측(conjecture)은 Paul Cohen에 의해 입증되었다 (1963, Gödel은 1964년 논문을 쓸 때 이 결과를 알지 못했지만). 전문 용어로, 연속체 가설은 ZFC 와 **독립적**(*independent*)이다.

그래서 이러한 상황 아래에서 연속체 가설의 지위는 무엇인가? 형식주의의 대부분의 버전에 따르면 (앞의 6장 참고), 그 독립적이라는 것이 CH를 **해결한다**(*settles*). 예를 들어 연역주의자는, Φ가 ZFC의 언어 내의 명제이면, 'Φ가 참이다'는 'Φ가 ZFC의 공리들로부터 연역될 수 있다'와 같은 어떤 것이 되고, 'Φ가 거짓이다'는 'Φ가 ZFC의 공리들로부터 반박될 수 있다'가

---

3) 실수들은 자연수들의 멱집합(powerset)의 크기를 갖는다. **일반화된 연속체 가설**(*generalized continuum hypothesis*), GCH는 어떠한 무한 집합 S에 대해서도 S보다 더 크고 S의 멱집합보다 더 작은 크기가 없다는 것이다.

된다고 주장한다. 그래서 독립적이라는 그 메타-수학적 결과는 CH가 참도 아니고 거짓도 아니라는 것을 보인다. 비슷하게, 후기 Hilbert는 (CH와 같은) 모든 비-유한적인 진술들을 의미 없는 것으로 간주했다. 그러한 진술들의 유일한 역할은 유한 진술들의 연역을 간소화하는 것일 뿐이다. CH가 ZFC 내에서 증명될 수도 반박될 수도 없기 때문에, 그것은 (ZFC를 통해서는) 유한 진술들의 연역에 아무런 역할을 하지 못한다.[4)]

이러한 견해와 대조적으로, Gödel의 실재론은, 집합론의 무정의 용어들(primitive terms)이 결정된 의미를 갖고, 그래서 '집합론의 개념들과 정리들이 어떤 잘 결정되어 있는 실재(reality)를 묘사하고, 거기에서 Cantor의 추측은 참이거나 또는 그렇지 않으면 거짓이어야만 한다' (Gödel 1964: 476)고 주장한다. 그래서, Gödel에게, ZFC에 대한 CH의 독립성은 '이 공리들이 그 실재의 완전한 묘사를 포함하지 않는다'는 것을 보여준다.

그래서 수학자는 연속체 가설의 진리-값을 결정하는 것을 어떻게 시작할 수 있을까? 앞에서 보았듯이, Gödel (1944: 449)은 산술의 일부 명제들이 산술을 넘어서는 것에 의해서만 해결된다는 점을 지적했다. 이것은 그의 불완전성 정리의 교훈이다 (6장, §4 참고). 똑같은 것이 집합론에 적용된다.: '추상적인 집합론에 대한 질문들을 해결하기 위해 그리고 실수들의 이론에 대한 어떤 관련된 질문들에 대해서도, 지금까지 알려지지 않은 아이디어에 기반 한 새로운 공리들이 필요할 것 같다. 아마 또한 다른 수학적 문제들이 수년 간 보여주고 있는 명백히 극복할 수 없는 어려움들은 필요한 공리들이 발견되지 않았다는 사실에 기인한다.' (Gödel 1944: 449)

그래서 Gödel은 '집합의 개념을' 더 '열어내(unfold)'는 새로운 공리들을

---

4) 직관주의자는 ZFC와 같은 형식적 체계가 어떠한 수학적 주장에 대해서도 그 구성적 의미를 포착할 수 없다고 주장한다. 그래서 CH의 어떠한 합당한 버전들도 열려 있어서, 구성의 새로운 방법이 개발되기를 기다리고 있다 (Brouwer 1912 참고). 현재의 정보 상태에서, 직관주의자는 CH가 참이거나 또는 그렇지 않으면 거짓이라고 말하지 않을 것이다. 그것은 중간 배제의 사례일 것이다. 7장을 참고할 수 있다.

요구한다. 우리가 살펴보았듯이, 그는 집합론의 기본적인 공리들이 본래적인 필연성을 갖는다고, 그리고 그것들이 '우리에게 자신들이 참이라고 강요한다'고 주장했다. 물론, 새로운 공리들이 똑같은 본래적인 필연성을 누리면 좋을 것이다. 그러나 Gödel은 수학이 이 본래적인 필연성 없이도 그럭저럭 해 나갈 수 있다고 주장했다. 다시 한 번, 그는 자연과학과의 유사성을 따라간다.:

> [제안된 새로운 공리의] 참에 관한 그럴 듯한 결정이 또 다른 방식으로, 즉 귀납적으로 그 '성공'을 연구함으로써 … 가능하다. 여기에서 성공은 귀결들, 특히 '검증가능한(verifiable)' 귀결들의 비옥함을 의미한다. 즉, 새로운 공리 없이도 증명할 수 있는 귀결들인데, 그러나 새로운 공리의 도움이 있는 그 증명이 상당히 더 간단하고 발견하기에 더 쉽고, 많은 다른 증명들을 하나의 증명으로 축소하는 것을 가능하게 하는 {귀결들의 비옥함을 의미한다} … 그러나, 훨씬 더 높은 정도의 검증이 상상 가능하다. 그 검증가능한 귀결들을 매우 풍부하게 하는 {다음과 같은} 공리들이 존재할 수 있을 것이다. 즉, 전체 영역에 매우 많은 빛을 비추고, 문제들을 해결하기 위한 매우 강력한 방법들을 산출해 내어서 … 그것들이 본래적으로 필연적인지의 여부와 상관없이, 적어도 잘 수립된 어떠한 물리적 이론들과도 같은 의미에서 받아들여져야 할 {공리들이 존재할 수 있을 것이다}. (Gödel 1964: 477)

이것은 Hilbert 프로그램의 흥미로운 반영으로서, 마찬가지로 이상적인 이론들의 의미 있는 또는 '유한적인' 귀결들에 대해 말한다. 물론, Gödel과 달리, Hilbert는 비옥함을 객관적인 참(*truth*)의 판단 기준으로 삼지 않았다.[5)]

그래서 Gödel의 견해는 수학 철학을 어디에 남겨 놓는가? 특히, 그의 실재론은 수학에 관한 일부 전통적인 철학적 신념과 관련하여 어떻게 되는가? 반복하지만, Gödel의 견해에서, 수학은 우리와 독립적으로 존재하는 대상

---

5) Gödel은 연속체 가설에 대해 임시적인 고찰을 내놓았는데, 그것이 다루기 힘든 귀결들을 가지고 있는 다소 빈약한 원리라고 제의했다.

들의 이상적인 영역에 관계한다. 수학적 세계는 초시간적이고 영원하다. 그래서, Gödel의 실재론은 수학적 진리가 필연적 참이고, 일상적인 물리적 대상들에 관한 일상적인 진술의 우연성에 영향 받지 않는다는 오래-지속된 견해를 시인한다. 수학적 지식은 어찌되는가? 우리가 정리들을 – Gödel이 말하듯이 – 본래적인 필연성을 갖는 공리들로부터 연역하는 전통적인 방법론을 고수한다면, 추측하건대 수학적 지식은 선험적이다. 즉 경험과 독립적이다 (공리들이 선험적으로 알려질 수 있다면). Gödel의 사고 내에 Kant 학파적인 주제가 주어지면, 그는 – 논리주의자들에 반대하여 – 수학이 종합적이라고 생각할 듯하다. 수학적 지식이 확실하다 또는 확실해야 한다는 보통의 견해는 어찌되는가? 앞에서 보았듯이, Gödel은 이율배반이 직관이 틀릴 수 있다는 것을 나타낸다고 말했다. 그래서 아마 수학은 절대적으로 확실하지 않다. 절대적인 확실성은 비옥함에 기반하여 새로운 공리들을 선택한다는 제안된 방법론에 의해 더 약화된다. Gödel 자신의 말로 하면, 새로운 공리들은 '사실일 것 같을 뿐(only probable)'일 것이다. 더 초기의 논문에서, Gödel은 이와 같은 방법론이 공유된다면 '수학은 "절대적으로 확실한 것"이라는 좋은 대우를 잃을 수 있을 것이지만, … 이것은 이미 넓은 범위에서 발생해 왔다'는 것을 인정한다 (Gödel 1944: 449).

1964년 논문의 끝에서, Gödel은 새로운 수학적 공리는 물리학(*physics*)에서의 그 비옥함에 기인하여 받아들여질 수 있을 것이라는 가능성을 언급했다. 이것은 과학과 수학의 현재 상태에서 상당한 짐작에 근거한 것이라는 점을 명시했지만 {말이다}. 제안된 새로운 수학적 공리들과 물리학의 원리들을 생산적으로 연결할 수 있게 되기까지는 갈 길이 멀다. 그러나, 이 방법론이 사용된다면 수학적 지식은 선험적인 것으로서의 그 지위를 잃을 것이라는 점에 주목할 수 있다. 우리는 수학적 참(mathematical truth)을 판정하기 위해 물리적 이론을 사용할 것이다. Gödel의 짐작은 여기에서 고찰할 다음 견해로 자연스럽게 넘어가게 한다.

2. 신념의 망

(적어도 대서양의 미국 쪽에서) 가장 영향력 있는 현대 철학자 중 한 명인, W. V. O. Quine은 수그러들 줄 모르는 John Stuart Mill의 경험주의의 계승자이다 (4장, §3 참고). 경험주의의 주된 주제가 모든 본질적인 지식은 궁극적으로 감각 관찰에 근거한다는 것임을 기억해 보자. 우리가 살펴보았듯이, Mill의 수학 철학은 기껏해야 기초 기하학이나 작은 산술 합과 같은 간단한 수학들만 설명하기 때문에 흔들렸다. 이 실패의 부분적인 이유는 모든 수학적 지식이 열거적 귀납법 – 일반적인 결론을 개별 사례들로부터 끌어내는 것 – 에 근거한다는 Mill의 고집이다. 많은 수의 까마귀들을 관찰함으로써 모든 까마귀가 검다고 믿게 되는 것과 같이, 우리는 매우 여러 번 세기를 해 봄으로서 2 + 3 = 5를 믿게 된다. Quine의 경험주의는 Mill의 그것만큼이나 아주 철저하다. 그러나, 수학에 대한 그의 인식론은 더 복잡해서, 현대 수학의, 모두는 아니지만, 많은 부분을 담을 수 있다.

Quine의 철학과 밀접하게 관련된 지형은 심원한 자연주의이다. 이것도 Mill로부터 계승되었다. Quine은 자연주의를 '철학 우선이라는 목적의 포기' 그리고 '과학 자체 안에서 … 실재가 확인되고 묘사되어야 한다는 인식'으로 특징지었다 (Quine 1981: 72; 앞의 1장, §3 참고). 과학은 과학적 선언들이 얼마나 정당한지를 결정할 채비가 되어 있다. 철학은 {그러한} 과학보다 앞서 있지 않다. 인식론은 자연과학과, 궁극적으로 물리학과 섞여야만 한다.: '자연주의적인 철학자는 물려받은 진전 중인 세계 이론 안에서 자신의 추론을 시작한다.'; 그리고 '물려받은 세계 이론은 주로 과학적인 것, 과학적 기획의 현재 생산물이다.' Mill과 함께, Quine은 실질적으로 어떠한 지식도 선험적이지 않다고 주장한다.

Quine의 초기 저술은 주로 경험주의의 또 다른 학파인, Rudolf Carnap 등을 스승으로 하는 Vienna Circle의 논리 실증주의에 대한 대응이었다 (5장,

§3 참고). Mill과 달리, Carnap은 수학이 궁극적으로 감각 관찰에 근거한다고 주장하지 않았다. Carnap의 견해는 분석적 문장들, 즉 그것들 안의 용어들의 의미에 의해서 참 또는 거짓이 되는 문장들과, 종합적 문장들, 즉 세계가 있는 방식에 의해서 참 또는 거짓인 문장들 사이의 구별을 요구한다. 논리 실증주의자들에게, **종합적**(*synthetic*) 문장들에 대한 모든 지식은 관찰에 근거한다. 분석적 문장들은 우리의 언어가 어떻게 기능하는지를 앎으로써 알려진다. 논리 실증주의자들은 이 구별을, 수학적 주장들은 (물리적) 세계가 있는 방식에 의해서 참 또는 거짓이 아니고 수학은 관찰을 통해 알려지지 않는다는 오래-지속된 논지들과 자신들의 경험주의를 조화시키기 위해서 사용한다. Carnap에게, 수학은 언어 내에서 작동하기 위한 규칙들인, '뼈대 원리들'에 관계된다. 따라서, 수학적 참은 분석적이다. 그래서 논리 실증주의와 논리주의 사이에 유사성이 있었다.

기념비적인 논문 '경험주의의 두 가지 신조' (1951)에서, Quine은 철저한 경험주의를 위한 무대를 마련했다. 그는 '**분석적**(*analytic*)인 또는 사실과 독립적인 의미에 근거를 두는 참과 **종합적**(*synthetic*)인 또는 사실에 근거를 두는 참 사이에 어떤 기본적인 골'이 있다는 '신조'를 공격했다 (Quine 1951: 20). 물론, Quine은 모든 모호하지 않은 문장들의 진리-값이 그 문장 내의 용어들의 의미와 세계가 있는 방식 양자에 기인한다는 평범함을 거부하지 않는다. 'Clinton이 탄핵되었다(Clinton was impeached)'는 문장은 단어 'Clinton', '었다(was)', '탄핵되(impeached)'의 의미, 그 문장의 구조, 그리고 언어-외(extra-linguistic) 세계에 관한 사실들 – 예를 들어, 하원(House of Representatives)에서의 투표 – 때문에 참이다. 그 단어들이 다른 의미들을 가지고 있다거나 (예를 들어, 'Clinton'이 George Washington을 나타낸다면) 또는 그 사실들이 달라졌다면 (예를 들어, Clinton이 선거에서 졌거나, 또는 하원이 탄핵안을 통과시키지 않았다면) 그 문장은 다른 진리-값을 가질 것이다. Quine의 논지는 언어-요인들과 세계-요인들이 뒤얽히고, 그것들 사이에 예리한 분리가 없다는 것이다. 그래서, 주어진 문장이 언어만(*alone*)에 의해서 참이라고 말하는 것은 의미가 없다.

Quine에게, 다른 거부되는 '신조'는 '**환원주의**(*reductionism*): 각각의 의미 있는 진술은 즉각적인 경험을 지칭하는 용어들의 어떤 논리적 구성체와 동등하다는 믿음'이다. 이 '신조'의 배경이 되는 아이디어는 각각의 개별적인 의미 있는 진술은 경험을 통해 직접적으로 검증가능한 진술들의 논리적인 조합이어야 한다는 것이다.

이러한 '신조'를 대신하여, Quine은 우리 신념의 체계가 '이음매 없는 망(seamless web)'이라는 은유를 제안한다. 각 '교점(node)' (신념)은 그 망에서 다른 교점들과 수많은 연결로들(links)을 갖는다. 이러한 연결로들 중 일부는, 어떤 신념의 승인이 다른 것들의 승인을 필요로 한다는 의미에서, 논리적이다. 어떤 연결로들은 언어적이어서, 언어의 사용에 의해 안내된다. 경험에 직접적으로 관련되는 교점들은, 그래서 직접적인 관찰에 의해 확인될 수 있는데, 그 망의 가장자리에 있다. 은유를 밀고 나가면, 감각 경험은 신경 끝의 자극 – 관찰 – 을 통해 그 망에 오직 '주변부'에만 영향을 미친다. 새로운 관찰은 교점들 사이의 수많은 연결로들을 통해 그 망의 안쪽에 변화를 일으킨다. 어떤 종류의 평형이 이루어질 때까지.

Quine에게, '과학은 과거의 경험에 비추어 미래의 경험을 예측하기 위한 … 도구이다' (Quine 1951: §6). 궁극적으로, 이론에 관련된 유일한 증거는 감각 경험이다.[6] 물론, 이것은 경험주의이다. 그러나, Quine은 경험이 이 과학적 진술들과 한 번에 하나씩 관련되지는 않는다고 주장한다. 우리의 신념은 오직 그룹으로 된 경험의 심판에 직면한다. 까다로운 경험들에 비추어, 과학자는 자신의 신념을 수정할 수 있는 여러 선택권이 있다. 철학에서, Quine의 견해를 위한 전문 용어는 **전일주의**(*holism*)이다. 이것은 두 번째 '신조'에 대한 거부이다.

---

6) Quine은 이론을 개발할 때 부수적인 역할을 하는, 간단함과 같은, 다른 요인들을 허용한다.

Quine의 견해에 대해 비평가들은 사실 어떤 문장들은 의미 덕분에 참이라는 점을 지적한다. 우리는 '고양이는 고양이과이다', '총각은 미혼이다', '6 = 6' 등을 거부하도록 하는 경험을 정말 생각해 볼 수 있는가? Quine은 정말 그러한 경험들이 가능하다고 생각하는가? 이 딜레마는 문장이 의미에 의해 참이 아니라면 감각 경험에 의해서 거부될 수 있다는 것을 전제한다는 것에 주목할 수 있다. 논리 실증주의자는 이 조건문을 받아들였던 것 같다. 그러나 아마 그것을 돌아갈 방법이 있다.

어느 경우이든, 나는 Quine이 어떤 문장들은 의미 덕분에 참이고 그래서 분석적이라는 점을 인정할 수 있다고 생각한다. 결국, 언어는 자연 세계의 일부이고, 사람은 이론 언어학(theoretical linguistics)이 신념의 망의 중요한 부분을 차지한다고 생각할 것이다. 경험적인 조사를 통해 영어를 배우는 것이 그 자체로 '고양이는 고양이과이다'와 같은 문장들의 진리-값을 알게 되는 데 충분한 조건이라는 것을 밝힐 수 있을 것이다 (관련된 논의에 대해서는 Putnam 1963 참고). Quine의 논점은 분석성(analyticity)이 논리 실증주의가 그것에 대해 품었던 중심적인 역할을 할 수 없다는 것이다. 회고적 순간에, 그는 다음과 같이 썼다.:

> 나는 이제 분석성에 대한 철학적으로 중요한 질문이 … 인식론과의 관련성에 대한 … 질문이라는 것을 지각한다. 경험주의의 두 번째 신조는, 경험적으로 의미 있는 각각의 문장은 그 자신의 경험적 내용을 갖는다는 취지였는데, "두 가지 신조"에서는 분석성의 개념에 대한 잘못된 신뢰를 부추긴다고만 언급되었다.; 그러나 이제 나는 더 나아가 두 번째 신조가 인식론의 핵심 개념으로서의 분석성에 대한 필요를 만들어 내고, 그 필요는 우리가 … 두 번째 신조를 한쪽으로 치워 놓을 때 소멸된다고 말할 것이다.
>
> 왜냐하면, 두 번째 신조가 주어져 있기 때문에, 분석성은 분명히 경험적인 내용이 없는, 논리적이고 수학적인 참들의 의미 있음을 설명하기 위해 필요해지기 때문이다. 그러나 우리가 두 번째 신조를 버리고 논리와 수학이 물리학 및 다른 과학들과 경험적 결과들의 공동 연루라는 점에서 어느

정도 맞물린다고 본다면, 다른 것들을 희생하면서 경험적 내용을 어떤 문장들에만 제한하는 것에 대한 질문이 더 이상 발생하지 않는다. (Quine 1986a: 207)

그렇다면, 그 아이디어는 분석성의 개념을 도입할 실질적인 철학적 필요(*need*)가 없다는 것이다. Quine은 '분석성의 개념은 그저 … 그것을 지지하는 직관이 지배하는 더 겸허한 영역으로 가라앉는다.: 언어 학습과 경험적 의미론의 영역으로'라고 결론 내렸다 (p. 208).

이 책의 주제로 돌아와서, 수학은 어떻게 되는가? 분명히, Quine의 견해는 Carnap이 말하는 논리주의류의 이야기와는 다른 수학에 대한 해명을 필요로 한다. 분석적 문장들의 특권적인 영역이 없다면, Quine은 Mill의 견해에 합류하여 수학도 (궁극적으로는) 관찰에 근거한다고 주장해야만 한다. Mill의 견해는 제한된 인식론 때문에 실패했다. 신념의 망을 통한, Quine의 전일주의는 선험성의 가장 깊은 근거지를 공격하기 위해 필요한 틀을 제공한다.

Quine에게, 과학적 이론들은 관찰들을 조직하고 예측하는 것을 목적으로 하는 그 망 내의 장치들이다. 궁극적인, 또는 가장 기본적인, 과학적 이론은 물리학이다. 우리는 물리학을 그 망에서 최고의 자리를 차지하기 때문에 참이라고 받아들인다. 그것이 없다면, 우리는 같은 수만큼의 경험들을 조직하고 예측할 수 없다. 수학은 과학에서 중심적인 역할을 한다. 정말이지, 수학을 의지하지 않고 어떠한 것이든 진지한 과학적 연구를 하는 것을 상상하기 어렵다. 그래서, Quine에게, 수학 자체는 신념의 망에서 중심적인 자리를 갖는다. 그는 물리학을 참으로 받아들이는 것과 똑같은 이유로 수학을 참으로 받아들인다. 정말이지, Quine에게, 수학은 과학의 더 이론적인 부분들과 같은 지위를 갖는다. 그것은 관찰이 더 직접적인 역할을 하는 그 망의 '주변부'로부터 먼 곳에 있다. 어떤 것 – 수학, 물리학, 심리학, 일상적인 대상들, 신화 – 를 받아들이는 궁극적인 판단 기준은 그것이 신념의 망에서 필수적인 역할을 해야 한다는 것이다. 물리학, 화학, 그리고 이런 것들과 함께 수학은 그 망에서 단단히 자리 잡고 있다. 그래서 우리는 그러한 분야들을 믿는다. Quine은 우리가 일상적인 대상들의 존재를 똑같은 이유에서 – 그 망에서의 그것들의 자리 때문에 – 믿는다고 주장한다. Greece 신화는 그렇게 단단히 자리 잡혀있지 않고, 우리는 그것을 믿지 않는다.

그의 일반적인 철학적 프로그램의 장점이 무엇이든지 간에, Quine은 수학과 과학의 더 이론적인 분야들, 특히 물리학 사이에 원칙에 입각한 뚜렷한 경계를 긋는 것이 어렵다는 점에서 확실히 옳다 (학과의 경계나 급여 수준 및 자금 지원 부문과 같은 요소들을 제쳐둔다면). 한 쪽 끝에는 경험 과학, 중간쯤에는 더-이론적인 과학과 응용 수학이, 그리고 다른 쪽 끝에는 순수 수학이 있는 연속체가 있다. 서로 다른 분야들이 자연스럽게 함께 섞인다. 전일주의자(holist)는 대부분의 과학을 참으로, 또는 거의 참으로 받아들이는 것 이외에 다른 선택권이 없다. 그래서 그녀는 또한 수학을 참으로 받아들여야만 한다.

이것은 진리-값에서의 실재론을 지지한다. 우리는 물리학을 액면 그대로 생각하는 것처럼 수학도 액면 그대로 생각되어져야 한다고 주장함으로써 존재론에서의 실재론에 이른다. 수학적 주장들은 실수, 기하적 점, 집합과 같은 존재자들을 나타낸다 (그리고 {존재자들을} 아우르는 변수들을 갖는다). 이러한 수학적 주장들 중 일부는 문자 그대로 참이다. 그래서 수, 점, 집합이 존재한다. 더욱이, 그 대상들은 수학자와 독립적으로 존재하는 것으로 보인다.

수학에 대한 Quine의 관점의 기저를 이루는 논거에 대한 가장 분명한 표현들 중 하나가 Hilary Putnam의 **논리 철학**(*Philosophy of Logic*) (1971: 5장)에서 발견된다. 수나 집합과 같은 추상적인 대상들이 없다는 견해가 지금은 **유명론**(*nominalism*)으로 불린다 (속성에 대한 중세의 견해를 따라). 유명론자에게, 존재하는 모든 것은 구체적, 즉 물리적이다. **유명론적**(*nominalistic*) 언어를, 추상적인 대상들을 참조하지 않고 그것들을 아우르는 양화사들을 갖지 않는 언어라고 정의하자. Putnam에게, (존재론 또는 진리-값에서의) 수학적 실재론의 이슈는 결국 유명론적인 언어가 과학의 요구를 충족시킬 수 있는지에 대한 질문에 이른다. Quine과 Putnam은 그럴 수 없다고 주장한다. 그래서 그들은 유명론자들이 아니다 (그러나, 한때, 추상적 대상들에 대한 Quine의 시인은 마지못한 것이었다.; Goodman과 Quine 1947 참고).

Putnam은 우리에게 '가장 잘 알려진 물리 법칙의 예라고 할 수 있는 Newton의 중력 법칙을 생각해 보도록 요청한다' (Putnam 1971: 36). 사실 이 원리가 다른 것으로 대체됐지만, 똑같은 논점이 그 원리들의 더 개선된 버전들에 적용되기 때문에 상관없다. Newton의 법칙은

> 어떠한 물체 a에 의해 어떠한 다른 물체 b에 가해지는 힘 f_{ab}가 있다고 주장한다. … [그 힘의] 크기 F는 다음과 같이 주어진다.:
>
> $$F = gM_aM_b/d^2$$
>
> 여기에서 g는 보편 상수, M_a는 a의 질량, M_b는 b의 질량, d는 a와 b를 떼어놓은 거리이다.
>
> 이 예의 논점은 Newton의 법칙이 어떤 의미에서는 완벽하게 분명하지만 (그것은 중력의 '끌어당김'이 그 질량들에 정비례하고 역-제곱 법칙을 따른다고 말한다), 유명론적인 언어에서 표현될 수 있는 것을 상당히 초월하는 내용을 갖는다는 것이다. 세계가 있는 그대로의 것보다 더 간단하다고 하더라도, 그래서 중력이 유일한 힘이고, Newton의 법칙이 정확하게 유지된다고 하더라도, 여전히 유명론적인 언어에서 물리학을 '하는' 것은 불가능할 것이다. (Putnam 1971: 37)

Putnam의 논점은 고전 물리학과 현대 물리학이 실수들(real numbers)로 측정되는 양들로 가득 차 있다는 것이다.: 부피, 힘, 질량, 거리, 온도, 기압, 가속도 등등. 더욱이, 이러한 양들 사이의 관계는 방정식으로 표현된다.

그래서, 실수를 동원하지 않고 과학을 '할' 희망이 없다. 그래서 Putnam은 실수가 존재한다고 결론 내린다.: '물리적 양들의 수량화가 말이 된다면, 함수나 실수와 같은 개념을 받아들여야만 한다.; 그리고 이것들은 유명론자가 거부한 바로 그 개념이다. 그러나 어떤 것도 정말로 그것들과 일치하지 않는다면, 중력 법칙이란 도대체 무엇을 주장한단 말인가? 우리가 임의의 거리들을 (그리고 물론 또한 힘들과 질량들을) 아우르는 변수들을 설명할 수 있지 않는 한 그 법칙은 아무 의미가 없기 때문이다.' (Putnam 1971: 43)

나는 때로 물리적 현상들에 대한 설명이 수학적 사실들을 포함한다는 점을 덧붙일 수 있을 것이다. 왜 191개의 타일 묶음으로 직사각형 영역을 덮지 못할지 (직사각형이 타일 하나의 폭을 갖는 것이 아니라면)에 대한 설명에서는 191이 소수라는 사실을 언급할 수 있을 것이다. 더 복잡한 예로, 왜 비가 방울들이 되는지를 설명하기 위해, 과학자는 물리적 개념인 표면 장력을 언급하고, 그런 다음 구가, 정해진 넓이의 표면으로 둘러쌀 수 있는 가장 큰 부피를 갖는다는 수학적 사실을 덧붙일 수 있을 것이다. 우리가 그 설명을 알고 있다면 그것을 구성하는 수학을 알고 있음에 틀림없다.

이 Quine-Putnam **필수불가결성 논증**(*indispensability argument*)은 '존재'의 의미가 오직 한 가지만 있다는 것을 상정한다. 중간-크기의 물리적 대상, 행성, 전자, 그리고 수는 모두 똑같은 의미에서 존재한다. 모든 경우에, 판단 기준은 과학적 기획에서의 그러한 아이템들의 사용이다.

지금까지 표현해 본, 필수불가결성 논증은 수학의 자연과학에서의 역할에 대한 세부적인 해명과 같은 것을 제공하지 않는다는 점을 주목할 수 있다. Quine-Putnam 입장은 수학의 적용 가능성에 관한 어떠한 철학적 문제들도 **해결하지**(*solve*) 못한다. 그보다는, Quine과 Putnam은 적용을 하나의 사실로 – 일종의 철학적 자료로 – 취급하고 수학에 관한 존재론적이고 의미론적인 결론들을 끌어낸다. 수학의 과학에서의 역할에 대한 더 세부적인 해명은 Quine-Putnam의 필수불가결성 논증을 굳히거나, 또는 그렇지 않으면 유명론자에게 수학이 결국에는 없어도 되는 것이라는 것을 보이는 데 필요한 수단을 줄 것이다. 우리는 다음 장(chapter)에서 이 이슈로 돌아온다.

수학에 대한 Quine류의 입장이 수학적 참이 필연적이고, 수학적 지식이 선험적이라는 전통적인 견해들과 잘 맞물리지 않는다는 것은 틀림없다. 다시 한 번, 수그러들 줄 모르는 경험주의자로서, 그는 선험적 지식이라는 바로 그 관념을 거부한다. 모든 지식은 – 신념의 전체적인 망은 – 감각 경험에 근거한다. 지식을 위한 다른 원천은 없다. 더욱이, Quine은 어떠한 참들도, 미래 경험을 고려할 때 완강하고 교정할 수 없다는 의미에서 필연적이지는 않다고, 또는 절대적으로 확실하지는 않다고 주장한다. Quine은 필연성 개념 전체와 거의 거래하지 않는다.: '우리는 과학의 어떠한 부분에 대한 형식화도 … 양상(modality)의 … 관용구에 누워 남아있는 한 최종적일 수 없다고 주장하면서 우리의 권한 내에 있어야 한다. 양상들이 지금까지 사용된 것과 같은 선량한 관행은 아마도 더 명확하고 이미 알려진 방식으로 제공될 수 있을 것이다.' (Quine 1986: 33-4)

수학에 관한 전통적인 견해를 이렇게 대대적으로 거부하는 것만으로는 충분하지 않다. Quine의 부담은 왜 수학이 필연적이고, 확실하며, 선험적으로 알려질 수 있다고 생각되(*thought to be*)었는지 (그리고 생각되고 있는지)를 설명하는 것이다. 우리의 선조들을 그릇 인도하고 계속해서 우리들 중 많은 사람을 여전히 그릇 인도하고 있는 것은 무엇인가? Quine에게, 수학은 신념의 망에 깊이 단단하게 자리 잡혀 있다. 자연과학의 더 이론적인 부분들과 매우 비슷하게 {말이다}. 이것은, 그것만으로는, 수학이 선험적이라는 오래-지속된 믿음을 설명하지 못한다. 누구도 이론적인 물리학이 필연적이고 선험적으로 알려질 수 있다고 판단 착오로(mistakenly) 결론 내릴 것 같지 않다 (전통적인 합리주의에도 불구하고 – 4장, §1 참고). 일단 보기에는, '7 + 5 = 12'와 같은 문장들과 '중력의 힘은 거리에 반비례한다' 또는 '전자는 양성자와 반대의 전하를 띤다'와 같은 문장들 사이에는 중요한 차이점이 있는 것 같다. 적어도 간단한 수학 명제들은 높은 수준의 명백함과, 아마, 깊은 이론적 과학이 갖지 못하는 확실성을 누린다.

수학과 이론적 물리학 사이의 차이점 중 하나는 적어도 간단한 수학적 참들에 대해서 그렇지 않은 것을 상상할 수 없다는 점이다. 우리는 7 + 5가 12가 아닌 어떤 것이라고 상상할 수 없다. 그러나, 이것은 인간의 심리적인 특징이지, 수학적 참의 본성에 대한 깊은 형이상학적 통찰은 아니다. 그럼에도 불구하고, 그것은 일부 철학자들로 하여금 수학적 참이 필연적이라고 (판단착오로(mistakenly)) 결론 내리도록 이끌었다. 더욱이, 수학은 거의 모든 구석구석에서 역할을 한다는 의미에서 과학의 망에 **스며든다**(*permeates*). 수학이 무척 널리 퍼져있기 때문에, 까다로운 관찰들에 비추었을 때 수정의 후보가 될 것 같지는 않다. 우리가 이론의 덩어리를 논박하는 데이터를 가지고 있을 때, 과학자는 그 이론의 수학이 아니라 더 과학적인 부분을 수정하려고 생각해 볼 것이다. 그 이유는 실용주의적이다. 형이상학적인 것은 아니다. 수학을 수정하면 그 망의 나머지 부분에 너무 큰 해를 끼칠 것이다. 평형을 달성하는 것이 어려울 것이다. Quine류의 사람들에게, 과학자들은 이론을 관찰에 조화시키려고 생각해 보는 반면, 수학은 '고정되어 유지된'다는 점에서 **상대적으로 선험적**(*relatively a priori*)이라는 지위를 갖는다. 이것은 그들이 수학이 필연적이고 선험적으로 알려질 수 있다는 전통적인 견해에 갈 수 있는 한 {최대로} 가깝게 간 것이다. Quine류의 사람들은 수학 (그리고 논리)에 대한 수정이 가능하다고 주장한다.7)

Quine의 전일주의와 그의 경험주의로부터, 그는 수학의 부분들 중 과학에서 응용을 발견하는 그러한 것들만 참으로 받아들인다. 엄격히 말해서, Quine류의 사람이 수학의 한 분야를 받아들이기 위해서는, 그 분야의 주장들과 감각 관찰들 사이에, 멀더라도, 어떤 연결이 있어야만 한다. 그렇지

---

7) 앞에서와 같이, Quine 자신은 양상적(modal) 개념의 어떠한 사용도 반대하기 때문에, 수학에 대한 수정이 **가능하**(*possible*)다고 말하는 것이 무엇을 의미할 수 있는 것인지 분명하지 않다.

않다면 수학은 신념의 망의 부분이 아니거나, 또는 그 부분이 될 필요가 없다. Quine은, '사태를 마무르기(rounding things out)' 위한 목적을 위해서, 조금 더 많은 수학을 받아들일 수 있다고 말한다. 나는 그가 수학의 한 분야가 그 망에서 역할을 하는 수학을 조직하고 간단히 하는 데 역할을 한다면 받아들여질 수 있다는 것을 의미한 것이 아닌가 하고 생각한다. 그러나 응용 수학 더하기 '마무르기'는 모든 현대 수학을 망라하지 못한다. Quine은 집합론의 더 높은 영역을 과학에의 어떤 응용도 알려지지 않았기 때문에 명백히 반대한다.: '경험 과학에 쓰이기 위해 필요한 수학의 많은 부분은 나에게는 과학의 나머지 부분과 동등하다. [일부 고급 집합론은] 간단하게 하는 데 이바지하는 원만하게 만들기[가 되는] 한에 있어서 동등한 자격이 있다. 그러나 더 이상의 어떠한 것도 해석되지 않은 체계와 동등하다' (Quine 1984: 788) 해석되지 않은 분야들에 대해서, Quine은, 우리가 6장, §2에서 '연역주의'라고 불렀던 견해와 매우 비슷한, 가설적인 정신을 채택한다.

수학자 자신들은 **수학적**(*mathematical*) 진리의 판단 기준으로 과학에의 응용을 생각하지 않는다. 보통, 그들은 그날그날의 연구에서 응용을 전혀 신경 쓰지 않는다. 그리고 수학 명제들이 옳다는 것을 확증하기 위해서 수학이 과학에서 하는 역할에 기대지 않는다. 수학의 방법론은 연역적이다. – 그래서 수학 명제는 알려지기에 앞서 **증명되어**(*proved*)야만 한다. 그래서, Quine의 경험주의는 수학의 방법론을 수용하지 못한다. 아마 Quine류의 사람은 수학과 과학의 종합적인 철학을 제시한다고 주장하면서 그것을 인정할 수 있다. 그녀는, 실용주의적으로, 수학이 '그 자신의 이익을 위해' 어떠한 응용과도 독립적으로 실행되는 것이 과학의 필요를 만족시킨다는 것을 우리가 보아 왔다고 주장할 수 있을 것이다. 그럼에도 불구하고, (어떤) 수학 명제들에 관한 진리-값에서의 실재론자가 되고 (어떤) 수학적 대상들의 존재를 믿는 궁극적인 이유는, 수학이 과학적 기획에서 차지하는 위치 때문이다.

3. 집합론적 실재론

1990년경에는 수학 철학에 관한 중요한 책이 많이 출판되었다. 그중 많은 것은 Oxford University Press에 의해 출판되었다.[8] 눈에 띄는 하나의 공헌은 존재론적 실재론 및 진리-값 실재론에 대한 Penelope Maddy (1990)의 방어였다. 그것은 Gödel의 플라토니즘 및 Quine의 경험주의의 측면들을 양자의 약점을 피하면서 종합한다.

Quine (그리고 Mill)과 같이, Maddy는 자연주의자이다. 그녀는 어떤 유형의 개체에 관한 존재론적 실재론이, 그 개체들의 객관적인 존재가 세계에 대한 우리의 가장 좋은 설명의 부분이라면, 정당화된다고 주장한다. Maddy (1990)는 Quine-Putnam의 필수불가결성 논증을 이전 절에서처럼 허용한다. 수학이 현대 과학에 필수적이고, 바로 그 현대 과학이 우리의 '가장 좋은 이론'이기 때문에, 수학적 대상들의 존재를 믿을 충분한 이유가 있다. 과학적 이론들에 대한 {그러한} 평가는 이 문제에 있어서 우리에게 선택의 여지를 거의 남기지 않는다. 그러나, Maddy는 간단한 필수불가결성 논증은 수학에 대한 전체 이야기일 수 없다는 것에 주목한다. 우리가 막 보았듯이, 그것이 비응용수학(unapplied mathematics)을 망라하지 못하기 때문이다. Quine과 달리, Maddy는 과학자들이 유용하다고 발견한 부분들만이 아니라 대부분의 수학을 수용하는 것이 어떠한 수학 철학에도 요구되는 것이라고 생각한다. 더욱이, 그녀는 필수불가결성 논증이 기초 수학의 '명백함'을 무시한다는 점에 주목한다. 일반적으로, 신념의 망의 가장 이론적인 부분들은 결코 명백하지 않고, 그래서 수학을 그 망의 이론적인 부분에 동화시키고 거기에 남겨 두는 것만으로는 충분하지 않을 것이다.

그래서, Maddy는 '절충된 플라토니즘'을 찾는다.: 'Quine/Putnam으로부터, 이 절충안은 필수불가결성 논증의 구심성(centrality)을 취한다.; Gödel

8) Maddy 1990, Dummett 1991, Field 1989, Chihara 1990, Hellman 1989, Coffa 1991, Lewis 1991, 그리고 나 자신의 Shapiro 1991을 포함한다.

로부터, 그것은 순수하게 수학적인 명료한 형식들에 대한 인지와 그것들을 설명해야 하는 책무성을 취한다' (Maddy 1990: 35). Maddy의 수학에 대한 인식론은 '두 층으로 되어' 있다. 낮은 층에서 우리는, 기본적인 수학적 이론들의 기저를 이루는 원리들을 지지하는, '직관'을 갖는다. Gödel의 견해와 같이, 수학의 여러 분야들의 공리들은 우리에게 자신들이 참이라고 강요한다. 높은 수준에서 수학은 낮은-수준의 수학과 자연과학에의 적용을 통해서 '외부로부터' 정당화된다. Maddy의 인식론의 각 층은 서로를 지원하고, 그것들이 함께 수학의 전체 범위를 수용한다 – 또는 그렇다고 Maddy가 주장한다.

앞에서 보았듯이, 수학적 직관에 대한 Gödel의 개념은 자연주의와 충돌하기 때문에 종종 비판받는다 – 또는 조롱당한다. 어떻게 인간이, 물리적 우주에 살고 있는 물리적 유기체로서, 추상적 대상들의 인과적으로 비활성화된 영역에 대한 직관적 지식을 가질 수 있는가? 어떻게 경험적 심리학에 의해 묘사된 것과 같은 인간의 정신이, 수학에 의해 묘사된 것으로서의 집합과 수에 관해 어떤 것을 알 수 있게 되는가? 인용된 구절에서 나타나듯이, Maddy는 수학적 직관 – 그 인식론의 낮은 층 – 을 '설명해야 하는 책무성'을 심각하게 받아들인다. 수학적 직관은 자연주의자가 그것을 들먹일 수 있기에 앞서서 **과학의**(*scientific*) 근거로 존중할 만한 것임에 틀림없다.

Gödel에게, 수학적 직관은 감각 지각과 **비슷하**(*analogous*)다는 점을 기억해 보자. Maddy는 심지어 수학과 감각 지각과의 더 단단한 연결을 제의한다 (Maddy 1990: 2장; 1980도 참고). Maddy에게, 정당화되어야 하는 수학적 대상은 **집합**(*sets*)이고, 그래서 그녀는 자신의 견해를 '집합론적 실재론(set-theoretic realism)'이라고 부른다.[9] 그녀는 우리가 실제로 어떤 집합들을, 즉 물리적 대상들의 중간-크기의 집합들을 지각한다고 주장한다. 그녀의

9) Maddy (1990: 3장)는, 아마 Russell을 따라, 자연수가 집합들의 속성이라고 제안한다. 예를 들어, 수 3은 세 개의 원소를 갖는 모든 무리들이 공유하는 속성이다 (Maddy 1981도 참고). 수에 대한 비슷한 견해들로는 Hodes 1984과 Luce 1988을 참고할 수 있다.

획기적인 측면은 적어도 어떤 수학적 대상들을 물리적 세계로, 그래서 물리학과 심리학의 직접적인 시야 아래로 가져왔다는 점이다.

지각에 대한 D. O. Hebb의 연구 (1949, 1980)에 따르면, 어린 시절 동안 보통의 인간은 물리적 대상들에 대한 지각과 식별을 가능하게 하는 어떤 신경생리학적 세포-집합들을 형성한다. Maddy (1990: 58)가 말하듯이, 이 세포-집합들은 '상호작용의 대상(what is interacted with)과 인식되는 것(what is perceived) 사이의 차이를 연결한다'. 그것들은 주체가 물리적 대상들을 환경으로부터 분리하는 것을 가능하게 한다. Maddy는 그 세포-집합들을 '대상-탐지기(object-detectors)'라고 부른다. 그녀는 우리의 뇌가 물리적 대상들의 **무리들**(*collections*)을 식별하는 '집합-탐지기(set-detectors)'도 포함하고 있을 수 있다고 제의한다. Hebb의 과학적 연구의 운명이 어떻게 되든지 간에, Maddy는 지각에 대한 올바른 생리학적인 이야기가, 일단 알려지면, 물리적 대상들의 집합에 대한 지각으로 확장될 것이라고 추측한다.

네 켤레의 신발들의 무리 A를 생각해 보자 (그리고 각각의 한 켤레를 두 신발들의 집합이라고 생각해 보자). 그 똑같은 여덟 개의 신발들의 무리를 B라고 하자. 집합론에 따르면, A와 B는 똑같지 않다.: A는 네 개의 멤버들이 있는 반면 B는 여덟 개를 갖는다. A의 멤버들은 그것들 자체가 (각각이 2개의 멤버들을 갖는) 집합들인 반면 B의 멤버들은 신발들이지 집합들이 아니다. Maddy의 설명에 따르면, 그것들을 여덟 개의 신발들로 **지각하는 것**(*perceiving*) (즉, B)과 그것을 네 개의 켤레들로 지각하는 것 (A) 사이에는 차이점이 있다. 즉, A와 B는 달라 **보인다**(*look*). – 다른 형태(gestalt)이다. – 그것들이 똑같은 공간과 시간의 덩어리를 차지하더라도 {말이다}.

'의 집합(set of)'이라는 관계는 더 반복된다. 여러 켤레의 신발들 세 그룹이 모인 집합 C를 생각해 보자. 예를 들어, Peter, Paul, Mary가 소유한 신발들. 집합 C는 세 멤버들을 갖는다. 멤버들 각각은 신발들의 집합들의 집합이다. 그리고 계속해서 나아간다. 신발들의 집합들의 … 집합들의 집합들

의 집합들로, 어떠한 '깊이'까지도. ZFC (앞의 §1 참고)를 포함하여 많은 집합론들은 그 멤버들 중에 '의 집합' 관계를 임의의 깊이로 반복하는 집합이 존재한다는 것을 주장하는 무한 공리를 포함한다. 물론, Maddy는 인간이 지각에 의해 이 모든 집합들을 구별할 수 있다고 (또는 우리가 이것들 모두를 지각한다고) 주장하지는 않는다 (그리고 주장할 필요가 없다). 아마도 두 번째 또는 세 번째 수준을 넘어서는 지각상의(perceptual) 차이는 없다. 깊이를 더하여 반복되는 집합들의 존재는, 무한한 것들을 포함하여, 이론적인 가정인데, Maddy의 인식론의 위층에 의해 지지된다. – 무한 공리를 포함하는 – 집합론은 결국 신념의 망의 필수적인 부분을 형성하는 수학에 균일한 기초를 제공한다.

순수 수학의 분야로서, 현대 집합론은 물리적 대상들의 집합들에 관계하지 않는다. 집합론의 위계는 철저하게 추상적이다. 그것은 공집합, 공집합의 멱집합 등등으로 구성된다. Maddy는 우리가 그러한 '순수 집합들'을 지각한다고 주장하지 않는다. 또 우리가 그것들에 관한 직접적인 직관을 갖는다고도 하지 않는다. 추상적 대상들에 반대하는 경향의 철학자들에 대한 서비스로서, Maddy (1990: 5장)는, 모든 것이 물리적 대상이거나 또는 그렇지 않으면 물리적 대상들의 … 집합들의 집합인 충분히 강한 집합론의 윤곽을 그림으로써, 순수 집합들을 없애는 방법을 보인다.

Gödel에게, 수학적 직관은 인간과 비-물리적인, 수학적 영역 사이의 어떤 종류의 관계를 나타낸다는 것을 기억해 보자. Kant 학파의 직관의 본성에 대한 그의 언급들은 적어도, 그에게, 수학적 직관이 적어도 어떤 수학에 대해서는 선험적(*a priori*) 지식을 산출한다는 것을 시사한다. Maddy는 어떻게 되는가? 확실히, 인간은 자신의 대상-탐지기와 집합-탐지기를 개발하기 위해 어떤 경험이 필요하다. 그러나 어떠한 개개의(*particular*) 감각 경험도 필연적이지 않다. 그래서 그녀는 어떤 감각 내에서의 직관적인 믿음이 선험적인, 그러한 감각이 있다고 받아들인다.: '경험이 그 개념을 형성하기 위해

필요할 지라도, 일단 그 개념이 자리를 잡으면, 직관적인 믿음을 산출하는 데 더 이상의 경험이 필요하지 않다. 이것은, 직관적인 믿음이 그것이 직관적이라는 것에 의해 지지되는 한에 있어서, 그 지지가 "불순하게 선험적(impurely a priori)"이라고 불리는 것이라는 것을 의미한다.' (Maddy 1990: 74)

선험적이라고 주장되는 거의 어떠한 지식도 기껏해야 Maddy의 의미에서 "불순하게 선험적"이라는 점을 주목할 수 있다. 예를 들어, '고양이는 고양이과이다'는 문장을 생각해 보자. 그것은 의미 덕분에 참이라고 추정된다. 사람은, '고양이'가 무엇을 의미하는지 알기 위해 또는 고양이가 무엇인지 알기 위해 감각 경험이 필요하다는 점을 지적함으로써, 그 문장이 선험적이라는 주장의 기반을 약화시킬 수 없다. 그 문장이 선험적이라면 그것은 그 단어들의 의미 자체가 그 문장이 참이라는 것을 판정하기에 충분하기 때문이다. 우리가 그 의미를 파악하기 위해 경험이 필요하다는 사실은 상관없다. Simon Blackburn (1994: 21)이 말하듯이, 명제는, 그 지식이 '실제 세계(the actual world)의 사건들이 거치는 특정한 경로에 대한 경험'에 근거하지 않는다면, 선험적으로 알려질 수 있다.

어느 경우이든, Maddy는 수학의 선험적 본성이 특히 약하다고 주장한다. 첫째, 그녀는 직관 홀로는 그렇게 많은 수학을 지원하지 않는다는 점을 지적한다. 더 중요한 것은, 자연주의자가 직관을 액면 그대로 받아들일 수는 없고, 그보다는 왜 우리가 직관에 의존해 정당화되어야 하는지를 물을 것임에 틀림없다는 점이다. 왜 그것이 독립적인 수학적 세계에 관한 정확한 정보를 준다고 생각하는가? 그 질문에 대한 답변은 신념의 망에서의 수학의 역할에 – 그 인식론의 다른 층에 – 호소한다. Mill을 반영하면, 우리는 경험에 의해(*by experience*) 직관이 믿을 만하다는 것을 안다. Maddy가 말하듯이, '기초적인 수학적 믿음들이 선험적이다'라는 것도 직관의 본성에서 따라 나오지 않는다. '알맞은 이론적 지지라는 보강 증거 없이는, 어떠한 직관적인 믿음도 한낱 추측 이상으로 간주될 수 없다.' 그래서 Maddy는 수학적 지식의 본성에 대한 전통적인 견해보다는 Mill이나 Quine에 더 가깝다.

실재론자로서, Maddy (1990: 4장, §5)는 Gödel에 동의한다. 즉, 집합론의 모든 모호하지 않은 문장들은 받아들여진 집합론들에 의해 그 문장이 결정되지 않더라도 객관적인 진리-값을 갖는다. 연속체 가설이 적절한 사례이다 (앞의 §1 참고). 그녀는 ZFC를 확장하는 몇 가지 방법들을 시험한다. 그것들 각각은 '적어도 열린 질문들 [중 일부]에 대답한다 … 각각은 직관적이고 경험과 상식에 입각한 증거에 의해 여러 가지 단계로 보완되는, 다양한 외적 지원을 누린다 … 철학적으로 열려 있는 질문은 다음과 같다.: 우리는 어떤 이성적 근거에 기반하여 이러한 … 이론들 중에서 선택할 수 있는가?' (Maddy 1990: 143). 실재론적 경향이 있는 사람들에게 이러한 도전이 남아 있다.

수학 철학에 대한 Maddy의 많은 연구는 독립적인 문장들에 관계된 이슈에 초점을 맞춘다. 그리고 집합론의 공리에 대한 믿음의 기저를 이루는 것이 정확히 무엇인가라는 밀접하게 관련된 이슈에 초점을 맞춘다 (1988, 1988a, 1993). 자연주의 (그리고 독립성)에 대한 그녀의 관심은 수학적 방법론과 과학에서의 수학의 역할 – 신념의 망 – 에 대한 광범위한 연구로 이어졌다. 이 연구는 **수학에서의 자연주의**(*Naturalism in Mathematics*) (1997)에서 끝이 났다 (Maddy 1995, 1996도 참고). 자연주의에 대한 주목은 그녀로 하여금 자신의 책 **수학에서의 실재론**(*Realism in Mathematics*) (1990)에서 옹호되었던 실재론을 본질적으로 수정하도록 안내했다.

4. 더 읽기

이 장에서 고찰해 본 주된 자료들은 Gödel 1944와 1964, Quine 1951, Putnam 1971, Maddy 1990을 포함한다. 많은 것은 Gödel류의 직관에 대해 쓴 것이고, 그것 중 일부는 다른 것들보다 낫다. Parsons 1979는 특별히 주목할 만하다 (Parsons 1983의 다른 글들처럼). 수학에 대한 Quine의 견해는 그의 말들 전체를 통해 흩어져 있고, 그의 영향력은 많은 저자들이 쓴 그 주제에 대한 수많은 논문들과 책들에 나타난다. 지지와 반대 양쪽 모두에 대해서. 또한 필수불가결성 논증에 대한 광범위한 저술들이 있다. 독자가 철학자 색인(*Philosophers' index*)을 찾아보는 것이 좋을 것이다. Charles Chihara (1973: 2장과 1990: 2부)는 Gödel과 Maddy에 의해 옹호된 존재론적 실재론에 대한 가장 집요한 비판들 중 하나이다.

제 9 장

아니다, 존재하지 않는다

우리는 이제 수학적 대상들의 존재를 거부하는 철학들로 관심을 돌린다. 이 견해는, 때로 '유명론(nominalism)'이라고 불리는데, 존재론에서의 반-실재론(anti-realism in ontology)의 급진적인 버전이다.[1] 나는 누군가가 수학이 아무런 가치를 갖지 않는다고 간단히 주장할 수 있다고 생각한다. 그런 철학자에게, 수학적 대상들은 마녀나 열소(caloric, 熱素)의 길을 갈 것이고, 수학 자체는 – 지적인 거부에 의해 버려진 – 연금술의 길을 갈 것이다. 이것이 적어도 내 아이들 중 한 명에게는 매력적이겠지만 (그 아이들에게 이 책이 헌정된다), 여기에서 우리는 수학을 진지하게 생각하고 지적인 노력에서 수학이 훌륭한 역할을 한다는 것을 인정하는 철학들에 관심이 있다. 이 장(chapter)에서 고찰하는 저자들은, 과학적 기획에서 특별한 수학적 대상들 – 수와 집합 – 의 존재가 상정되지 않는 그러한 방식으로, 수학을 재공식화하려고 시도하거나 대용물을 꾀한다.

그러한 저술가 중 한 명인, Hartry Field는 수학적 언어를 액면 그대로 받아들인다. 그가 수학적 대상들이 존재하지 않는다고 주장하기 때문에, 수학 명제들은 객관적이지만 **공허한**(*vacuous*) 진리-값을 갖는다. 예를 들어, 그는 '모든 자연수들은 소수(prime)이다'가, 어떠한 자연수도 존재하지 않기 때문에, 참이라고 주장한다. '모든 침입자들은 총에 맞아 기소된다'가, (희망대로) 어떠한 침입자가 없을 지라도, 참이라고 말하는 것과 비슷하다. 비슷하게,

---

1) 존재론에서의 실재론은 수학적 대상들이 수학자의 정신, 언어 등과 독립하여 존재한다는 견해이다. 이것을 부정하고 존재론에서의 반-실재론자가 되는 덜 급진적인 방법은, 수학적 대상들이 존재하지만, 어떤 방식으로든 수학자에 의존한다고 주장하는 것이다. 이 장(chapter)의 첫 번째 부분에서 고찰하는 저술가들은 수학적 대상들의 존재를 전적으로 부정한다.

Field는 '100보다 큰 소수가 있다'가 거짓이라고 주장한다. 그래서 수학적 진술의 진리-값은 수학적 정리에 부합하지 않는다. 그래서, Field에게, 수학의 논점은 참을 말하고 거짓을 거부하는 것이 될 수 없다. 그것은 자명하고 무의미한 연습 문제일 것이다. 그러나, Field는 수학을 진지하게 받아들이고, (존재하지 않는) 수학적 대상들에 관한 참에 대해 말하는 것 외에 수학의 역할의 범위를 정한다. 수학 명제의 공허한 진리-값은 수학을 수용할지를 결정하는 데 또는 수학의 과학에서의 역할을 결정하는 데 역할을 하지 못한다. 그래서, Field는 적어도 정신적으로는, 수학 명제가 객관적인 진리-값을 갖는다는 것을 거부하는 진리-값에서의 반-실재론자와 연합한다. (Field가 수학의 실제의 수정을 옹호하지 않는다는 점을 제외하고 – 7장 참고)

또 다른 저명한 존재론적 반-실재론자인, Charles Chihara는 수학적 언어를 수학적 대상들을 (암묵적으로든 명시적으로든) 참조하지 않도록 해석하는(*interpret*) 체계적인 방법을 마련한다. 그러나, 수학의 언어에서의 문장들은, 그렇게 해석된다면, 표준적인 진리-값을 갖는다. 예를 들어, Chihara의 체계에서 산술에서의 수학적 귀납법과 해석학에서의 완비성 공리는 모두 참이다. 그래서, Chihara는 진리-값에서의 실재론자이고, 수학적 진술이 수학자의 정신, 언어, 또는 사회적 질서와 독립적인, 객관적 진리-값을 갖는다{고 주장하}는 이전 장(chapter)에서 다루어진 저자들에 동의한다.

1. 허구주의

우리는 Field의 견해로 시작한다. 그것을 그는 '허구주의(fictionalism)'라고 부른다. 그 아이디어는 수학적 대상들을 허구 속 등장인물과 같은 것으로 생각하는 것이다. 수 삼(three)과 공집합은 Oilver Twist와 똑같은 지위를 갖는다. 허구의 의미론에 대한 상당한 철학적 문헌들이 있다. 여기에서는 다행스럽게도 그것을 피해갈 수 있다. 적어도 언뜻 보기에는, 허구주의의 '존재론'

에 전념하지 않고도 허구를 (말하자면) 진지하게 받아들일 수 있다. 예를 들어 Oliver Twist가 백악관과 같은 의미에서 존재한다고 생각하려는 철학자는 거의 없다.

Field (1980: 5)는 '수학적 개체들의 존재에 대한 하나의 그리고 오직 하나의 진지한 논증'이 존재한다고 주장한다. 이것은 앞의 8장, §2에서 소개된 W. V. O. Quine과 Hilary Putnam의 **필수불가결성 논증**(*indispensability argument*)이다. Field는 다른 논증들은 필수불가결성 논증이 성공하는 경우에만 힘을 갖는다고 주장한다. 그래서 그의 출발 지점은 필수불가결성 논증의 기반을 약화시킬 수 있다면 존재론적 실재론이 정당하지 않은 신조라는 점이다.

실해석학과 물리학에 초점을 맞추어 보자. 거칠게 말해, 필수불가결성 논증은 다음과 같은 전제들을 갖는다.:

(1) 실해석학은 '실수'라고 불리는 추상적 대상들을 참조하고, 그것들을 아우르는 변수들을 갖는다. 더욱이, 실해석학의 공리들이 참이라는 것을 받아들이는 사람은 이러한 추상적 개체들의 존재성으로 인도된다.

(2) 실해석학은 물리학에 절대적으로 필요하다. 즉, 현대 물리학은 실해석학의 진술들 없이 진술될 수도 없고 실행될 수도 없다.

(3) 실해석학이 물리학에 절대적으로 필요하다면, 물리학을 물질적 실재의 참으로 받아들이는 사람은 그것에 의해 실해석학의 참으로 인도된다.

(4) 물리학이 참이거나, 또는 거의 참이다.[2)]

이 논증의 결론은 실수가 존재한다는 것이다. 실수가 수학자와 독립적으로

2) 여기 이 대비책의 기저를 이루는 가정은 참인 물리학이 실해석학 또는 어떤 다른 강력한 수학적 이론들투성이와 비슷하다는 것이다.

존재한다고 덧붙이면, 결국 존재론에서의 실재론이 된다. 실수들은 공간과 시간에 위치하고 있는 것 같지 않다. 그리고 그것들은 물리적 대상들 또는 인간들과의 인과관계 속으로 들어오지 않는다.

Field는 첫 번째와 세 번째 전제를 받아들인다. 그것은 존재론적 개입(commitment)에 관해서 (지금은) 흔히 받아들여지는 논지들을 나타낸다. 그는 또한 전제 (4), 즉 물리학이 참이라는 것을 받아들인다. 그리고 수학적 대상들의 본성에 관한 보통의 견해들을 채택한다. 물론, 그는 이 논증의 결론을 부인한다. 그는 전제 (2), 즉 물리학에서의 실해석학의 필수불가결성에 거스르는 상세한 사례{를 찾는 것}에 착수한다. Field는 (그렇게 하는 것이 좋기 때문에) 수학이 과학에서 **유용하다**(*useful*)는 것에 동의하고, 수학이 과학에 '실제적으로 필요한 것'이라는 점에 주목한다. 수학을 없애는 것은 거의 실행 불가능할 것이다. 그러나 이것은 수학이 존재론적으로 관련된 방식으로 과학에 **필수적**(*essential*)이라는 것을 인정하는 것은 아니다. 그는 어떤 의미에서, 과학을 수학 없이 할 수 **있다**(*can*)고 주장한다. 여기에서 그의 책 제목, **수 없는 과학**(*Science Without Numbers*)이 유래했다.

이전 장(chapter)의 §2로부터 **유명론적**(*nominalistic*) 언어가 수나 집합과 같은 추상적 대상들을 참조하지 않고 그것들을 아우르는 양화사들을 갖지 않는 언어라는 점을 기억해 보자. 우리가 살펴보았듯이, 보통의 과학적 언어는 유명론적이지 않다. 여러 가지 과학적 원리들의 표준적인 공식화 자체들은 수학적 용어들을 포함하고 수학적 대상들을 수반한다. Putnam (1971)은 유명론적인 언어에서 과학을 시도하는 것은 가망 없는 일이라고 주장했다. Field의 사례의 첫 번째 모습은, 과학적 이론들의 '유명론적' 공식화를 마련함으로써 이 혐의를 반박하는 것이다.

물론, 단 한 명의 유명론자가 훌륭한 각각의 과학적 이론에 대해 받아들여질 만한 버전을 마련하는 것은 너무 과한 일일 것이다. 그것은 그녀가 현대 과학의 전체 범위: 양자역학, 일반 상대성 이론, 화학, 생리학, 천문학, 경제학 등과 **조화될**(*en rapport*) 것을 요구한다. 대신, Field는 Newton의 중력 이론과 그것의 일부 확장들에 대한 자세한 유명론적 버전을 개발한다. 이것은 최신 과학의 다른 분야에 대한 패러다임의 역할을 한다.[3)]

Newton의 중력 이론에 대한 Field의 공식화는 시공간 **점**(*points*)과 시공간 **영역**(*regions*)을 상정하고 그것을 아우르는 변수들을 갖는다. 그래서 Field는 점과 영역이 존재한다고 주장한다. 점들의 무리(collection)들 모두가 영역을 구성한다. 수학에 관한 실재론자는 모든 점들의 **집합**(*set*)이 영역에 해당하는 것이라고 말하겠지만, Field는 그것을 그런 식으로 말하지 않을 것이다. (그가 집합이 존재하지 않는다고 믿기 때문이다).

Field는 시공간 점과 영역이 구체적이라고 – 그리고 추상적이 아니라고 – 주장한다. 다른 말로 하면, 점과 영역은 수학적 대상들이 아니다. 첫째, 시공간 점들의 무리의 모습들은, 즉 그 개수(cardinality)나 그 형상(geometry)과 같은 모습들은 수학적 이론보다는 물리적 이론에 의존한다. 중력 이론 자체가 점들의 구조적인 속성들을 결정한다. 둘째, 그리고 더 중요한 것은, 상대적으로 큰 중력의 힘과 같은, 시공간 점들의 경험적인 속성들은 관찰할 수 있는 현상들에 대한 인과적 설명의 필수적인 부분이라는 점이다.

Field는 여기에서 과학사와 과학 철학에서의 중요한 논쟁에 참여한다. Isaac Newton까지 거슬러 올라가는 **실체론**(*substantivalism*)은 공간 또는 시공간이 물리적으로 실재한다(is physically real)는 견해이다. 그 반대인 **관계론**(*relationalism*)은 시공간을, 실제의(actual) 또는 가능한(possible) 물리적 대상들의 관계의 측면에서 특징지으려고 시도한다. 이 관계들은 전형적으로 수학의 용어들로 기술된다. 관계론의 태생은 Gottfried Wilhelm Leibniz 이다 (예를 들어, Friedman 1983과 Wilson 1993 참고). Field는 추상적인 **수학적**

---

3) 저명한 비평가 중 한 사람인, David Malament (1982)는 Field의 예화가 손쉽게 양자역학으로 확장되지 않는다고 조심스럽게 주장한다. 수학은 고전역학에서보다 그 이론에 더 깊숙이 자리잡는다. Balaguer (1998: 5장)는 Field의 노선을 대략적으로 따라서 양자역학에 대한 '유명론화(nominalization)'를 시도한다.

(*mathematical*) 대상들에 관한 자신의 존재론적 반-실재론을 방어하기 위해 – 시공간의 물리적(*physical*) 실재(reality)를 받아들이면서 – 실체론 지지자의 편에 선다 (Field 1989: 38-43 참고).

그러나, '물리적으로 실재인 것'은 구체적인 것과 똑같지 않을 수 있을 것이다. 그리고 Field는 점과 영역에 관한 그의 주장에서 다른 실체론 지지자들보다 더 멀리 나아간다. 그는 그것들을 예를 들어 분자나 쿼크와 동등한 이론적인 물리적 존재자들로 간주한다. 어떤 철학자들 (예를 들어 Resnik 1985)은 시공간 점들에 관한 Field의 주장들에 이의를 제기한다. 시공간 점들은 농구공, 의자, 심지어 분자와 같은 보통의 물리적 대상들이 공유하는 어떤 속성들을 갖지 않는다. 점들은 시간을 통하는 경험을 하지 않는다.; 그것들은 이동되지도, 분해되지도, 파괴되지도 않는다.; 그리고 개개의 점들은 질량이나 연장을 갖지 않는다. 이것은 점들을 농구공보다는 수와 더 비슷한 것으로 만든다. 더욱이, 점들의 존재는 농구공의 존재가 있는 방식과 같이 우연적이지 않다. 주어진 점이 위치를 갖지 않는다고 주장해야 할 만큼 멀리 갈지 모른다. 그렇기는커녕, 그것은 한 위치이다(*is*). 우리가 여기에서 이 잠정적으로 논란의 여지가 있는 문제를 판결할 필요는 없다. 우리가 추상적인 대상과 물리적인 대상 사이의 구별을 더 잘 정교하게 할 수 있을 것이라는 것으로 충분하다 (이것에 착수하기 위해서는 Hale 1987 그리고 Burgess와 Rosen 1997: I 부, A장 참고).

Field의 유명론적인 물리학의 용어들은 시공간 점들 사이의 기본적인 관계들을 포함한다. 예로는 'y Bet xz'가 있다. 그것은 'x, y, z가 일직선 상에 있고, y가 그 직선의 x와 z 사이에 있다'로 해석된다. 그리고 'xy Tempcong zw'가 있다. 이것은 'x와 y 온도의 차이는 z와 w 온도의 차이와 같다.'로 해석된다. 이것들은 물리적 존재자들에 대한 물리적 관계들이다. 이 유명론적인 이론의 배경이 되는 기본적인 아이디어는 물리적 (그리고 기하적) 양들에 대한 원리들을 실수를 언급하지 않고 직접적으로 말하는 것이다. Field는 여러 가지 관계들에 관한 공리들을 통해 관련된 구조적인 가정들을 공식화한다(formulates). 그의 공리들은 시공간이 연속적이고 완비되어 있다(continuous and complete)는 것을 함의한다. 그는 유명론적인 기계론의 언어에서 미분계수와 적분의 대리자들을 어떻게 공식화할지를 훌륭하게 보인다. 그리고 대리된 미분계수와 적분이 모든 올바른 속성들을 갖는다는 것을 증명한다.

Field의 물리학과 고전적인 Newton의 물리학 사이의 대조는 Euclid의 '종합적인(synthetic)' 원론과 거리, 각, 삼각함수 등을 재기 위해 실수를 사용하는 더 현대적인 '해석적인(analytic)' 기하학 사이의 대조와 매우 비슷하다. Euclid는 기하학적 양들을 수로 재어서 제시하지 않았다. 대신, 양들 사이의 관계들이 직접적으로 표현되고 탐구된다. 예를 들어, 직각삼각형의 빗변의 제곱(square, 정사각형)이 다른 두 변의 제곱들의 합과 같다는 피타고라스 정리를 생각해 보자. **원론**(*Elements*)에서 이것은, 실수들을 곱하고 더한 결과들이 아니라[4], 문자 그대로 직각삼각형의 변들 위에 그려진 정사각형(square)을 나타내는 것으로 고려된다 (그림 9.1 참고). 그래서, Euclid 기하학의 주제-대상이 물리적 **공간**(*space*)인 경우에 한하여, 그것은 Field의 눈에는 유명론적인 것으로 고려될 것이다. – 전통적으로 기하학은 **대단히 훌륭한**(*par excellence*) 수학으로 분류되지만, Field 자신의 물리학은 '종합적인 역학(synthetic mechanics)'이라고 불려왔다 (Burgess 1984 참고). 앞으로, 여기에서는 그 용어를 채택한다.

---

4) 코사인법칙의 '종합적인' 버전에 관한 Euclid **원론**(*Elements*) 2권, 명제 12와 13을 참고할 수 있다. 이 예만으로도 해석기하학(analytic geometry)의 힘에 대한 설득력 있는 증거를 제공한다. 나는 해석(analytic) 기하학과 종합적인(synthetic) 기하학 사이의 구별과 철학에서 분석-종합적인 것(the analytic-synthetic)의 구별 사이의 어떠한 연결도 알지 못한다.

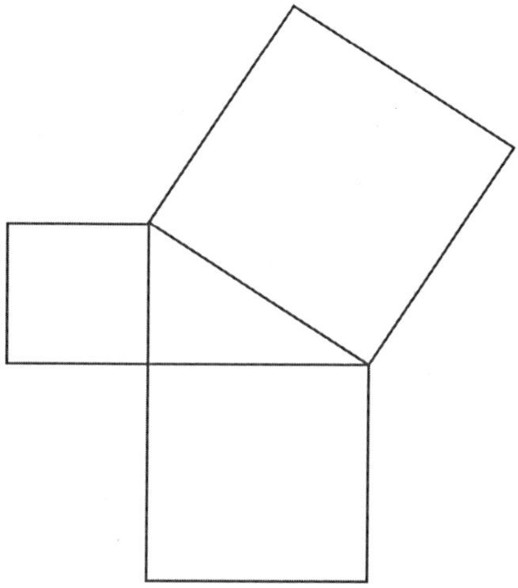

그림 9.1. Euclid의 원론 1권, 명제 47: 직각삼각형에서, 직각의 대변 위의 정사각형은 직각을 끼고 있는 두 변 위의 정사각형들{의 합}과 같다.

시공간에 대한 Field 이론의 공리들은 무한하게 많은 점들이 있다는 것을 함의한다. 정말로, (존재한다면) 실수 네 쌍들과 Field의 시공간 점들 사이에 일대일 대응이 있다는 것을 보일 수 있다. 전문적인 용어로, Field의 시공간은 R^4와 동형이고, 그래서 실수들만큼 많은 점들이 있고, 실수들의 집합들만큼 많은 영역들이 있다. 실재론자에게, Field의 존재론은 연속체의 멱집합의 크기를 갖는다. Field는 **물리적**(*physical*) 대상들이 그만큼 많이 있다고 주장한다.

산술과 실해석학은 어떤 시공간 점들과 영역들을 수들의 대용물로 사용함으로써 시공간에서 시뮬레이션 될 수 있다 (Shapiro 1983 참고). 우리는 또한 Field의 종합적인 물리학에서 연속체 가설의 한 버전을 공식화할 수 있다 (이전 장의 §1 참고). 그것은 여러 가지 영역들의 상호 간의 크기에 관계된다. 그 문장이 시공간에 관한 것이기 때문에, 연속체 가설의 이 버전은 아마도 공허하지 않다. 그것은 물리적으로 실재하는 시공간에 관한 실체적인 진술(substantial statement)을 만든다. 그래서 Field는 연속체 가설의 이 버전이 객관적인 진리-값을 갖는다는 것을 인정해야 한다. 실재론자는 확실히 연속체 가설의 시공간 버전이 집합론적인 버전과 똑같은 진리-값을 갖는다고 주장할 것이다. 구조가 똑같기 때문이다.

Field의 비평가들 중 일부는 그의 종합적인 중력 이론이 실수들을 시공간 점들로 그저 대체한다고 지적한다. 그리고 무엇이 얻어졌는지 의아해 한다.[5] Field는 '그러한 풍부한 물리적 공간을 가정하는 것과 실수들을 가정하는 것 사이에 그렇게 중대한 차이가 있는 것 같지 않다'는 자연스러운 반대를 숙고하고, 다음과 같이 대응한다.:

> 실수를 사용하는 것에 대한 유명론의 반론은 그것들의 [기수(cardinality)], 또는 전형적으로 그것들에 관해 이루어지는 구조적인 가정들 (예를 들어, Cauchy 완비성)의 근거에 대한 것이 아니었다. 그보다는, 그 반론은 그것들의 추상성에 대한 것이었다.: **하나의**(*one*) 실수를 가정하는 것조차 유명론에 대한 위배일 것이었다 … 거꾸로, 셀 수 없이 많은 **물리적**(*physical*) 존재자들을 가정하는 것은 … 유명론에 대한 반대가 아니다.; 그리고 누군가가 이러한 물리적 존재자들이 플라톤주의자들이 실수에 대해 가정하는 것들과 비슷한 구조적인 가정들을 따른다고 가정하는 것도 더 반대할만한 것이 되지 못한다. (Field 1980: 31)

과학적 이론들에 대한 유명론적인 (즉, 종합적인) 버전들의 공식화는 Field 프로그램에서 단지 첫 번째 단계에 지나지 않는다. 두 번째 국면은 어떻게 수학이 종합적인 이론들에 덧붙여질 수 있는가를 보이고, 그런 다음 수학이 각 종합적인 이론에 대해 **보수적**(*conservative*)이라는 것을 확립하는 것이다. N을 종합적인 이론이라고 하고 S를 N에 덧붙여진 수학적 이론이라고 하자. 그러면, 전문어를 무시하면, 과학 N에 대한 수학 S의 보수성

---

5) 대화에서, 다수의 수학자들이, 그 제목에도 불구하고, **수 없는 과학**(*Science Without Numbers*)이 수학 없는 과학이 아니라고 주장했다. 그들은 수학이 시공간의 이론에 내장된다고 주장한다. 사람들은 수학자들이 자신들의 주제-대상을 볼 때 그것을 인지할 수 있다고 생각할 것이다. 그러나 아마도 이러한 수학자들은 존재론과 추상-구체 구별에 관한 철학적 이슈들에 관심이 없다.

(conservativeness)은 다음과 같이 공식화된다.:

> Φ를 유명론적인 언어에서의 문장이라고 하자. 그러면 Φ는, Φ가 N 만의 귀결이 아닌 이상, $S+N$의 귀결이 아니다.

수학이 정말로 이 의미에서 보수적이라면, 수학이 물리적 이론들로부터 물리적 귀결들을 유도하는 데 유용하더라도, 원칙상 수학이 불필요하다. 수학의 도움으로 얻어진 어떠한 물리적 귀결들도 그것 없이 얻어질 수 있다.

Field (1980: 1장)는 우선 수학이 과학에 대해 보수적이라는 것을 수학의 주제-대상의 본성의 측면에서, 특히 추상적 존재론의 측면에서 주장한다. 존재론에서의 실재론자에게도, 추상적인, 인과적으로 비활성화된 수학적 세계에 관한 어떤 사실들이 물질적 세계에 어떤 영향들을 미친다는 것은 이상한 일일 것이다.:

> 표준적인 수학이 우주에 적어도 10개의 비-수학적인 대상들이 있다는 것을, 또는 파리 코뮌(Paris Commune)이 패배했다는 것을 함의한다는 것을 알게 된다면 극히 놀라운 일일 것이다.; 그리고 그러한 발견이 이루어진다면, 가장 갱생의 의지가 없는 합리주의자를 제외하고는 이것이 표준적인 수학의 개정의 필요성을 보여준다고 생각할 것이다. 좋은(*good*) 수학은 보수적이다.; 받아들여진 수학이 보수적이지 않다는 발견은 그것이 좋은 수학이 아니라는 발견일 것이다. (Field 1980: 13)

파리 코뮌에 대한 Field의 예는 충분히 분명하지만, '표준적인 수학'이 시공간의 구조에 관한 자명하지 않은 귀결들을 갖는다는 것이, 적어도 내게는, 그럴듯해 보인다 (Shapiro 1993). 그래서 Field의 주장의 그럴듯함은 수학의 경계들을 어디에 그리는지에 달려 있다. 또는 아마 더 중요하게는, 추상적인 것과 물리적인 것 사이의 경계에 달려 있다. 그래서 그 질문은 다시 한 번 고개를 숙인다.

Field는 이 비공식적 처치를 넘어서서, 보수성에 대한 모델-이론적인 두 가지 논증을 마련한다 (1980: 1장의 부록). 수학적 이론들과 종합적인 이론들에 대한 합리적인 가정들을 함으로써, 그는 수학이 요구되는 의미에서 과학에 대해 보수적이라는 것을 보인다.

Field의 형식적인 논증들은 표준적인 수학에 의존한다는 점에서 그가 '플라톤주의적(platonistic)'이라고 부르는 것이다. 즉, Field는 예를 들어 집합론이 유명론의 이론들에 대해 보수적이라는 것을 보이기 위해서 본질적으로 수학적인 가정들을 **사용한다**(*uses*). 누군가는 유명론자로서 Field가 수학이 보수적이라고 믿을 자격이 있는지를 의아해 할 수 있을 것이다. 보수성에 대한 증명은 수학적 전제들을 갖고, Field는 그것들을 거부한다. 그의 공식적인 입장은 **수 없는 과학**(*Science Without Numbers*)의 전체 주장은 Quine-Putnam의 필수불가결성 논증에 대한 긴 **귀류법**(*reductio ad absurdum*)이라는 것이다. 표준적인 수학의 옳음을 **가정함**(*assuming*)으로써, Field는 수학이 과학에 필수불가결하지 않다고 주장한다. 그의 전개가 건전하다면, 필수불가결성 논증은 스스로 그 토대를 침식한다.[6)]

Field에 따르면, 수학은 종합적인 과학에 다음과 같이 적용된다.: 유명론적인 언어 내의 각 문장 Φ에 대하여, 합쳐진 이론 $(S+N)$에서 Φ 와 Φ′이 동등함을 증명할 수 있는, 수학적 이론 S의 언어 내의 '추상적 대응물' Φ′이 있다. 이 동등함은 과학자가 수학적 이론의 자원들이나 조작들을 전용하는 것을 허용한다. 예를 들어, 유명론의 두 전제(premisses) Φ_1과 Φ_2가 있다고 가정해 보자. 과학자는 수학적 언어 내에서 추상적인 대응물 Φ_1'과 Φ_2'을 얻는다. 그런 다음 그녀는 수학적 귀결 Ψ'을 연역한다. 그것은 유명론의 문장 Ψ의 추상적인 대응물이다. 보수성에 의해, 그녀는 Ψ가 종합적인 이론 N에서 원래의 전제들 Φ_1과 Φ_2로부터 따라 나온다고 결론 내린다. 수학의

6) Field (1980: 13장과 1989)는 후에 유명론자도 보수성에 대한 논증을 받아들일 수 있음을 시사한다 (그러나 Burgess와 Rosen 1997: 192-3 참고).

사용은 이론적으로 불필요하고, 그래서 존재론적으로 해가 없다. 과학자는 유명론의 결론 Ψ를 얻기 위해 수학적 개체들의 존재를 믿을 필요가 없다.

다시 한 번, 보통의 분석적 기법은 기준 틀을 정하여 각 시공간 점을 네 개의 실수들의 쌍과 연관시키는 것이다. 그래서, Newton식의 중력 이론에서, 여러 가지 문장들에 대한 '추상적인 대응물들'은 시공간 점을 네 개의 실수들의 쌍으로 대체하고, 영역을 네 개의 실수들의 쌍들의 집합으로 대체한다. 시공간 점들로부터 실수에서 정의된 적절한 구조들로의, 구조를-보존하는, **준동형사상을 나타내는**(*representing homomorphisms*) 함수들이 있다. 예를 들어, (섭씨와 같은) 정해진 단위에 따른 각 시공간 점에 기온을 주는 다음과 같은 함수 g가 있다. 즉, a, b 쌍과 c, d 쌍 사이에 관계 Tempcong은

$$|g(a)-g(b)| = |g(c)-g(d)|$$

이면 그리고 오직 그럴 때만 성립한다. {그것을} 나타내는 준동형사상은 과학자가 대리자들과 관련된 집합론의 강력한 자원들을 가져오도록 허용한다. 그녀는 시공간 영역을 **마치** 그것이 집합인 것**처럼**(*as if*) 그 집합을 실제로 믿지 않고서도 다룰 수 있다.

과학에 대한 Field 프로그램은 구조적으로 수학에 대한 David Hilbert의 프로그램과 비슷하다 (6장, §3 참고). Field의 종합적인 과학은 Hilbert의 유한 수학에 상응하고, 수학 자체는 Hilbert 프로그램의 이상 수학에 상응한다. 이상 수학의 역할은 유한적인 언어 내에서의 유도(derivations)를 용이하게 하는 것이라는 점이 Hilbert의 논지였음을 기억해 보자. Hilbert는 이상 수학이 유한 수학에 대하여 보수적이라는 것을 필요로 했다. 그러나 그 경우 보수성은 무모순성에 해당한다. 그 비유는 표 9.1에서와 같이 요약된다.

표 9.1. Hilbert와 Field 프로그램 비교

	Hilbert 프로그램	Field 프로그램
근본:	유한 수학	유명론적인 과학
매개체:	이상 수학	수학
요구되는 점:	무모순성	보수성

두 가지 경우 모두, '매개체'의 역할은 '근본'에서의 유도를 용이하게 하는 것이다.

Hilbert 프로그램이 Gödel의 불완전성 정리와 관련해서 불안정해졌다는 것이 널리 믿어진다는 것을 기억해 보자 (6장, §4 참고). '보수성과 불완전성 (Conservativeness and Incompleteness)' (1983)에서, 나는, 앞에서처럼, 산술이 종합적인 물리학에서 시뮬레이션 될 수 있기 때문에 본질적으로 똑같은 결과가 Field 프로그램에 적용된다는 것을 보인다. 특히, G가 종합적인 물리학의 정리가 아니지만 어떤 집합론 (그리고 연결 원리들)이 더해진 그 이론에서는 유도될 수 있는, 그러한 문장 G가 유명론적인 언어 내에 존재한다. 문장 G는 산술의 불완전성을 수립하기 위해 사용된 문장과 비슷하다. 이것은 '우리가 [수학을 사용하여] 도착한 결론들이 수학적 개체들에 의지하지 않고 이미 [유명론적인] 전제들로부터 더 장황한 방식으로 유도될 수 있다'는 Field의 주장의 기반을 약화시킨다. 우리 문장 G는 종합적인 이론만 가지고는 그 내에서 유도될 수 없다.

보수성에 대한 이 반례는 유명론적인 언어에서 다소 인위적인 문장이다. 기하학적인 자연스러운 반례들도 있다 (Burgess와 Rosen 1997: 118-23 참고). 그러나 Field 프로그램의 지지자는 그것들이 물리학의(*physical*) 관심을 많이 받지는 않는다고도 주장할 수 있을 것이다. 그는 보수성 조건을 물리학적으로 중요한 유명론적인 문장들에 제한하여 줄일 수 있을 것이다. 그러나, Field의 종합적인 이론이 시공간에 대한 정확한 기술이라면, 문장 G는 그것에 대해 참(*true*)이고, 그래서 수학은 시공간에 관한 참들을 산출한다 (이 참들이 흥미롭든지 그렇지 않든지 간에 상관없이).

나의 1983년 논문에 대한 대응으로, Field (1985)는, 어떤 의미에서, 문장 G는 종합적인 이론으로부터 따라 나온다고 제의했다. 우리는 G가 종합적인 이론의 귀결이라는 **점을 알기**(*see that*) 위해 아마 수학이 필요할 것이다. 그러나 그것은 그럼에도 불구하고 하나의 귀결이다.[7] 이것은 수학이, 딴 방법으로 연역될 수 있는 유명론적인 문장들에 대한 더 짧은 유도를 제공하는 것 이상으로, 과학에서 역할을 한다는 것을 시사한다. 우리는 수학을 우리의 종합적인 이론들의 귀결들을 **알아내기**(*discover*) 위해서 사용한다. 수학의 이 역할이 유명론자에게 받아들여질 수 있다는 **수 없는 과학**(*Science Without Numbers*)의 한 구절이 있다.: '수학적 존재자들을 믿지 않는 누군가는 유명론적으로-진술된 귀결들을 유명론적으로-진술된 전제들로부터 연역할 때 [수학을] 자유롭게 사용한다. 그리고 그는, 중재하는 그러한 [수학적] 전제들이 참이라고 생각하기 때문이 아니라 그것들이 유명론적으로-진술된 주장들 가운데에서 **참을 보존한다**(*preserve truth*)는 것을 알기 때문에, 그것을 할 수 있다.' (Field 1980: 14, 강조는 나의 것) 그 기저에 놓인 이슈에 대한 더 풍부한 논의에 대해서는 Burgess와 Rosen 1997: 192-3을 참고할 수 있다.

존재론적 반-실재론의 철학적 프로그램의 장점이 무엇이든지 간에, **수 없는 과학**(*Science Without Numbers*)은 주요 지적 성취이다. 그 책은 수학이 과학에 정확히 어떻게 적용되는지를 보이려는 소수의 진지하고 지속적인 시도들 중 하나이다. 앞의 2장, §3에서 보았듯이, 이것은 중심적인 철학적 이슈를 다룬다. 많은 수학 철학들이 그 관계를 수수께끼로 남긴다. 우리는 {그것을} 나타내는 준동형사상들을 언급하는 Field의 전개를, 그의 존재론적 주장들

---

7) Shapiro 1983에서, 나는 보수성이 (1차 언어의 사용에 의해) 유지되도록 종합적이고 수학적인 이론들을 재공식화하는 방법을 보인다. 그러나 그때 수학의 적용에 대한 Field의 설명은 실패한다. 우리는 {그것을} 나타내는 준동형사상들의 존재를 수립할 수 없다. Field 1985는 그 적용에 대한 더 난해한 설명을 마련한다.

까지 받아들이지 않더라도 적어도 적용에 대한 부분적인 설명으로서는 받아들일 수 있다.

Field 프로그램은 물리적 실재(reality)에 실제(actually)로 예화된 구조에 주의를 집중한다. 그리고 이것들을 '물리적으로 실재인(physically real)' 구조를 연구하기 위해 사용되는 더 풍부한 수학적 구조와 구별한다. 분명히, (미터나 시간과 같은) 기준과 단위에 대한 특정한 틀의 도입은 임의적인 관례이지만, 실해석학이 시공간에 적용되도록 하는 것은 바로 그러한 관례들이다. Field는 물리적 현상에 대한 **본래적인 설명**(*intrinsic explanation*)을 관례를 참조하거나 의존하지 않는 것이라고 정의한다. 기하학이나 Newton식의 중력 이론의 경우, 본래적인 설명은 시공간 구조의 언어로 공식화되고, 실수의 더 풍부한 구조는 포함하지 않을 것이다. 다른 말로 하면, 본래적인 설명은 종합적인 언어로 공식화될 것이다. Field는 모든 사람이 수학적 대상의 존재에 관한 어떠한 견해들과도 독립적인, 본래적인 설명들에 (그것들을 얻을 수 있으면) 관심이 있을 것이라고 제안한다. 본래적인 설명에 대한 강조는 그의 물리학의 여러 모습들의 제시가 측정의 기준 틀과 단위의 선택에 따라 불변하는 시공간의 (기하적이고 물리적인) 속성들을 반추하여 이루어진다는 사실에 의해 예시된다. 불변하는 속성들은 적절한 공리들을 낳는다. 그 기저를 이루는 이슈는 **외적인**(*extrinsic*) 설명들, 즉 풍부한 수학적 이론들을 적용하는 설명들의 비옥함과 능력에 대한 광범위한 연구로부터 도움을 얻을 수 있을 것이다. (앞의 각주 3 참고)

2. 양상적인 구성

8장, §2에서, 우리는 가능성이나 필연성과 같은 양상 개념들(modal notions)에 대한 Quine의 영향력 있는 회의주의를 만났다.: '우리는 과학의 어떠한 부분에 대한 형식화도 … 양상의 … 관용구에 누워 남아있는 한 최종적일 수 없다고 주장하면서 우리의 권한 내에 있어야 한다. 양상들이 지금까지 사용된 것과 같은 선량한 관행은 아마도 더 명확하고 이미 알려진 방식으로 제공될 수 있을 것이다.' (Quine 1986: 33-4) 이러한 '선량한 관행'의 일부는 수학적 개체들, 전형적으로는 집합들을 사용하여 양상 개념들을 재구성함으로써 얻어진다. 이것의 가장 발전된 사례가 모델 이론(model theory)이다. 그것은 논리적 가능성과 논리적 귀결을 집합론적인 구성들의 영역 측면에서 이해하려는 시도로 볼 수 있다. 주어진 문장이 논리적으로 가능하다고 말하는 것은 그것을 만족시키는 모델(model)이 있다고 말하는 것이다. 다수의 저술가들이 일반적인 가능성과 필연성을 때로 '가능 세계(possible worlds)'라고 불리는 집합론적인 구성의 용어로 이해하려고 시도한다. Putnam (1975: 70)이 지적하듯이, 수학은 '어쨌든 동형사상(isomorphism) 하에서, 모든 가능성들이 동시에 현실화(*actual*) – 즉, "집합들"의 세계에서 현실화 – 된다고 그저 가정함으로써 가능성(*possibility*)을 제거해 왔다.' 그 일반적인 프로그램은 필연성과 가능성에 대해 이야기하는 것을 반대하는 것이다. 그것을 집합이나 수와 같은 추상적인 대상들에 대한 이야기로 교체하면서 {말이다}.

이 방향성을 반대로 돌리는 데 전념하는 수학 철학자들의 그룹이 있다. 그들은 집합이나 수와 같은 수학적 대상들의 존재를 부정하고, 적어도 양상(modality)의 어떤 형태들을 받아들인다. 정확히 말하면, 이 철학자들은 예를 들어 집합론 (그것이 문자 그대로 추상적인 대상들에 대한 이론으로 이해될 때)에 대해서보다 양상에 대해서 덜(*less*) 회의적이다. 그래서 그들은 수학을 양상적인 용어들(modal terms)로 재공식화(reformulate)하려고 나선다. Putnam 자신이 한때 이 그룹의 멤버였다 (1967). 여기에서 우리는 이어서 또 한 명의 저명한 존재론적 반-실재론자, Charles Chihara (1990)를 살펴본다.[8]

Chihara는 수학에 대한 Russell의 '부류 없음(no class)' 설명을 대신할 만한

---

8) 다음 장(chapter)의 §3에서, 우리는 Geoffrey Hellman (1989)의 양상 구조주의(modal structuralism)를 고찰한다.

것을 제공한다 (5장, §2 참고). 개략적으로 말해서, Russell의 계획은 집합에 대한 어떠한 지시도 속성(properties)이나 특질(attributes)을 이야기하면서 제거되어야 한다는 것이다. 예를 들어, 고양이들의 집합에 대한 이야기를 고양이임이라는 특질로 교체한다. 명백히, Russell은 특질이 집합과 같은 수학적 대상들보다 덜 문젯거리라는 것을 알았다. 또는 아마 전반적인 우리의 철학적/과학적 이론들이 어쨌든 특질에 호소할 필요가 있다고 주장했다. 특질은 주술관계 이론(a theory of predication)에서 이용하는 자연스러운 아이템이고, 분명히, 논리는 주술관계(predication)를 다룬다. 만약 특질들만으로 충분할 것이라면, 특질들과(*and*) 집합들을 {모두} 가지고 있는 것은 의미가 없다.

오늘날 많은 철학자들이 특질이 문젯거리임을 발견한다. Russell의 공저자, Alfred North Whitehead에 대한 초기 논문에서, Quine (1941)은 특질들이 언제 동일하거나 구별되는지에 대한 확립된 기준이 없다고 주장했다. 예를 들어, 세 변의 길이가 같은 삼각형(equilateral triangle)임이라는 특질은 세 각의 크기가 같은 삼각형(equiangular triangle)임이라는 특질과 똑같은가? 지금은 잘 알려진 Quine류의 슬로건은 '동일성 없이는 개체도 없다(no entity without identity)'이다. 그 논지는 어떤 유형의 개체를 도입하거나 그에 대해 말하는 것은, 그 아이템들의 동일성에 대한 확실한 기준이 있지 않은 한, 정당화되지 않는다는 것이다. 그래서 Quine은 Russell의 부류 없음 이론의 정확히 반대의 것을 – 특질은 집합에 양보해야 한다는 것[9]을 – 제안한다.

여하간, Field나 Chihara 같은 현대 유명론자가 특질을 포용하고 싶지 않을 것이라는 것이 이해될 수 있다. 특질은 집합과 수의 단점을 공유하는 것으로 보인다. 그것들은 공간과 시간에 존재하지 않고, 물리적 대상들과의 인과적 관계 속으로 들어가지 않는다. 어떻게 우리가 특질에 대한 어떤 것을 알 수 있겠는가? 더욱이, 앞서 언급된 특질에 대한 Quine의 비판은 존재론적

9) 이 주장은 2차 논리에 대한 Quine의 공격의 일부이다 (Quine 1986: 5장). 그는 집합에 호소함으로써 우리가 논리로부터 경계를 넘어 수학으로 올바르게 들어가게 된다고 주장한다. 이음매 없는 신념의 망이라는 Quine의 은유에 비추어 볼 때 (앞의 8장, §2 참고), 이 변화는 아이러니하다.

반-실재론자에게서 사라지지 않는다 (그러나 Bealer 1982 참고).

Chihara는 대신 언어적 아이템들을 가져온다. **열린 문장**(*open sentence*)은 (고유명사와 같은) 단칭어가 변수로 대체된 문장이다. 영어에서의 예들에는 'x는 고양이다' 또는 'y는 탄핵된 대통령의 부인이다'가 있다. 대상들 (또는 사람들)과 열린 문장들 사이의 '에서 참(true of)' 관계가 **만족시킴**(*satisfaction*)이라고 불린다. 예를 들어, 우리 고양이 Sophie는 열린 문장 'x는 고양이다'를 만족시키고, Hilary Clinton은 열린 문장 'y는 탄핵된 대통령의 부인이다'를 만족시킨다.

Chihara의 프로그램은 집합에 대한 이야기를 열린 문장에 대한 이야기로 바꾸는 것이다. 예를 들어, 모든 고양이들의 집합을 말하는 대신, 열린 문장 'x는 고양이이다'에 관해 말한다. 모든 사랑하는 사람들의 집합을 말하는 대신, 열린 문장 'x는 누군가를 사랑한다'에 관해 말한다. 어떠한 실제 언어도 (수학은 말할 것도 없고) 과학에서 언급되는 수학적 대상들의 대리자들을 제공할 만큼의 열린 문장들을 충분하게 갖지 않기 때문에, Chihara는 고찰의 대상을 영어와 같이 현재 존재하는 언어들로 제한할 수 없다. 우리 언어의 이상적인 확장을 마음에 그리는 것이 하나의 조치일 것이다. 그러나 영어의 이상적인 확장에서 열린 문장은 수와 집합만큼 추상적인 것으로 보인다. 그래서 Chihara는 양상에 의지하여, 열린 문장을 쓸 수 있는 **가능성**(*possibility*)에 대해 말한다. – 여기에서 그 가능성들은 사용되어 왔거나 사용될 실제 언어에 제한되지 않는다.

Chihara는 '모든 x에 대하여' (기호로 '$\forall x$')와 'x가 존재한다' ('$\exists x$') 같은 보통의 양화사들이 '존재론적 개입(ontological commitment)'을 표시한다는 전통을 따른다. 화자가 어떤 유형의 개체의 존재를 주목하는 방법이 그러한 개체들을 아우르는 양화사를 사용하는 것이다 (Quine 1948 참고). 그 슬로건은 '있다는 것은 속박 변수(bound variable)의 값이 되는 것이다'이다. 이것은 깊은 형이상학적 논지를 의미하지 않는다. 그 요점은 존재 양화사가 '존재성'를 나타내는 영어 단어에 괜찮은 광택을 준다는 것이다.

Chihara의 기법적인 혁신은 '구성가능성 양화사(constructibility quantifier)'이다. 구문론적으로, 그것은 보통의 존재 양화사처럼 행동한다.: 만약 Φ가 식(formula)이고 x가 어떤 유형의 변수라면, (Cx)Φ는 'Φ인 x를 구성하는 것이 가능하다'라고 읽혀지는 식이다.

그의 형식적 전개에서, 이 구성가능성 양화사들의 의미론과 증명 이론은 보통의 존재 양화사들의 그것과 거의 똑같지만, 구성가능성 양화사들은 다른 의미를 갖는다. Chihara는 보통의 양화사들과 달리, 자신의 구성가능성 양화사들은 존재론적 개입을 수반하지 않는다고 주장한다. 상식이 이것을 뒷받침한다. – 존재론적 개입의 개념이 상식의 부분인 한에서. 예를 들어, 누군가가 스카이(Isle of Skye)에 새 증류소를 건설하는 것이 가능하다고 말한다면, 그러한 증류소의 존재나, '가능한 증류소'로 불리는 어렴풋한 개체의 존재를 주장하는 것이 아니다. 그리고 그러한 증류소를 포함하는 가능한 세계의 존재를 주장하는 것도 아니다. 단지 무엇을 하는 것이 가능한지에 관해 진술할 뿐이다.

구성가능성과 수학적 존재성(*Constructibility and Mathematical Existence*) (1990)에서 Chihara에 의해 개발된 형식적 언어는 무한하게 많은 서로 다른 종류(kinds) (또는 '유형(sorts)')의 변수들을 갖는다. 수준 0 변수들은 고양이, 사람, 바위와 같은 보통의 (아마도 물질적인) 대상들을 아우른다. 이 변수들은 표준적인 존재 양화사와 보편 양화사에 의해서 감싸질 수 있다. (그리고 구성가능성 양화사에 의해서는 그렇게 될 수 없다). 수준 1 변수들은 보통의 대상들에 의해 만족되는 **열린 문장들**(*open sentences*)을 아우른다. 그래서, 예를 들어, 위의 문장 'x는 고양이이다'와 'x는 누군가를 사랑한다'는 수준 1 변수의 범위에 있을 것이다. 내 벽장의 가장 오른쪽 상자에 있는 한 켤레의 신발을 생각해 보자. 집합론 학자는 이것을 두 멤버를 갖는 집합 S로 생각하고 싶어질 것이다. Chihara의 언어에서는 대신 열린 문장 'x는 내 벽장의 가장 오른쪽 상자에 있는 신발이다'를 말할 것이다. c를 그 한 켤레 중 왼쪽 신발이라고 하자. 집합론 학자에게, c는 S의 멤버이다. $c \in S$라고 쓸 수 있다. Chihara에게, c는 주어진 열린 문장을 **만족시킨다**(*satisfies*).

수준 1 변수들은 구성가능성 양화사들에 의해서 감싸질 수 있다. (그리고 보통의 양화사들에 의해서는 그렇게 될 수 없다). 그 언어는 영어 또는 어떠한 다른 언어에 **존재하는**(*existing*) 열린 문장들에 대해 말하지 않는다. 대신, 어떤 종류의 열린 문장들이 **가능한지**(*possible*)에 대해 말한다. 우리가 특정한 신발 한 쌍을 표현하고 싶지만, 우리의 언어에 그 쌍을 가려낼 재료가 부족하다고 가정해 보자. 그러면 그 재료를 갖출 수 있는 그 언어의 확장을 마음에 그릴 것이다.

계속해서, 수준 2 변수들은 수준 1의 열린 문장들에 의해 만족되는 열린 문장들을 아우른다. 이 열린 문장은 집합들의 집합에 상응하다. 예를 들어, 집합론 학자가 내 벽장의 신발 여러 쌍들의 집합에 대해 말하고 싶었다고 가정해 보자. Chihara의 언어에서는 대신, 'α가 내 벽장의 짝이 맞는 신발 두 짝을 묘사하는 열린 문장이다'와 같은 열린 문장을 사용할 것이다. 이 열린 문장은 수준 2 변수의 범위에 있다. 변수 α 자체가 수준 1의 것이기 때문이다. (그리고 신발들과 같은 보통의 대상들에 의해 만족되는 열린 문장들을 아우르기 때문이다). 다시, 수준 2 변수는 구성가능성 양화사들에 의해서 감싸질 수 있고, 보통의 양화사들에 의해서는 그렇게 될 수 없다. 일반적으로, 각 $n > 1$에 대하여, 수준 n 변수들은 수준 n-1 변수들의 범위에 있는 아이템들에 의해 만족되는 열린 문장들을 아우른다. 모든 열린-문장 변수들은 구성가능성 양화사들에 의해 감싸질 수 있다. 그리고 보통의 양화사들에 의해서는 그렇게 될 수 없다.

열린 문장들의 '구성(construction)'에 대해 이야기함에도 불구하고, Chihara (1990)는 수학을 수정하려고 나온 것이 아니다. 그의 프로그램은 존재론적으로 엄격히 읽을 때 대부분의 현대 수학이 참이 되도록 하려는 시도이다.

더 초기의 저서 **존재론과 악순환 원리**(*Ontology and the Vicious Circle Principle*)(1973)에서의 전개와는 달리, 여기에서의 체계는 각 수준의 비서술적인 정의들을 허용한다. Φ(α)가 수준 1 변수 α가 자유롭게 출현하는 어떠한 식이든지 간에, Φ(α)를 (그것들이 있다면) 만족시키는 수준 1의 열린 문장들 전체와 그것들만에 의해 만족되는 (수준 2의) 열린 문장을 구성하는 것이 가능하다고 주장하는 공리가 있다. 그 식 Φ는 어떠한 수준에 대해서도 그 수준의 속박 변수들을 포함할 수 있을 것이다. 그래서 우리는 어떤 종류의 더 높은-수준의 열린 문장들이 구성될 수 있는지를 참조함으로써 주어진 수준 2의 열린 문장의 구성가능성을 주장한다. Chihara는 이 비서술성을 관여된 양상의 본성에 근거하여 주장한다. 그 체계의 비서술적인 특징은 고전적인, 비-구성적인 수학이 그 안에서 개발되는 것을 허용한다. 그리고 그 체계를 Chihara의 더 초기의 연구 및 직관주의와 다르게 만드는 것이 바로 이 특징이다 (7장 참고).

그러면, 통틀어, Chihara의 (1990) 체계는 보통의, 간단한 유형 이론(type theory)의 그것과 꽤 유사하다 (5장, §2 참고). Chihara는 유형 이론의 어떠한 문장에 대해서도 그것을 자신의 체계 내의 것으로 만드는 방법을 보여준다.: 유형 n의 집합들에 대한 변수를 열린 문장들에 대한 수준 n의 변수로 바꾸고, 소속됨을 (또는 주술관계를) 만족시킴으로 바꾸고, 수준 1 이상의 변수들에 대한 양화사를 구성가능성 양화사로 바꾼다. 그래서 대상들의 집합들의 집합들의 집합 또는 대상들의 특질들의 특질들의 특질의 존재가, 수준 3의 열린 문장의 가능한 구성으로 교체된다.

Chihara의 언어를 간단한 유형 이론의 언어로 되돌려 번역하는 것은 기계적인 일이 될 것이다. 그래서 Chihara의 체계는 형식적으로, 간단한 유형 이론의 그것과 동등하다. 그러나, 그것들 사이에는 중요한 철학적 차이점이 있다. 수학자가 그런 형식의 문장, '$\Phi(x)$인 유형 3의 집합 x가 있다'를 증명한다고 가정하자. 이것은 집합들의 집합들의 집합의 존재를 상정한다. 사람은 그러한 추상적인 대상의 존재를 어떻게 검증하는가? 유명론자는 그러한 것들의 존재를 부정한다. Chihara의 체계에서 그 정리와 유사한 것은 '$\Phi^*(s)$인 수준 3의 열린 문장 s를 구성하는 것이 가능하다'의 형식을 취한다. Chihara는, 적어도 어떤 경우에는, 실제로 열린 문장 s를 구성함으로써 또는 그 문장을 어떻게 구성하는지 나타냄으로써 대응되는 문장을 검증할 수 있다는 것을 보인다.

감탄할 만큼 세심한 주의를 기울여, Chihara는 산술, 해석학, 함수해석학 등을 그것들이 간단한 유형 이론에서 전개된 것과 꽤나 거의 똑같은 방식으로 계속 전개해 나간다. 예를 들어, 정확히 네 개의 대상들에 의해 만족되는 수준 1의 열린 문장들 전체 그리고 그것들만에 의해 만족되는 (수준 2의) 열린 문장을 구성하는 것이 가능하다는 정리가 있다. 이 열린 문장은 산술의 해석에서 수 4의 역할을 한다. – 멤버가 4개인 모든 집합들의 집합 (또는 정확히 네 개의 것들에 대해 성립하는 모든 특질들의 특질)이 Frege의 그리고 Russell의 논리주의에서 수 4의 역할을 하는 것처럼. 구체적으로 말하면, 이 열린 문장의 **구성가능성**(*constructibility*)을 주장하는 정리는 유형 이론에서 관련된 집합 (또는 특질)의 **존재**(*existence*)를 주장하는 정리의 역할을 한다. 산술을 전개하기 위해서, Russell이 무한하게 많은 대상들의 존재를 주장하는 무한 원리(principle of infinity)에 호소했던 것을 기억해 보자. Chihara는 {그것에} 대응하는, 무한하게 많은 대상들이 **있을 수 있다**(*could be*)는 양상 원리를 취한다. 자연수들에 상응하는 열린 문장들이 구성된다면, 그것들은 자연수들의 구조를 예증할 것이다. 그것이 요점이다.

실해석학에 대한 유형 이론의 표준적인 처리에서, 실수는 자연수들의 집합으로 정의된다. 대응하는 여기의 해석에서는, 실수는 자연수에 대응하는 그런 종류의 열린 문장들에 의해 만족되는 열린 문장일 것이다. 그 원래의 처리와 이 대응물 모두 어느 정도 인위적이다. Chihara는 흥미롭고 통찰력 있는 실해석학에 대한 두 번째 전개를 여러 가지 길이들을 갖는 대상들을 구성할 수 있는 가능성의 측면에서 제공한다. 실해석학의 각 공리는, 완비성 원리를 포함하여, 구성이 가능한 진술들에 대응한다. 다시, 가능한 열린 문장들의 관련된 체계가 구성된다면, 그것들은 실수 구조를 예증할 것이다.:

Chihara의 체계에는 아래의 것과 동등한 문장이 있다.

> 모든 수준 3의 열린 문장 α에 대하여, α가 셀 수 없이 많은(uncountably many) 자연수를 대리하는 열린 문장들에 의해 만족될 수 있다면, α는 연속체만큼 많은(continuum-many) 그러한 열린 문장들에 의해 만족될 수 있다.

그러한 문장은 연속체 가설의 유형-이론적인 버전을 Chihara의 언어로 번역함으로써 얻어진다. Chihara가 진리-값에서의 실재론자이기 때문에, 그렇다면 추측하건대 이 문장은 완전히 객관적이다. 그리고 물론, 그 체계의 공리들과 독립적이다. 그래서 Chihara는 그러한 문장들의 진리-값을 판결할 수 있는 합리적인 방법을 개발하려는 시도에서 실재론자들과 합류해야만 한다.

3. 이 모든 것을 무엇이라고 이해해야 하는가?

John P. Burgess와 Gideon Rosen의 **대상 없는 학과**(*A Subject With No Object*) (1997)는 수학을 (또는 과학에서 사용되는 수학을) 수나 집합과 같은 추상적인 대상들을 참조하지 않고 전개하려는 프로그램들에 대한 넓은 범위의 상세한 비평적 설명을 제공한다. 그 제목은 그러한 프로그램들 중 하나가 성공한다면 수학이 무엇과 같을 것인지를 나타낸다. 즉, 대상 없는 학과. 그 책은 이 장(chapter)과 이전 장의 주된 이슈들에 대해 중요한 관점과 통찰을 제공한다.

한 가지 근본적인 질문은 유명론의 동기뿐 아니라 존재론에서의 실재론의 동기(*motivation*)에 관계된다. 왜 우리가 수나 집합과 같은 추상적인 대상들의 객관적인 존재를 믿어야 하는가? 왜 우리가 그 믿음을 반대해야 하는가? Burgess와 Rosen은 추상적인 대상들에 대한 인식적 어려움들에 초점을 맞추는 '정형화된 유명론자'를 묘사한다. 그 유명론자는 물리적 우주의 물리적 피조물로서의 인간이 영원하고, 떨어져 있고, 비인과적인 수학적 영역에 대한 지식을 어떻게 얻을 수 있는지가 명백한 미스터리라는 점을 지적한다. 그는, 수학적 개체들과 우리 자신들 사이에 인과적 연결들이 없기 때문에 (Maddy 1990 에도 불구하고), 그래서 존재론적 실재론자는 수학적 세계를 파악하는 어떤 미스터리한 능력을 가정하지 않고 수학적 지식을 설명할 수 없다고 주장한다. 여기에서 유명론자는 종종 바로 그 미스터리한 능력이라고 특징지어지는, Gödel이 가정한 수학적 직관의 능력을 조롱할지 모른다 (8장, §1 참고). Burgess와 Rosen은 유명론자의 논증에서 중대한 고리는 이른바 '지식의 인과적 이론'이라고 지적한다. 그것은 어떠한 대상들에 대해서도 우리가 최소한 그 대상들의 표본들과의 인과적 연결을 갖지 않는 한 어떠한 것도 알 수 없다는 일반적인 논제이다. 이 구속은 알려질 수 있는 것에 대해 심각한 제한을 가하고, 자연히 갖추어진 어떤 상식들이 (수학의) 지식으로 간주된다는 점과 부딪힌다. 인식론에서 인과적 이론들에 대한 문헌들도 그리고 수학 철학에서 존재론에서의 반-실재론에 대한 문헌들도 일반적인 인과적 구속을 지지하는 논증을 포함하지 않는다. 그리고 누구도 지식을 위해 어떤 유형의 인과적 관계들이 요구되는지를 분명히 표현하지도 않는다. 이러한 논증들을 마련하는 대신, 그 정형화된 유명론자는 그 부담을 존재론적 실재론자에게 옮겨 지워 수학적 대상들에 대한 받아들일 수 있는 인식론을 제공하도록 {요구}한다.

정형화된 반-유명론자(anti-nominalist)는 — 우리가 여기에서 '존재론에서의 실재론자'라고 부르는 사람은 — 어떠한가? Burgess와 Rosen은 그녀를 철학 우선을 거부하고 과학이 우리에게 지식에 관한 최선의 노선을 준다고 주장하는, 자연화된 인식론자로 묘사한다 (1장, §2 참고). 수학이 우리의 최선의 과학에 사용된다면, 수학이 참이고 수학적 개체들도 존재한다. 물론, 이것은 8장, §2에서 만났던 Quine-Putnam의 필수불가결성 논증이다. Burgess와 Rosen은 그 정형화된 이미지를 다음과 같이 요약한다.: '우리 [존재론적 실재론자들]은 – 상식적인 진술들을 많이 말하지 않는 – 매우 다양한 수학적 그리고 물리학적인 이론들에 대한 철학 신자(philosophy believers)가 된다. 그 이론들은 우리가 보거나 만질 수 있는 구체적인 물체들과는 전혀 다른 존재자들에 관한 가설들로 가득차 있다. 수에서부터 함수나 집합까지 … 모양에서부터 기록과 언어까지…' (p.34). 그래서 그 정형화된 존재론적 실재론자는 그 부담을 유명론자에게 떠넘기고, 유명론자가 수학적 대상들의 존재에 반대하는 **과학적인**(*scientific*) 이유들을 마련해야 한다고 주장한다. 철학적 직관에 호소하거나, '우리에게 매우 친숙한 존재자들에 관해 성립하는 것으로부터 어떠한 존재자들에게도 모두 성립해야만 하는 것으로의' 어떤 '일반화'에 호소하는 것은, Burgess와 Rosen이 묘사한 전형적인 존재론적 실재론자에게 받아들여질 수 없다.

그래서, 정형화된 이미지의 수준에서, Burgess와 Rosen은 각 진영이 높은 고지를 요구하면서 부담을 상대편에 지운다고 본다. 더욱이, 각 진영은 그 증명의 부담이 매우 믿을 수 없을 만큼 어려워서 만족될 수 없다는 것을 시사한다. 짐작건대, 존재론에서의 실재론자는 수학적 지식이 어떻게 수학적 대상들의 추상적인 본성과 일치할 수 있는지를 정말로 보일 수는 없고, 유명론자는 최선의 과학적 이론들이 수학적 대상들에 대한 지시를 제거하기 위해 수정되어야 하는 설득력 있는 과학적 이유를 정말로 줄 수는 없다.

Burgess와 Rosen은 많은 현대의 수학 철학자들이 필수불가결성 논증의 기반을 약화시키는 것이 유명론을 확립하는 데 충분하다는 점을 인정한다고 말한다. 다른 말로 하면, 그 논쟁에 참여하는 많은 분파들이, 수학적 대상에 대한 믿음이 수학이 과학에서 필수불가결하다면 **그리고 오직 그런 경우에만**

(*if and only if*) 보증된다는 것에 동의한다.[10]) 이것은 다음을 주장하는 것이다.: (1) 증명의 최초 부담은 존재론적 실재론자가 갖는다. 그리고 (2) 필수불가결성 논증은 심각하게 고려해야 하는 정말로 유일한 것이다 (Field를 따라서; 앞의 §1 참고). 하나의 주장을 훼손하면 그 이슈가 다시 원래의 상태로 돌아간다. 여기에서 실재론자는 감당할 수 없는 부담을 안는다. Burgess와 Rosen은 실재론자가 이 틀에 동의해서는 안 된다고 제안한다. 부분적으로는 증명의 부담에 대한 이슈가 그렇게 빨리 결정되어서는 안 되기 때문이다.

덧붙여 말하면, 논쟁의 양쪽 진영 모두에 의한 필수불가결성에 대한 주목이 북아메리카에서의 Quine의 영향력을 보여준다는 점에 주목할 수 있다. 수학적 지식이 선험적이라는 더 전통적인 견해에서는, 수학적 존재자들에 대한 믿음을 정당화하기 위해 사람이 맨 나중에 생각해 보게 될 것이 과학과 같은 경험적 기획일 것이라고 생각할 것이다. 전통적인 견해에서, 수학적 대상들은 (그것들이 이왕 존재한다면) 필연적으로 존재한다. 그리고 과학은 우리에게 우연적인 존재에 대해 말할 뿐이다. 그래서, 전통적인 견해에서, 과학에서의 수학의 역할은 단 하나의 유일한 진지한 주장은커녕 수학에 관한 존재론적 실재론을 지지하는 논증으로서도 중요하지 않을 것이다. Neil Tennant (1997: 309)가 말하듯이, 과학에서의 수학의 역할에 관한 주장들은 '수의 존재에 대한 철학적 문제와 엄격하게 관련되어 있지 않다.' 또는 그 주장들은 적어도 그 문제가 전통적으로 생각되어져 왔던 그런 것은 아니다 (Tennant 1997a도 참고).

앞의 반-실재론자 프로그램이 모두 별도의 개념적인 자원들에 호소한다는 점을 기억해 보자. Field는 시공간의 점들과 영역들의 세계를 가정하고, 더 강한 논리를 사용한다. Chihara는 양상적인 구성가능성 조작자와 만족시킴의 의미론적 개념을 정의하는 데 필요한 자원들에 호소한다. 이 상황은

10) 다음 절에서 우리는 한 예외를 잠시 만난다. Mark Balaguer는 수학이 과학에 필수불가결하다는 것이 증명되더라도 수학적 대상들의 존재를 받아들이는 것이 여전히 정당화되지 않는다고 주장한다.

존재론적 반-실재론자 프로그램들에서 전형적이다. Quine류의 용어로, 그것들은 존재론을 '관념학(ideology)'과 맞바꾼다. Burgess와 Rosen은 관련된 맞바꿈에 사려 깊은 주의를 기울이면서, 각 경우에 무엇이 정확히 요구되는지, 그리고 그 거래가 그럴 만한 보람이 있는지 분석한다.

정형화된 유명론자가 물리적 존재자로서의 인간은 인과적으로 비활성화된 추상적 대상들에 대한 지식을 얻을 수 없다는 것에 근거하여 수학적 대상을 거부한다는 점을 기억해 보자. 그는 자신의 상대자가 수학에 대한 자연주의적 인식론을 내 놓아야 하는 부담을 감당할 수 없다고 주장한다. 그러나, Field는 시공간의 더 추상적인 구조에 대한 인식론을 마련해야 하는 부담을 갖고, Chihara는 그 프로그램에 언급되는 양상적인 참에 관한 지식을 설명해야 하는 부담을 갖는다는 점에 주목할 수 있다. 어떻게 물리적 우주의 물리적 유기체로서의 인간이, 반복되는 만족될 수 있음 문장들과 같은 그러한 난해한 구성들에 관하여 무엇이 가능한지에 대한 그런 상세한 지식을 가질 수 있는가 (Shapiro 1993 참고)?

또 다른 근본적인 질문은 수학 또는 수학적 물리학 각각의 재구성에 따라 주장되는 것에 관계된다. 잠시 동안, 수학적 대상들을 언급하지 않는 받아들일 수 있는 물리학을 – 유명론의 환원들 중 하나를 통해서 – 갖고 있다고 가정해 보자. 유명론자는 (또는 중립적인 관찰자는) 어떤 결론을 내릴 것인가? 또는 어떤 결론을 내려야 하는가? 엄격한 유명론의 이론은 무엇을 **위해**(*for*) 사용될 것인가? Burgess와 Rosen은 두 가지 방향을 제안한다. **혁명적인**(*revolutionary*) 접근은 유명론의 이론이 표준적인 수학적 물리학보다 우월하고 그래서 그것을 **대체**(*replace*)해야 한다고 주장하는 것이다. 이 접근 방식에서, Field는 과학자들이 편안한 '플라톤주의적인' 대응물들 대신 종합적인 이론들을 사용해야 한다고 주장할 것이다.; Chihara는 과학자들이 수와 집합을 포함한 보통의 수학 대신 열린 문장의 구성가능성에 관한 자신의 체계를 사용해야 한다고 주장할 것이다 (Field나 Chihara가 이 주장을 하고 있지는 않지만).

거기에는 1장, §2에서의 문제에 호소하는 더 나아간 구별이 있다. **철학-우선**(*first-philosophy*)이라는 방향 설정은, 과학자들이 자신들의 이론들을 선택할 때 사용하는 판단 기준보다 앞서 있는 선험적인 형이상학적 근거에 의해, 받아들여진 수학적 과학보다 유명론적인 과학이 선호되어야 한다고 주장하는 것일 것이다. 즉, 유명론자는 **철학적**(*philosophical*) 분석이 수학적 대상들이 유해하다는 것을 밝힌다고 주장하고, 과학계의 동료들에게 이 도덕관념에 순응할 것을 권고해야 한다. 필수불가결성에 초점을 맞추어 볼 때, 이 논쟁에서 철학-우선의 노선을 따르는 분파들은 거의 없다. 그리고 Burgess와 Rosen은 그것에 관해 지나가는 언급 이상을 하지 않는다.

자연주의적인(*naturalistic*) 혁명적 유명론자는 엄격한 유명론의 이론들이 보통의 과학적 근거들에 의한 보통의 과학적 이론들보다 우수하다고 주장한다. 다른 말로 하면, 그녀는 수학적 대상들을 피하는 이론들을 선호할 상당한 **과학적**(*scientific*) 이유들이 있다고 주장한다. Burgess와 Rosen은 전문 철학자들이 과학적인 이점에 관한 질문에 판결을 내리는 그 사람들이 아니라는 점을 인내심 있게 상기시킨다. 존재론적인 반-실재론자들 중 누구라도 자연주의적인, 혁명적인 접근에 마음이 끌린다면, 주요 물리학 저널에 자신들의 연구를 투고해야 한다.

Field나 Chihara가 이 무례한 제안을 따른다면 기대할 수 있는 최고의 결과는 저자가 철학 전문 저널에 시도해 볼 것을 제안하는 예의를 갖춘 편집자의 짧은 편지일 것이다. Burgess와 Rosen의 제안의 기저를 이루는 진지한 논점은 (전문 과학 저널의 편집자들을 포함한) **과학자들**(*scientists*)만이 **과학적**(*scientific*) 이점으로 간주되는 것을 결정할 것이라는 점이다. 그리고 자연주의자들에게, **이점**(*merit*)으로 간주되는 것이 그 밖에 무엇이 있겠는가? 과학자들은 수학적 대상들에 대한 지시를 제거하는 것에 그렇게 관심이 없는 것이 사실이다. 유명론자는 그들에게, 그들이 은연중에 채택해 온 표준에 의해, 과학자들이 수학적 대상들에 대한 지시를 피해야 한다는 것을 보여주어야 한다.

그들의 논점을 보강하기 위해, Burgess와 Rosen은 대부분의 관찰자들이 알아차리고 받아들여 온 과학적 이론-선택의 기준 목록을 제공한다.: (i) 예측의 정확성과 정밀성; (ii) 예측의 정밀도, 범위, 폭; (iii) 내적인 엄격함과 일관성; (iv) 여러 가지 면에서 가정들의 최소성과 경제성; (v) 친숙하고 확립된 이론들과의 일관성 및 정합성 (또는 이것에 실패한다면, 변화의 최소성); (vi) 기본적인 개념들과 가정들의 명료함; (vii) 비옥함 또는 확장 능력. 그들은 유명론자가 '현업의 과학자들보다 (iv)번 요소에, 더 정확하게는, 그것의 특정한 종류의 경제성, 즉 추상적인 존재론의 경제성에 너무 많은 비중을 두는 것 같다'고 결론 내린다, '그리고 재구성적인 유명론자는 (v)와 (vi)번 요소, 즉 친숙성과 명료함에 너무 적은 비중을 두는 것 같다.' 고 결론 내린다 (p. 210).

유명론에 대한 혁명적인 접근에 대해서는 이쯤 하기로 하자. Burgess와 Rosen은 또 다른 접근 방법을 제안한다. **해석적인**(*hermeneutic*) 것인 그것은 재구성된 유명론의 이론이 **원래의**(*original*) 과학적 이론의 기저를 이루는 **의미**(*meaning*)를 제공한다고 주장하는 것이다. 그 철학자는, 겉모양에도 불구하고, 합당하게 이해된 수학적 물리학은 – **현재 상태 그대로**(*as it stands*) – 수학적 대상들에 호소하지 않는다고 주장한다. 이 접근을 Field의 설명과 일치시키는 것은 어렵다 (그가 수학을 액면 그대로 받아들이기 때문이다). Chihara는 실수 등에 관한 수학적 이야기가 실제로는 어떤 열린 문장들이 구성될 수 있는지에 관한 이야기라고 주장하게 될 것이다. 이 관점에서, 과학자는 전과 같이 수학을 사용하면서 과학을 계속해서 해 나갈 것이다. 실제상의 과학적 언어에 존재론적 개입이 없다.

예를 들어, P를 실수를 참조하는 과학적 진술이라고 하고, P'을 P를 유명론적으로 재구성한 것이라고 하자. 해석적인 유명론자는 P와 P'이 똑같은 의미를 갖고, 그래서 겉모양에도 불구하고, P는 실수를 전혀 참조하지 않는다고 주장한다. Burgess와 Rosen은 만약 P와 P'이 똑같은 의미를 갖는다면 존재론에서의 실재론자가 정반대의 결론을 읽어내는 것도 정당화된다는 점을 지적한다.: 즉, 겉모양에도 불구하고, P'은 P와 똑같은 의미를 갖기 때문에 실수를 참조한다. 결국, 동의성(synonymy, 同意性)은 대칭적인 관계이다. – 만약 P가 '정말로' P'을 '의미한다'면, P'도 '정말로' P를 '의미한다.' – 그리고 동의적인 표현들은 그것들의 존재론적 개입을 공유한다. 그래서, 예를 들어, 열린 문장들의 구성가능성에 대한 이야기는 겉모양에도 불구하고 실제로 실수를 불러낸다.

물론, 존재론적 반-실재론자는 이것을 거부한다. 그래서 우리 해석적인 유명론자는 동의성 주장 너머로 나아가야만 한다. 그는 P와 같은 보통의 진술들과 그것들을 존재론적으로 엄격하게 변환한 P' 사이의 비대칭성을 제안한다. 그는 유명론의 P'이 P의 기저를 이루는 깊은 구조와 같은 어떤 것을 제공하지만, 그 반대는 아니라고 주장한다. 그리고 나서 Burgess와 Rosen은 이것은 **경험적인**(*empirical*) 주장이고, 그래서 영어 문장들이 무엇을 의미하는지 판단할 수 있는 언어학자와 같은 전문가들에게 회부되어야 한다고 조심성 있게 지적한다. Burgess와 Rosen은 과학적인 언어학의 방법론을 반추함으로써 해석적인 유명론자에 맞서는 고찰들을 계속해서 해 나간다.

그래서 Burgess와 Rosen은 (자연주의적인) 혁명적인 접근 방법도 그리고 해석적인 접근 방법도 성공의 가망성이 많지 않다고 주장한다. 성공이 과학적인 방식으로 이해되는 한 {말이다}. 그리고 필수불가결성을 고려하는 것의 설득력에 대해 통상적으로 동의하는 것처럼 보이는 것{입장}이 여기에서 이용할 수 있는 다른 어떤 방식이 있겠는가?

Burgess와 Rosen은 Field와 Chihara 같은 특정 철학자들을 혁명적인 또는 해석적인 유명론자들로 해석하려는 시도를 하지 않는다. 나는 Field와 Chihara가 Burgess와 Rosen을 거짓 딜레마를 제안했다고 비난하지는 않을까 하고 생각해 본다. 혁명적인 접근 방법과 해석적인 접근 방법이 자신들의 프로그램들을 이해하기 위한 접근들을 모두 망라하지는 못한다고 주장하면서 {말이다}. 그들은 때로 과학이 나아갈 수 있을(*could*) 방식에 대해 말한다. – 과학이 그런 방식으로 나아가는 것이 최선일지의 여부와는 독립적으로. 그래서 이 양상적인 주장에서 철학적인 도덕을 이끌어 낸다. 여기에서 우리는 이 이슈를, 존재론적 반-실재론자가 상세한 재구성적 체계에 의해 무엇을 주장하는지 바로 그것을 분명히 표현해야 하는 과제에 남겨 둘 것이다.

4. 부록: 젊은 개혁파

나는 이 장(chapter)을 수학적 대상들의 존재라는 나이든 문제에 대해 신선한 접근을 취하는 두 권의 최근 서적에 대한 간략한 설명으로 마무리한다. 다른 방식으로, 그 저자들은 철학적 논증이 수학적 대상들이 – 집합과 수가 – 수학자와 독립적으로 존재하는지의 여부를 결정하는 데 충분하지 않고, 어떤 의미에서는 그래야만 한다고 제의한다. 그들은 그 이슈가 초월되어진다고 제의한다.

우리가 앞에서 – 여러 번 – 살펴보았듯이, 존재론에서의 실재론에 대한 근본적인 문제는 수학적 대상들을 참조하고 그것들에 관해 어떤 것들을 알게 되는 것이 우리가 그런 대상들과 어떠한 인과적인 접촉도 없다고 할 때 어떻게 가능한가를 보이는 것이다. 이 절에서 고찰하는 저자들은 더 깊고 더 생산적인 질문은 왜 수학적 대상들의 인과적인 비활성이 수학 자체에서 또는 그 문제에 대한 과학에서 아무런 역할도 하지 않는 것처럼 보이는지에 관계된다고 제안한다. 수학과 과학의 실행에서의 무엇이 우리로 하여금 어떠한 인과적 접촉도 갖지 않는 대상들을 지칭하는 용어들과 계속 함께하게 하는가? 이것은 수학적 대상들에 관해 무엇을 말하는가?

Jody Azzouni의 형이상학의 신화, 수학의 실제(*Metaphysical Myths,*

Mathematical Practice) (1994)의 주된 초점은 수학에서 지시(reference)와 참(truth)의 본성이다. 이것들이 일상적인 언어 및 경험 과학에서의 그 대응물들{지시와 참}과 어떻게 다른가? 존재론의 문제들은 무대-중앙으로부터 멀리 떨어져 있지 않다. 사람은 지시의 본성을 우리가 지시하는 것이 무엇인지에 대한 어떤 해명 없이 해결할 수 없기 때문이다. Azzouni는, 무엇인가가 그렇게 한다면{수학적인 지시를 결정한다면} 수학의 실제가 수학적인 지시를 결정한다고, 그래서 철학자가 실제에 주의를 기울일 필요가 있다고 제안한다.

공준 체계(*postulate system*)는 공리들의 무리이다. 우리가 6장, §§2-4에서 살펴보았듯이, 수학의 각 분야들을 **단일한**(*single*) 공준 체계와 동일시하려는 계획은, 적어도 그것이 연역적인 수학의 실제를 묘사하는 것이 될 때, 실패했다. 이것은 불완전성 정리의 교훈이다. Azzouni는 산술이나 실해석학과 같은 수학의 살아 있는 분야는 공준 체계들의 **조정이 가능한 가족**(*open-ended family*)에 상응한다고 제의한다. 그 체계들은 서로에게 끼워 넣어지고, 각 분야의 공준 체계에 명확한 고정된 경계는 없다. 여러 가지 체계들이 수학적 사회와 과학적 사회에서 합의에 의해 채택된다.

Azzouni (1994: 87)는 수학의 한 분야에서의 존재론은 – 또는 '존재론적 개입'은 – 문법의 문제라고 제안한다.: '체계 Γ를 사용할 때, 사람은 "자신을" Γ에 대한 체계적인 개입에 "맡긴다(commit)."' 그래서 그 사회가 Peano 공리들을 포함한 산술에 대한 공준 체계를 받아들일 때 그들은 수의 존재에 자신들을 맡긴다. 이것이 존재론의 질문에 대한 전부이다. 한 분야의 수학에 종사하는 수학자에게, 명제는 그것이 그 분야의 공준 체계로부터 따라 나오면 참이다. 그것이 참에 대한 전부이다. 이 아주-너무-짧은 개요가 나타내듯이, 지시와 존재론에 대한 Azzouni의 설명은 관례에 크게 의존한다.[11)]

단칭어 t가 특정한 담화에서 대상 o를 나타낸다고 가정하자. Azzouni에

11) Azzouni는 자신의 설명이 잘 알려진 문제들을 '관례에 의한 참(truth by convention)' (예를 들어, Quine 1936)의 개념으로 벗어난다고 주장한다.

따르면, o에 대한 지시는, o와 같은 유형의 대상들과 우리들 사이의 인과적 상호작용을 통해 이 지시를 설명하는 인식론이 있으면, **두껍다**(*thick*). 보통의 중간-크기의 물리적 대상들에 대한 지시와 (분자와 같이) 구체적인 이론적인 대상들에 대한 지시는 두껍다. 이전 절에서 살펴보았듯이, Burgess와 Rosen의 (1997) '정형화된' 유명론자는 **모든**(*all*) 지시가 두꺼워야 한다고 주장한다. 그래서 이 철학자들은 우리가 수와 집합에 대해 두꺼운 지시를 가지고 있음을 실재론자가 보여 줄 것을 요구한다. 추측하건대, 이것은 불가능하다. Azzouni에게, 대상 o에 대한 지시는, 그 지시가 이론을 가정함으로써 발생하면, 그리고 그 이론이 우리의 경험을 조직화할 때 하는 역할 때문에 받아들여진다고 할 때, **얇다**(*thin*). Quine류의 철학자들에게, 모든 지시는 이런 의미에서 얇다. o에 대한 지시는 그 지시가 순전히 가정에 의해 규정되면 **아주 얇다**(*ultrathin*).[12] 이 경우, 그 가정이 지시에 관해 있는 전부이고, 그래서 대상 o의 본성에 관한 어떠한 설명도 없다.

Azzouni의 견해는 수학적 지시가 아주 얇다는 것이다. 그는 그럼에도 불구하고 그 용어들이 서로 다른 공준 체계에서 공통 지시를 가질 수 있다는 점에서 그러한 지시가 어떻게 '비-국소적(non-local)'인지 보인다. 수학의 한 분야가 부분적으로 겹치는 두 가지 체계를 포함하면, 그 공통 용어들은, 매우 얇음에도 불구하고, 그 분야에서 똑같은 것을 지시한다. 예를 들어, 자연수가 실수라는 관례가 있다. 그래서 자연수 '2'는, 역시 매우 얇은 방식으로, 실수의 '2'와 똑같은 대상을 지시한다.

Azzouni는 매우 얇은 수학적 지시를 물리적 대상들에 대한 두꺼운 지시와 대조함으로써 수학적 지시에 대한 자신의 설명을 예증하고 뒷받침한다. 그의 흥미로운 통찰이, 두 가지 경우에 가능한 서로 다른 종류의 지시에서의 **착오**(*errors*)를 주의 깊게 분석함으로써 나온다. 즉, Azzouni는 수학적 지시의

12) 지시와 존재론에 대한 Azzouni의 견해는 **형이상학의 신화**(*Metaphysical Myths*) 이래로 발전하여 왔다. 후기의 연구 (1997, 1997a, 1998)는 인과 관계와 인식의 역할을 주의 깊게 구별한다.

특별한 지위에 대한 자신의 설명을 수학 담화와 경험 담화에서 발생하는 잘못된-지시의 종류들을 가까이 살펴봄으로써 뒷받침한다.

Azzouni는 물질적 세계에 대한 수학의 적용 가능성을 유용한 공준 체계를 선택하는 인간의 능력에 의해 설명한다. 그는, 우리가 현재의 수학이 최선의 경험 과학의 부분으로 남아 있을지를 선험적으로 또는 뿌리 깊게 알 수는 없다는 Quine류의 철학자들에게 동의한다. Quine처럼, Azzouni는 무엇이 우리의 선조들로 하여금 수학이 필연적이고 선험적으로 알려질 수 있다고 믿도록 이끌었는지를 설명하려고 시도한다. Quine과 달리, 그는 수학에 대한 우리의 직관적인 믿음이 수학의 과학에서의 중심성을 언급함으로써 설명될 수는 없다고 주장한다. Azzouni의 대답의 일부는, 기본적 논리를 통한, 공준 체계로부터의 유도 가능성은, 경험 과학의 어떠한 특정 논지와도 독립적이라는 것이다. 그러나, 수학에 대한 우리의 직관적인 믿음은 튼튼하고, 미묘하고, 복잡하다. 나는 그것들에 대한 Azzouni의 상세한 처치를 공정하게 평가할 수 없다.

Mark Balaguer의 **수학에서의 플라토니즘과 반-플라토니즘**(*Platonism and Anti-Platonism in Mathematics*)은 놀랍고 대담한 결론들을 주장한다. 첫째, 방어할 수 있는 꼭 한 가지 버전의 '플라토니즘'이 있다. 즉 우리가 여기에서 '존재론에서의 실재론'이라고 부르는 것. 더욱이, 이 하나의 견해는 어떠한 합리적인 도전에도 무적이고 영향을 받지 않는다. 둘째, 방어할 수 있는 꼭 한 가지 버전의 '반-플라토니즘'이 있다. 즉 유명론. 그리고 이 하나의 견해도 마찬가지로 무적이다. 그래서, 수학적 대상들이 존재하는지 또는 그렇지 않은지를 결정할 방법이 없다. Balaguer의 세 번째 결론은 모든 것 중에 가장 대담하다.: 인식적 딜레마는 수학적 대상들이 존재하는지 또는 그렇지 않은지라는 문제에 대한 사실이 존재하지 않기 때문이다.

Balaguer의 방어할 수 있는 유일한 존재론적 실재론은 '혈기왕성한 플라토니즘(Full-Blooded Platonism)'이라고 불린다. 그 논지는 모든 가능한 수학적 대상들이 존재한다는 것이다. 그래서, Γ가 논리적으로 가능한 어떠한 이론이든지 간에, Γ가 C에서 참인 수학적 대상들의 어떤 부류(class) C가 존재한다. 다른 말로 하면, 가능한 모든 이론들은 수학적 세계의 어느 조각에 대한 정확한 묘사이다.

Balaguer에 따르면, 존재론에서의 실재론에 대한 가장 중요한 반대는 인간과 추상적인 수학적 대상들 사이에 인과적인 상호작용이 없기 때문에 인간이 수학적 대상들에 관해 어떠한 것도 알 수 없다는, 앞에서 언급된 불평이다. 혈기왕성한 플라토니즘은 – 그리고 혈기왕성한 플라토니즘만이 – 그것에 응답한다. 그 견해에 따르면, 누군가가 특정한 이론 Γ의 명제들이 참이라는 지식을 얻기 위해서 Γ의 대상들과 인과적으로 접촉하는 것은 필요하지 않다. 왜냐하면 Balaguer는 만약 혈기왕성한 플라토니즘이 옳다면 Γ가 가능하다는 지식이 Γ가 (수학적 세계의 어느 분분에 대해) 참이라는 지식을 얻는 데 충분한 것이라고 주장하기 때문이다. 더욱이, Γ가 가능하다는 지식은 Γ의 대상들과의 어떠한 접촉도 필요로 하지 않는다. Γ가 가능하고 수학자가 Γ의 내에서 추론한다면 그 용어들이 {무엇인가를} 나타내는지의 여부에 대해 걱정할 필요가 없다. 혈기왕성한-플라토니즘은 그러한 대상들이 있다는 것을 우리에게 보증한다.

Balaguer는 '가능성'을 무모순성과 동일시한다. 그래서 혈기왕성한 플라토니즘의 본질은 초기 Hilbert의 슬로건이다.: 무모순성이 존재함을 함의한다. Frege에 의해 부여된 책무에 대한 Hilbert의 반응을 기억해 보자.: '임의로 주어진 공리들이 그것들의 모든 귀결들과 더불어 서로 상충되지 않는다면, 그것들은 참이고 그것들에 의해 정의된 것들도 존재합니다. 이것이 참과 존재성에 대한 저의 판단 기준입니다.'[13] 그래서 혈기왕성한 플라토니즘은,

---

13) 6장, §2을 참고할 수 있다. Frege-Hilbert의 서신 교환은 Frege 1976으로 출판되고 Frege 1980에서 번역된다. 물론, Hilbert와 Balaguer는 '참(truth)'과 '존재성(existence)'을 똑같은 방식으로 사용하고 있지는 않을 것이다. Balaguer는 수학자가 (이론의) 문장 Φ가 참이라고 말할 때 단순히 Φ가 무모순이라는 것을 의미하는 것은 아니라는 것을 의식하고 있다.

이론이 무모순이면 어떤 것에 대해 참이다라는 조항이 추가된, 형식주의의 어떤 버전에 가까워지는 것으로 보인다. 그 형식주의자는 이 추가된 형이상학적 조항이 수학이나 과학의 실제에 아무런 역할도 하지 않는다고 결론 내린다.

무모순성이 Hilbert 프로그램으로부터 나왔기 때문에, 그것은 수학적으로 정의된 개념이어서, 형식적 언어 내에 있는 문장들의 집합에 적용된다. 형식적 언어 자체는 수학적 대상들이고, 수학적 방법에 의한 연구의 대상이다. 다른 말로 하면, 그 개념이 현대의 수학과 철학에서 이해되어져 온 대로, 무모순성 자체는 수학적 개념이다. 그래서 Balaguer의 혈기왕성한 플라토니즘은 수학적 존재성을 무모순성으로 환원하지만, 이 마지막은 다른 것과 마찬가지로 수학적인 개념이다. 순환성의 조짐이 있다. 이것은 후기 Hilbert가 (그리고 Curry와 같은 다른 형식주의자들이) 메타-수학을 형식주의의 시야 밖에 있다고 생각했던 부분적인 이유이다 (6장, §§3, 5 참고). Hilbert에게, 유한적인 메타-수학은 나머지 수학과는 다른 '내용'을 갖는다.

이 논점을 예증하기 위해, '무모순성'에 대한 가장 일반적인 두 가지 설명이 모델 이론과 증명 이론으로부터 나온다는 점에 주목할 수 있다. 문장들의 집합 Γ는 Γ의 모든 멤버를 만족시키는 모델이 있으면 **만족될 수 있다** (*satisfiable*)고 한다. 이 정의는 집합론의 언어에 있다. 혈기왕성한 플라토니즘에 따르면, 집합론은 (집합론이 무모순이라고 가정하면) 수학적 세계의 어느 부분에 대해 참이다. 그러나 왜 수학적 영역 중 이 조각의 문제들이 다른 부분에 무엇이 존재하는지를 결정한다고 생각하는가? 비슷하게, 문장들의 집합 Γ는 그것으로부터 모순이 유도되지 않으면 증명-이론적으로 무모순이다. 유도(derivations)는 자신의 정당한 자격으로 수학적 대상으로 이해되고, 구조적으로 자연수와 비슷하다. 다시, 왜 수학적 세계 중 이 조각의 문제들이 전체 세계에서 어떤 역할을 한다고 생각하는가?

Balaguer는 혈기왕성한 플라토니즘에서 사용하는 무모순성 개념이 무모순성에 대한 증명-이론적인 개념도 아니고 만족될 수 있음에 대한 모델-이론적인 개념도 아니라고 대응한다. 그보다는, 무모순성은 우리가 이미 이해하고 있는 근원적인 개념이다. 추측하건대, 무모순성이라는 근원적인 개념은 영어 (또는 그리스어, 프랑스어 등등) 문장들의 무리의 속성이다. 증명-이론적인 무모순성과 유도 가능성은 무모순성이라는 근원적인 개념의 외연에 관한 정보를 어느 정도 제공한다. 예를 들어, 어느 형식적 이론이 만족될 수 있으면 그것의 영어로의 변역은 확실히 무모순이고, 어느 이론이 확실히 무모순이면 그것의 형식화로부터 모순을 유도하는 것은 가능하지 않다.

Balaguer의 (근원적인) 무모순성 개념은 전혀 수학적 개념이 될 수 없다. 그것이 그렇다면 (어쨌든 혈기왕성한 플라토니즘에 따르면) 다른 수학적 개념들이 그렇듯이 특정한 수학적 이론에 묶일 것이다. 이 '무모순성 이론' (또는 아마 메타-수학)이 그 자체로 무모순이라면 혈기왕성한 플라토니즘은 그것이 수학적 세계의 어느 부분에 대해서 참이라고 선언할 것이다. 그러나, 이것은 무모순성이 혈기왕성한 플라토니즘에서 하는 역할을 정당하게 평가하지 못한다. 무모순성은 그저 그 무모순 이론에 의해 묘사된 작은 영역이 아니라 전체적인 수학적 영역의 존재성에 대한 인식적 판단 기준이다. 주어진 이론이 무모순이라는 지식은 그 자체로 추상적인 수학적 대상들에 대한 지식을 필요로 해서는 안 된다. 혈기왕성한 플라토니즘에 따르면, 다른 길로 돌아가야 한다.: 추상적인 대상들의 존재성에 대한 지식은 무모순성에 대한 지식으로부터 떨어진다. 그래서 혈기왕성한 플라토니즘은 무모순성 (에 대한 지식)에 대한 별개의 설명을, 수학적 지식 – 그리고 일반적으로는 수학 – 에 대한 자신의 일반적인 설명과는 다른 (그리고 그에 앞서는) 별개의 설명을 갖고 있어야만 한다.

유명론에 대한 Balaguer의 처치는 존재론에서의 실재론에 대한 자신의 처치와 똑같은 형식을 갖는다. 그는 '타당성에 대해 심각한 이의제기'를 하는, 유명론에 반대하는 논증이 오직 하나 있다고 주장한다. 즉, 앞서 언급한

Quine-Putnam의 필수불가결성 논증이다 (Balaguer 1998: 95). 어떻게 우리가 수학의 과학에로의 적용 가능성을 수학적 대상들이 존재한다는 주장 없이 설명할 수 있는가? 그리고 Balaguer는 아무 탈 없는 유명론의 버전이 꼭 하나 있다고 주장한다. 즉, Hartry Field의 허구주의이다 (앞의 §1 참고).

허구주의자가 적용 가능성 문제에 대해 대응하는 두 가지 방식이 있다. 하나는 Field를 따라서 수학이 과학에 필수불가결하지 않다는 것을 보이는 것이다. 앞에서 나타났듯이, 이것은 유명론적인 언어에서 각각의 합당한 과학적 이론의 버전을 주고, 그런 다음 그러한 이론들에 수학을 첨가하는 것이 유명론적인 언어에 어떠한 새로운 결과도 낳지 않는다는 것을 보이는 것이다. Balaguer는 한 장(chapter)을 Field 프로그램에 대한 이의제기 중 하나에 대응하는 데 바친다. 그는 물리적 세계에 대한 참인, 유명론적인 이론들이 있다고 믿는 것 같다. 그러나, 그는 Field 프로그램이 최종적으로 실패하게 될 때의 결과에 준비가 되어 있다. 그 경우 수학은 과학에 필수불가결할 것이다. Balaguer는, 그렇더라도, 철학자는 수학적 대상들의 존재를 인정해서는 안 된다고 주장한다. 대신, 우리는 수학의 적용 가능성에 대한 허구주의적 설명을 마련할 수 있다. Balaguer는 수학이 물리적 세계에 관한 이론들을 개발하기 위한 '이론적인 장치' 또는 '묘사의 틀'을 제공한다고 제의한다. 과학에서 (그리고 다른 곳에서) 우리는 비-수학적인 세계를 묘사하기 위해 허구적인 수학적 존재자들에 관해 진술한다.

수학이 정말로 필수불가결하다면, 우리는 물리적 세계를 수학에 호소하지 않고 묘사할 수 없다. 그럼에도 불구하고, Balaguer의 허구주의자는 필수불가결성이 수학적 대상들의 존재에 대한 설득력 있는 증거를 제공하지 못한다고 주장한다. 수학적 대상들이 인과적으로 비활성 되어 있기 때문에, 물리적 세계는 이러한 수학적 대상이 있는지의 여부와 관계없이 그것이 있는 방식 그대로일 것이다. 그래서 우리가 물리적 세계를 묘사하기 위해 (수학적 대상들에 호소하는) 수학적 언어를 사용할 필요가 있더라도, 물리적 세계 – 또는 그것에 관한 우리 이론들 – 에 관한 어떤 것도 수학적 대상들의 존재에 대한 증거로 간주되지 못한다. 우리는 수학적 대상들이 존재하든 그렇지 않든 똑같은 '데이터'를 갖게 될 것이다.

다시, Balaguer는 Field 프로그램이 실패할 것이라고 생각하지 않는다. 그러나 미래 과학자들이 어떤 종류의 이론들을 개발할지 누가 알겠는가? Field 프로그램이 실패하면, Balaguer의 허구주의자는 우리가 존재하지 않는 개체들을 들먹이지 않고 실재인 것을 완전하게 묘사할 수 없다는 것을 인정한다. 필수불가결성의 관점에서 보면, 허구주의자는 이 이상한 결과를 더 선호한다. 논리적 착오를 표명하고 허구주의를 포기하는 것보다는 {말이다}.

그러면, Balaguer가 여기에서 윤곽을 그려 본 대담한 주장들에 대해서 옳다고 가정해 보자. 그리고 혈기왕성한 플라토니즘도 허구주의도 그들에 대항해 취해진 최선의 논증들에 의해 논박되지 않는다고 가정해 보자. 그렇다면 중립적인 수학 철학자는 적어도 당분간은 갈팡질팡하게 된다. 우리는 수학적 대상들이 존재하는지의 여부를 결정할 방법이 없다. Balaguer는 더 나아가, 혈기왕성한 플라토니즘과 허구주의 사이의 평형력이 튼튼하다고 주장한다.: '우리는' 사람이 수학적 대상의 존재를 이성적으로 인정하도록 하는 논증을 '**결코**(*never*) 얻을 수 없다'. 그리고 우리는 사람이 수학적 대상들의 존재를 이성적으로 거부하도록 하는 논증을 결코 얻을 수 없다. Balaguer가 이것에 관해 옳다면, 평형력은 영원히 계속될 것임에 틀림없다. 존재론에서의 실재론과 그 상대편의 논쟁에 대한 이성적인 판결은 없다.

그런 다음 Balaguer는 이 인식론적 결론으로부터 수학적 대상들이 존재하는가라는 문제에 대한 사실이 그저 존재하지 않는다는 형이상학적 논제로 나아간다. 그는 '수가 존재한다'와 같은 문장에 대한 참 조건들이 있다면 그것들은 우리의 언어가 사용되는 방식 (예를 들어, 용어의 의미들)에 의해 결정된다고 주장한다. 그런 다음, 언어의 사용 내의 어떤 것도 이 문장에 대한 참 조건들을 결정하지 못한다고 주장한다. 그래서 '수가 존재한다'는 참 조건을 전혀 갖지 않는다. 그것은 참도 아니고 거짓도 아니다.

5. 더 읽기

이 장(chapter)에서 고찰한 주요한 연구들은 Field 1980, Chihara 1990, Burgess와 Rosen 1997, Azzouni 1994, Balaguer 1998 등이다. 이것들 중, Field 프로그램은 문헌들을 통해 대단히 많은 토론을 일으켜 왔다. 사실상 모든 철학 저널이 그 책에 대한 논평을 실었고, 몇몇은 그 견해들에 대한 상세한 비평적 연구들을 포함했다. 탁월한 비평들 중 일부가 Field 1989에서 인용되고 논의된다. Chihara 1990의 후반부에도 Field 프로그램에 대한 상세한 비평들이 있다.

제 10 장

구조주의

이 마지막 장(chapter)은 **구조주의**(*structuralism*)라고 불리는 수학 철학을 소개한다. 이것은 금세기{20세기} 초의 논리학과 수학의 발전으로부터 나왔다. 주된 옹호자로는 Paul Benacerraf (1965), Geoffrey Hellman (1989), Michael Resnik (예를 들어 1997), 그리고 나 자신 (예를 들어, Shapiro 1997)[1] 등이 있다. 그 슬로건은 수학이 구조에 대한 학문(science)이라는 것이다.

대부분의 구조주의자들은 진리-값에서의 실재론자들이어서, 예를 들어, 산술과 해석학의 개개의 모호하지 않은 문장들이 수학자의 언어, 정신, 사회적 관례와 독립적으로 참 또는 거짓이라고 주장한다. 그러나, 구조주의자들은 수학적 대상의 존재성에 있어서는 서로 다르다. Benacerraf와 Hellman은 수학적 대상의 존재를 상정하지 않는 견해의 버전들을 명확히 표현하고 방어한다. 반면 Resnik과 나 자신은 어느 정도 존재론에서의 실재론자들이다. 구조주의의 이러한 버전들은 존재성(existence), 대상(object), 동일성(identity) 등과 같은 기본적인 개념들에 대해 적어도 그러한 아이템들이 수학에서 사용될 때 파급 효과를 미친다.

1. 기저를 이루는 아이디어

전통적인 플라톤주의자가, 즉 존재론에서의 실재론자가, 산술이나 실해석학과 같이, 주어진 수학 분야의 주제-대상이 일종의 존재론적 독립성을

1) 이 장(chapter)은 대략 Shapiro 1997: 3상과 4장에 기초한다.

갖는 대상들의 무리(collection)라고 주장한다는 점을 기억해 보자. Resnik (1980: 162)은 '존재론적 플라톤주의자'를 보통의 물리적 대상들과 수들이 '동등하'다고 믿는 사람이라고 정의한다. 그런 철학자에게, 수는 자동차와 똑같은 종류의 것 – 대상들 – 이다. 단지 수가 자동차보다 더 많이 있고, 추상적이고 영원할 뿐이다.

그 비유를 따라, 우리 플라톤주의자는 어떤 종류의 존재론적 독립성을 개별적인 자연수 각각에 부여할 수 있을 것이다. 각 자동차가 다른 모든 자동차와 독립적인 것처럼, – 개별적인 대상으로서 – 각 자연수도 다른 모든 자연수와 독립적이다.[2] 아마 그 아이디어는 우리가 다른 수들에 호소하지 않고 각 수의 **본질**(*essence*)을 줄 수 있다는 것이다. 수 2의 본질은 수 6 또는 수 6,000,000을 포함하지 않는다.

구조주의자는 자연수들 사이의 어떠한 종류의 존재론적 독립성도 단호하게 거부한다. 한 자연수의 본질은 그것과 다른 자연수들과의 **관계들**(*relations*)이다. 산술의 주제-대상은 단일한 추상적 구조이다. 즉, 그 다음 수 관계와 유일한 첫 번째 대상을 갖고 수학적 귀납법를 만족하는 대상들의 어떠한 무한한 무리든지 간에 그것들이 공통적으로 가지고 있는 패턴이다. 수 2는 자연수 구조에서의 두 번째 위치 그 이상도 그 이하도 아니다.; 그리고 6은 여섯 번째 위치이다. 그것들 중 어느 것도 자신들이 위치를 잡고 있는 구조로부터 어떠한 독립성도 갖지 않는다. 그리고 이 구조의 위치들로서, 어떠한 수들도 다른 것들과 독립적이지 않다.

어린이가 6 또는 6,000,000과 같은 수들에 대해서는 아무것도 알지 못하는 것과 다름없는 반면 수 2에 대해서는 많이 알 수 있는 것이 분명하다. 그러나 이 **인식적**(*epistemic*) 독립성이 자연수들 사이의 존재론적 연결을 미리

2) 나는 존재론적 독립성에 대한 이 논제가 정합적으로 이루어질 수 있는지 알지 못한다. 결국, 전형적인 플라톤주의자는 자연수들이 필연적으로 존재한다고 주장하고, 그래서 그것들 중 일부가 존재하지만 다른 것들은 그렇지 않다는 것은 의미가 없다.

배제하지는 않는다. 유추하면, 사람은 분자나 원자에 대해서는 아무것도 알지 못하는 것과 다름없는 반면 농구공과 같은 물리적 대상에 대해서는 많은 것을 알 수 있다. 농구공이 분자나 원자와 존재론적으로 독립적이라는 것이 따라 나오지는 않는다.

자연수 구조는 알파벳 유한개를 사전식 순서로 나열한 문자열들, 구별되는 순간들의 무한 수열, 획들의 무한 수열:

| | | | | | … .

등에 의해 예시된다. 비슷하게 실해석학은, 어떠한 것이든 완비된 실폐체(real closed field, 實閉體)의 패턴에 대한 연구이다. 군론은 하나의 구조가 아니라 구조의 어떤 유형을 연구한다. 즉, 이항연산, 그것에 대한 항등원, 각 원소에 대한 역원들이 있는 대상들의 무리들이 공통적으로 가지고 있는 패턴을 연구한다. Euclid 기하는 Euclid적인-공간-구조를 연구하고, 위상수학은 위상적 구조를 연구하고 등등.

체계(*system*)를 대상들 사이에 어떤 관계를 가지고 있는 그 대상들의 무리라고 정의하자. 단체의 위계(corporate hierarchy) 또는 국가 조직(government)은 감독하는 관계 그리고 함께 일하는 관계를 가지고 있는 사람들의 체계이다.; 체스 구성은 공간적인 관계와 '가능한 움직임' 관계 하의 기물들(pieces)의 체계이다.; 언어는 문자들, 단어들, 문장들 사이에 구문론적 관계와 의미론 상의 관계를 가지고 있는 그것들의 체계이다.; 그리고 농구 수비는 공간적 관계와 '수비 규칙'의 관계를 가지고 있는 사람들의 무리이다. **패턴**(*pattern*) 또는 **구조**(*structure*)를, 그 대상들 사이의 연관성을 강조하고 그 체계의 다른 대상들과의 관계에 영향을 주지 않는 어떠한 특징도 무시하는, 체계의 추상적인 형식(the abstract form of a system)이라고 정의하자.

특정 패턴을 파악하는 한 가지 방법은 추상의 과정을 통하는 것이다. 사람은 그 구조를 가지고 있는 여러 가지 체계를 관찰하고, 그 대상들 사이의 관계들에 관심을 집중한다. – 이 관계들과 관련 없는 대상들의 특징들은 무시하면서. 예를 들어, 사람은 농구 수비를 다음과 같은 방법으로 이해할 수 있다. 즉, 한 경기에 (또는 여러 경기에) 가서 공을 가지고 있지 않은 팀의 선수들 사이의 공간적 관계와 역할을 주목함으로써. 그리고 키, 머리카락 색깔, 필드 골 비율 등을 무시함으로써. 그것들이 수비 체계와 아무런 관련을 맺지 않기 때문이다.

이러한 용어들 하에서, 구조주의자는 (순수) 수학이 그러한 구조에 대한 연역적인 연구라고 주장한다. 산술의 대상은 자연수 구조이고 Euclid 기하학의 대상은 Euclid 공간 구조이다. 수학에서, 이러한 구조들은 그것들이 비-수학적 영역에서 가질 지도 모르는 어떠한 사례와도 독립적으로 연구된다. 다른 말로 하면, 수학자는 이러한 구조의 부분들 사이의 내적인 관련성에 관심이 있다. Resnik이 다음과 같이 말 하듯이:

> 나는, 수학에서 우리가 구조 내에 배열된 '내적인(internal)' 구성을 이루는 대상들을 갖지 않고, 다만 구조를 가질 뿐이라고 주장한다. 수학의 대상들은, 즉 우리 수학의 상수들과 양화사들이 나타내는 개체들은 구조 없는 점들(points)이거나 구조 내의 위치들이다. 구조의 위치들로서, 그것들은 구조 밖에서 정체성이나 특징을 갖지 않는다. (Resnik 1981)

> 언어학의 경우를 생각해 보자. 추상화의 과정을 거쳐 … 문법학자가 자신이 **영어**(*English*)라고 부르는 복잡한 구조에 도달한다고 상상해 보자. 이제, 이후에 영어 말뭉치가 중대한 방식으로 이 패턴을 예증하는 데 실패한다는 것이 밝혀졌다고 가정하자. 그렇게 해서 우리 언어학자가 자신의 구조에 관해 했던 주장들 중 많은 것들이 왜곡될 것이다. 재미있게도, 언어학자들은 그 구조를 **텡글리쉬**(*Tenglish*)라고 다시 이름 붙인다. 그럼에도 불구하고, **패턴으로서의**(*qua*) **텡글리쉬**(*Tenglish*)에 대한 우리 언어학자의 지식 중 많은 것들은 유효하다.; 왜냐하면 그가 **어떤**(*some*) 패턴을 묘사해 냈었고 그 속성들의 일부를 논했기 때문이다. 비슷하게, 나는 Euclid 공간이 물리적으로 예증되는 데 실패하더라도 우리가 그것에 관해 많은 것들을 안다고

주장한다. (Resnik 1982)

물론, 앞에서 언급된 예들 중 일부는 수학자의 관심을 끌기에 너무 간단하다. 농구 수비에 관해 무엇을 증명할 수 있겠는가? 그러나, 체스 게임에는 자명하지 않은 정리들이 있다. 예를 들어, 왕과 두 기사로 홀로 남은 {상대의} 왕에게 외통 장군(checkmate)을 부르는 것은 불가능하다. 이것은 기물들이 무엇으로 만들어졌는지와 관계없이, 심지어 체스 게임이 행해졌는지와 관계없이 성립한다. 체스에 관한 이 사실은 거의, 어떤 구조에 관한 전형적인 수학적 정리이다. 여기에서, 그것은 어떤 게임의 구조이다.

이전 장(chapter)의 §1에서 Hartry Field (1980)가 Newton식의 중력 이론을 '유명론적'으로 재구성한 것에 대해 논의할 때 발생했던 문제로 잠시 되돌아가 보자. Field는 수학적 대상들이 존재하지 않는다고 주장하지만, 그의 물리학의 존재론은 무한히 많은 시공간의 점들과 영역들을 포함한다. 그는 시공간 점들과 영역들이 구체적인 **물리적**(*physical*) 대상들이고, 그래서 수학적이지 않다고 주장한다. Field는 ' … 풍부한 물리적 공간을 가정하는 것과 실수들을 가정하는 것 사이에 그렇게 중대한 차이가 있는 것 같지 않다'는 자연스러운 반대를 숙고한다. 그는 다음과 같이 대응한다.:

> 실수를 사용하는 것에 대한 유명론의 반론은 그것들의 [기수(cardinality)], 또는 전형적으로 그것들에 관해 이루어지는 구조적인 가정들 (예를 들어, Cauchy 완비성)의 근거에 대한 것이 아니었다. 그보다는, 그 반론은 그것들의 추상성에 대한 것이었다.: **하나의**(*one*) 실수를 가정하는 것조차 유명론에 대한 위배일 것이었다 … 거꾸로, [무한히] 많은 **물리적**(*physical*) 존재자들을 가정하는 것은 … 유명론에 대한 반대가 아니다.; 그리고 누군가가 이러한 물리적 존재자들이 플라톤주의자들이 실수에 대해 가정하는 것들과 비슷한 구조적인 가정들을 따른다고 가정하는 것도 더 반대할만한 것이 되지 못한다. (p. 31)

구조주의자는 이 구별에 이의를 제기한다. 그녀에게, 실수는 실수 구조 내의 위치**이다**(*is*). 각각의 실수가 큰 구조의 부분이기 때문에 '하나의 실수를 가정하는' 것은 말이 되지 않는다. 그것은 농구 팀과 독립적인 포인트 가드를 또는 체스 게임과 독립적인, 검은색 여왕 쪽 주교(bishop) 역할을 하는 기물을 상상하려고 노력하는 것과 같을 것이다. 그것은 어디에 서 있을 것인가? 그 움직임은 무엇인가? 물론, 실수 구조가 (물리적 점들의 무리와 같은) 주어진 체계에 의해 예증될 수 있는지를 물을 수는 있다. 그리고 나서 누군가는 개별적인 수들의 **역할**(*roles*)을 하는 대상들의 위치를 찾아낼 수 있다. 경기가 있는 날 포인트 가드의 역할을 하는 사람을 발견하거나 체스 게임에서 주교 기물을 알아볼 수 있는 것처럼 {말이다}. 그러나 자신들이 부분을 이루는 그 구조와 독립적인 **수들**(*numbers*)을 생각하는 것은 말이 되지 않는다.

Field는 자신의 유명론적인 물리학이 본질적으로 시공간에 관해 '구조적인 가정들(structural assumptions)'을 한다는 것에 동의한다. 그리고 감탄스러울 만큼 엄격하게 이 가정들을 분명히 표현한다. Field가 이런 식으로 말하지는 않을 지라도, 그의 시공간의 '구조적인 가정들'은 R^4, 즉 실수 네 쌍들의 그것과 매우 비슷한 구조를 특징짓는다.[3] 정말이지, Field는 이 구조에 관한 **정리들을 증명한다**(*proves theorems*). 구조주의자가 그것을 볼 때, 그는 그렇게 함으로써 **수학**(*mathematics*), 즉 구조의 학문에 참여한다. 시공간에 관한 어떤 것들을 증명하는 활동은 실수에 관한 정리들을 증명하는 것과 똑같은 종류의 활동이다. 두 가지 모두 구조에 대한 연역적인 연구이다.

구조주의의 존재론에 관한 두 가지 서로 관련되어 있는 질문들이 있다. 하나는 구조 자체의 지위에 관계된다. 자연수 구조, 실수 구조 등은 무엇인가? 구조는 혼자만의 힘으로 대상들처럼 존재하는가? 체스 구성, 농구 수비, 교향악단과 같은, 더 이 세상에 가까운 구조들과 패턴들은 어떠한가? 이슈들의 나머지 한 그룹은 개별적인 수학적 대상들, 즉 그 구조 내의 위치들의

---

3) 이전 장(chapter)의 §1에서 보았듯이, Field의 시공간과 R^4 사이의 구별은 Euclid의 종합적인 기하학과 더 현대적인 해석적인 기하학 사이의 구별과 비슷하다. Field의 시공간의 구조와 R^4의 구조 사이의 주된 차이점은 후자가 기준 틀과 단위 거리를 갖는다는 점이다.

지위에 관계된다. 구조주의자는 수, 기하적 점, 집합 등등에 관해 무엇을 말할 수 있는가? 물론, 이 이슈들은 서로 밀접하게 관련되어 있고 우리는 그것들을 함께 다룬다.

동일한 한 구조가 하나 이상의 체계에 의해 예증될 수 있기 때문에, 구조는 다수에-대한-하나(one-over-many)이다. 이와 같은 개체들은 시대 전체를 통해 철학적 관심을 받아왔다. 다수에-대한-하나의 전통적인 예화(exemplar)는 때로 **특질**(*attribute*), **보편자**(*universal*), **형상**(*Form*) 등으로 불리는 **속성**(*property*)이다. 이 세계의 서로 다른 붉은 대상들 전체는 붉음이라는 단일한 속성을 공유한다. 이 세계의 서로 다른 사람들 전체는 인간성(personhood)이라는 속성을 공유한다. 더-최근의 철학에서는, (6장, §§1.1, 3에서 꺼냈던) 유형-토큰(*type-token*) 이분법이 있다. 'E' 모양의 여러 가지 잉크, 분필, 탄 토너 등의 뭉치들은 **유형**(*type*) 'E'의 **토큰**(*tokens*)이라고 불린다. 토큰들은 자유로이 만들어지거나 파괴될 수 있는 물리적 대상들이다. 유형은 추상적 대상, 즉 그것들 모두가 공유하는 그 **모양**(*shape*)이다. 그래서 다음의 열:

E E E E

는 단일한 유형의 서로 다른 네 개의 토큰들로 구성된다. 이 책의 또 다른 인쇄본에는 같은 면에 그 유형의 또 다른 네 개의 토큰들이 있을 것이다. 그 면이 너덜너덜 조각나게 찢겨진다면, 그 토큰들은 그것 때문에 파괴될 것이다. 그러나 (다행스럽게도) 그 유형은 그렇지 않을 것이다. 그 유형은 모든 인쇄본의 그 면이 파괴되더라도 살아남을 것이다.

앞에서 정의했듯이, 체계는 대상들 위의 어떤 관계를 가지고 있는 그 대상들의 무리이고, 구조는 그 체계의 형식이다. 그래서, 구조와 구조화되는 것의 관계는, 패턴과 패턴화되는 것의 관계, 보편자와 그것이 포괄하는 특수의 관계, 유형과 토큰의 관계와 같다.

보편자들에 대한 광범위한 문헌의 여러 가지 입장들은 구조주의가 취할 수 있는 것의 범위를 정한다. Plato까지 거슬러 올라가는, 하나의 견해는 적어도 어떤 보편자들은 그것들을 예시하는 어떠한 아이템들에 앞서 그리고 그것들과 독립적으로 존재한다는 것이다 (3장, §1 참고). 사람들이 없고 붉은 것들이 없어도, 인간성과 붉음이라는 속성들은 여전히 존재할 것이다. 이 견해는 때로 **사물 앞 실재론**(*ante rem realism*)이라고 불리고, 그렇게 해석되는 보편자들은 **사물 앞 보편자**(*ante rem universals*)이다. 사물 앞 보편자들은 (그런 것이 있다면) 보편자를 갖는 대상들에 앞서 (그래서 그것들과 독립적으로) 존재한다. 이 견해에서, '다수에-대한-하나'는 존재론적으로 '다수'에 앞선다. 그래서 우리는 그 글자의 **모든**(*every*) 토큰들을 파괴하더라도 유형 'E'를 제거할 수 없다.

Aristotle까지 거슬러 올라가는, 사물 앞 실재론의 대안은 보편자들이 존재론적으로 그것들의 사례들에 의존한다는 것이다 (3장, §4 참고). 이 견해에서, 붉음에는 모든 붉은 것들이 공통적으로 갖는 것 이상의 것이 없다. 모든 붉은 것들을 제거하면 붉음 자체는 그것들과 함께 사라진다. 모든 사람들을 파괴하면 더 이상 인간성과 같은 것은 없다. 그렇게 이해되는 보편자들은 **사물 내 보편자**(*in re universals*)라고 불린다. 그리고 Aristotle 학파의 견해는 때로 **사물 내 실재론**(*in re realism*)이라고 불린다. 이 견해의 전형적인 옹호자들은 보편자들이, 어느 정도, 존재한다는 것을 받아들이지만, 보편자들이 그 사례들과 독립적인 어떠한 존재성을 갖는다는 것을 거부한다. 어떤 의미에서, 보편자들은 그 사례들 내에서만 존재한다. 존재론적으로, '다수'가 먼저 오고, 그런 다음에서야 '다수에-대한-하나'가 온다.

보편자에 대한 다른 견해들이 있다. 개념론자들(conceptualists)은 보편자가 정신적인 구성물이라고 주장하고, 전통적인 유명론자들은 보편자가 언어적 구성물이거나 또는 그렇지 않으면 전혀 존재하지 않는다고 주장한다.[4]

---

4) 이전 장(chapter)에서 보았듯이, 현대의 수학 철학에서 '유명론'은 수학적 대상들이 존재하지 않는다는 견해에 대한 공통적인 용어이다. 그 단어의 사용은 보편자에 관한 중세의 용법에서 유래한다. 유명론은 내가 '존재론에서의 반-실재론'이라고 부르는 것의 한 버전이다 (2장, §2.1 참고).

현재의 논의와 관련해서, 중요한 구별이 사물 앞 실재론과 다른 견해들 사이에 있다. 우리의 질문은 구조들 자체가 자신들을 예증하는 대상들의 체계들과 독립하여 존재하는지의 여부이다. 그리고 어떤 의미에서 그런가하는 점이다. 자연수 구조, 실수 구조, Euclid 공간 등을 말하는 것이 합리적인 것인가, 만약 그러한 구조들을 예증하는 체계들이 없어도? 우리는 다음 절에서 구조주의에 대한 사물 앞 접근을 고찰하고, 그 다음 절에서는 사물 내 접근들 중 일부를 고찰한다.

2. 사물 앞 구조, 그리고 대상

다시 한 번, 구조주의자에게 한 자연수는 특정한 무한한 패턴인 자연수 구조의 한 위치이다. 이 패턴은 서로 다른 많은 체계들에 의해 예증될 수 있을 것이다. 그러나 각 경우들에서 그것들은 똑같은 패턴을 갖는다. 사물 앞 구조주의자(ante rem structuralist)는 이 패턴이 그것을 예증하는 어떠한 체계들과도 독립적으로 존재한다고 생각한다. 수 2는 그 패턴에서 두 번째 위치이다. 개별 수들은 조직 내에 있는 특정한 **직책들**(*offices*)과 비슷하다. 예를 들어, 국가 협의체에서 우리는 회계담당-비서의 직책을 특정 행정부에서 그 직책을 맡고 있는 사람과 구별하고, 체스에서 흰색 왕 쪽 주교를 주어진 체스 판에서 그 역할을 하고 있는 대리석 조각과 구별한다. 서로 다른 게임에서 그 똑같은 대리석 조각은 흰 색 여왕 쪽 주교 또는, 생각하건대, 검은색 왕의 성장(rook, 城將)과 같이, 또 다른 역할을 할 수 있을 것이다. 비슷하게, 우리는 자연수 구조의 예증(exemplification)에서 2의 역할을 하는 대상을 그 수 자체와 구별할 수 있다. 그 수는 직책, 즉 그 구조에서의 **위치**(*place*)이다. 똑같은 것이 실수, Euclid 기하학의 점, 집합론의 위계의 멤버에도 적용된다. 각 구조는 그것이 포함하는 위치들에 앞선다. 어떠한 조직도 그것을 구성하는 직책들에 앞서는 것처럼 {말이다}. 자연수 구조는 2에 앞선다. 국가 협의체 조직이 '회계담당-비서'에 앞서거나 '미국 정부' (또는 헌법)이 '부통령'에 앞서는

것처럼 {말이다}.5)

철학사에서, 때로 사물 앞 보편자에게 설명에서의 우선순위가 부여된다. 예를 들어, 백악관이 흰 이유(*reason*)는 그것이 흼(Whiteness)이라는 보편자를 가지고 있기 때문이라고 말할 수 있을 것이다. 또는 농구공을 둥글게 만드는(*makes*) 것은 그것이 둥금(Roundness)이라는 보편자를 가지고 있다는 점 때문이다. 그러나, Resnik도 나도 구조에 대해서 이와 같은 설명에서의 우선순위를 주장하지 않는다. 예를 들어, 우리는 주어진 체계가 자연수 구조를 예증하기 때문에 자연수들의 모델이라고 주장하지 않는다. 어느 편인가 하면, 돌아가는 다른 방법을 취한다. 그 체계가 자연수 구조를 예증하도록 만드는 것은 그것이 첫 번째 대상과 함께 일대일 대응인 그 다음 수 함수를 갖고 수학적 귀납법를 만족한다는 점 때문이다. 즉, 체계가 자연수 구조를 예증하게 만드는 것은 그것이 산술의 모델이라는 점 때문이다.

사물 앞 구조주의(ante rem structuralism)는 적어도 일부 플라톤주의자들이 – 즉, 존재론에서의 실재론자들이 – 심각하게 고민하는 하나의 문제를 해결한다. Gottlob Frege (1884)가 'F의 수는 y이다'와 같은 문맥에서 수라는 용어의 사용에 대해 대단히 그럴듯한 해명을 했던 것을 기억해 보자. 여기에서 F는 '목성의 달들' 또는 '이 탁자 위의 카드들'과 같은 술어(predicate)를 나타낸다 (5장, §1 참고). 그러나 Frege는 이 임시적인 해명이 수가 대상(*objects*)이라는 자신이 원했던 결론을 떠받치지 못한다는 것을 알아차렸다. 그는 존재론적 실재론자가, 2와 같은, 어떠한 주어진 수에 대해서도 그것이, Julius Caesar와 같은, 어떠한 다른 대상과 똑같은지 또는 다른지를 결정하는 기준을 마련해야만 한다고 제의했다. 즉, Frege의 임시적인 해명은 'Julius Caesar = 2'라는 동일성의 진리 값에 관해 아무것도 말해 주지 않는다. 지금은 Caesar 문제(*Caesar problem*)로 알려져 있는 이 어려움은 현대의

---

5) 최근 탄핵 재판에서, 의회의 멤버들이 대통령 직책에 대한 존경심을 표하는 반면 당시 그 직책을 맡고 있던 사람에 대해서는 경멸을 표하는 것이 흔한 일이었다. 이것이 여기에서 언급되고 있는 평범한 구별이다.

일부 논리주의자들의 생각을 차지하고 있다 (5장, §4 참고).

Paul Benacerraf (1965)와 Philip Kitcher (1983: 6장)는 존재론에서의 실재론에 대한 반론으로서 이 문제의 변형물을 제기한다. 사실상 모든 수학 분야들이 집합론으로 환원될 (또는 집합론에서 모델링 될) 수 있다는 발견 이후로, 근본적인 것에 관해 생각하는 사람들은 집합론의 위계를 모든 수학에 대한 존재론으로 생각하게 되었다. 집합만으로 충분할 것이라면 왜 집합, 수, 점 등을 갖고 있는가? 그러나 산술을 집합론으로 환원하는 여러 가지 방법들이 있고, 그것들 중에서 어느 하나를 결정하는 원칙적인 방법이 없는 듯 보인다. 집합론 학자인 Ernst Zermelo는 수 0이 공집합 (∅)이고 각각의 수 n에 대하여 n의 그 다음 수는 n의 한 원소 집합(singleton)으로 볼 것을 제안했다. 즉, 1은 {∅}, 2는 {{∅}}, 3은 {{{∅}}} 등등. 그래서 0을 제외한 모든 자연수는 정확히 하나의 멤버를 갖는다. 또 다른 널리 보급된 환원은, John von Neumann에 기인하는데, 각 자연수 n을 n보다 작은 수들의 집합으로 정의한다. 그래서 0은 공집합 ∅, 1은 {∅}, 2는 {∅, {∅}}, 3은 {∅, {∅}, {∅, {∅}}} 등이다. 이 체계에서 각 수 n은 정확히 n개의 멤버들을 갖는다. 자, von Neumann 또는 Zermelo 중 누가 옳은가? (또는 그들 둘 다 옳지 않은가?) 수가 수학적 대상이고 모든 수학적 대상이 집합이라면, 우리는 자연수들이 어떤(*which*) 집합들인지 알 필요가 있다. 정말이지, 수 3은 무엇인가? 어떻다고 말할 수 있는가? 우리에게 다른 어려움들이 남겨진다. von Neumann의 환원에서 1은 3의 멤버이지만, Zermelo의 것에서 1은 3의 멤버가 아니다. 그래서 우리는 '1은 정말로 3의 멤버인가 아니면 그렇지 않은가?'라는 질문에 대해 답 없이 남겨진다. 이 관찰들과 질문들로부터, Benacerraf와 Kitcher는, Frege에 반대하여, 수들은 대상들이 아니라고 결론 내리고, 존재론적 실재론을 거부한다.

사물 앞 구조주의자는 이 결론이 부당하다는 것을 발견한다. 왜 그런지 살펴보기 위해, 우리는 적어도 수학에서 **대상이다**(*be an object*)는 것이 무엇인가라는 일반적인 질문에 의존한다. Caesar 문제를 해결하여 Benacerraf-Kitcher 질문에 직접 답하려고 시도하기보다, 구조주의자는 이러한 질문들이 답변을 필요로 하지 않는다고 주장한다. 다시, 한 자연수는 자연수 구조에서의 한 위치이다. 후자{자연수 구조}는 산술의 모든 모델들이 공통적으로 가지고 있는 패턴이다. 그것들이 집합론의 위계 내에 있든 또는 다른 어떠한 곳에 있든지 간에 상관없이 {말이다}. 사람은 두 수들의 동일성에 관한 정합적이고 명확한 진술들을 형성할 수 있다.: 1 = 1과 1≠4. 그리고 **산술의 언어에서**(*in the language of arithmetic*) 서로 다른 기술들(descriptions)에 의해 나타내어지는 수들 사이의 동일성을 조사할 수 있다. 예를 들어, 7은 10보다 작은, 가장 큰 소수(prime)이다. 그러나 자연수 구조에서의 위치와 어떤 다른 대상 사이의 동일성을 얻으려고 애쓰는 것은 말이 되지 않는다. 자연수와 자연수 사이의 동일성은 명확하다.; 수와 다른 종류의 대상 사이의 동일성은 그렇지 않고, 수와 다른 구조의 위치 사이의 동일성도 마찬가지로 그렇지 않다. 이 경우에는, 그 동일성들 중 많은 것들이 거짓이라고 안전하게 선언할 수 있다. 명백하게, Caesar는 구조의 한 위치가 아니고, 그래서 Caesar는 수가 아니다.

비슷한 노선을 따라, 수들 사이의 **수적인**(*numerical*) 관계들, 즉 산술의 언어에서 정의될 수 있는 관계들에 관한 질문들에 대해서 우리는 명확한 답을 기대할 수 있다. 그래서, 1<3이고, 7은 22의 약수가 아니다. 이러한 진술들은 자연수 구조에 **내적**(*internal*)이다. 우리는 무리(collections)의 기수(cardinality)에 관련된 표준적인 질문들에 대한 답변도 기대할 수 있다. 행성의 개수는 9이다 (일단 행성으로 간주되는 것들을 결정하면). 그러나 누군가가, Kitcher 및 Benacerraf와 함께, 1이 3의 원소인지 묻는다면, 발견될 수 있는 답은 없다. 수 1이 수 4보다 익살맞은지 또는 더 풋내기인지 묻는 것과 비슷하다.

비슷한 생각을 더 일상적인 패턴들에 대해 말할 수 있다. 골키퍼가 (동시에) 스트라이커가 아닌 것은 명확하지만, 패턴에서의 위치가 그 대상과 동일한지를 묻는 것은 무언가 이상하다. **대통령직**(*the presidency*)이 Bill Clinton과 동일한지를 – 직책이 그 사람과 동일한지를 – 묻는 것은 무언가 이상하다. 다시, 질문이 계속된다면, 우리는 Bill Clinton이 대통령직이 아니라고 – 그리고 결코 그랬던 적이 없다고 – 말할 수 있다.

비슷하게, 여왕 쪽 주교가 상대편 여왕 쪽 주교를 잡을 수 없는 것은 명확하지만, 그 여왕 쪽 주교가 상대편 여왕 쪽 주교보다 더 똑똑한지 묻는 것은 무언가 이상하다. 포인트 가드 위치가 파워 포워드 위치보다 더 키가 크거나, 더 빠르거나, 더 골을 잘 넣는지를 묻는 것도 이상하다. 짧음, 큼, 슛 성공률 등은 위치들에 적용되지 않는다.

비슷한, 덜 철학적인, 특정된 라인업에 관한 질문들이 경기가 있는 날에 질문되지만, 그러한 질문들은 그날의 포인트 가드와 파워 포워드의 위치를 맡고 있는 사람에 관한 것이지 위치 자체들에 관한 것은 아니다. 사실상 농구를 하려고 준비가 되어 있는 어떠한 사람도 포인트 가드가 될 수 있다. – 누구라도 농구 팀에서 그 역할을 맡을 수 있다 (어떤 사람들이 다른 사람들보다 더 낫지만). 어떠한 옮길 수 있는 작은 대상도 검은색 여왕 쪽 주교의 역할을 할 수 있다 (즉, 그 주교가 될 수 있다). 비슷하게, 무엇이라도 3 '일(be)' 수 있다. – 어떠한 것이라도 자연수 구조를 예증하는 체계에서 그 위치를 맡을 수 있다. Zermelo의 3 ({{{∅}}}), von Neumann의 3 ({∅, {∅}, {∅,{∅}}}), 그리고 심지어 Julius Caesar도 각자 그 역할을 할 수 있다 (물론, 서로 다른 체계에서). 구조주의자가 그것들을 볼 때, Frege-Benacerraf-Kitcher 질문들은 별 것 아니고 간단하거나 또는 그렇지 않으면 명확한 답을 가지지 않는다. 그래서 그 질문들에는 답변이 필요하지 않다.

구조주의는 대상과 존재성에 관한 일종의 상대성으로 향한다. 수학적 대상들은 그것들을 이루는 구조들에 묶여 있다. Benacerraf (1965: §Ⅲ.A)는 비슷한 견해를, 적어도 임시적으로, 제언한다. 동일성에 대한 어떤 진술들은 의미 없다고 주장하면서 {말이다}.: '동일성 진술들은 가능한 개별화 조건이 존재하는 문맥에서만 의미를 갖는다 … 동일성 [질]문들은 묻고 있는 두 개의 "개체들" 모두가 어떤 일반적인 범주에 속한다는 것을 상정한다.' 구조주의자는 동일한 구조의 위치들이 확실히 동일한 '일반적인 범주'에 있다는 점과 그것들 사이에 '개별화 조건'이 있다는 점을 알아차리고 동의한다. Benacerraf는 다음과 같이 결론 내린다.: '개체를 구성하는 것은 범주 또는 이론-의존적이다 … 그 문제를 바라보는 서로 관계가 있는 두 가지 방식이 있다. 누군가는 동일성이 조직적으로 모호하다고 결론 내릴 수 있을 것이다. 또는 그렇지 않으면 누군가는 동일성이 모호하지 않고 항상 대상의 동일성을 의미한다는 Frege에 동의할 수 있을 것이다. 그러나 (지금은 Frege와 반대로) **대상**(*object*) 개념은 이론마다, 범주마다 다르다 …' 구조주의자는 수학에서 '대상'과 '동일성' 개념은 명백하지만 철저하게 상대적이라고 주장한다.

Resnik은 이 상대성을 추적하여 Quine류의 존재론의 상대성 논제에 이른다. Resnik에게는, Quine에게서처럼, 여기에서 상대성은 꽤 일반적이어서, 과학적 신념의 망 전체에 걸쳐 적용된다 (예를 들어, Quine 1992 참고). 구조주의에 대한 나 자신의 버전은 상대성을 그렇게 멀리까지 취하지 않는다. 수학에 대해서도 {그렇다}. 수학자들은 때로 서로 다른 구조들의 위치들을 동일시하는 것이 편리하다는 것을, 심지어 어쩔 수 없다는 것을 발견한다. 이것은, 예를 들어, 집합론 학자들이 자연수에 대한 (Zermelo의 것이나 어떤 다른 것이 아니라) von Neumann의 정의에 마침내 안착할 때 발견된다. 더 간단한 예로, 자연수 구조의 위치들을 정수, 유리수, 실수, 복소수 구조의 대응물들과 동일시하는 것이 확실히 현명한 일이다. 따라서, 자연수 2는 정수 2, 유리수 2, 실수 2, 복소수 $2 + 0i$ 와 동일하다. 어떤 것도 이보다 더 간단하기는 어렵다.[6)]

물론, 대상과 구조에서의 위치 사이에, 즉 직책을 맡고 있는 사람과 직책

6) 우리가 5장, §2에서 살펴보았듯이, Bertrand Russell (1919: 7장)은 이러한 2들 모두가 서로 다르다고 주장한다. 구조주의 문맥에서의 동일성에 대한 미묘한 논의는 Parsons 1990: 334를 참고할 수 있다.

사이에, 직관적인 차이점이 있다. 전술한 구조주의의 동기 중 많은 부분이 이 구별에 의존한다. 수, 집합, 점 (등등)이 **대상**(*objects*)이라는 것을 옹호하는 데 있어, 사물 앞 구조주의자는 언어의 실제에서의 구별에 호소한다. 실제로, 패턴들과 그 위치들을 논의할 때 수반되는, 서로 다른 두 가지 방향 설정이 있다. 때로, 한 구조의 위치들은 그 구조를 예증하는 하나 이상의 **체계들**(*systems*)의 문맥에서 취급된다. 예를 들어, 우리는 오늘 골키퍼가 어제는 스트라이커였다고, 현재 회계담당-비서가 전임자보다 조직에 더 헌신적이라고, 어떤 대통령들은 다른 대통령보다 더 진실성이 있었다고 말할 수 있을 것이다. 비슷하게, 우리는 von Neumann의 3이 Zermelo의 3보다 원소를 두 개 더 갖는다고 말할 수 있을 것이다. 각 경우에, 우리는 한 구조의 각 위치를 그 위치를 맡고 있는 대상들 또는 사람들의 측면에서 취급한다. 이것을 **위치는-직책-이다**(*places-are-offices*) 관점이라고 부르자. 그렇게 이해하면, 구조의 위치는 대상보다 속성에 더 가깝다. 직책-방향 설정은 그 구조의 위치들을 채우는 대상들에 대해, 그 대상들을 있게 하는 배후 존재론(background ontology)을 상정한다. 팀, 조직, 정부 등의 경우에, 배후 존재론은 사람들이고, 체스 게임의 경우에 배후 존재론은 작은, 옮길 수 있는, 전형적으로는 어떤 색과 모양을 갖는, 대상들이다. 산술의 경우, 집합이 – 또는 그 밖의 다른 것이 – 배후 존재론으로 충분할 것이다.

이 직책-방향 설정과 대조적으로, 주어진 구조의 위치가 혼자만의 힘으로 적어도 문법적으로는 **대상**(*objects*)으로 다루어지는 문맥이 있다. 즉, 때로는 위치를 나타내는 아이템이 고유명사와 같은 단칭어이다. 우리는 부통령이 상원의 의장이라고, 체스의 주교가 대각선으로 움직인다고, 검은색 칸에 있는 주교는 흰색 칸으로 움직일 수 없다고 말한다. 이것을 **위치는-대상-이다**(*places-are-objects*) 관점이라고 부르자. 여기에서 진술들은, 갖게 될지 모르는 어떠한 예증과도 독립적인, **보통 말하는 그런**(*as such*) 각자의 구조에 관한 것이다. 이 관점에서, 산술은 자연수 구조에 관한 것이고, 그 논의 영역은, 위치는-대상-이다 관점에서 다루어지는, 구조의 위치들로 구성된다.

똑같은 것이 실수와 복소수, Euclid 기하학, 그리고 아마 집합론과 같은 다른 분야들에도 해당된다.

여기에서의 착상은, 영어를 말하는 능숙한 화자들이 때로, 적어도 표면적인 문법에 관한 한, 수학적 구조의 위치들을 **대상들로서**(*as objects*) 다룬다는 것이다. Resnik이나 나 자신과 같은 어떤 구조주의자들은 이것이 수학적 언어의 기저를 이루는 논리적 형식을 준다고 생각한다. 즉, '7 + 9 = 16'과 '각 자연수 n에 대해서 소수 $m > n$이 있다' 같은, 산술의 언어에서의 문장들은 문자 그대로 자연수 구조의 위치들을 참조하는 것으로 간주된다. 수들을 나타내는 용어들은 위치는-대상-이다 관점 내에 있다. 수학에서, 수학적 구조의 위치들은 진짜 대상들이다.

그러면, 사물 앞 구조주의자들에게, 직책과 직책을 맡고 있는 사람 사이의 구별은 – 그리고 그래서 위치와 대상 사이의 구별은 – 적어도 수학에서는 상대적인 것이다. 하나의 관점에서 대상인 것이 다른 관점에서는 한-구조-내의-위치이다. 위치는-직책-이다 관점에서 배후 존재론은, 예를 들어 음의 정수가 자연수 구조를 예증한다고 말할 때 또는 Euclid 직선이 실수 구조를 예증한다고 말할 때, 다른 구조의 위치들을 구성한다. 정말이지, 위치는-직책-이다 관점에서의 배후 존재론은, 짝수인 자연수가 자연수 구조를 예증하는 것을 보면, 심지어 **논의하고 있는 바로 그 구조**(*the very structure under discussion*)를 구성할 수도 있다. 특히, 각 구조는 스스로를 예증한다. 그 위치들은, 대상들로서 이해될 때, 그 구조를 예증한다.

Michael Hand (1993)는 사물 앞 구조주의가, 전통적인 Aristotle 철학에서 사물 앞 보편자에 대항하는 '제 3의 사람(Third Man)' 논증의 한 버전에 흔들린다고 주장한다. von Neumann의 환원과 Zermelo의 환원 양자 모두 자연수 구조를 예증한다. 사물 앞 관점에서, 자연수 구조 자체도 자연수 구조를 예증한다. Hand는 그래서 사물 앞 구조주의자는 **새로운**(*new*) 구조, 즉 극상의 자연수 구조가 필요하다고 주장한다. 원래의 자연수 구조가 von

Neumann 및 Zermelo 체계와 함께 그 극상의 자연수 구조를 공유한다. 그리고 퇴행(regress)이 나타난다. 그러나, 사물 앞 관점에서, '자연수 구조 자체가 자연수 구조를 예증한다'는 문장은 구조에 대한 다른 방향 설정에 의존한다. 그 아이디어는, 위치는-대상-이다 관점에서 고찰되는 자연수 구조의 위치들은 어떤 체계로 체계화될 수 있고, 이 체계가 자연수 구조를 (지금 이 자연수 구조의 위치는 위치는-직책-이다 관점에서 바라본다) 예증한다는 것이다. 모든 구조들이 그렇듯이, 자연수 구조는, 위치들의 체계로서, 그 자신을 예증한다.

3. 구조 없는 구조주의

그래서 사물 앞 관점은 위치는-대상-이다 관점의 진술들이 문자 그대로, 액면 그대로 고려되어야 한다고 상정한다. '회계담당-비서', '골키퍼', '2', '6 + $3i$' 등과 같은 용어들은 대상을 나타내는 진짜 단칭어이다. 어떤 구조주의자들은 이것에 이의를 제기하고, 위치는-대상-이다 관점을 진지하게 고려하지 않는다. 위치는-대상-이다 진술은 문제의 구조를 예증하는 모든 **체계들**(*systems*)에 대한 일반화를 수반한다는 점에 주목할 수 있다. 부통령 – 그것이 Gore, Quayle, Bush, 또는 Mondale이든 아니든 간에 – 인 모든 사람은 그 정부에서 상원의 의장이다. 모든 체스에서 주교는 대각선으로 움직이고 검은색 칸에 있는 것들은 (같은 게임에서) 흰색 칸으로 결코 옮겨가지 않는다. 어떠한 사람도 포인트 가드이면서 동시에 파워 포인트가 될 수 없다.; 그리고 자연수에서 3의 역할을 하는 어떠한 것도 무엇이든 그 체계에서 2의 역할을 하는 것의 그 다음 수이다. 요컨대, 위치는-대상-이다 진술은 그 구조를 예증하는 **어떠한**(*any*) 체계에서도 그것 내의 위치들을 맡고 있는 대상들 또는 사람들에 적용된다.

구조에 대한 더 사물 내적인 해석을 찬성하여 사물 앞 접근을 거부하는 철학자는 위치는-대상-이다 진술이 문제의 그 구조를 예증하는 체계들에 대한 그 일반화를 편리하게 고쳐 말하는 것에 불과하다고 주장할 수 있을 것이다. 성공한다면, 이와 같은 조치는 위치는-대상-이다 관점을 전부 제거할 것이다. 그 논지는 위치는-대상-이다 진술이 문자 그대로 간주되어서는 안 된다는 것일 것이다. 또렷해 보이는 단칭어는 암묵적인 속박 변수들을 감춘다.

이 계획은 문제의 그 구조를 예증하는 모든 체계들에 대한 일반화가 가능하다는 것에 의존한다. 사물 내 프로그램에서, '3 + 9 = 12'와 같은 수학적 진술은 다음과 같은 어떤 것이 될 것이다.:

> 어떠한 자연수 체계 S에서도, S-의-3-위치의 대상이 S-의-9-위치의 대상에 더해지면 결과적으로 S-의-12-위치의 대상이 된다.

이와 같이 고쳐 말할 때, 보기에 과감한 존재론적 주장들은 위력을 잃는다. 예를 들어, '3이 존재한다'는 문장은 '모든 자연수 체계는 그 3-위치의 대상들을 갖는다'가 되고, '수들이 존재한다'는 '모든 자연수 체계는 그 위치들에 대상들을 갖는다'가 된다. 어떤 것도 이보다 더 위험하지 않기 어렵다.

수학적 진술들을 일반화로서 고쳐 말하는 프로그램은 구조주의의 한 표명(a manifestation)이다. 그러나 구조를 – 또는 그뿐 아니라 수학적 대상을 – 진짜 대상으로서 호의를 가지고 보는 것은 아니다. 수에 대해 이야기하는 것은 그 구조를 예증하는 모든 체계들에 관해 이야기하기 위한 편리한 속기(shorthand, 速記)이다. 구조에 대해 이야기하는 것은 일반적으로 체계들에 관해 이야기하기 위한 편리한 속기이다.

Charles Parsons (1990: §§ 2-7)는 이와 같은 견해를 제시한다. (그러나 곧 포기한다). 그는 그것에 **제거적 구조주의**(*eliminative structuralism*)라는 별칭을 준다.: '그것은 … 어떠한 것이고 자연수들을 위한 하나의 … 체계를 선정하는 것을 피한다 … [제거적 구조주의는] 구조주의의 견해가 기반하고 있는 고찰에 대한 매우 자연스러운 반응을 예시한다. 그것은 일종의 수학적 대상들에 관한 진술들을 어떤 유형의 구조에 관한 일반적인 진술들로 보고, 이 아이디어를 이용하여 문제의 그 유형의 수학적 대상들에 대한 지시를 제거하는 방법을 찾는 것이다.' (Parsons 1990: 307) Benacerraf (1965)가 정수론이 '수들의 순서 유형들에 대한 모든 [체계들]의 속성들을 상세하게 서술한 것이다'라고 쓸 때, 제거적인, 구조주의의 사물 내 버전(in re version of structuralism)을 채택한다. 물론, 이것은 그가 수가 대상이라는 논지를 거부하는 것과 결을 같이한다.

현재의 용어로 하면, 제거적 구조주의 프로그램은 위치는-대상-이다 진술들을 위치는-직책-이다 관점의 측면에서 고쳐 말한다. 위치는-직책-이다 방향 설정이 (사물 내(in re)) 구조(structures)의 위치들을 채우기 위해, 배후 존재론, 즉 논의 영역을 필요로 한다는 것을 기억해 보자. 그 제거적 프로그램의 잠재적 장애물은, 수학의 상당 부분이 말이 되기 위해, 배후 존재론이 꽤 튼튼해야만 한다는 점이다. 그 존재론의 대상들의 **본성**(*nature*)은 문제가 되지 않는다. 그러나 거기에 **많은**(*a lot*) 대상들이 있어야만 한다. 이것을 살펴보기 위해, Φ를 산술의 언어 내의 문장이라고 하자. 제거적 구조주의에 따르면, Φ는 다음 형식의 어떤 것과 마찬가지이다.:

(Φ′) 어떠한 체계 S에 대해서도, S가 자연수 구조를 예증하면 Φ[S]이다.

이때, Φ[S]는 Φ로부터, 산술의 용어들과 변수들을 체계 S의 대상들과 관계들의 측면에서 해석함으로써 얻어진다. 자연수 구조를 예증하는 모든 체계는 무한하게 많은 대상들을 가져야만 한다. 그래서 배후 존재론이 유한하면 자연수 구조를 예증하는 체계가 없다. 이 경우에, 문장 Φ가 무엇인지에 관계없이 Φ′이 참이 되게 된다. 즉, 배후 존재론이 유한하다면, '3 + 5 = 4'와 '모든 수가 소수(prime)이다'와 '어떤 수들은 소수가 아니다'의 해석들이 모두 참이다. 그래서 배후 존재론이 유한하다면, 결국 산술 문장에 대한 보통의 진리-값들을 준수하는 산술의 번역물을 얻지 못하게 된다. 그래서, 산술에 대한 제거적 구조주의의 설명은 무한한 존재론을 필요로 한다. 비슷하게, 실수와 Euclid 기하학에 대한 제거적 구조주의의 설명은 기수가 적어도 연속체의 그것이 되는, 배후 존재론을 필요로 한다. 집합론에 대한 제거적 설명은 심지어 더 많은 대상들을 필요로 한다. 그렇지 않으면, 그 분야들은 비어 있게 된다.

이 우려에 대한 (사물 앞 구조주의로의 회귀나 구조주의를 완전히 거부하는 것 이외의) 두 가지 대응이 있다. 하나는, 예증되어야 하는, 연구 중인 모든 구조들을 위한 충분히 추상적인 대상들의 존재를 가정하는 것이다. 즉, 수학의 합당한 분야들 각각에 대해, 우리는 그 분야들이 비어 있지 않게 할 만큼의 충분한 대상들이 있다고 가정한다. 이것을 **존재론적 선택**(*ontological option*)이라고 부르자. 그 견해가 **존재론적인 제거적 구조주의**(*ontological eliminative structuralism*)이다.

이 프로그램에서, 사람이 모든 (또는 거의 모든) 수학에 대한 단일한 설명을 원한다면, 추상적인 대상들에 대한 배후 존재론은 상당히 큰 것이어야만 한다. 몇몇 논리학자들과 철학자들은 집합론의 위계가 모든 수학의 존재론이라고 생각한다. 그 위계 내의 모든 집합들이 존재한다고 가정하면, 우리가 고려할 수 있을, 거의 모든 구조들을 예증하기에 충분한 대상들이 확실히 있을 것이다. 역사적으로는, 집합론의 한 가지 목적이 가능한 한 많은 구조들에 대한 모델을 마련하는 것이었기 때문에, 집합론은 제거적 구조주의의 배후 존재론이 될 수 있는 좋은 후보이다.[7] 체계와 만족시킴이라는 관련된 개념들은 보통의 모델 이론의 표준적인 부분이다. 구조는 모델-이론적 해석의 어떤 차수-유형(an order-type)이다.

---

7) 어떤 논리학자들과 수학자들은 수학이 집합론의 위계 이론이 아닌 다른 이론들로 번역될 수 있다는 것을 보여 왔다 (예를 들어 Quine 1937, Lewis 1991, 1993). 범주들의 범주가 수학을 위한 알맞은 토대라고 주장하는 일군의 헌신적인 사람들이 있다 (예를 들어 Lawvere 1966 참고). McLarty 1993은 구조주의를 범주론(category theory)의 측면에서 열중하여 표현한 것이다.

존재론적인 제거적 구조주의의 중대한 특징은 배후 존재론이 구조주의의 용어로 이해되지 않는다는 점이다. 집합론의 위계가 그 배경이라면, 집합론은, 결국, 특정 구조에 대한 이론이 아니다. 그보다는, 집합론은 특정 부류(class)의 대상들, 즉 배후 존재론에 관한 것이다. 아마 다른 관점의 견해에서는, 집합론은 특정 구조 U에 대한 연구로 생각될 수 있다. 그러나 이것은 U의 위치들을 채우는 또 다른 배후 존재론을 필요로 한다. 그 새로운 배후 존재론은 또 다른 구조의 위치들이라고 이해되어서는 안 된다. 또는 만약 그렇다면, 우리는 **그것의**(*its*) 위치들에 대한 또 다른 배후 존재론이 여전히 필요하다. 존재론적인 제거적 구조주의자는 이 퇴행를 멈추어야만 한다. 그 마지막 존재론은 구조의 측면에서 이해되지 못한다. 수학 내의 다른 모든 것이 그렇다고 할지라도 {말이다}.

존재론에서의 반-실재론에 마음이 기우는 일부 철학자들은 수학에 대한 구조주의의 설명에 동감을 표명해 왔다. 그러나, 물론, 그들은 사물 앞 구조에 호의를 보이는 것이 아니다. 유명론의 관점에서, 존재론적인 제거적 선택이 더 나은 것은 아니다. 그 배후 존재론 때문이다. 우리 유명론자는 우리가 구조보다는 **가능한 구조**(*possible structures*)를 말한다고 제의한다. 우리는 산술이 어떤 유형의 모든 체계들에 관한 것이라고 말하는 대신, 어떤 유형의 모든 **가능한**(*possible*) 체계들에 관한 것이라고 말한다. 다시, Φ를 산술의 언어 내의 문장이라고 하자. 앞의 존재론적 선택에서, 산술의 문장 Φ는 다음과 같이 해석된다. 즉, '어떠한 체계 S에 대해서도, S가 자연수 구조를 예증하면, $\Phi[S]$이다.' 현재의 선택에서 Φ는 다음과 같이 이해된다.:

> 어떠한 **가능한**(*possible*) 체계 S에 대해서도, S가 자연수 구조를 예증하면, $\Phi[S]$이다.;

또는 다음과 같이 이해된다.

필연적으로(*necessarily*), 어떠한 체계 S에 대해서도, S가 자연수 구조를 예증하면, $\Phi[S]$이다.

존재론적인 반-실재론자에게 어려운 문제는 산술, 해석학 등등을, 그 구조를 예증하는 체계가 있다는 가정 없이, 비어 있지 않게 하는 것이다. 현재의 해결책은 그런 게 아니라 그러한 체계가 가능하다고 짐짓 가정하는 것이다. 존재론적 선택 (또는 사물 앞 구조주의)과 달리, 여기에서 우리는 실제의, 풍부한 배후 존재론을 필요로 하지 않는다. 대신, 우리는 **가능할**(*possible*) 수 있는, 풍부한 배후 존재론이 필요하다. 이 견해를 **양상적인 제거적 구조주의**(*modal eliminative structuralism*)라고 부르자.

Hellman (1989)은 이와 같은 프로그램을 매우 세심하고 상세하게 실행한다. 그의 책 제목, **수 없는 수학**(*Mathematics Without Numbers*)은 사태를 멋지게 요약한다. 그것은 구조 – 또는 수학적 대상 – 의 존재에 호의를 보이지 않는, 수학에 대한 구조주의적 해명이다. 한 수학 분야의 진술은, 가능성이나 필연성에 대한 연산자가 취할 수 있는 범위 내의 일반화로 이해된다. 여러 가지 구조 또는 체계가 존재한다는 주장 대신에, Hellman은 그 체계가 존재할 수 있을 것이라고 주장한다.

아마 양상적인 선택과 관련된 중심 이슈는 언급되는 그 양상의 본성이다. 수학적 진술을 표현할 때 사용하는 '가능성'과 '필연성'은 무슨 의미인가? 아마 자연수 구조를 예증하는 체계가 있다는 것이 **물리적으로**(*physically*) 가능하다는 것이다. 우리는 Euclid 공간이 물리적으로 가능하다고 생각할 수도 있을 것이다. 그러나, 더 풍부한 어떠한 구조를 예증하는 체계가 물리적으로 가능하다고 주장하는 것은 이 양상 개념을 인지를 넘어 확장하는 것이다 (그럼에도 불구하고 Maddy 1990: 5장; 앞의 8장 §3 참고). 확실히, 그렇게 많은 물리적 대상들이 존재하는 것은 가능하지 않다.

관련된 양상 연산자는 **형이상학적**(*metaphysical*) 가능성으로 이해되어서도 안 된다. 직관적으로, 수학적 대상 – 수, 점, 집합 등과 같은 – 이 조금이라도 존재한다면, 그 존재성은 불가피하게 형이상학적으로 그렇다. 수학적 대상의 존재에 대한 지지자와 반대자들 대부분이 '자연수가 존재한다'가 '가능적으로(possibly), 자연수가 존재한다' 그리고 '필연적으로(necessarily), 자연수가 존재한다'와 동등하다는 데 동의한다. 똑같은 것이 거의 모든 수학적 대상들에 적용된다. 적어도 그것들이 전통적으로 이해될 때 {말이다}. 그래서, 배후 존재론에서 아이템들의 존재성과 가능한 존재성은 동등하다. 그래서 형이상학적인 양상의 사용은 제거적 구조주의의 존재론적 부담을 실제로 약화시키지 않는다 (비슷한 논점에 대한 상세한 서술은, Resnik 1992 참고).

이러한 이유들 때문에, Hellman은 물리적 또는 형이상학적 가능성에 호소하지 않는다. 대신, 자신의 제거적 구조주의를 위해 **논리적인**(*logical*) 양상들을 동원한다. 우리 산술의 문장 Φ는 다음과 같이 된다.:

> 어떠한 **논리적으로 가능한**(*logically possible*) 체계 S에 대해서도, S가 자연수 구조를 예증하면, $\Phi[S]$이다.

논리적인 가능성은 무모순성과 비슷하다. 이 관점에서, 양상 구조주의자(modal structuralist)는 자연수 구조, 실수 구조 등을 예증하는 체계가 있다는 것이 논리적으로 가능하다고만 가정하면 된다.

이전 장(chapter)의 §2과 §4에서의 문제가 여기에서 나온다. 현대 논리학 교과서와 수업에서 논리적 양상들은 **집합**(*sets*)의 용어로 이해된다. 문장이 논리적으로 가능하다고 말하는 것은 그것을 만족하는 어떤 집합이 **있다**(*there is*)고 말하는 것이다. 그러나, 제거적 구조주의의 양상적인 선택에 따르면, 어떤 집합이 있다고 말하는 것은 집합론의 위계의 구조를 예화하는 논리적으로 가능한 모든 체계에 관한 무엇인가를 말하는 것이다. 이것은 받아들일 수 없는 순환성이다. 수학적 '존재성'을 논리적 가능성의 용어로 표현하는 것은, 후자가 집합론의 위계에서의 존재성의 용어로 표현되어야 한다면, 도움이 되지 않는다. 그 견해들을 모아 보면, 문장이 논리적으로 가능하다는 진술은 정말이지 집합론의 모든 집합론적 모델들에 관한 진술이다. 누가 그러한 모델들이 있다고 말하는가? Hellman은 이 간단한 논점을 받아들이고, 그래서 논리적 양상들에 대한 표준적인, 모델 이론적인 설명을 반대한다. 대신, 그는 논리적 개념을 집합론으로 환원될 수 없는, 근원적인 것으로 간주한다.

4. 구조에 대한 지식

구조주의의 서로 다른 버전들은 서로 다른 존재론들을 갖고 수학적 진술들을 해석하기 위해 서로 다른 개념적 자원들을 사용한다. 그래서 구조주의의 서로 다른 버전들은 서로 다른 인식론들을 갖는다. 존재론적인 사물 내 구조주의자(ontological in re structuralist) (예를 들어 Benacerraf)는 구조의 위치를 채울 대량의 추상적인 대상들을 필요로 한다. 수학 명제는 이 존재론에 관한 일반화로 이해된다. 이 견해의 구조주의적인 부분은 본질적으로, 좋은 평을 받고 있는 수학적 논리의 분야인, 모델 이론이다. 그래서 많은 부분은 철학적으로 문젯거리가 되지 않거나 특별히 그렇지는 않다. 존재론적인 제거적 관점에서, 어려운 부분은 우리가 어떻게 사물 내 구조를 예증하는 추상적 대상들의 체계(*systems*)에 관한 어떤 것을 알 수 있는지를 이해하는 것이다. 그래서, 존재론적인 제거적 구조주의는 존재론에서의 실재론 (플라토니즘)으로부터 그 문제들과 가능한 해결책들을 물려받는다.

사물 앞 구조주의자가 구조들의 세계가 존재한다는 것을 긍정적으로 가정한다는 것을 기억해 보자. 구조들은 그것들을 예증하는 어떠한 체계들과도 독립적으로 존재한다. 그래서 수학적 지식은 그러한 구조들의, 그리고 구조들에 관한 지식이다. 그래서 사물 앞 구조주의자는 우리가 어떻게 이 지식을 성취하는지를 숙고해야만 한다. 양상 구조주의자 (예를 들어 Hellman)는 어떤 체계가 가능한지를 우리가 어떻게 아는지에 대해서, 그리고 가능한 체계에서 성립하는 지식을 우리가 어떻게 얻는지에 대해서 숙고해야만 한다. 나는 이 이슈가 사물 앞 구조주의자의 인식론적 문제와 밀접하게 관련되어 있다고 제의한다. 사물 앞 구조주의자가 주어진 구조가 존재한다고 말할 때, 양상 구조주의자는 상응하는 체계가 논리적으로 가능하다고 말한다. 그리고 거꾸로도 마찬가지이다. 그래서 나는 두 견해를 함께 다룰 것이다.

4.1. 패턴 인지와 기타 추상

구조주의자는 사람이 구조를 **패턴 인지**(*pattern recognition*)를 통해 이해할 수 있다는 논제로부터 시작할 수 있을 것이다. 물론, 패턴 인지는 인지 심리학에서 헤아리기 어렵고 도전적인 문제이다. 그리고 그 기저를 이루는 심리 과정에 대해 받아들여진 설명이 없다. 그럼에도 불구하고, 패턴 인지는 철학적으로, 예를 들어, Gödel식의 직관이 그렇다고 여겨지는 것 같은 (8장, §2 참고), 그런 신비로운 것이 아니다. 여기에서, 나는 그 작동 절차의 몇 가지 사례를 예시하고, 그것이 어떻게 작은 구조들에 대한 이해로 이어질 수 있는지 보인다. 물론, 이 구조들이 사물 앞 관점으로 이해되어야 하는지 아니면 사물 내 관점으로 이해되어야 하는지라는 질문이 여전히 남아 있을 것이다.

글자, 숫자, 짧은 문자열 등에 대한 인지로부터 시작하자. 이것들은 앞에서 언급된 유형-토큰 이분법의 가장 간단한 사례, 그리고 추상의 가장 간단한 사례들 중 하나이다. 이러한 유형들은 그것들의 토큰들을 통해 이해된다. 우리는 몇몇 토큰들을 보고 어떻게든지 하여 그 유형에 관한 지식을 얻는다.

지식이 없는 사람에게 문자를 소개하는 주요한 메커니즘은 실물 지시적 정의(ostensive definition)이다. 부모는 예를 들어 몇몇 대문자 'F'의 사례를 가리키고 'efff'라고 발음한다. 결국, 어린이는 그것이 특정한 토큰이 아니라, 지시되어지는 글자 – 유형 – 이라는 것을 이해하게 된다. Ludwig Wittgenstein (1953)은 실물 지시적 정의의 실행이 선생과 학생 양측 모두의 능력을 전제로 한다는 것을 상기시켰다는 점에서 주목된다. 그들은 지시되고 있는 것의 종류를 이미 인지할 수 있어야만 한다. – 그것의 그 종류가 무엇이든지 간에. 그래서 구조주의자는 패턴 인지 그것만으로 인식론적 문제들이 해결된다고 주장하지 않는다.

학습의 과정 전체를 통해서, 각각의 문자 유형은 점점 더 많은 종류의 대상들에 의해 예증되는 것으로 보인다. 물론, 처음에는 어린이가 유형 'F'를 대략적으로 같은 모양을 갖는 토큰들과 관련시킨다.: 똑바른 세로 선과 오른쪽으로 불쑥 나온 (세리프(serifs)가 있거나 또는 그렇지 않은) 두 개의 평행한 선인데, 이 중 하나는 꼭대기에 있고 더 짧은 것은 중간에 있다. 그러나, 곧 어린이는 토큰들을 대문자 'F들'로서의 '*F*', '*F*', '*F*', '*F*'와 같은 다른 모양들과 동일시하는 것을 배운다. 그리고 나서 어린이는 대문자와 소문자 'F들'을 모두 포함하는 토큰들에 대해 하나의 유형이 있다는 것을 안다.

이 지점에서, 초점을 맞추어야 할 공통의 모양 같은 것은 없고, 그래서 우리는 단순한 추상을 넘어서 나아간다. 여전히, 여러 가지 'F'의 모든 토큰들은 물리적으로 적힌 것들이다. 그것들은 약간의 잉크, 흑연, 분필, 탄 토너, 픽셀 등으로 이루어져 있다. 그러나 어린이는 또한 어떤 **소리들**(*sounds*) 중에도 토큰이 있다는 것을 알게 된다. 'efff' 소리도 또한 하나의 'F'이다. 거기에는 기호 언어, 수기 신호, 연기 신호, 모르스 기호 등이 있다. 암호화할 때는, 한 문자가 **다른 문자들**(*other characters*) (의 토큰들)을 토큰으로 하여 나타내어질 수도 있을 것이다. '보게 Watson, 여기에서 "H"는 "A"이고, "C"는 "B"이고 … .'

나는 우리가 지금 구조 또는 **패턴의 위치들**(*places in a pattern*)에 관하여 생각하고 있다고 제의한다. 여러 가지 'F들'이 공통적으로 가지고 있는 것은 그것들 모두가 알파벳과 여러 가지 문자열에서 같은 역할을 한다는 것이다.

이때쯤 우리 어린이는 알파벳 구조를 인지하는 법과 'F'가 그 안의 위치 – 여섯 번째 위치 – 라는 것을 알게 된다.

또 다른 간단한 종류의 패턴인, 작은 기수(cardinal numbers)를 생각해 보자. 각각의 자연수 n에 대해, 정확히 n개의 대상들로 이루어진 모든 체계들에 의해 예증되는 하나의 구조가 있다. 예를 들어, 4-패턴(*4-pattern*)은 네 개의 대상들의 모든 무리들에 공통된 구조이다. 4-패턴은 현악 4중주의 멤버들에 의해, 그들의 악기들에 의해, 전형적인 방의 벽들에 의해, 그리고 두 켤레의 장갑들에 의해 예증된다. 우리는 '2-패턴', '3-패턴' 등등을 비슷하게 정의할 수 있다. 이러한 것들을 '유한한 기수 구조(finite cardinal structures)'라고 부르자. 각각의 유한한 기수 구조는 관계를 가지고 있지 않고 그래서 구조치고는 간단하다. 우리는 퇴화된 경우로서 '1-패턴'을 포함한다. 그것은 관계를 가지고 있지 않은 단 하나의 대상으로 이루어진 '체계'에 의해 예증된다.

부분적으로, 우리 어린이는 실물 지시적 정의를 통해 기수에 관해 배우기 시작한다. 부모는 네 개의 대상들의 그룹을 가리키면서 '넷'이라고 말한다. 그리고 나서 네 개 대상들의 다른 그룹을 가리키면서 그 연습을 반복한다. 결국, 그 어린이는 패턴 자체를 인지하는 법을 알게 된다. 실질적으로 앞에서 문자 유형에 관해 논의된 모든 것이 필요한 부분만 약간 수정하여(*mutatis mutandis*) (작은) 유한한 기수 구조에 적용된다.

아마, 처음에는, 우리 어린이는 4-패턴이 우연히 서로 가깝게 위치해 있는 물리적 대상들의 체계에만 적용된다고 믿을지 모른다. 그러나 곧 모든 종류의 체계들을 고려하는 법을 배우고 4-패턴이 보편적으로 적용된다는 것을 알게 된다. 우리는 태양계의 행성들, 주어진 단어의 글자들, 시계의 종소리들, 그림의 색들을 센다. 그리고 속성들도 센다.: '정의와 자비는 두 가지 기본 미덕이다.' 어떤 것도 셀 수 있기 때문에, 모든 종류의 체계들이 기수 패턴을 예증한다. 10보다 작은 네 개의 소수가 있다는 것을 주목할 때 수(*numbers*)를 세기도 한다. 즉, {2, 3, 5, 7} 같은 수의 체계는 유한한 기수 구조를 예증한다.

문자 유형과 기수 구조에 관한 지식을 패턴 인지를 통해 얻기 위해, 주체는 토큰들 그리고 대상들의 무리들을 **관찰해**(*observe*)야만 한다. 그래서 그런 의미에서, 패턴 인지를 통해 얻어진 지식은 선험적이지 않다. 그러나, 특별한 표본이 필요하지는 않다 – 관련된 유형의 어떠한 토큰과 적절한 크기의 어떠한 무리로도 충분할 것이다. 색 개념과 관련된 상황이 비슷하다. 추측하건대, 그 색이 어떤 색깔인지 알기 위해서는 지각적 경험들이 필요하다. 그러나 적어도 색에 관한 어떤 명제들이 선험적이라는 것은 그럴듯하다. 예를 들어, 모든 녹색 물체는 색이 있다는 것, 그리고 어떠한 것도 전체가 붉으면서 동시에 전체가 녹색이지는 않다는 것 등을 우리는 선험적으로 알 수 있을 것이다. 누군가는 비슷한 노선을 따라 우리가 유한한 구조에 관한 어떤 사실들에 대해 선험적인 지식을 갖는다고 주장할 수 있을 것이다. 아마 우리는 4-패턴을 예증하는 어떠한 체계도 3-패턴을 예증하는 어떠한 체계보다 더 크다는 것을 선험적으로 안다.

사물 앞 구조주의자는 실물 지시적 정의와 패턴 인지가 작은, 사물 앞 구조에 대한 지식을 산출한다고 논하거나 또는 단순히 주장할 것이다. 지금까지, 이것은 삼키기 어려운 약이다. 덜 과도한 설명들이 나타나고 있기 때문이다. 양상 구조주의자는 이 단계에서 그것을 더 쉽게 한다. 분명히, 직접 지시되는 **체계들**(*systems*)이 존재하고, 그래서 그러한 체계들의 **가능성**(*possibility*)과 관련된 문제는 없다.

이 지점에서 우리가 기껏해야 인식론적 그림의 단지 간단한, 유한한 패턴만 가지고 있다는 점을 주목할 수 있다. 그 구조들은 유한할 뿐만 아니라 매우 작다. 분명히, 간단한 패턴 인식은 구조주의 인식론의 불충분한 시작일 뿐일 수 있다. 구조주의자들이 진지한 수학 철학을 제시해야 한다면 {말이다}.

어떤 지점에서, 우리 어린이 교육에서 아직 이른 시기에, 그 어린이는 패턴 인지를 통해 한꺼번에 인지할 수 있는 것들을 넘어서는, 그리고 실제로 세었던 또는 심지어 셀 수 있었을 것들을 넘어서는, 기수 구조들을 이해할 수 있는 능력을 발휘한다. 원자 물리학, 천문학, 미국의 국가 채무에 필요한 크기는 말할 것도 없고, 12,444 패턴은 어떠한가? 누구도 그 기수 구조를 추상할 만큼 충분하게 큰 체계를 관찰한 적이 없다. 예를 들어 누구도 4조 달러 치 지폐의 체계를 세었던 적이 없다 (그렇게 많은 것이 없기 때문에). 확실히 우리는 그러한 패턴을 단순 추상과 사물 지시적 정의에 의해 배우고 가르치지 않는다. 부모는 '저기 좀 봐, 저게 12,444야'라고 말하지 않는다. 그러나 우리는 큰 수들을 쉽게 말한다. 우리는 물리적 대상의 분자의 수와 다른 은하계까지의 거리 등에 관해 배우고, 논의하며, 그것들을 능숙히 다룬다. 큰 유한한 구조를 수용하기 위해 구조주의자는 더 많은 추측을 해야만 한다.

학습하는 우리 어린이로 돌아가면, 아마 그 어린이는 **숫자들**(*numerals*)의 수열을 반추하여, 결국 그 수열이 자신이 실제로 세어 본 무리들을 넘어서서 나아간다는 것을 알아차린다. 그리고 나서 그 어린이는 어떠한 유한한 무리도 세어질 수 있고, 그래서 기수를 갖는다는 것을 발견한다. 관련하여 인간이 패턴 인지와 닮았지만 단순한 추상을 넘어서는 능력을 가지고 있을 가능성이 있다. 작은 유한한 구조들은, 일단 추상되면, 패턴 자체를 보여주는 것으로 보인다. 예를 들어, 유한 기수 구조들은 자연스러운 순서에 관여한다.: 1-패턴 다음에 2-패턴 다음에 3-패턴 등등. 그리고 우리는 이 패턴들의 패턴을 단순한 추상에 의해 얻어지는 구조들 너머로 **투사한다**(*project*). 다음의 것에 의해 표현된 패턴들을 학습하는 우리 어린이를 생각해 보자.:

|, | |, | | |, | | | |.

이러한 유한한 패턴들을 반추할 때, 그 주체는 패턴들의 수열이 자신이 사례를 보았던 것들을 넘어서서 잘 나아간다는 것을 깨닫는다. 아마 이것이 사물 앞 구조주의의 초기 힌트이다. 또는 실제 세계에 의해 예증되지 않는 사물

내 구조주의의 가능성이다. 어느 경우이든, 그래서 우리 주체는 12,444 개의 짧은 선 수열에 대한 관념을 얻고, 12,444-패턴의 관념을 얻는다. 그리고 나서 얼마 안 되어, 그 어린이는 4-조-패턴을 파악하고, 그래서 국가 채무에 대한 어떤 감을 잡게 된다.

이 많은 것이 받아들여질 수 있다면, 가장 간단한 무한 구조는 바로 가까이에 있다. 더 이상 어린이가 아닌, 우리 주체는 점점 더 큰 유한한 구조들의 수열을 계속해서 반추하여 **유한 기수 구조 그 자체**(*finite cardinal structure per se*)의 개념을 파악한다. 유한 기수 구조는 다음과 같이 순서 지어진다.:

$$|,\ ||,\ |||,\ ||||,\ \cdots,$$

여기에서 수열은 끝이 없다. 사물 앞 구조주의자는 우리 주체가 유한 기수 구조들의 수열이 무한정 나아간다는 것을 발견한다고 주장할 것이다. 양상적인 제거적 구조주의자는 대신에 각 n에 대해 크기 n인 체계가 있을 수 있다면 n보다 더 큰 체계가 있을 수 있다고 말할 것이다. 어느 경우에도, 그 주체는 (가능한) 유한 기수 구조들의 (가능한) 체계가 **패턴을 갖는다**(*has a pattern*)는 것을 깨닫는다. 각각의 유한 기수 구조에 대해서, 다음으로-가장-큰 유일한 구조가 있고, 그래서 가장 긴 유한 기수 구조는 없다. 유한 기수 구조들의 체계는 적어도 잠재적으로 무한하다. 결국, 그 주체는 이 유한 패턴들의 **구조**(*structure*)를 정합적으로 논의할 수 있고, 아마 이 구조에 대한 Peano 공리 버전을 공식화한다. 우리는 이제 자연수 구조에 이르렀다.

사물 앞 구조주의자는 그 과정을 다음과 같이 특징짓는다.: 사람은 먼저 유한 기수 구조를 혼자만의 힘을 갖고 있는 **대상**(*objects*)으로서 찬찬히 바라본다. 그리고 나서 적절한 순서를 갖는 이러한 유한 구조들의 무리로 이루어진 **체계**(*system*)를 형성한다. 마지막으로, 이 체계의 **구조**(*structure*)를 논의한다. 이 전략이 여러 가지 유한 구조들의 멤버들이 아니라 그 유한 구조들을, 체계로 체계화될 수 있는 **대상들**(*objects*)로 해석하는 것에 의존한다는 점에 주목할 수 있다. 필요한 패턴을 드러내는 것은 **구조**(*structures*)이다. 그래서 우리는 구조-체계 이분법에 새로운 주름을 갖게 된다. 하나의 관점 – 유한 기수 구조들의 관점 – 에서 구조인 것은 또 다른 것에서의 **대상**(*object*)이다. 유한 구조들은 그 자체로 하나의 체계로 체계화되고, 그 체계의 구조가 찬찬히 살펴진다. 4-패턴 자체는 자연수 구조에서 4의 역할을 한다. 양상적인 제거적 구조주의자는 본질적으로 같은 이야기인 것을 말하기 위해 다른 개념들을 사용할 것이다.

자연수 구조는 시간의 흐름을 반추함으로써 도달될 수도 있다. 시간-축이 일 초 간격으로 이산적인 순간들로 나누어지는 것으로 생각하면, 이제부터 그 순간들은 자연수 구조를 예증한다. 자연수 구조는 문자들의 유한한 수열들

a, aa, aaa, aaaa, aaaaa.

을 반추함으로써 도달될 수도 있다. 또는 아마 우리 주체는 계속해서 증가하는 'a'들의 수열을 반추하여 (한 쪽 방향으로) 끝나지 않는 수열의 개념을 공식화할 수 있다. 물론, 사람은 이 무한한 열의 토큰을 적을 수 없다. 대신에 실제로는 다음과 같은 어떤 것을 쓰게 된다.:

aaaaaaaa …

학생들은 결국 생략부분 '…'이 무엇을 의미하는지 이해하게 된다. 학생들이 무한한 패턴을 정합적으로 논의하고 심지어는 그것을 다른 이들에게 가르칠 수 있다는 의미에서 {말이다}. 그것을 할 때, 학생들은 자연수 구조(의 한 사례)를 파악했다. 구조주의자의 관점에서, 문자 유형들의 수열과 자연수는 큰 차이가 없다 (Corcoran 외 1974 참고).

주어진 구조가 이해된 후에, 다른 구조들이 그것의 측면에서 특징지어지고 이해될 수 있을 것이다. 예를 들어, 정수-구조는 자연수 구조와 비슷하지만, 양 쪽 방향으로 끝이 없다.

… | | | | | | …

다시, 학생들은 결국 의미하는 것을 이해하고 그 구조를 정합적으로 논의할 수 있다. 유리수 구조는 적절한 관계를 갖는, 자연수들의 쌍들의 구조이다.

더 큰 구조를 얻기 위해, 우리 주체는 유리수들의 어떤 **집합들**(*sets*)을 Dedekind 절단의 경우와 같이 찬찬히 바라볼 수 있다. 또는 유리수들의 무한한 어떤 수열들을 Cauchy 수열의 경우와 같이 심사숙고할 수 있다 (집합이나 수열에 대한 그러한 이야기가 정합적이라고 가정하고서). 물론, 이 두 가지 기법들은 서로 다르다. 그러나 똑같은 구조, 즉 실수 구조를 낳는다. 우리 주체가 실제의 또는 가능한, 물리적 또는 기하적 양들을 숙고함으로써 실수 구조 (또는 그것을 예증하는 가능한 체계)를 머릿속에 얻는 것이 더 자연스러울지 모른다. 그것을 표현하는 것은 종종 교육에서의 난제이지만, 일단 학생이 그 구조 안에서 적절한 언어로 작업하는 능력을 얻고 나면 문제가 발생하지 않는다. 우리는 적어도 의사소통이라는 현상을 알고 있고, 현재의 설명에서, 그것은 구조 – 또는 가능한 체계 – 에 관한 사실들의 의사소통이다.

물론, 추상적 대상들에 관한 회의론자는 사물 앞 구조주의의 존재론적 주장에 대해 망설일 것이다. 그는 기껏해야 우리가 물리적으로 적힌 것 (즉, 토큰)과, 물리적 대상들의 무리의 술어에 관해 이야기하고 있을 뿐이라고 주장할 것이다. 결국, 그것이 우리가 접촉하는 전부이다. 그는 패턴 인지와 그 외의 다른 유형의 추상이 추상적 대상들에 관한 **믿음**(*beliefs*)과 예증되지 않은 패턴을 정합적으로 논의하는 능력으로 이어진다는 것을 받아들일지 모른다. 그러나 우리 존재론적 반-실재론자는 이러한 메커니즘들이 그 구조 (또는 적어도 그 위치에 있는 대상)가 존재하지 않는 한 **지식**(*knowledge*)을 산출하지 않는다고 주장할 것이다. 우리가 이 마지막, 존재론적 주장을 확립했었던가? 그것이 이 질문을 하지 않고 주장될 수 있는가?

그래서 사물 앞 구조주의자는 때로 그 메커니즘들이 어떻게 구조에 대한 진실된 지식을 전하는지에 대해 추측적으로라도 설명할 의무가 있다. Resnik (1997: 11장)는 우리의 조상들 (그리고 짐작건대 우리 자신들)이 적어도 작은 추상적인 (사물 앞) 구조들에 '전념하게(committed)' 할 수 있었던 그 '발생적(genetic)' 과정을 기술한다. 그가 추상의 과정을 그다지 신뢰하지 않긴 하지만 {말이다}. Resnik는 물리적 대상들과 수학적 대상들 양자 모두의 존재가 세계에 대한 우리의 전체적인 '이론'의 부분으로서 상정된다고 주장한다는 점에서 Quine을 따른다. 어떠한 유형의 대상 – 바위, 야구, 전자, 수, 구조 – 이든지 그 존재성은 전일적인(holistic) 이유로, 과학에서의 그 역할에 근거하여 정당화된다. 그것은 우리의 오랜 친구인 필수불가결성 논증으로서, 지금은 구조에 적용된다. 내 자신의 인식론 (Shapiro 1997: 4장)은 명료한 수학 철학으로서의 구조주의의 견고성을 중심으로 전개된다. 나는 구조가 존재한다는 것을 해명한다. 그것에 따르면 구조를 논의하는 능력이 그 구조가 정합적으로 존재한다는 증거이다. 존재론적 실재론의 논증은 때로 '최선의 설명으로의 추론(inference to the best explanation)'이라고 불리는 유형의 한 사례이다. 그 아이디어는 어떤 경험들이 구조가 존재한다는 것의 증거로 간주될 수 있음을 그 구조의 본성이 보증한다는 것이다.[8)]

Hellman 같은 양상적인 제거적 구조주의자는 구조가 존재한다는 것을 보일 필요가 없다. 단지 그것들이 가능하다는 것을 보일 뿐이다. 심리적인 메커니즘이 그 작업에 도움이 될 수 있을 것이다. 앞에서 나타난 것처럼, 이것은 수반되는 양상의 본성에 의존한다. 양상적인 제거적 구조주의자는 어떻게 패턴에 관한 믿음에 이르는 그 메커니즘이 때로 어떤 체계가 가능한지에 관한 진실된 지식을 산출하는지에 대해 설명할 의무가 있다.

---

8) 이 인식론적 제안의 귀결은 추상-구체 경계의 흐려짐이다 (Resnik 1985와 1997: 6장, Shapiro 1997: 8장, Maddy 1990 참고). 거기에 차이가 없다는 것이 아니라 – 흐릿한 경계도 여전히 경계이다 – 그 차이가 선명한 철학적 선언을 허용하지 않는다는 것이다. 또는 깊은 질문에 대한 쉬운 대답이라는 것이다. Parsons (1990: 304)는 자신이 '유사-구체(quasi-concrete)'라고 부르는 개체들의 역할을 기술한다. 그것들은 구체적인 사례들을 갖는 추상적인 대상들이다.

4.2. 암묵적 정의

앞에서 소개한 어느 기법이든지 그것에 의해 이해될 수 있는 구조의 크기에는 한계가 있다. 사람은 간단한 패턴 인지를 매개로 하는 구조를 그 구조를 예증하는 체계를 지각함으로써만 파악한다. 그러한 구조는 기껏해야 유한한 작은 개수의 위치들을 가질 수 있다. 패턴 인지를 넘어선 확장은 큰 유한한 구조, 자연수 크기를 갖는 구조, 그리고 아마 실수 크기를 갖는 구조에 대한 지식을 산출한다. 그러나 그 이상은 아니다. 우리는 여전히 수학에서 고려되는 구조의 전체 범위에 턱없이 미치지 못한다. 우리는 구조를 파악하는 데 있어 더 강력한, 그러나 더 추측적인 기법으로 관심을 돌린다.[9]

특정 패턴을 이해하고 의사소통하는 하나의 방법은 그것에 대한 직접적인 묘사를 통하는 것이다. 예를 들어, 농구 수비는 다음과 같이 묘사할 수 있을 것이다.: 포인트 가드는 이 위치에 서서 플로어의 이 부분을 맡고, 파워 포워드는 저것을 하고 등등. 비슷하게, 미국 정부의 구조는 여러 가지 직책들과 그 여러 가지 직책을 맡고 있는 사람들이 서로 관련되어 있는 방식을 열거함으로써 묘사될 수 있다. 물론, 어느 경우이든, 청자는 잘못 이해하여 특정한 체계(*system*)가 묘사되고 있다고 생각할 수 있을 것이다. 그는 이 혼동을 다음과 같은 부적절한 질문으로 드러낼지 모른다. '스몰 포워드의 어머니의 성함은 무엇인가요?' 또는 'South Carolina에서 온 상원의원은 공화당원입니까?' 그러나, 결국 알맞게 준비된 청자는 묘사되고 있는 것이 구조 자체이고, 그래서 그것의 어떠한 특정 사례가 아니라는 것을 이해할 것이다. 나는 이 이해의 기저에 있는 심리-언어적 메커니즘을 조명해야 한다고 주장하지 않는다. 청자의 입장에서는 엄청난 전제들이 있다. 그럼에도 불구하고, 적어도 어떤 청자들이 그것을 파악하는 것은 분명하다.

---

9) Shapiro (1997: 4장, §§5-6)는 신-논리주의자 Wright (1983)와 Hale (1987, 앞의 5장, §4 참고)이 이용하는 추상과 어떤 면에서 비슷한 어떤 유형의 언어적 추상에 대해 그 윤곽을 그린다. 이 접근에서는, Hume의 원리가 자연수 구조에 대한 지식을 산출한다.

우리는 여기에서, 수학적 논리에서 친숙한 기법인 **암묵적 정의**(*implicit definition*)의 사례를 얻는다. 암묵적 정의는 일군의 아이템들을 **서로 간의**(*to each other*) 관계의 용어들로 동시에 특징짓는 것이다. 현대 철학에서 이것은 때로 '기능적 정의(functional definitions)'라고 불린다.[10] 여기에서, 논제는 성공적인 암묵적 정의가 구조 또는 가능한 체계를 특징짓는다는 것이다.

구조를 암묵적 정의에 의해 특징지을 때, 그 구조의 위치를 나타내기 위해서 단칭어를 사용한다. 예를 들어, '포인트 가드'와 '부통령'은 한정기술(definite descriptions) 또는 고유명사이다. 그러나, 암묵적 정의에서 용어들은 사람들을 나타내지 않는다.; 각 구조에서의 위치들을 나타낸다. 단칭어는 직책을 나타내지 직책을 맡고 있는 사람을 나타내지 않는다. 앞의 §2에서는 구조주의에 대한 이러한 방향 설정이 '위치는-대상-이다'라고 불린다.

암묵적 정의가 구조의 사례가 드러나지 않을 지라도 그 구조를 묘사할 수 있다는 점을 주목할 수 있다. 우리는 아직까지 시도되지 않았던 농구 수비나 정부의 변형물을 묘사할 수 있을 것이다. 누군가는, 한 명은 군대의 총사령관이고 다른 한 명은 법안에 대해 거부권을 행사할 수 있는 사람인, 두 명의 대통령이 있다면 어떻게 될지 호기심을 가질 수 있을 것이다. 만약 성공한다면, 그것은 사물 앞 구조주의 또는 그렇지 않으면 가능한 체계들을 묘사한다(준비되어 있는 구조주의의 버전에 따라).

정수론 교과서의 시작 페이지에서 우리는 각 자연수가 고유한 그 다음 수를 갖고, 0은 어떠한 수의 그 다음 수도 아니고, 수학적 귀납법이 성립한다는 것을 읽을 수 있을 것이다. 비슷하게, 실해석학 논문은 '실수'라고 불리는

---

10) 예를 들어, 심리 철학에서, '고통'의 기능적 정의는 고통을, 그것과 ('입력물(input)'과 '출력물(output)' 뿐 아니라) 신념, 욕구, 그리고 다른 심리적 상태와의 관계 측면에서 특징지으려는 시도일 것이다. 덧붙여 말하면, '암묵적 정의'라는 어구에는 모호함이 있다. 여기에서는 그것을 몇몇 아이템들의 서로 간의 관계들의 측면에서의 동시적인 정의{라는 의미}로 사용한다. 다른 의미에서, '암묵적 정의'는 언어의 그 용어들 중 하나를 제외한 전부가 이미 정해진 의미를 가지고 있다는 것을 상정하고, 그 하나의 용어를 아직 정의되지 않은 그 용어를 사용하는 문장들을 제공함으로써 정의하려고 시도한다. '명시적 정의(explicit definitions)'와 대조된다.

어떤 수학적 대상이 연구될 것이라는 고지로 시작할지 모른다. 이러한 대상들에 관해 우리가 듣는 유일한 것은 어떠한 관계들이 그것들 사이에 성립한다는 것이다. 예를 들어 우리는, 수가 조밀한 선형 순서를 갖는다, 결합적이고 교환 가능한 덧셈과 곱셈 연산이 있다는 것 등을 안내받는다. 대상 자체는 문제가 안 된다는 인상을 쉽게 받는다.; 관계와 연산 또는, 한 마디로, 구조가 연구되어지는 것이다. 이것들을 암묵적 정의로 읽는 것은 정직한 일이다. 암묵적 정의에서 진술은 때로 '공리'라고 불린다.

6장의 §2에서 우리는 David Hilbert (1899: §1)가 기하학에 대한 자신의 고전적인 처치에서 암묵적 정의를 제공하는 것을 보았다.: '우리는 … 점들, 직선들, 평면들이 상호간에 어떤 관계들을 갖고 있다고 생각한다. 그것을 우리는 "위치하다", "사이에", "평행한", "합동인", "연속인" 등과 같은 말을 수단으로 나타낸다. 이 관계들의 완전하고 정확한 기술은 기하학의 공리들(*axioms of geometry*)의 귀결로서 생긴다.' Hilbert의 연역주의는 구조주의와 공통점이 많다 (Shapiro 1997: 5장 참고).

암묵적 정의는 수학적 지식이 선험적이라는 오래-지속된 믿음을 지지한다. 다시, 암묵적 정의는, 그것이 어떤 것이든지를 특징짓는다면, 가능한 체계들의 부류 또는 구조를 특징짓는다. 그래서 감각 경험이, 암묵적 정의를 이해하는 데 필요한 능력에 수반되지 않는다면, 그리고 암묵적 정의가 성공적이라는 것을 정당화하는 데 수반되지 않는다면, 그리고 논리적 귀결을 파악하는 데 수반되지 않는다면, 암묵적 정의로부터 연역하여 얻어지는 그 정의된 구조(들)에 관한 지식은 선험적이다.

물론, 문장들의 모든 집합이 구조 (또는 가능한 체계)를 성공적으로 특징짓는 것은 아니다. 누군가가 그것을 그 목적으로 사용하고자 의도할 지라도 {말이다}. 구조주의자는 주장되는 암묵적 정의가 언제 성공하는지에 대해 설명할 필요가 있다. 이것이 구조주의의 가장 추측적인 측면일 수 있을 것이다. 암묵적 정의에 대한 두 가지 필요조건이 있다. 첫째는 적어도(*at least*)

하나의 구조 – 또는 가능한 체계 – 가 공리들을 만족시켜야 한다는 점이다. 이것을 '존재 조건(existence condition)'이라고 부르자. 둘째는 많아야(*at most*) 하나의 구조가 묘사되어야 한다는 점이다. – 또는 특징지어진 모든 체계들이 한 구조를 공유해야 한다는 점이다. 이것이 '유일성 조건(uniqueness condition)'이다.

유일성 조건은 구조들 (또는 체계들)과, 그것들에서 참 또는 거짓인 문장들 사이의 의미론적 관계에 달려 있다. 다른 말로 하면, 유일성 조건은 공리화의 기저를 이루는 논리에 의존한다. Resnik과 나는 이 문제에 대해 서로 다르다. 그는 때로 '1차 논리'라고 불리는 상대적으로 약한 논리를 선호한다. 무한한 체계에서 참인 어떠한 이론도 유일한 구조를 특징짓지 못한다는 것이 (Löwenheim-Skolem 정리들 같은 결과들로부터) 따라 나온다. Resnik은, 경우에 따라서는, 두 가지 암묵적 정의들이 똑같은 구조를 특징짓는지의 여부에 대해 그 문제의 사실이 존재하지 않는다고 주장한다. 나는 '2차 논리'라고 불리는 더 강한 논리를 선호해서 (Shapiro 1991), 많은 수학적 구조들을 유일하게 특징지을 수 있다고 주장한다 (Shapiro 1997: 4장, §§8-9).

Resnik과 나는 언제 암묵적 정의가 적어도 하나의 구조를 특징짓는지에 대한 까다로운 문제 – 존재 조건 – 에 대해서는 조금 더 가깝다. 그 아이디어는 '가능성'을 사물 앞 구조의 존재에 대한 판단 기준으로 사용하는 것이다. 이 장(chapter)의 앞쪽 절들에서 여러 번 나는 패턴의 존재를 그 패턴을 **정합적으로**(*coherently*) 논의할 수 있는 능력으로부터 추론했다. 똑같은 것이 암묵적 정의에 적용된다. 그래서 **정합성 원리**(*coherence principle*)를 분명하게 공식화하고자 한다.:

Φ가 문장들의 정합적인 그룹이면, Φ를 만족시키는 구조가 존재한다.

정합성이 양상 개념이기 때문에, 정합성 원리는 사물 앞 구조주의를 양상 구조주의에 더 가깝게 데려가 적어도 인식론적 전선에 이르게 한다. 다시 한 번, 양상 구조주의자가 주어진 유형의 체계가 가능하다고 옳게 주장하면, 사물 앞 구조주의자는 그 구조가 존재한다고 결론 내린다. 사물 앞 구조주의자에게, 정합성 원리는 수학적 대상의 존재에 관한 전통적인 문제에 대처하려는 시도이다. 일단 암묵적 정의가 정합적이라는 것이 납득되면, 그것이 구조를 특징짓는지 어떤지, 그리고 그것의 용어들이 어떠한 것이든 나타내는지 어떤지에 관한 더 이상의 질문은 없다. 사물 앞 구조주의자에게, 수학적 대상은 구조에 묶여 있고, 구조는 그것의 정합적인 공리화가 있다면 존재한다. 어떤 구조가 존재하는 것이 가능하다면 그 구조가 존재한다는 것은, 유용해 보이는 결과이다. 그래서, 구조 이론은 Mark Balaguer (1998)가 '혈기왕성한 플라토니즘'이라고 부르는 것과 동류에 속하게 된다 (9장, §4 참고). 그의 '무모순성'을 '정합성'으로 읽는다는 조건으로, 우리가 여기에서 의지하고 있는 양상은 별것 아닌 것이 아니다. 거의 수학적 존재성에 대한 전통적인 문제만큼이나 문젯거리이다.

정합성 원리를 분명히 표현하려는 첫 번째 시도는 Balaguer를 따라 '정합적인'을 '무모순인'으로 읽은 다음, 무모순성을 **연역적인**(*deductive*) 측면에서 이해하는 것일 것이다. 그러면 그 논지는 공리들의 집합으로부터 모순적인 귀결들을 유도할 수 없으면 그 공리들이 적어도 하나의 구조를 묘사한다는 것일 것이다. 우리가 살펴보았듯이, Hilbert는 다음과 같은 버전의 슬로건을 채택했다. '무모순성이 존재함을 함의한다.'

여기에서 우리가 앞에서 만났던 이슈가 발생한다. 정합성이-무모순성-이다 조치는 순환논법을 낳는다. 무모순성은 보통 모순된 결론을 만드는 연역의 비-존재로 정의된다. 연역이란 무엇을 의미하는가? 확실히, 공리화의 무모순성은 그러한 연역을 따르는 구체적인 **토큰들**(*tokens*)이 없다는 것으로부터 따라 나오지 않는다. 즉, 우리는 어느 누구도 공리화로부터 아직 모순을 연역해내지 못했다는 이유만으로 그 공리화가 무모순이라고 결론 내릴 수 없다. 그래서 무모순성은 어떤 연역 유형(*type*)의 비-존재이다. 그래서 정합성 조건의 이 공식화는 추상적 대상들에 호소한다. 앞에서와 같이, 문자열들의 구조는 자연수들의 구조와 똑같다. 구조주의자는 산술이 무모순이기 때문에 자연수 구조가 존재한다고 그다지 잘 주장하지 못한다. 그 무모순성이 자연수들의 구조에 관한 사실로서 이해된다면 {말이다}. 아니면 할 수 있는가? 아마 이 순환논법은 견딜만하다. 우리가 수학을 단단한, 초-수학적인 기반에 올려놓으려고 하지는 않기 때문이다. 우리는 수학 내에서 구조주의에 대한 지지를 찾을 수 있다. 그 지지가 수정될 여지가 있더라도 {말이다}.

사물 앞 구조주의자에게, 대안은 양상 구조주의의 각본을 흉내내어 무모순을 '가능한 연역 토큰들'의 측면에서 정의하는 것일 수 있을 것이다. 또는 아마 무모순을 해석되지 않는 원시어(unexplicated primitive)로 간주할 수 있다. 양상으로의 이 조치가 우리에게 어떤 득이 되는지 분명하지 않다. 우리는 문자열이나 구조의 '가능한 존재성'에 관한 문제를 가지게 될 것이다.

이 문제가 해결될 수 있다면, '무모순성이 존재함을 함의한다' 논제는 Gödel의 완전성 정리(completeness theorem)로부터 지지를 얻을 수 있을 것이다. 그것은 1차 논리 언어 내 문장들의 집합이 연역적으로 무모순이면, 그 문장들의 집합을 만족하는 집합론적 구조가 있다고 주장한다. 즉, 공리화가 무모순이면, 그렇게 정의된 구조가 최소한 하나의 사례를 갖는다. 그러나, 완전성 정리가 수학, 특히 집합론 내의(*in*) 결과라는 것에 주목할 수 있다. 무모순인 공리화의 여러 가지 모델들이, 사물 앞 구조주의자가 구조인 것으로 간주하는, 집합론의 위계에서 발견된다. 그래서 여기에 또 다른 순환성이 있다. 그러나 다시, 아마 그 순환논법은 견딜만하다.

그러나, 완전성 정리는 1차 논리 언어에 대해서만 성립한다. 내가 선호하는 2차 논리에서는, 연역적으로 무모순이지만 모델을 갖지 않는 문장들이 있다.[11] 그래서 완전성 정리는 나에게보다 Resnik의 접근에 더 도움이 된다. 내 관점에서, '정합성'의 타당한 형식적 번역물은 '연역적인 무모순성'이 아니다. 정합성에 대한 더 좋은 유사물은 '만족될 수 있음(satisfiability)'과 같은 것이다.: 문장들의 집합 Γ는, Γ의 모든 멤버들에 대해 참인 집합론의 체계가 있으면, 만족될 수 있다. 물론, 정합성을 만족될 수 있음으로 정의하는(*define*) 것으로는 충분하지 않을 것이다. 그 순환논법은 너무 노골적이고, 게다가, 그 구조는 사물 앞에 있어야 한다. 수학적 논리의 틀에서, 문장들의 집합 Γ가 만족될 수 있다고 말하는 것은 집합론의 위계에서 Γ의 모델이 존재한다고 말하는 것이다. 구조주의자에게, 집합론의 위계는 단지 또 다른 구조이다. 무엇이 우리로 하여금 집합론 자체가 정합적이라고 생각하도록 하는가?

이 상황을 피할 수는 없다. 우리는 수학을 수학 자체보다 더 안전한 어떠한 영역이나 이론에 세울 수 없다. 그러나 다시, 우리가 붙들려 있는 그 순환논법은 심술궂지 않을지 모른다. 그리고 아마 우리는 그것과 함께 살 수 있다. '정합성'은 형식적인 어떤 것으로 줄어들지 않는 근원적인, 직관적 개념이다. 무모순성과 만족될 수 있음이라는 모델-이론적 개념들은 정합성에 대한 유용한 설명이지만, 그것의 분석, 즉 단순화를 제공하지는 않는다.

실행된 것으로서의 수학에서, 집합론은 (또는 동등한 어떤 것은) 존재성 질문에 대한 최후의 상소 법원으로 간주된다. 어떤 유형의 수학적 대상이 존재하는지에 대한 의심은 그 유형의 대상이 집합론의 위계에서 발견되거나 모델링될 수 있다는 것을 보임으로써 해결된다. 예로는, 복소수와 같이, 이전에 문젯거리가 되어왔던 존재자들에 대한 '구성'이 있다. 이 만큼은 구조주의와 일치한다. 구조를 '모델링하는' 것은 그것을 예증하는 체계를 발견하는 것이다. 구조가 한 체계에 의해 예증되면, 확실히 공리화가 정합적이고 그 구조가 가능하다. 사물 앞 구조주의자에게, 그것은 존재한다. 집합론은 포용력이 크기 때문에 적합한 상소 법원이다. 집합론의 위계는 너무 커서 거의

---

11) Shapiro 1991: 4장을 참고할 수 있다. 2차 논리(second-order logic)의 불완전성은 산술의 불완전성에 대한 Gödel의 정리와 자연수 구조에 대한 2차 특징짓기(second-order characterization)가 존재한다는 사실의 귀결이다.

어떠한 구조도 거기에서 모델링되거나 예증될 수 있다. 집합론 학자들은 종종 집합론의 위계가 가능한 한 많은 동형사상 유형들을 포함한다고 지적한다. 그것이 그 이론의 논점이다.[12)]

그러나, 확실히 우리는 집합론 자체의 정합성을 그것을 집합론의 위계에서 모델링함으로써 정당화할 수는 없다. 그보다는, 집합론의 정합성은 현대 수학의 많은 토대적 활동에서 **상정된다**(*presupposed*). 옳든지 그르든지, 수학은 (집합론의 위계에서) 만족될 수 있다는 것이 존재하는 데 있어 충분한 조건이라고 상정한다. 이것의 한 사례가 집합론의 위계를 모델 이론과 수학적 논리를 위한 배경으로서 일반적으로 사용하는 것이다. 사물 앞 구조주의자들과 제거적 구조주의자들은 이 상정을 받아들이고 다른 모든 사람들처럼 그것을 사용한다. 그들은 그것을 정당화하기에 더 좋은 (그리고 더 나쁜) 위치에 있지 않다.

5. 더 읽기

이 장(chapter)의 주요한 원천들은 Resnik 1997, Shapiro 1997, Hellman 1989, Benacerraf 1965 등이다. Resnik 1981, 1982, 1988, 1990과 Shapiro 1983a, 1989, 1989a도 참고할 수 있다. Parsons 1990은 중요한 논문이다. 그것은 구조주의에 관한 많은 미묘한 이슈들을 다룬다. **수학 철학**(*Philosophia Mathematica*), 3:4, no. 2는 전적으로 구조주의를 다룬다. 그것은 Resnik, Hellman, Hale, Benacerraf, Mac Lane, 그리고 나 자신의 논문들을 포함한다.

---

12) 이 '존재성 질문'에 대한 다른 명시적 표명들에 대해서는 Wilson 1993을 참고할 수 있다. 나는 앞에서 (§3) 똑같은 이유에서 집합론의 위계가 제거적 구조주의를 위한 알맞은 존재론일 수 있다고 제안했다. 차이점은 존재론적인 제거적 구조주의자는 집합론의 위계를 구조로 간주하지 않을 것이라는 점이다.

참고문헌

ANNAS, J. (1976), *Aristotle's Metaphysics: Books* M *and N* (Oxford, Clarendon Press).

APOSTLE, H. G. (1952), *Aristotle's Philosophy of Mathematics* (Chicago, University of Chicago Press).

AYER. A. J. (1946), *Language, Truth and Logic* (New York, Dover).

AZZOUNI, J. (1994), *Metaphysical Myths, Mathematical Practice* (Cambridge, Cambridge University Press).

_____ (1997), 'Thick Epistemic Access: Distinguishing the Mathematical From the Empirical', journal *of Philosophy,* 94, 472-84.

_____ (1997a), 'Applied Mathematics, Existential Commitment and the Quine-Putnam Indispensability Thesis', *Philosophia Mathematica,* 3: 5, 193-209.

_____ (1998), 'On "On What There Is"', *Pacific Philosophical Quarterly,* 79, 1-18.

BALAGUER, M. (1998), *Platonism and Anti-Platonism in Mathematics* (Oxford, Oxford University Press).

BEALER, G. (1982), *Quality and Concept* (Oxford, Oxford University Press).

BENACERRAF, P. (1965), 'What Numbers Could Not Be', *Philosophical Review,* 74, 47-73; reprinted in Benacerraf and Putnam (1983), 272-94.

_____ (1973), 'Mathematical Truth', *journal of Philosophy,* 70, 661-79; reprinted in Benacerraf and Putnam (1983), 403-20.

_____ and PUTNAM, H. (1983), *Philosophy of Mathematics,* second edition(Cambridge, Cambridge University Press).

BERNAYS, P. (1935), 'Sur le platonisme dans les mathematiques', *L'Enseignement mathematique,* 34, 52-69; tr. as 'Platonism in Mathematics' in Benacerraf and Putnam (1983), 258-71.

_____ (1967), 'Hilbert, David', in *The Encyclopedia of Philosophy,* Vol. 3, ed. P. Edwards (New York, Macmillan Publishing Co. and The Free Press), 496-504.

BISHOP, E. (1967), *Foundations of Constructive Analysis* (New York, McGrawHill).

BLACKBURN, S. (1994), *The Oxford Dictionary of Philosophy* (Oxford, Oxford University Press).

BOOLOS, G. (1975), 'On Second-Order Logic', *journal of Philosophy,* 72, 509-27; reprinted in Boolos (1998), 37-53.

_____ (1984), 'To Be Is To Be a Value of a Variable (Or To Be Some Values of Some Variables)', *journal of Philosophy,* 81, 430-49; reprinted in Boolos (1998), 54-72.

_____ (1987), 'The Consistency of Frege's *Foundations of Arithmetic',* in *On Being and Saying:*

Essays for Richard Cartwright, ed. Judith Jarvis Thompson (Cambridge, Mass., MIT Press), 3-20; reprinted in Boolos (1998), 183-201, and in Demopoulos (1995), 211-33.

_____ (1997), 'Is Hume's Principle Analytic?', in Heck (1997), 245-61; reprinted in Boolos (1998), 301-14.

_____ (1998), *Logic, Logic, and Logic* (Cambridge, Mass., Harvard University Press).

_____ and JEFFREY, R. (1989), *Computability and Logic,* third edition (Cambridge, Cambridge University Press).

BOURBAKI, N. (1950), 'The Architecture of Mathematics', *American Mathematical Monthly, 57,* 221-32.

BROUWER, L. E. J. (1912), *Intuitionisme en formalisme* (Gronigen, Noordhoof); tr. as 'Intuitionism and Formalism', in Benacerraf and Putnam (1983), 77-89.

_____ (1948), 'Consciousness, Philosophy and Mathematics', in Benacerraf and Putnam (1983), 90-6.

_____ (1952), 'Historical Background, Principles and Methods of Intuitionism', *South Afri.can]ournal of Science,* 49, 139-146.

BURGE, T. (1977), 'A Theory of Aggregates', *Nous,* 11, 97-117.

BURGESS, J. (1984), 'Synthetic Mechanics', *journal of Philosophical Logic,* 13, 379-95.

_____ and ROSEN, G. (1997), *A Subject With No Object: Strategies for Nominalistic Interpretation of Mathematics* (Oxford, Oxford University Press).

CARNAP, R. (1931), 'Die logizistische Grundlegung der Mathematik', *Erkenntnis,* 2, 91-105; tr. as 'The Logicist Foundations of Mathematics', in Benacerraf and Putnam (1983), 41-52.

_____ (1950), 'Empiricism, Semantics, and Ontology', *Revue Internationale de Philosophie,* 4, 20-40; reprinted in Benacerraf and Putnam (1983), 241-57.

CHIHARA, C. (1973), *Ontology and the Vicious-Circle Principle* (Ithaca, NY, Cornell University Press).

_____ (1990), *Constructibility and Mathematical Existence* (Oxford, Oxford University Press).

COFFA, A. (1991), *The Semantic Tradition From Kant to Carnap* (Cambridge, Cambridge University Press).

COHEN, P. J. (1963), 'The Independence of the Continuum Hypothesis', *Proceedings of the National Academy of the Sciences,* 50, 1143-8, and 51, 105-10.

CORCORAN, J., FRANK, W. and MALONEY, M. (1974), 'String *Theory', Journal of Symbolic Logic,* 39, 625-37.

CROWELL, R. and Fox, R. (1963), *Introduction to Knot Theory* (Boston, Ginn and Co.).

CURRY, H. (1954), 'Remarks on the Definition and Nature of Mathematics', *Dialectica,* 8; reprinted in Benacerraf and Putnam (1983), 202-6.

_____ (1958), *Outline of a Formalist Philosophy of Mathematics* (Amsterdam, North Holland).

DEDEKIND, R. (1872), *Stetigkeit und irrationale Zahlen* (Brunswick, Vieweg); tr. as *'Continuity and Irrational Numbers',* in *Essays on the Theory of Numbers,* ed. W. W. Beman (New York, Dover

Press, 1963), 1-27.

_____ (1888), *Was sind und was sollen die Zahlenf* (Brunswick, Vieweg); tr. as *'The Nature and Meaning of Numbers',* in *Essays on the Theory of Numbers,* ed. W. W. Beman (New York, Dover Press, 1963), 31-115.

DEMOPOULOS, W. (1994), 'Frege, Hilbert, and the Conceptual Structure of Model Theory', *History and Philosophy of Logic,* 15, 211-25.

_____ (1995), *Frege's Philosophy of Mathematics* (Cambridge, Mass., Harvard University Press).

DETLEFSEN, M. (1980), 'On a Theorem ofFeferman', *Philosophical Studies,* 38, 129-40.

_____ (1986), *Hilbert's Program* (Dordrecht, D. Reidel Publishing Co.).

DUMMETT, M. (1963), 'The Philosophical Significance of Godel's Theorem', *Ratio,* 5, pp. 14Q-55; reprinted in Dummett (1978), 186-201.

_____ (1973), 'The Philosophical Basis of Intuitionistic Logic', in Dummett (1978), 215-47; reprinted in Benacerraf and Putnam (1983), 97-129.

_____ (1977), *Elements of Intuitionism* (Oxford, Oxford University Press).

_____ (1978), *Truth and Other Enigmas* (Cambridge, Mass., Harvard University Press).

_____ (1991), *Frege: Philosophy of Mathematics* (Cambridge, Mass., Harvard University Press); ch. 22, 'Frege's Theory of the Real Numbers', reprinted in Demopoulos (1985), 386-404.

_____ (1991a), *The Logical Basis of Metaphysics,* (Cambridge, Mass., Harvard University Press).

_____ (1994), 'Reply to Wright', in *The Philosophy of Michael Dummett,* ed. B. McGuinness and G. Oliveri (Dordrecht, Kluwer Academic Publishers), 329-38.

FEFERMAN, S. (1960), 'Arithmetization of Mathematics in a General Setting', *Fundamenta Mathematicae,* 49, 35-92.

_____ (1988), 'Hilbert's Program Relativized: Proof-theoretical and Foundational Reductions', journal *of Symbolic Logic,* 53, 364-84.

FEYNMAN, R. (1967), *The Character of Physical Law* (Cambridge, Mass., MIT Press).

FIELD, H. (1980), *Science Without Numbers* (Princeton, Princeton University Press).

_____ (1985), 'On Conservativeness and Incompleteness', *Journal of Philosophy,* 82, 239-60; reprinted in Field (1989), 125-46.

_____ (1989), *Realism, Mathematics and Modality* (Oxford, Basil Blackwell).

FORBES, G. (1994), *Modern Logic* (Oxford, Oxford University Press).

FREGE, G. (1879), *Begriffsschrift, eine der arithmetischen nachgebildete Formelsprache des reinen Denkens* (Halle, Louis Nebert); tr. in van Heijenoort (1967), 1-82.

_____ (1884), *Die Grundl.agen der Arithmetik* (Breslau, Koebner); *The Foundations of Arithmetic,* tr. J. Austin, second edition (New York, Harper, 1960).

_____ (1892), 'On Sense and Nominatum', in *Readings in Philosophical Analysis,* ed. H. Feigel and W Sellars, (New York, Appleton-Century-Cross, 1949), 85-102.

_____ (1893), *Grundgesetze der Arithmetik 1* (Olms, Hildescheim).

_____ (1903), *Grundgesetze der Arithmetik 2* (Olms, Hildescheim).

_____ (1971), *On the Foundations of Geometry and Formal Theories of Arithmetic,* tr. Eikee-Henner W Kluge (New Haven, Conn., Yale University Press).

_____ (1976), *Wissenschaftlicher Brie.fwechsel,* ed. G. Gabriel, H. Hermes, F. Kambartel, and C. Thiel (Hamburg, Felix Meiner).

_____ (1980), *Philosophical and Mathematical Correspondence* (Oxford, Basil Blackwell).

_____ (1980a), Extracts from a review of Husserl's *Philosophie der Arithmetic,* in Geach and Black (1980), 79-85.

FRIEDMAN, M. (1983), *Foundations of Space-Time Theories: Relativistic Physics and Philosophy of Science* (Princeton, Princeton University Press).

_____ (1985), 'Kant's Theory of Geometry', *Philosophical Review,* 94,455-506: reprinted in Posy (1992), 177-219.

_____ (1992), *Kant and the Exact Sciences* (Cambridge, Mass., Harvard University Press).

GEACH, P. and BLACK, M. (1980), *Translations From the Philosophical Writings of Gottlob Frege* (Oxford, Basil Blackwell).

GENTZEN, G. (1969), *The Collected Papers of Gerhard Gentzen,* tr. and ed. M. E. Szabo (Amsterdam, North Holland Publishing Co.).

GÖDEL, K. (1931), 'Üher formal unentscheidbare Sätze der Principia Mathematica und verwandter Systeme Ⅰ', *Montatshefte für Mathematik und Physik,* 38, 173-98; tr. as 'On Formally Undecidable Propositions of the Principia Mathematica', in van Heijenoort (1967), 596-616; original and translation reprinted in Gödel (1986), 144-95.

_____ (1934), 'On Undecidable Propositions of Formal Mathematical Systems', in *The Undecidable,* ed. M. Davis (Hewlett, New York, Raven Press, 1965), 39-74; reprinted in Godel (1986), 346-71.

_____ (1938), 'The Consistency of the Axiom of Choice and the Generalized Continuum Hypothesis', *Proceedings of the National Academy of the Sciences, U.S.A.,* 24, 556-67; reprinted in Godel (1990), 26-7.

_____ (1944), 'Russell's Mathematical Logic', in Benacerraf and Putnam (1983), 447-69; reprinted in Gödel (1990), 119-41.

_____ (1951), 'Some Basic Theorems on the Foundations of Mathematics and Their Implications', in Gödel (1995), 304-23.

_____ (1958), 'Über eine bisher noch nicht benützte Erweiterung des finiten Standpunktes', *Dialectica,* 12, 280-7; tr. in *journal of Philosophical Logic,* 9 (1980), 133-42; original and translation reprinted in Gödel (1990), 240-51.

_____ (1964), 'What is Cantor's Continuum Problem', in Benacerraf and Putnam (1983), 470-85; reprinted in Godel (1990), 254-70.

_____ (1986), *Collected Works I* (Oxford, Oxford University Press).

_____ (1990), *Collected Works II* (Oxford, Oxford University Press).

_____ (1995), *Collected Works III* (Oxford, Oxford University Press).

GOLDFARB, W (1979), 'Logic in the Twenties: The Nature of the Quantifier', *journal of Symbolic Logic,* 44, 351-68.

_____ (1988), 'Poincare against the Logicists', in *History and Philosophy of Modern Mathematics,* ed. W. Aspray and P. Kircher, Minnesota Studies in the Philosophy of Science, 11 (University of Minnesota Press), 61-81.

_____ (1989), 'Russell's Reasons for Ramification' in *Rereading Russell,* Minnesota Studies in the Philosophy of Science, 12 (University of Minnesota Press), 24-40.

GOODMAN, NELSON, and QUINE W. V. O. (1947), 'Steps Toward a Constructive Nominalism', *Journal of Symbolic Logic,* 12, 97-122.

GOODMAN, NICOLAS (1979), 'Mathematics as an Objective Science', *American Mathematical Monthly,* 86, 540-51.

HALE, BOB (1987), *Abstract Objects* (Oxford, Basil Blackwell).

_____ (1994), 'Dummett's Criticism of Wright's Attempt to Resuscitate Frege', *Philosophia Mathematica,* 3: 2, 169-84.

_____ (2000), 'The Reals by Abstraction', *Philosophia Mathematica,* 3:8, 100-23.

HALLETT, M. (1990), 'Physicalism, Reductionism and Hilbert', in *Physicalism in Mathematics,* ed. A. D. Irvine (Dordrecht, Kluwer Academic Publishers), 183-257.

_____ (1994), 'Hilbert's Axiomatic Method and the Laws of thought', in *Mathematics and Mind,* ed. Alexander George, (Oxford, Oxford University Press), 158-200.

HAND, M. (1993), 'Mathematical Structuralism and the Third Man', *Canadian Journal of Philosophy,* 23, pp. 179-92.

HAZEN, A. (1983), 'Predicative Logics', in *Handbook of Philosophical Logic* 1, ed. D. Gabbay and F. Guenthner (Dordrecht, D. Reidel), 331-407.

HEBB, D. O. (1949), *The Organization of Behavior* (New York, John Wiley & Sons).

_____ (1980), *Essay on Mind* (Hillsdale, NJ, Lawrence Erlbaum Associates).

HECK, R. (1997), *Language, Thought, and Logic: Essays in Honour of Michae Dummett* (Oxford, Oxford University Press:.

_____ (1997a), 'The Julius Caesar Objection', in Heck (1997), 273-308.

HEINE, E. (1872), 'Die Elemente der Funktionslehre', *Grelle's Journal für die reine und angewandte Mathematik,* 74.

HELLMAN, G. (1989), *Mathematics Without Numbers* (Oxford, Oxford University Press).

HEMPEL, C. (1945), 'On the Notion of Mathematical Truth', *American Mathematical Monthly,* 52, 543-56; reprinted in Benacerraf and Putnam (1983), 377-93.

HEYTING, A. (1930), 'Die Formalen Regeln der Intuitionischen Logik', *Sitzungsberichte Preuss. Akad. Wiss. Phys. Math. Klasse,* 42-56.

_____ (1931), 'The lntuitionistic Foundations of Mathematics', in Benacerraf and Putnam (1983), 52-61.

_____ (1956), *Intuitionism, an Introduction* (Amsterdam, North Holland).

HILBERT, D. (1899), *Grundlagen der Geometrie* (Leipzig, Teubner); *Foundations of Geometry,* tr. by E. Townsend (La Salle, Ill., Open Court, 1959).

_____ (1900), 'Mathematische Probleme', *Bulletin of the American Mathematical Society,* 8 (1902), 437-79.

_____ (1904), 'Über die Grundlagen der Logik und der Arithmetik', *Verhandlungen des Dritten Internationalen Mathematiker-Kongress in Heidelberg vom 8. bis 13 August 1904* (Leipzig, Teubner), 174-85; tr. in van Heijenoort (1967), 129-38.

_____ (1918), 'Axiomatisched Denken', *Mathematische Annalen,* 78, 405-15; tr. as 'Axiomatic Thinking', *Philosophia Mathematica,* 7 (1970), 1-12.

_____ (1922), 'Neubegrundung der Mathematik', *Abhandlungen aus dem mathematische Seminar der Hamburgischen Universitat,* 1, 155-57.

_____ (1923), 'Die logischen Grundlagen der Mathematik', *Mathematische Annalen,* 88, 151-65.

_____ (1925), 'Ober das Unendliche', *Mathematische Annalen,* 95, 161-90; tr. as 'On the Infinite', in van Heijenoort (1967), 369-92; and in Benacerraf and Putnam (1983), 183-201.

_____ (1927), 'Die Grundlagen der Mathematik', *Abhandlungen aus dem mathematischen Seminar der Hamburgischen Universitat,* 6, 65-85; tr. as 'The Foundations of Mathematics', in van Heijenoort (1967), 464-79.

_____ (1935), *Gesammelte Abhandlungen, Dritter Band* (Berlin, Springer).

_____ and BERNAYS, P. (1934), *Grundlagen der Mathematik* (Berlin, Springer).

HINTIKKA, J. (1967), 'Kant on the Mathematical Method', *Monist,* 51, 352-75; reprinted in Posy (1992), 21-42.

HODES, H. (1984), 'Logicism and the Ontological Commitments of Arithmetic', Journal *of Philosophy,* 81, 123-49.

JESSEPH, D. (1993), *Berkeley's Philosophy of Mathematics* (Chicago, University of Chicago Press).

KANT, I. (1966), *Critique of Pure Reason,* tr. by Werner S. Pluhar (Indianapolis, Hackett Publishing Company).

KITCHER, P. (1983), *The Nature of Mathematical knowledge* (New York, Oxford University Press).

_____ (1998), 'Mill, Mathematics, and the Naturalist Tradition', in Skorupski (1998), 57-111.

KLEIN, J. (1968), *Greek Mathematical Thought and the Origin of Algebra* (Cambridge, Mass., MIT Press).

KRIPKE, S. (1982), *Wittgenstein on Rules and Private Language* (Cambridge, Mass., Harvard University Press).

KUHN, T. (1970), *The Structure of Scientific Revolutions,* second edition (Chicago, University of Chicago Press).

LAKATOS, I. (1976), *Proofs and Refutations,* ed. J. Worrall and E. Zahar (Cambridge, Cambridge

University Press).

LAWVERE, W. (1966), 'The Category of Categories as a Foundation for Mathematics', in *Proceedings of the Conference on Categorical Algebra in La Jolla, 1965,* ed. S. Ellenberg *et al.* (New York, Springer), 1-21.

LEAR, J. (1982), 'Aristotle's Philosophy of Mathematics', *Philosophical Review,* 4, 161-92.

LEWIS, D. (1991), *Parts of Classes,* Oxford, Basil Blackwell.

_____ (1993), 'Mathematics is Megethology', *Philosophia Mathematica,* 3: 1, 3-23.

LUCAS, J. R. (1961), 'Minds, Machines, and Godel', *Philosophy,* 36, 112-37; reprinted in *Minds and Machines,* ed. A. Anderson (Englewood Cliffs, NJ, Prentice-Hall, 1964), 43-59.

LUCE, L. (1988), 'Frege on Cardinality', *Philosophy and Phenomenological Research,* 48, 415-34.

MCLARTY, C. (1993), 'Numbers Can Be just What They Have To', *Nous,* 27, 487-98.

MADDY, P. (1980), 'Perception and Mathematical Intuition', *Philosophical Review,* 89, 163-96.

_____ (1981), 'Sets and Numbers', *Nous,* 11, 495-511.

_____ (1988), 'Believing the Axioms', *journal of Symbolic Logic,* 53, 481-511, 736-64.

_____ (1988a), 'Mathematical Realism', *Midwest Studies in Philosophy,* 12, 275-85.

_____ (1990), *Realism in Mathematics* (Oxford, Oxford University Press).

_____ (1993), 'Does V Equal L?', *Journal of Symbolic Logic,* 58, 15-41.

_____ (1995), 'Naturalism and Ontology', *Philosophia Mathematica,* 3: 3, 48-270.

_____ (1996), 'Set Theoretic Naturalism', *Journal of Symbolic Logic,* 61, 490--514.

_____ (1997), *Naturalism in Mathematics* (Oxford, Oxford University Press).

MALAMENT, D. (1982), 'Review of Hartry Field, *Sdence without Numbers', Journal of Philosophy,* 19, 523-34.

MANCOSU, P. (1996), *Philosophy of Mathematics and Mathematical Practice in the Seventeenth Century* (Oxford, Oxford University Press).

MATIJACEVIČ, Y. (1970), 'Enumerable Sets are Diophantine, *Dokl. Akad. Nauk SSSR,* 191, 279-82; also *Soviet Math. Doklady,* 11, 354-57.

MILL, JOHN STUART (1973), *A System of Logic: The Collected Works of john Stuart Mill,* Vol. 7, ed. J. M. Robson (Toronto, University of Toronto Press).

MOORE, G. H. (1982), *Zermelo's Axiom of Choice: Its Origins, Development, and Influence* (New York, Springer-Verlag).

MUELLER, I. (1970), 'Aristotle on Geometrical Objects', *Archiv for Geschichte der Philosophie,* 52, 156-71.

_____ (1992), 'Mathematical Method and Philosophical Truth', in *The Cambridge Companion to Plato,* ed. Richard Kraut (Cambridge, Cambridge University Press), 170-99.

NAGEL, E. (1939), 'The Formation of Modern Conceptions of Formal Logic in the Development of Geometry', *Osiris,* 7, 142-224.

NEURATH, O. (1932), 'Protokollsätze', *Erkenntnis,* 3, 204-14.

PARSONS, C. (1965), 'Frege's Theory of Number', in *Philosophy in America,* ed. Max Black (Ithaca, NY, Cornell University Press), 180-203; reprinted in Parsons (1983), 150-75; and in Demopoulos (1995), 182-210.

_____ (1969), 'Kant's Philosophy of Arithmetic', in *Philosophy, Science, and Method: Essays in Honor of Ernest Nagel,* ed. S. Morgenbesser, P. Suppes, and Morton White (New York, StMartin's Press), 568-94; reprinted with added Postscript in Parsons (1983), Essay 5; and in Posy (1992), 43-79.

_____ (1979), 'Mathematical Intuition', *Proceedings of the Aristotelian Society* NS, 80, 142-68.

_____ (1983), *Mathematics in Philosophy* (Ithaca, NY, Cornell University Press).

_____ (1984), 'Arithmetic and the Categories', *Topoi,* 3, 109-21; reprinted in Posy (1992), 135-58.

_____ (1990), 'The Structuralist View of Mathematical Objects', *Synthese,* 84, 303-46.

PASCH, M. (1926), *Vorlesungen über Neuere Geometrie,* Zweite Auflage (Berlin, Springer).

PENROSE, R. (1994), *Shadows of the Mind: A Search For the Missing Science of Consciousness* (Oxford, Oxford University Press).

PLATO (1961), *The Collected Dialogues of Plato,* ed. by Edith Hamilton and Huntingdon Cairns (Princeton, Princeton University Press).

POINCARÉ, H. (1903), *La Science et l'hypothèse* (Paris, Flammarion); *Science and Hypothesis,* tr. W. J. Greenstreet (London, Scott, 1907); translation reprinted (New York, Dover, 1952).

_____ (1906), 'Les Mathematiques et la logique', *Revue de Metaphysique et de Morale,* 14, 294-317.

POLYA, G. (1954), *Mathematics and Plausible Reasoning* (Princeton, Princeton University Press).

_____ (1977), *Mathematical Methods in Science* (Washington, DC, Mathematical Association of America).

POSY, C. (1984), 'Kant's Mathematical Realism', *The Monist,* 67, 115-34; reprinted in Posy (1992), 293-313.

_____ (1992), *Kant's Philosophy of Mathematics* (Dordrecht, Kluwer Academic Publishers).

PRAWITZ, D. (1977), 'Meaning and Proofs: On the Conflict Between Classical and Intuitionistic Logic', *Theoria,* 43, 2-40.

PROCLUS (1970), *Commentary on Euclid's Elements I,* tr. by G. Morrow (Princeton, Princeton University Press).

PUTNAM, H. (1963), 'The Analytic and the Synthetic', in *Scientific Explanation, Space, and Time,* Minnesota Studies in the Philosophy of Science 3, ed. H. Feigl and G. Maxwell (Minneapolis, University of Minnesota Press); reprinted in *Readings in the Philosophy of Language,* ed. J. Rosenberg and C. Travis (Englewood Cliffs, NJ, Prentice-Hall, 1971), 94-126.

_____ (1967), 'Mathematics without Foundations', *Journal of Philosophy,* 64, 5-22; reprinted in Benacerraf and Putnam (1983), 295-311.

_____ (1971), *Philosophy of Logic* (New York, Harper Torchbooks).

_____ (1975), 'What is Mathematical Truth?' in *Mathematics, Matter and Method: Philosophical Papers,* Volume 1 (Cambridge, Cambridge University Press), 60-78.

_____ (1980), 'Models and Reality', *Journal of Symbolic Logic,* 45, 464-82; reprinted in Benacerraf and Putnam (1983), 421-44.

QUINE, W. V. O. (1936), 'Truth by Convention', in *Philosophical Essays for Alfred North Whitehead,* ed. O. H. Lee (New York, Longmans), 90-124; reprinted in Benacerraf and Putnam (1983), 329-54.

_____ (1937), 'New Foundations for Mathematical Logic', *American Mathematical Monthly,* 44, 70-80.

_____ (1941), 'Whitehead and the Rise of Modern Logic', in P. A. Schilpp, *The Philosophy of Alfred North Whitehead* (New York, Tudor Publishing Co., 127-63.

_____ (1948), 'On What There Is', *Review of Metaphysics,* 2, 21-38; reprinted in W.V.O. Quine, *From a Logical Point of View,* second edition (Cambridge. Mass., Harvard University Press, 1980), 1-19.

_____ (1951), 'Two Dogmas of Empiricism', *Philosophical Review*, 60, 20-43; reprinted in *From a Logical Point of View,* 20-46.

_____ (1960), *Word and Object* (Cambridge, Mass., MIT Press).

_____ (1969), *Ontological Relativity and Other Essays* (New York, Columbia University Press).

_____ (1981), *Theories and Things* (Cambridge, Mass., Harvard University Press).

_____ (1984), Review of Parsons *(1983), Journal of Philosophy,* 81, 783-94.

_____ (1986), *Philosophy of Logic,* second edition (Englewood Cliffs, NJ. Prentice-Hall).

_____ (1986a), 'Reply to Geoffrey Hellman', in *The Philosophy of W. V. Quine,* ed. L. E. Hahn and P. A. Schilpp (La Salle, Ill., Open Court), 206-8.

_____ (1992), 'Structure and Nature', *The Journal of Philosophy,* 89, 5-9.

RAMSEY, F. P. (1925), 'The Foundations of Mathematics', *Proceedings of the London Mathematical Society,* 2:25, 338-84.

RANG, B. and THOMAS, W. (1981), 'Zermelo's Discovery of the "Russell paradox"', *Historia Mathematica,* 8, 15-22.

REID, C. (1970), *Hilbert* (New York, Springer-Verlag).

RESNIK, M. (1980), *Frege and the Philosophy of Mathematics* (Ithaca, NY, Cornell University Press).

_____ (1981), 'Mathematics as a Science of Patterns: Ontology and Reference', *Nous,* 15, 529-50.

_____ (1982), 'Mathematics as a Science of Patterns: Epistemology', *Nous,* 16, 95-105.

_____ (1985), 'How Nominalist is Hartry Field's Nominalism?', *Philosophical Studies,* 47, 163-81.

_____ (1988), 'Mathematics From the Structural Point of View', *Revue Internationale de Philosophie,* 42, 400-24.

_____ (1990) 'Beliefs About Mathematical Objects', in *Physicalism in Mathematics,* ed. A. D. Irvine (Dordrecht, Kluwer Academic Publishers), 41-71.

_____ (1992), 'A Structuralist's Involvement with Modality' (review of Hellman 1989), *Mind,* 101, 107-22.

_____ (1997), *Mathematics as a Science of Patterns* (Oxford, Oxford University Press).

ROSSER, B. (1936), 'Extensions of Some Theorems of Gödel and Church', *Journal of Symbolic Logic,* 1, 87-91.

RUSSELL, B. (1919), *Introduction to Mathematical Philosophy* (London, Allen & Unwin); reprinted (New York, Dover, 1993).

SHAPIRO, S. (1983), 'Conservativeness and Incompleteness', *Journal of Philosophy,* 80, 521-31.

_____ (1983a), 'Mathematics and Reality', *Philosophy of Science,* 50, 523-48.

_____ (1989), 'Logic, Ontology, Mathematical Practice', *Synthese,* 79, 13-50.

_____ (1989a), 'Structure and Ontology', *Philosophical Topics,* 17, 145-71.

_____ (1991), *Foundations Without Foundationalism: A Case for Second-Order logic* (Oxford, Oxford University Press).

_____ (1993), 'Modality and Ontology', *Mind,* 102, 455-81.

_____ (1994), 'Mathematics and Philosophy of Mathematics', *Philosophia Mathematica,* 3: 2, 148-60.

_____ (1997), *Philosophy of Mathematics: Structure and Ontology* (New York, Oxford University Press).

SIEG, W (1988), 'Hilbert's Program Sixty Years Later', *Journal of Symbolic Logic,* 53, 338-48.

_____ (1990), 'Physicalism, Reductionism and Hilbert', in *Physicalism in mathematics,* ed. A. D. Irvine (Dordrecht, Kluwer Academic Publishers), 183-257.

SIMONS, P. (1987), 'Frege's Theory of Real Numbers', *History and Philosophy of Logic,* 8, 25-44; reprinted in Demopoulos (1995), 358-85.

SIMPSON, S. (1988), 'Partial Realizations of the Hilbert Program', *Journal of Symbolic Logic,* 53, 349-63.

SKOLEM, T. (1922), 'Einige Bemerkungen zur axiomatischen Begründung der Mengenlehre', *Matematikerkongressen i Helsingfors den 4-7 Juli 1922* (Helsinki, Ak.ademiska Bokhandeln), 217-32; tr. as 'Some Remarks on Axiomatized Set Theory' in van Heijenoort (1967), 291-301.

_____ (1941), 'Sur la porté du théorème de Löwenheim-Skolem', *Les Entretiens de Zurich, 6-9 décembre 1938,* ed. F. Gonseth (Zurich, Leeman, 1941), 25-52.

Skorupski, J. (1989), *John Stuart Mill* (London, Routledge).

_____ (1998), *The Cambridge Companion to Mill* (Cambridge, Cambridge University Press).

_____ (1998a), 'Mill on Language and Logic', in Skorupski (1998), 35-56.

SMORYNSKI, C. (1977), 'The Incompleteness Theorems', in *Handbook of Mathematical Logic,* ed. J. Barwise (Amsterdam, North Holland Publishing Co.), 821-65.

STEINER, M. (1978), 'Mathematical Explanation and Scientific Knowledge', *Nous,* 12, 17-28.

_____ (1995), 'The Applicabilities of Mathematics', *Philosophia Mathematica,* 3: 3, 129-56.

_____ (1997), *The Applicability of Mathematics as a Philosophical Problem* (Cambridge, Mass., Harvard University Press).

SULLIVAN, P. and POTTER, M. P. (1997), 'Hale on Caesar', *Philosophia Mathematica* 3: 5, 135-52.

TAIT, W. (1981), 'Finitism', *Journal of Philosophy,* 78, 524-46.

TAKEUTI, G. (1987), *Proof Theory,* second edition (Amsterdam, North Holland Publishing Co.).

TENNANT, N. (1987), *Anti-realism and Logic* (Oxford, Oxford University Press).

_____ (1997), *The Taming of the True* (Oxford, Oxford University Press).

_____ (1997a), 'On the Necessary Existence of Numbers', *Nous,* 3, 307-36.

THARP, L. (1975), 'Which Logic is the Right Logic?', *Synthese,* 31, 1-31.

THOMAE, J. (1898), *Elementare Theorie der analytischen Functionen einer complexen Veränderlichen,* second edition (Halle).

TURNBULL, R. (1998), *The Parmenides and Plato's Late Philosophy* (Toronto, University of Toronto Press).

VAN HEIJENOORT, J. (1967), *From Frege to Gödel* (Cambridge, Mass., Harvard University Press).

_____ (1967a), 'Logic as Calculus and Logic as Language', *Synthese,* 17, 324-30.

VON NEUMANN, J. (1931), 'Die formalistische Grundlegung der Mathematik', *Erkentniss,* 2, 116-21; tr. in Benacerraf and Putnam (1983), 62-5.

VLASTOS, G. (1991), *Socrates: Ironist and Moral Philosopher* (Ithaca, NY, Cornell University Press).

WAGNER, S. (1987), 'The Rationalist Conception of Logic', *Notre Dame Journal of Formal Logic,* 28, 3-35.

WANG, H. (1974), *From Mathematics to Philosophy* (London, Routledge & Kegan Paul).

_____ (1987), *Reflections on Kurt Gödel* (Cambridge, Mass., MIT Press).

WEBB, J. (1980), *Mechanism, Mentalism and Metamathematics: An essay on Finitism* (Dordrecht, D. Reidel).

WEDBERG, A. (1955), *Plato's Philosophy of Mathematics* (Stockholm, Almqvist & Wiksell).

WEINBERG, S. (1986), 'Lecture on the Applicability of Mathematics', *Notices of the American Mathematical Society,* 33.

WHITEHEAD, A. N. and RUSSELL, B. (1910), *Principia Mathematica 1* (Cambridge, Cambridge University Press).

WILSON, M. (1993), 'There's a hole and a bucket, dear Leibniz', *Midwest Studies in Philosophy,* 18, 202-41.

_____ (1993a), 'Honorable Intensions', in *Naturalism: A Critical Appraisal,* ed. S. Wagner and R. Warner (Notre Dame, University of Notre Dame Press), 53-94.

WITTGENSTEIN, L. (1953), *Philosophical Investigations,* tr. G. E. M. Anscombe (New York,

MacMillan Publishing Co.).

_____ (1978), *Remarks on the Foundations of Mathematics,* tr. G. E. M. Anscombe (Cambridge, Mass., MIT Press).

WRIGHT, C. (1983), *Frege's Conception of Numbers as Objects* (Aberdeen University Press).

_____ (1997), 'On the Philosophical Significance of Frege's Theorem', in Heck (1997), 201-44.

_____ (1998), 'On the Harmless Impredicativity of N= (Hume's principle)'. in *The Philosophy of Mathematics Today,* ed. Mathias Schirn (Oxford, Oxford University Press), 339-68.

YABLO, S. (1993), 'Is Conceivability a Guide to Possibility', *Philosophy and Phenomenological Research,* 53, 1-42.

찾아보기

ㄷ

ㅁ

ㅂ

ㅅ

ㅇ

ㅈ

ㅊ

ㅌ

ㅍ

ㅎ

A

B

C

D

E

F

G

T

V

W

Z

수학에 관해 생각하기

초판 2쇄 발행 2023년 8월 25일

지은이 STEWART SHAPIRO
옮긴이 이기돈
펴낸이 오판근
펴낸곳 (주) 교우
주　소 서울시 동대문구 약령시로 8 교우빌딩 2층 (주)교우
전　화 02-925-2861 / **팩　스** 070-7966-8610. **편집부** 02-925-2825
홈페이지&북스토어 www.kyowoo.co.kr / 이메일 kyowoo@kyowoo.co.kr

등　록 1994년 3월 24일 제1994-000013호
ISBN 979-11-251-0354-7 (93410)

Published by Kyowoo Co., Ltd. Printed in Korea

(주) 교우는 보다 혁신적이고 참신한 도서를 다양하게 기획하고 있습니다.
책으로 펴내고자 하는 아이디어나 원고는 메일로 보내주세요.
(주) 교우는 전과정을 책임지고 최선을 다하겠습니다.

값 29,000원

교우미디어는 (주) 교우의 Imprint 사입니다.
수학정원·과학정원은 (주) 교우의 새로운 브랜드명입니다.

잘못된 책은 구입하신 서점에서 교환해 드립니다.